微视频学编程

从零开始学C#

明日科技 编著

全国百佳图书出版单位
化学工业出版社
·北京·

内容简介

本书从零基础读者的角度出发，通过通俗易懂的语言、丰富多彩的实例，循序渐进地让读者在实践中学习C#编程知识，并提升自己的实际开发能力。

全书共分为5篇21章，内容包括搭建C#开发环境、第一个C#程序、数据类型、运算符、条件语句、循环语句、数组、字符串、面向对象编程基础、继承与多态、集合与索引器、委托与事件、泛型、程序调试与异常处理、Windows窗体编程、Windows控件的使用、使用C#操作数据库、Entity Framework编程、文件及文件夹操作、贪吃蛇大作战、人事工资管理系统等。书中知识点讲解细致，侧重介绍每个知识点的使用场景，涉及的代码给出了详细的注释，可以使读者轻松领会C#程序开发的精髓，快速提高开发技能。同时，本书配套了大量教学视频，扫码即可观看，还提供所有程序源文件，方便读者实践。

本书适合C#初学者、软件开发入门者自学使用，也可用作高等院校相关专业的教材及参考书。

图书在版编目（CIP）数据

从零开始学 C# / 明日科技编著．—北京：化学工业出版社，2022.3
ISBN 978-7-122-40590-6

Ⅰ．①从…　Ⅱ．①明…　Ⅲ．① C 语言 - 程序设计
Ⅳ．① TP312.8

中国版本图书馆 CIP 数据核字（2022）第 013326 号

责任编辑：耍利娜　张　赛　　　文字编辑：林　丹　吴开亮
责任校对：李雨晴　　　装帧设计：尹琳琳

出版发行：化学工业出版社（北京市东城区青年湖南街13号　邮政编码100011）
印　　装：大厂聚鑫印刷有限责任公司
787mm×1092mm　1/16　印张24¾　字数609千字　2022年6月北京第1版第1次印刷

购书咨询：010-64518888　　　售后服务：010-64518899
网　　址：http://www.cip.com.cn
凡购买本书，如有缺损质量问题，本社销售中心负责调换。

定　　价：99.00元

前言

C# 是微软公司推出的一种简洁、类型安全的面向对象编程语言，它的主要开发方向之一是界面开发，而在当前的人工智能时代，界面开发与上位机开发越来越重要，这使得 C# 在这方面的优势越来越明显，另外，在一些传统的数据库管理系统、多媒体和网络应用开发方面，C# 也以其简单高效的开发效率而著称。

本书内容

本书包含了学习 C# 编程开发的各类必备知识，全书共分为 5 篇 21 章内容，结构如下。

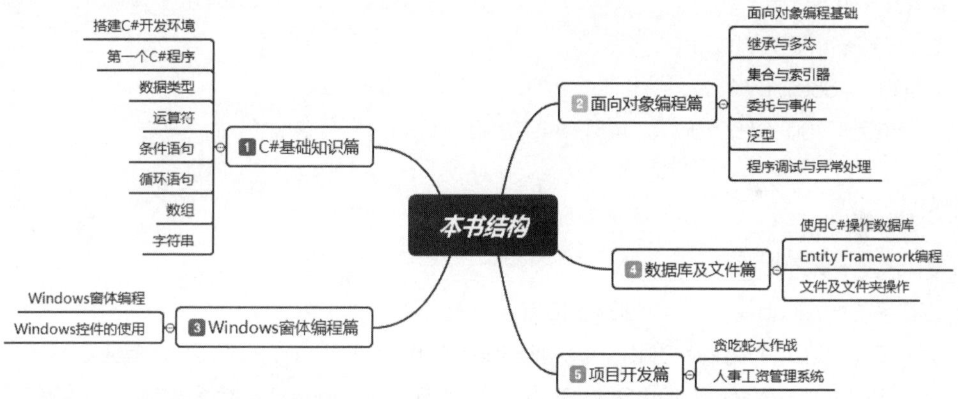

第 1 篇：C# 基础知识篇。本篇主要对 C# 语言的基础知识进行详解，包括搭建 C# 开发环境、第一个 C# 程序、数据类型、运算符、条件语句、循环语句、数组、字符串等内容。

第 2 篇：面向对象编程篇。本篇主要讲解 C# 的核心编程思想——面向对象编程，包括面向对象编程基础、继承与多态、集合与索引器、委托与事件、泛型、程序调试与异常处理等内容。

第 3 篇：Windows 窗体编程篇。本篇通过 Windows 窗体编程、Windows 控件的使用两章内容，对 C# 最大的优势——窗体编程进行详细讲解。

第 4 篇：数据库及文件篇。数据是项目开发的核心内容，数据的存储方式有多种，其中最常用的是数据库、文件等，本篇通过使用 C# 操作数据库、Entity Framework 编程、文件及文件夹操作 3 章内容，讲解如何在 C# 中对数据进行操作。

第 5 篇：项目开发篇。学习编程的最终目的是进行开发，解决实际问题，本篇通过贪吃蛇大作战和人事工资管理系统这两个不同类型的项目，讲解如何使用所学的 C# 知识开发项目。

本书特点

☑ **知识讲解详尽细致**。本书以零基础入门学员为对象，力求将知识点划分得更加细致，讲解更加详细，使读者能够学必会，会必用。

☑ **案例侧重实用有趣**。通过实例是最好的编程学习方式，本书在讲解知识时，通过有趣、实用的案例对所讲解的知识点进行解析，让读者不只学会知识，还能够知道所学知识的真实使用场景。

☑ **思维导图总结知识**。每章最后都使用思维导图总结本章重点知识，使读者能一目了然回顾本章知识点，以及重点需要掌握的知识。

☑ **配套高清视频讲解**。本书资源包中提供了同步高清教学视频，读者可以通过这些视频更快速地学习，感受编程的快乐和成就感，增强进一步学习的信心，从而快速成为编程高手。

读者对象

☑ 初学编程的自学者
☑ 编程爱好者
☑ 大中专院校的老师和学生
☑ 相关培训机构的老师和学员
☑ 做毕业设计的学生
☑ 初、中、高级程序开发人员
☑ 程序测试及维护人员
☑ 参加实习的“菜鸟”程序员

读者服务

为了方便解决本书中的疑难问题，我们提供了多种服务方式，并由作者团队提供在线技术指导和社区服务，服务方式如下：

√ 企业 QQ：4006751066
√ QQ 群：465817674
√ 服务电话：400-67501966、0431-84978981

本书约定

开发环境及工具如下：

√ 操作系统：Windows 7、Windows 10 等。
√ 开发工具：Visual Studio 2019（Visual Studio 2015 及 Visual Studio 2017 等兼容）。
√ 数据库：SQL Server 2019（SQL Server 2014 及 SQL Server 2017 等兼容）。

致读者

本书由明日科技 C# 程序开发团队组织编写，主要人员有王小科、申小琦、赵宁、李菁菁、何平、张鑫、周佳星、王国辉、李磊、赛奎春、杨丽、高春艳、冯春龙、张宝华、庞凤、宋万勇、葛忠月等。在编写过程中，我们以科学、严谨的态度，力求精益求精，但不足之处仍在所难免，敬请广大读者批评指正。

感谢您阅读本书，零基础编程，一切皆有可能，希望本书能成为您编程路上的敲门砖。

祝读书快乐！

编者

目录

第 1 篇　C# 基础知识篇

第 1 章　搭建 C# 开发环境 / 2

▶视频讲解：3 节，49 分钟

第 2 章　第一个 C# 程序 / 14

▶视频讲解：9 节，77 分钟

第 6 章 循环语句 / 80

视频讲解：5 节，63 分钟

第 7 章 数组 / 93

视频讲解：5 节，75 分钟

第8章 字符串 / 113

视频讲解：20 节，156 分钟

第 2 篇 面向对象编程篇

第9章 面向对象编程基础 / 140

视频讲解：5 节，133 分钟

第 12 章 委托与事件 / 191

视频讲解：3 节，27 分钟

第 13 章 泛型 / 203

视频讲解：1 节，14 分钟

第 14 章 程序调试与异常处理 / 210

视频讲解：3 节，20 分钟

第 3 篇 Windows 窗体编程篇

第 15 章 Windows 窗体编程 / 224

视频讲解：3 节，35 分钟

第 16 章 Windows 控件的使用 / 240

视频讲解：25 节，143 分钟

第 4 篇 数据库及文件篇

第21章 人事工资管理系统 / 335

视频讲解：1 节，3 分钟

附录 数据库基础 / 365

第1篇
C# 基础知识篇

第 1 章

搭建 C# 开发环境

扫码领取
- 配套视频
- 配套素材
- 学习指导
- 交流社群

本章学习目标

- 了解 C# 语言。
- 熟悉 C# 语言与 .NET 框架的关系。
- 熟练掌握 Visual Studio 2019 的下载安装过程。
- 掌握 Visual Studio 2019 开发工具的使用。

1.1 C# 语言入门

C#（读作 C Sharp）是一种面向对象的编程语言，主要用于开发运行在 .NET 平台上的应用程序，C# 的语言体系都构建在 .NET 框架上。本节将详细介绍 C# 语言的特点以及 C# 与 .NET 的关系。

1.1.1 C# 语言的发展

C# 是微软公司在 2000 年 6 月发布的一种编程语言，主要由 Anders Hejlsberg（Delphi 和 Turbo Pascal 语言的设计者）主持开发，它主要是微软公司为配合 .NET 战略推出的一种全新的编程语言。C# 语言本身是为了配合 .NET 战略推出的，因此其发展变化一直是跟 .NET 的发展相辅相成的，截止到目前，它的最新版本为 C# 8.0。

1.1.2 C# 语言的特点

C# 语言的主要特点如下。

① 语法简洁，不允许直接操作内存，去掉了指针操作。

② 彻底的面向对象设计，C# 具有面向对象语言所应有的一切特性：封装、继承和多态。

③ 与 Web 紧密结合，C# 支持绝大多数的 Web 标准，例如 HTML、XML、SOAP 等。

④ 强大的安全性机制，可以消除软件开发中常见的错误（如语法错误），.NET 提供的垃圾回收器能够帮助开发者有效地管理内存资源。

⑤ 兼容性，因为 C# 遵循 .NET 的公共语言规范（CLS），从而保证能够与其他语言开发的组件兼容。

⑥ 完善的错误、异常处理机制，C# 提供了完善的错误和异常处理机制，使程序在交付应用时能够更加健壮。

1.1.3 认识 .NET Framework

.NET Framework 又称 .NET 框架，它是微软公司推出的完全面向对象的软件开发与运行平台，它有两个主要组件，分别是公共语言运行时（Common Language Runtime，简称 CLR）和类库，如图 1.1 所示。

下面分别对 .NET Framework 的两个主要组成部分进行介绍。

● 公共语言运行时：公共语言运行时（CLR）负责管理和执行由 .NET 编译器编译产生的中间语言代码（.NET 程序执行原理如图 1.2 所示）。在公共语言运行时中包含两部分内容，分别为 CLS 和 CTS。其中，CLS 表示公共语言规范，它是许多应用程序所需的一套基本语言功能；而 CTS 表示通用类型系统，它定义了可以在中间语言中使用的预定义数据类型，所有面向 .NET Framework 的语言都可以生成最终基于这些类型的编译代码。

说明：

中间语言（IL 或 MSIL，Microsoft Intermediate Language）是使用 C# 或者 VB.NET 编写的软件，只有在软件运行时，.NET 编译器才将中间代码编译成计算机可以直接读取的数据。

● 类库：类库里有很多编译好的类，可以拿来直接使用。例如，进行多线程操作时，可以直接使用类库里的 Thread 类；进行文件操作时，可以直接使用类库中的 IO 类等。类库实际上相当于一个仓库，这个仓库里面装满了各种工具，可以供开发人员直接使用。

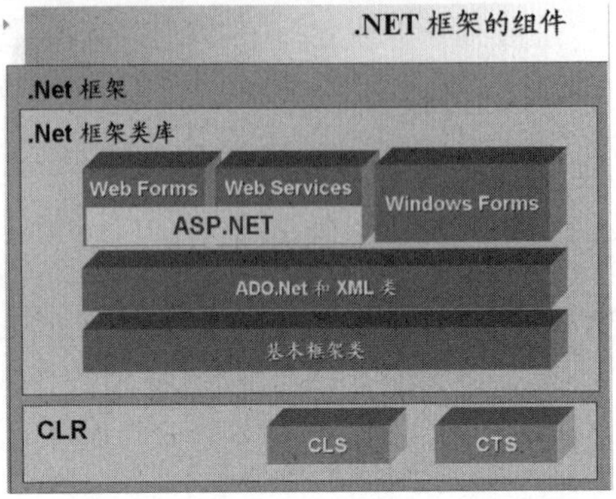

图 1.1　.NET Framework 的组成

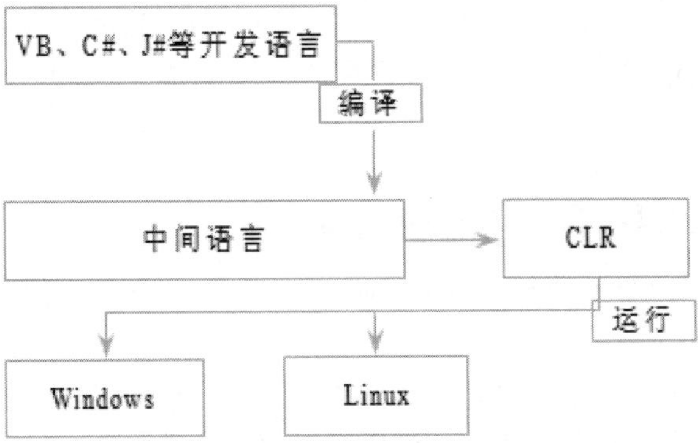

图 1.2　.NET 程序执行原理

1.1.4　C# 与 .NET Framework

.NET Framework 是微软公司推出的一个全新的开发平台，而 C# 是专门为与微软公司的 .NET Framework 一起使用而设计的一种编程语言，在 .NET Framework 平台上开发时，可以使用多种开发语言，例如 C#、VB.NET、VC++.NET、F# 等，而 C# 只是其中的一种。

说明：

运行使用 C# 开发的程序时，必须安装 .NET Framework，.NET Framework 可以随 Visual Studio 2019 开发环境一起安装到计算机上，也可以到 https://dotnet.microsoft.com/download/dotnet-framework 网站下载单独的安装文件进行安装。

1.1.5　C# 的应用领域

C# 几乎可用于所有领域，如便携式计算机、手机或者网站等，其应用领域主要包括：

- 游戏软件开发；
- 桌面应用系统开发；
- 智能手机程序开发；
- 多媒体系统开发；
- 网络系统开发；
- RIA 应用程序（Silverlight）开发；
- 操作系统平台开发；
- Web 应用开发。

1.2　Visual Studio 2019 的安装与卸载

Visual Studio 2019 是微软为了配合 .NET 战略推出的 IDE 开发环境，同时也是目前开发 C# 程序最新的工具，本节将对 Visual Studio 2019 的安装与卸载进行详细讲解。

1.2.1　安装 Visual Studio 2019 必备条件

安装 Visual Studio 2019 之前，首先要了解安装 Visual Studio 2019 所需的必备条件，检

查计算机的软硬件配置是否满足 Visual Studio 2019 开发环境的安装要求，具体要求如表 1.1 所示。

表 1.1　安装 Visual Studio 2019 所需的必备条件

名称	说明
处理器	2.0 GHz 双核处理器，建议使用 2.0 GHz 双核处理器
RAM	4G，建议使用 8G 内存
可用硬盘空间	系统盘上最少需要 10G 的可用空间（典型安装需要 20 ～ 50G 可用空间）
操作系统及所需补丁	Windows 7（SP1）、Windows 8.1、Windows Server 2012 R2（x64）、Windows Server 2016、Windows Server 2019、Windows 10；另外建议使用 64 位

1.2.2　下载 Visual Studio 2019

这里以 Visual Studio 2019 社区版的安装为例讲解具体的下载及安装步骤，下载地址为 https://www.visualstudio.com/zh-hans/downloads/，在浏览器中输入该地址后，可以看到如图 1.3 所示的页面，单击“Community”下面的“免费下载”按钮即可。

图 1.3　下载 Visual Studio 2019

1.2.3　安装 Visual Studio 2019

安装 Visual Studio 2019 社区版的步骤如下。

① Visual Studio 2019 社区版的安装文件是 exe 可执行文件，其命名格式为“vs_community__编译版本号 .exe”，本书下载的安装文件名是 vs_community__1782859289.1611536897.exe 文件，双击该文件开始安装。

② 程序首先跳转到如图 1.4 所示的 Visual Studio 2019 安装程序页面，该页面中单击“继续”按钮。

图 1.4　Visual Studio 2019 安装程序页面

③ 等待程序加载完成后，自动跳转到安装选择项页面，如图 1.5 所示，在该页面中主要将“.NET 桌面开发”和“ASP.NET 和 Web 开发”这两个复选框选中，其他的复选框，读者可以根据自己的开发需要确定是否选择安装；选择完要安装的功能后，在下面“位置”处选择要安装的路径，这里建议不要安装在系统盘上，可以选择一个其他磁盘进行安装。设置完成后，单击“安装”按钮。

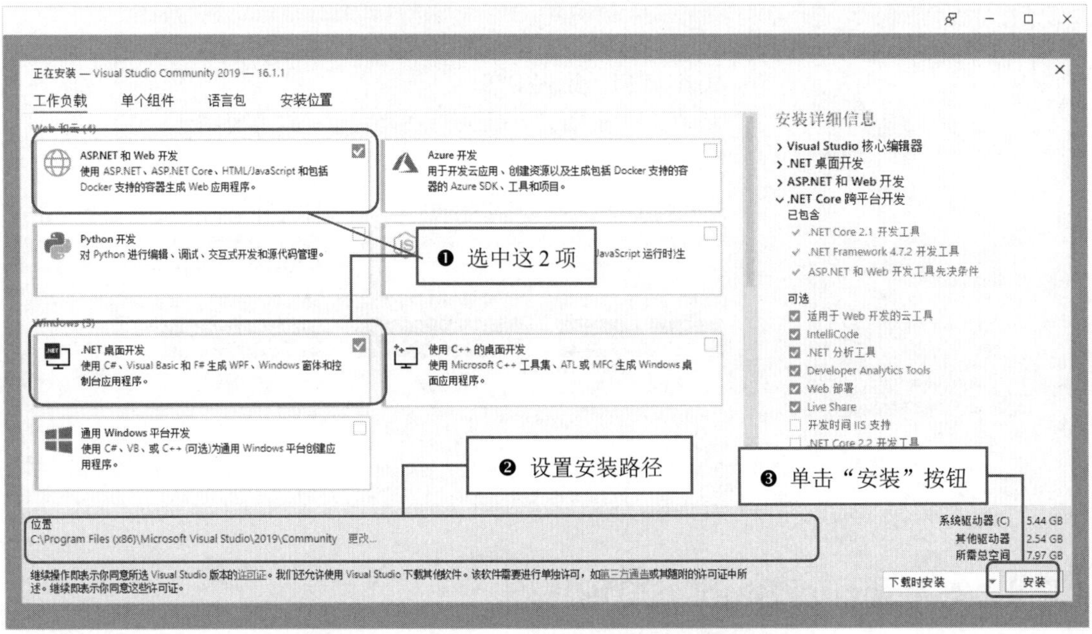

图 1.5　Visual Studio 2019 安装选择项页面

注意：

在安装 Visual Studio 2019 开发环境时，计算机一定要确保处于联网状态，否则无法正常安装。

④ 跳转到如图 1.6 所示的安装进度页面，该页面显示当前的安装进度。

图 1.6　Visual Studio 2019 安装进度页面

⑤ 等待安装后，自动进入安装完成页面，关闭即可。

⑥ 在系统的“开始”菜单中，单击“Visual Studio 2019”菜单启动 Visual Studio 2019 开发环境，如图 1.7 所示。

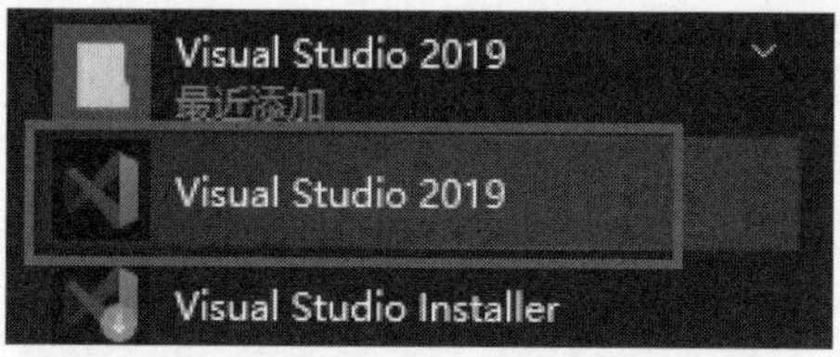

图 1.7　系统“开始”菜单中的 Visual Studio 2019 菜单

如果是第一次启动 Visual Studio 2019，会出现如图 1.8 所示的提示框，直接单击“以后再说。”超链接，即可进入 Visual Studio 2019 开发环境的开始使用页面。

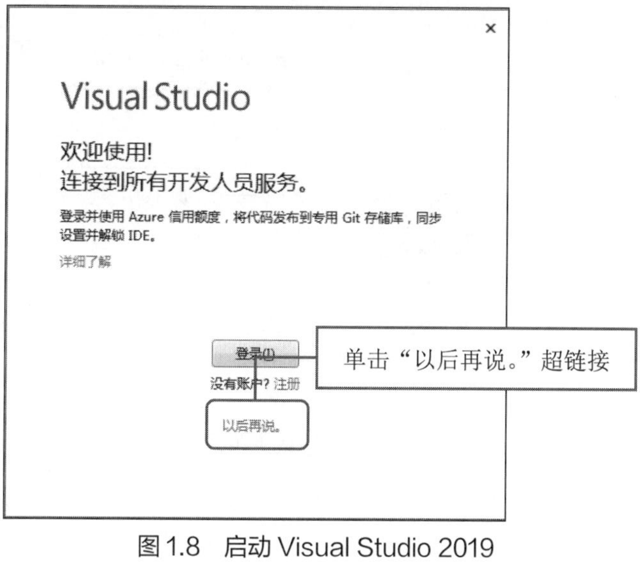

图 1.8　启动 Visual Studio 2019

Visual Studio 2019 开发环境的开始使用页面如图 1.9 所示。

图 1.9　Visual Studio 2019 开始使用页面

1.2.4　卸载 Visual Studio 2019

如果要卸载 Visual Studio 2019 开发环境，可以按以下步骤进行操作。

① 在 Windows 10 操作系统中，打开“控制面板”→“程序”→“程序和功能”，在打开的窗口中选中“Visual Studio Community 2019”选项，如图 1.10 所示。

图 1.10　卸载或更改程序

② 单击“卸载”按钮，进入 Visual Studio 2019 的卸载页面，如图 1.11 所示。单击“确定”按钮，即可卸载 Visual Studio 2019。

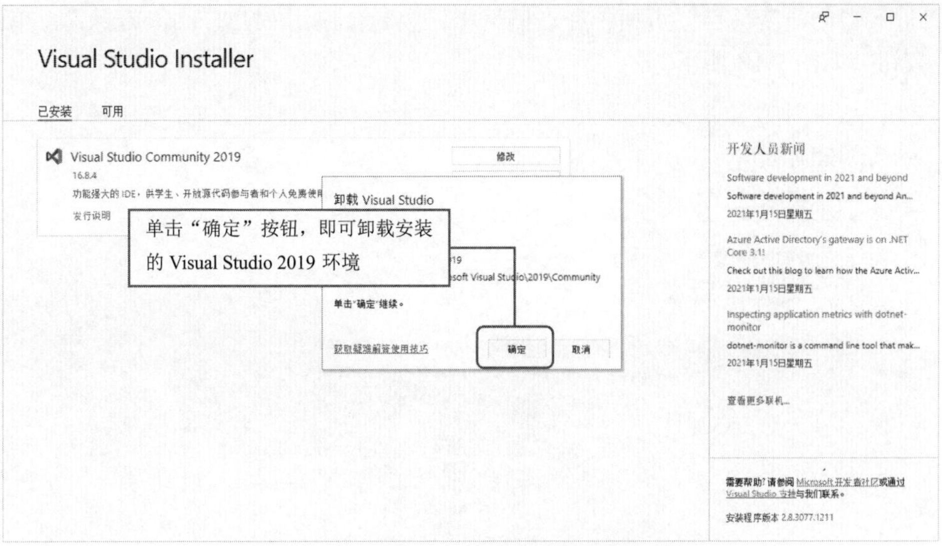

图 1.11　Visual Studio 2019 的卸载页面

1.3　熟悉 Visual Studio 2019 开发环境

本节对 Visual Studio 2019 开发环境中的菜单栏、工具栏、解决方案资源管理器、“工具箱”窗口、“属性”窗口和“错误列表”窗口等进行介绍。

1.3.1　创建项目

初期学习 C# 语法和面向对象编程主要在 Windows 控制台应用程序环境下完成，下面将按步骤介绍控制台应用程序的创建过程。

① 选择“开始”→“所有程序”→ Visual Studio 2019 菜单，进入 Visual Studio 2019 开发环境的开始使用页面，单击“创建新项目”选项，如图 1.12 所示。

图 1.12　Visual Studio 2019 开始使用页面

② 进入“创建新项目”页面，在右侧选择“控制台应用 (.NETFramework)”，单击“下一步”按钮，如图 1.13 所示。

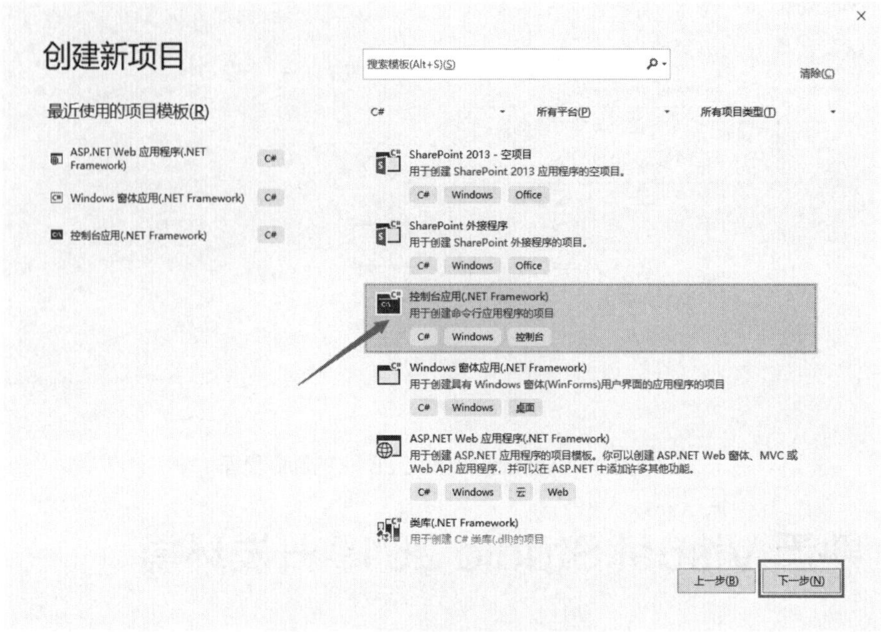

图 1.13 “创建新项目”页面

说明：

在图 1.13 中选择“Windows 窗体应用 (.NET Framework)”，即可创建 Windows 的窗体程序。

③ 进入“配置新项目”页面，该页面中输入程序名称，并选择保存路径和使用的 .NET Framework 版本，然后单击“创建”按钮，即可创建一个控制台应用程序，如图 1.14 所示。

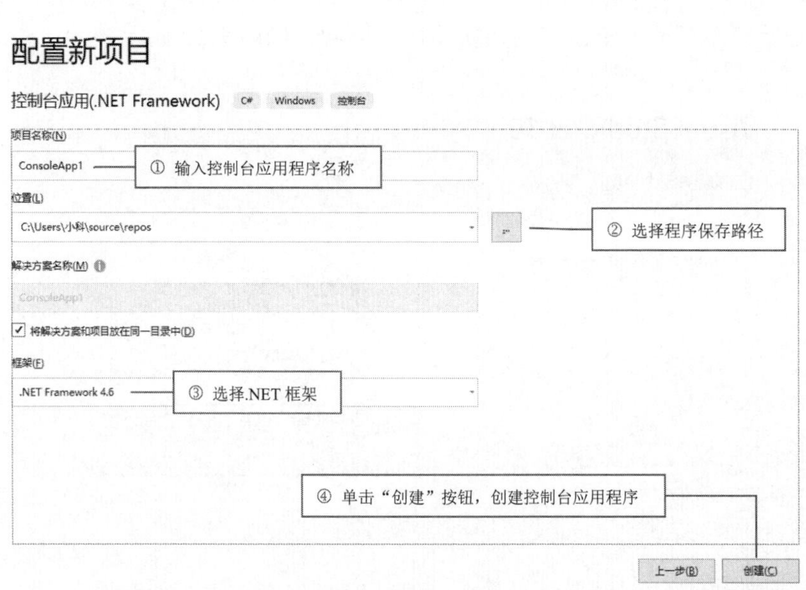

图 1.14 “配置新项目”页面

1.3.2　菜单栏

菜单栏显示了所有可用的 Visual Studio 2019 命令，除“文件”“编辑”“视图”“窗口”和“帮助”菜单之外，还提供编程专用的功能菜单，如“项目”“生成”“调试”“工具”和“测试”等，如图 1.15 所示。

图 1.15　Visual Studio 2019 菜单栏

每个菜单项中都包含若干个菜单命令，分别执行不同的操作，例如，“调试”菜单包括调试程序的各种命令，如“开始调试”“开始执行”和“新建断点”等。

1.3.3　工具栏

为了操作更方便、快捷，菜单项中常用的命令按功能分组分别放入相应的工具栏中。通过工具栏可以快速访问常用的菜单命令。常用的工具栏有标准工具栏和调试工具栏，下面分别介绍。

① 标准工具栏包括大多数常用的命令按钮，如新建项目、添加新项、打开文件、保存、全部保存等。标准工具栏如图 1.16 所示。

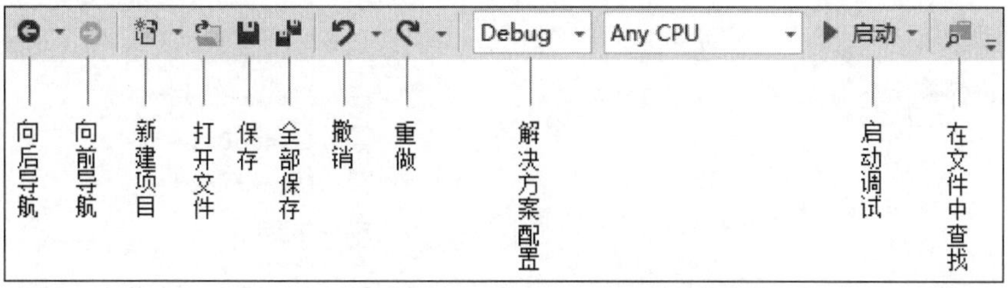

图 1.16　Visual Studio 2019 标准工具栏

② 调试工具栏包括对应用程序进行调试的快捷按钮，如图 1.17 所示。

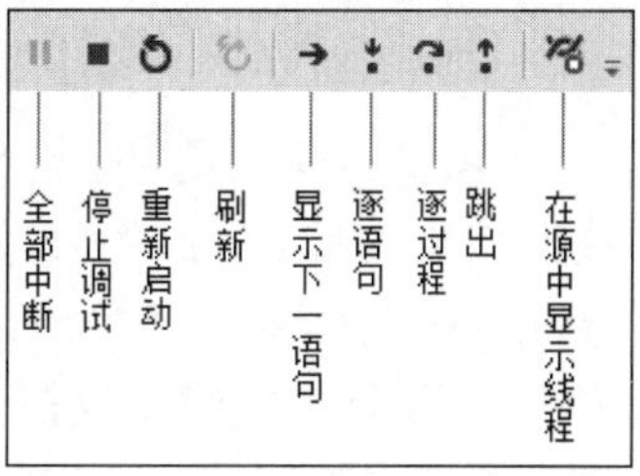

图 1.17　Visual Studio 2019 调试工具栏

说明：

在调试程序或运行程序的过程中，通常可用以下 4 种快捷键来操作。

① 按下 F5 快捷键实现调试运行程序。

② 按下〈Ctrl+F5〉快捷键实现不调试运行程序。

③ 按下 F11 快捷键实现逐语句调试程序。

④ 按下 F10 快捷键实现逐过程调试程序。

1.3.4　解决方案资源管理器

解决方案资源管理器（图 1.18）提供了项目及文件的视图，并且提供对项目和文件相关命令的便捷访问。与此窗口关联的工具栏提供了适用于列表中突出显示项的常用命令。若要访问解决方案资源管理器，可以选择“视图”→“解决方案资源管理器”菜单打开。

1.3.5 “工具箱”窗口

图 1.18 解决方案资源管理器

工具箱是 Visual Studio 2019 的重要工具，每一个开发人员都必须对这个工具非常熟悉。工具箱提供了进行 C# 程序开发所必须的控件。通过工具箱，开发人员可以方便地进行可视化的窗体设计，简化了程序设计的工作量，提高了工作效率。根据控件功能的不同，将工具箱划分为 10 个栏目，如图 1.19 所示。

说明：

“工具箱”窗口在 Windows 窗体应用程序或者 ASP.NET 网站应用程序才会显示，在控制台应用程序中没有“工具箱”窗口，图 1.19 中显示的是 Windows 窗体应用程序中的“工具箱”窗口。

单击某个栏目，显示该栏目下的所有控件，如图 1.20 所示。当需要某个控件时，可以通过双击所需要的控件直接将控件加载到 Windows 窗体中，也可以先单击选择需要的控件，再将其拖动到 Windows 窗体上。

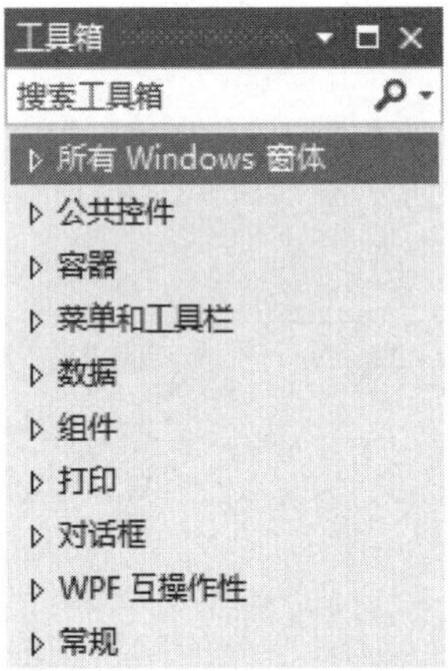

图 1.19 “工具箱”窗口

图 1.20 展开后的“工具箱”窗口

1.3.6 “属性”窗口

“属性”窗口是 Visual Studio 2019 中另一个重要的工具，该窗口中为 C# 程序的开发提供了简单的属性修改方式。对 Windows 窗体中的各个控件属性都可以由“属性”窗口设置完成。“属性”窗口不仅提供了属性的设置及修改功能，还提供了事件的管理功能。“属性”窗口可以管理控件的事件，方便编程时对事件的处理。

另外，“属性”窗口采用了两种方式管理属性和方法，分别为按分类方式和按字母顺序方式。读者可以根据自己的习惯采用不同的方式。该窗口的下方还有简单的帮助功能，方便开发人员对控件的属性进行操作和修改，“属性”窗口的左侧是属性名称，相对应的右侧是属性值。“属性”窗口如图 1.21 所示。

图 1.21 “属性”窗口

1.3.7 “错误列表”窗口

“错误列表”窗口为代码中的错误提供了即时的提示和可能的解决方法。例如，当某句代码结束时忘记了输入分号，错误列表中会显示如图 1.22 所示的错误。错误列表就好像是一个错误提示器，它可以将程序中的错误代码及时显示给开发人员，并通过提示信息找到相应的错误代码。

图 1.22 “错误列表”窗口

说明：

双击错误列表中的某项，Visual Studio 2019 开发环境会自动定位到发生错误的代码。

本章知识思维导图

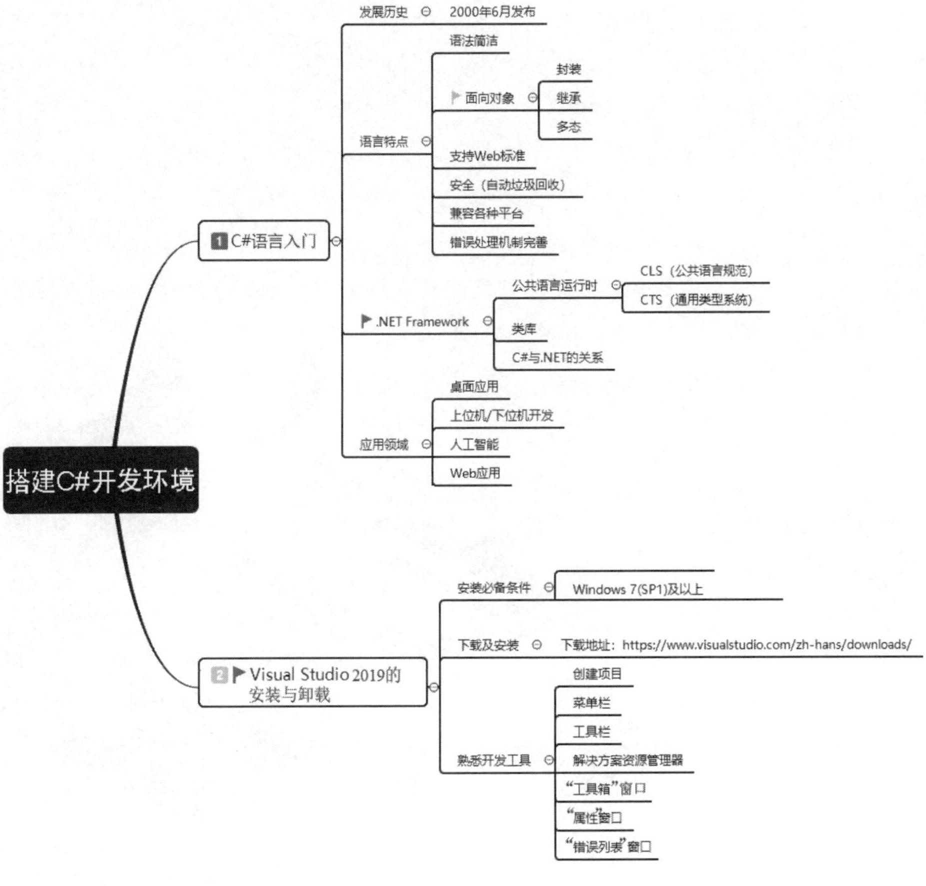

第 2 章

第一个 C# 程序

扫码领取
- 配套视频
- 配套素材
- 学习指导
- 交流社群

本章学习目标

- 编写第一个 C# 程序。
- 熟悉 C# 程序的基本结构。
- 了解 C# 程序常用编写规范。

2.1 编写第一个 C# 程序

在大多数编程语言中，编写的第一个程序通常都是输出“Hello World”，这里将使用 Visual Studio 2019 和 C# 语言来编写这个程序。首先看一下使用 Visual Studio 2019 开发 C# 程序的基本步骤，如图 2.1 所示。

图 2.1 使用 Visual Studio 2019 开发 C# 程序的基本步骤

通过图 2.1 中的 3 个步骤，开发人员可以很方便地创建并运行一个 C# 程序。例如，使用 Visual Studio 2019 在控制台中创建“Hello World”程序并运行，具体开发步骤如下。

① 在系统的开始菜单列表中找到 Visual Studio 2019，单击即可进入 Visual Studio 2019 开发环境开始页面，单击“创建新项目”选项，如图 2.2 所示。

图 2.2 单击“创建新项目”选项

② 进入“创建新项目”页面，在右侧选择“控制台应用 (.NETFramework)”，单击“下一步”按钮，如图 2.3 所示。

说明：

在图 2.3 中选择“Windows 窗体应用 (.NET Framework)”，即可创建 Windows 窗体程序。

③ 进入“配置新项目”页面，该页面中输入程序名称，并选择保存路径和使用的 .NET Framework 版本，然后单击“创建”按钮，即可创建一个控制台应用程序，如图 2.4 所示。

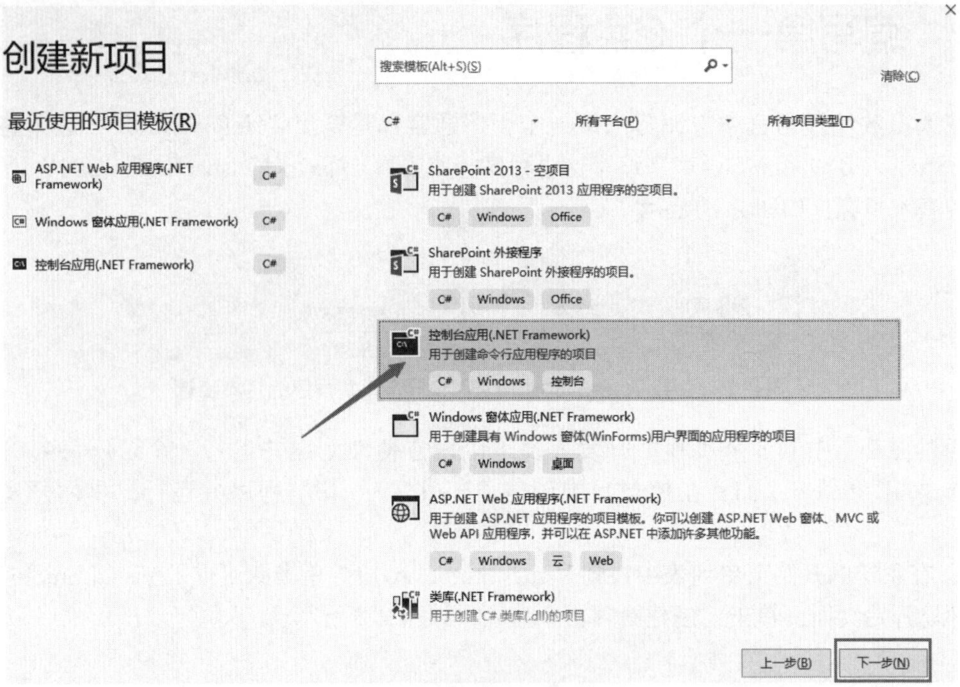

图 2.3 “创建新项目”页面

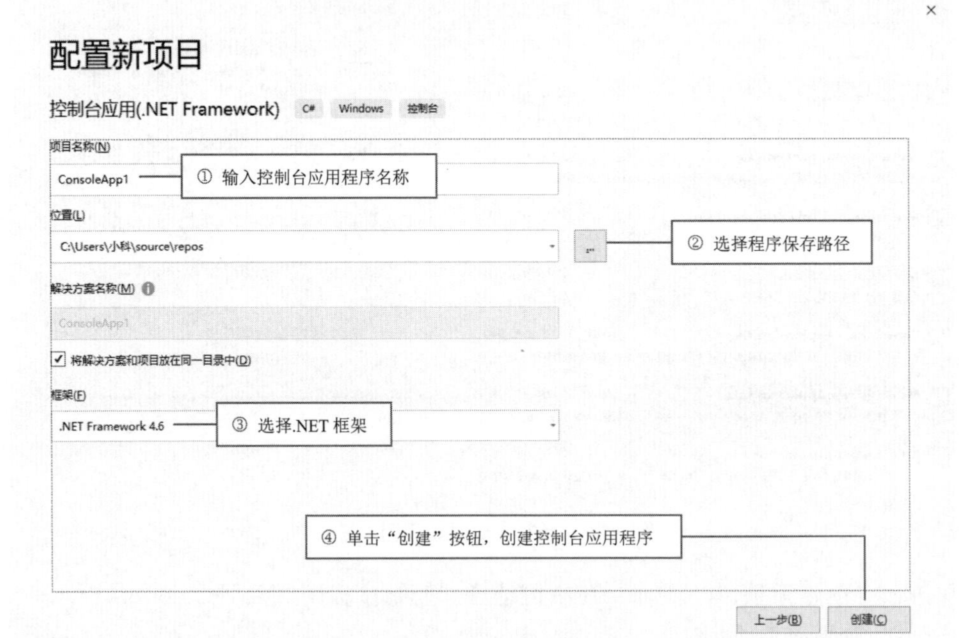

图 2.4 “配置新项目”页面

说明：

图 2.4 中的“位置”可以设置为计算机上的任意路径。

④ 按照图 2.4 中的步骤创建一个控制台应用程序。

⑤ 控制台应用程序创建完成后，会自动打开 Program.cs 文件，在该文件的 Main 方法中输入如下代码：

```
01  static void Main(string[] args)                //Main 方法，程序的主入口方法
02  {
03          Console.WriteLine("Hello World");      // 输出 "Hello World"
04          Console.ReadLine();                    // 定位控制台窗体
05  }
```

代码注解：

① 第 1 行代码是自动生成的 Main 方法，用来作为程序的入口方法，每一个 C# 程序都必须有一个 Main 方法。

② 第 3 行代码中的 Console.WriteLine 方法主要用来向控制台中输出内容。

③ 第 4 行代码中的 Console.ReadLine 方法主要用来获取控制台中的输出，这里用来将控制台窗体定位到桌面上。

单击 Visual Studio 2019 开发环境工具栏中 ▶ 启动 按钮，运行该程序，效果如图 2.5 所示。

图 2.5　输出“Hello World”

上面的代码中，使用 C# 输出了开发人员进入“编程世界”后遇到的一个最经典语句“Hello World”，下面通过一个符合中国人习惯的实例看一下如何在 C# 中输出中文内容。

[实例 2.1]　（源码位置：资源包 \Code\02\01）

输出“人因梦想而伟大”

创建一个控制台应用程序，使用 Console.WriteLine 方法输出小米董事长雷军的经典语录“人因梦想而伟大”，完整代码如下：

```
01  using System;
02  using System.Collections.Generic;
03  using System.Linq;
04  using System.Text;
05
06  namespace Test
07  {
08      class Program
09      {
10          static void Main(string[] args)                 //Main 方法，程序的主入口方法
11          {
12              Console.WriteLine(" 人因梦想而伟大 ");          // 输出文字
13              Console.WriteLine("                ——雷军 ");
14              Console.ReadLine();                         // 固定控制台界面
15          }
16      }
17  }
```

代码注解：

① 第 1 行到第 4 行代码是自动生成的代码，用来引用默认的命名空间。

② 第 6 行是自动生成的命名空间，该命名空间的名称默认与创建的项目名称相同，开发人员可以手动修改。

③ 第 8 行代码是自动生成的一个 Program 类，该类是 C# 程序的启动类，类的名称可以手动修改。

程序运行效果如图 2.6 所示。

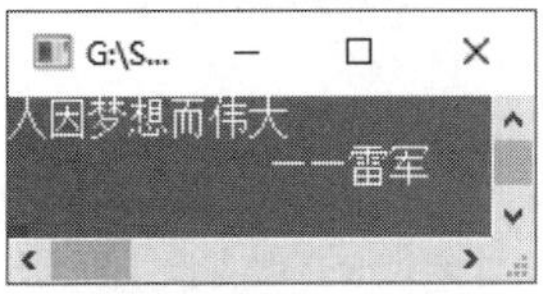

图 2.6　输出中文字符串

2.2 C# 程序结构预览

前面讲解了如何创建第一个 C# 程序，其完整代码效果如图 2.7 所示。

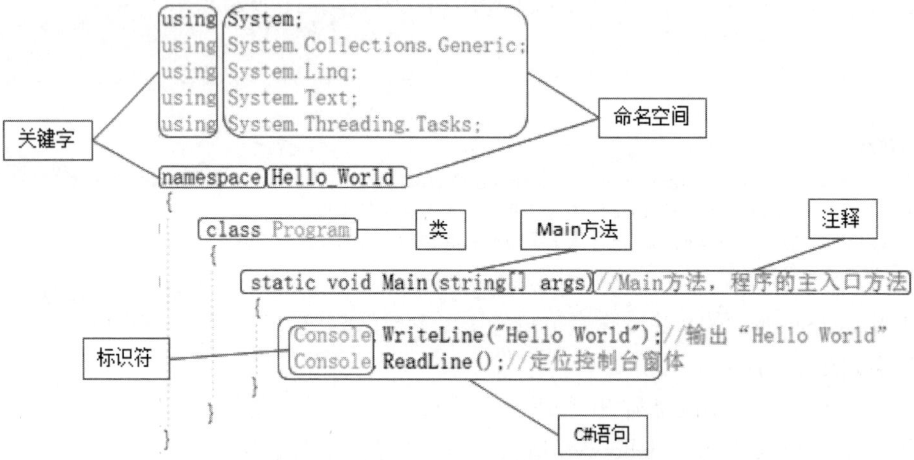

图 2.7 Hello World 程序完整代码效果

从图 2.7 中可以看出，一个 C# 程序总体可以分为命名空间、类、关键字、标识符、Main 方法、C# 语句和注释等。本节将分别对 C# 程序的各个组成部分进行讲解。

2.2.1 命名空间

在 Visual Studio 开发环境中创建项目时，会自动生成一个与项目名称相同的命名空间，如图 2.8 所示。

图 2.8 自动生成的命名空间

命名空间在 C# 中起到组成程序的作用，正如图 2.8 中所示，在 C# 中定义命名空间时，需要使用 namespace 关键字，其语法如下：

```
namespace 命名空间名
```

说明：

开发人员一般不用自定义命名空间，因为在创建项目或者创建类文件时，Visual Studio 开发环境会自动生成一个命名空间。

命名空间既用作程序的“内部”组织系统，也用作向“外部”公开的组织系统（即一种向其他程序公开自己拥有的程序元素的方法）。如果要调用某个命名空间中的类或者方法，首先需要使用 using 指令引入命名空间，这样，就可以直接使用该命名空间中所包含的成员（包括类及类中的属性、方法等）。

using 指令的基本形式如下：

```
using 命名空间名；
```

说明：

C# 中的命名空间就好像一个存储了不同类型物品的仓库，而 using 指令就好比一把钥匙，命名空间的名称就好比仓库的名称，用户可以通过钥匙打开指定名称的仓库，从而从仓库中获取所需的物品，其示意图如图 2.9 所示。

图 2.9　命名空间与仓库对比示意图

例如，下面代码定义一个 Demo 命名空间：

```
namespace Demo   // 自定义一个名称为 Demo 的命名空间
```

定义完命名空间后，如果要使用命名空间中所包含的类，需要使用using引用命名空间。例如，下面代码使用 using 引用 Demo 命名空间：

```
using Demo;   // 引用自定义的 Demo 命名空间
```

常见错误：

如果在使用指定命名空间中的类时，没有使用 using 引用命名空间。例如下面代码：

```
namespace Test
{
    class Program
    {
        static void Main(string[] args)
        {
            Operation oper = new Operation();   // 创建 Demo 命名空间中 Operation 类的对象
        }
    }
}
namespace Demo                                  // 自定义一个名称为 Demo 的命名空间
{
    class Operation                             // 自定义一个名称为 Operation 的类
    {
    }
}
```

会出现如图 2.10 所示的错误提示信息。

要改正以上代码，可以直接在命名空间区域使用 using 引用 Demo 命名空间，代码如下：

```
using Demo;                                     // 引用自定义的 Demo 命名空间
```

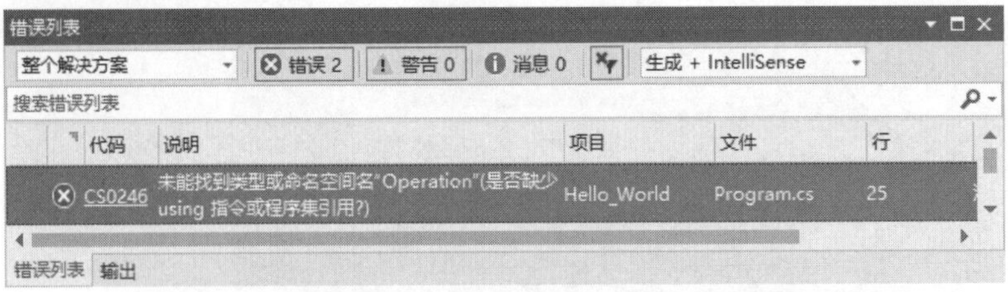

图 2.10　没有引用命名空间而使用其中的类时出现的错误

技巧：

在使用命名空间中的类时，如果不想用 using 指令引用命名空间，可以在代码中使用命名空间调用其中的类。例如，下面代码直接使用 Demo 命名空间调用其中的 Operation 类：

```
Demo.Operation oper = new Demo.Operation();            // 创建 Demo 命名空间中 Operation 类的对象
```

2.2.2 类

C# 程序的主要功能代码都是在类中实现的，类是一种数据结构，它可以封装数据成员、方法成员和其他的类。因此，类是 C# 语言的核心和基本构成模块。C# 支持自定义类，使用 C# 编程就是编写自己的类来描述实际需要解决的问题。

说明：

如果把命名空间比作一个医院，类就相当于该医院的各个科室，如内科、骨科、泌尿科、眼科等，在各科室中都有自己的工作方法，相当于在类中定义的变量、方法等。命名空间与类的关系示意图如图 2.11 所示。

图 2.11　命名空间与类的关系图

使用类之前都必须首先进行声明，一个类一旦被声明，就可以当作一种新的类型来使用，在 C# 中通过使用 class 关键字来声明类，声明语法如下：

```
class  [ 类名 ]
{
            [ 类中的代码 ]
}
```

说明：

声明类时，还可以指定类的修饰符和其要继承的基类或者接口等信息，这里只要知道如何声明一个最基本的类即可。

上面的语法中，在命名类的名称时，最好能够体现类的含义或者用途，而且类名一般采用第一个字母大写的名词，也可以采用多个词构成的组合词。

例如，声明一个汽车类，命名为 Car，该类没有任何意义，只演示如何声明一个类，代码如下：

```
class Car
{
}
```

2.2.3 关键字与标识符

（1）关键字

关键字是 C# 语言中已经被赋予特定意义的一些单词，开发程序时，不可以把这些关键字作为命名空间、类、方法或者属性等来使用。大家在 Hello World 程序中看到的 using、namespace、class、static 和 void 等都是关键字。C# 语言中的常用关键字如表 2.1 所示。

表 2.1　C# 常用关键字

int	public	this	finally	bool	abstract
continue	float	long	short	throw	return
break	for	foreach	static	new	interface
if	goto	default	byte	do	case
void	try	switch	else	catch	private
double	protected	while	char	class	using

常见错误：

如果在开发程序时，使用 C# 中的关键字作为命名空间、类、方法或者属性等的名称。例如，下面代码使用 C# 关键字 void 作为类的名称：

```
class void
{
}
```

会出现如图 2.12 所示的错误提示信息。

图 2.12　使用 C# 关键字作为类名时的错误信息

(2) 标识符

标识符可以简单地理解为一个名字，例如每个人都有自己的名字，它主要用来标识类名、变量名、方法名、属性名、数组名等各种成员。

C# 语言标识符命名规则如下：

① 由任意顺序的字母、下划线（_）和数字组成。

② 第一个字符不能是数字。

③ 不能是 C# 中的保留关键字。

下面是合法的标识符：

```
_ID
name
user_age
```

下面是非法标识符：

```
4word                                    // 以数字开头
string                                   //C# 中的关键字
```

注意：

C# 中标识符中不能包含 #、% 或者 $ 等特殊字符。

在 C# 语言中，标识符中的字母是严格区分大小写的，两个同样的单词，如果大小写格式不一样，所代表的意义是完全不同的。例如，下面 3 个变量是完全独立、毫无关系的，就像 3 个长得比较像的人，彼此之间都是独立的个体。

```
int number=0;                            // 全部小写
int Number=1;                            // 部分大写
int NUMBER=2;                            // 全部大写
```

说明：

在 C# 语言中允许使用汉字作为标识符，如“class 运算类”，在程序运行时并不会出现错误，但建议读者尽量不要使用汉字作为标识符。

2.2.4 Main 方法

在 Visual Studio 开发环境中创建控制台应用程序后，会自动生成一个 Program.cs 文件，该文件有一个默认的 Main 方法，代码如下：

```
class Program
 {
        static void Main(string[] args)
        {
        }
 }
```

每一个 C# 程序中都必须包含一个 Main 方法，它是类体中的主方法，也叫入口方法，可以说是激活整个程序的开关。Main 方法从“{”开始，至“}”结束。static 和 void 分别是 Main 方法的静态修饰符和返回值修饰符，C# 程序中的 Main 方法必须声明为 static，并且区分大小写。

常见错误：

如果将 Main 方法前面的 static 关键字删除，则程序会在运行时出现如图 2.13 所示的错误提示信息。

图 2.13　删除 static 关键字时 Main 方法出现的错误

Main 方法一般都是创建项目时自动生成的，不用开发人员手动编写或者修改。如果需要修改，则需要注意以下 3 个方面。

- Main 方法在类或结构内声明，它必须是静态（static）的，而且不应该是公用（public）的。
- Main 的返回类型有两种：void 或 int。
- Main 方法可以包含命令行参数 string[] args，也可以不包括。

根据以上 3 个注意事项总结出，Main 方法有以下 4 种声明方式：

```
static void Main ( string[ ] args )  {  }
static void Main ( ) {  }
static int Main ( string[ ] args )  {  }
static int Main ( ) {  }
```

技巧：

通常 Main 方法中不写具体逻辑代码，只做类实例化和方法调用。好比手机来电话了，只需要按“接通”键就可以通话，而不需要考虑手机通过怎样的信号转换将电磁信号转化成声音。这样的代码简洁明了，容易维护。养成良好的编码习惯，可以让程序员的工作事半功倍。

2.2.5　C# 语句

语句是构造所有 C# 程序的基本单位，使用 C# 语句可以声明变量、常量、调用方法、创建对象或执行任何逻辑操作，C# 语句以分号终止。

例如，在 Hello World 程序中输出“Hello World”字符串和定位控制台的代码就是 C# 语句：

```
Console.WriteLine("Hello World");            // 输出 "Hello World"
Console.ReadLine();                          // 定位控制台窗体
```

上面的代码是两条最基本的 C# 语句，用来在控制台窗口中输出和读取内容，它们都用到了 Console 类。Console 类表示控制台应用程序的标准输入流、输出流和错误流，该类中包含很多方法，但与输入输出相关的主要有 4 个方法，如表 2.2 所示。

表 2.2　Console 类中与输入输出相关的方法

方法	说明
Read	从标准输入流读取下一个字符
ReadLine	从标准输入流读取下一行字符
Write	将指定的值写入标准输出流
WriteLine	将当前行终止符写入标准输出流

其中，Console.Read 方法和 Console.ReadLine 方法用来从控制台读入，它们的使用区别如下：

- Console.Read 方法：返回值为 int 类型，只能记录 int 类型的数据。
- Console.ReadLine 方法：返回值为 string 类型，可以将控制台中输入的任何类型数据存储为字符串类型数据。

技巧：

在开发控制台应用程序时，经常使用 Console.Read 方法或者 Console.ReadLine 方法定位控制台窗体。

Console.Write 方法和 Console.WriteLine 方法用来向控制台输出，它们的使用区别如下：

- Console.Write 方法——输出后不换行。

例如，使用 Console.Write 方法输出“Hello World”字符串，代码如下，效果如图 2.14 所示。

```
Console.Write("Hello World");
```

- Console.WriteLine 方法——输出后换行。

例如，使用 Console.WriteLine 方法输出“Hello World”字符串，代码如下，效果如图 2.15 所示。

```
Console.WriteLine("Hello World");
```

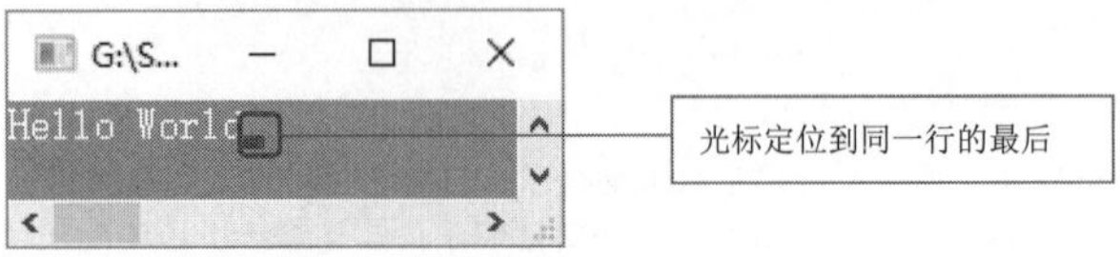

图 2.14　使用 Console.Write 方法输出“Hello World”字符串

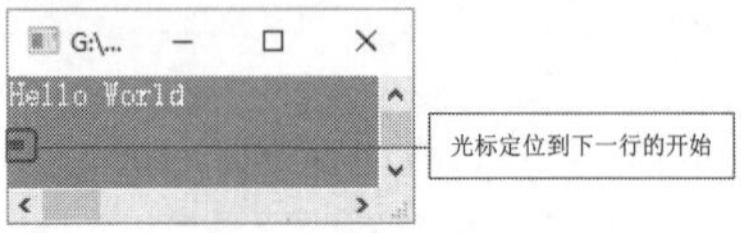

图 2.15　使用 Console.Writeline 方法输出“Hello World”字符串

注意：

C# 代码中所有的字母、数字、括号以及标点符号均为英文输入法状态下的半角符号，而不能是中文输入法或者英文输入法状态下的全角符号。例如，图 2.16 为中文输入法的分号引起的错误提示。

图 2.16　中文输入法的分号引起的错误提示

2.2.6　注释

注释是在编译程序时不执行的代码或文字，其主要功能是对某行或某段代码进行说明，方便代码的理解与维护，或者在调试程序时，将某行或某段代码设置为无效代码。常用的注释主要有行注释和块注释两种，下面分别进行简单介绍。

说明：

注释就像是超市中各商品下面的价格标签，对商品的名称、价格、产地等信息进行说明，如图 2.17 所示；而程序中，注释的最基本作用就是描述代码的作用，告诉别人你的代码要实现什么功能。

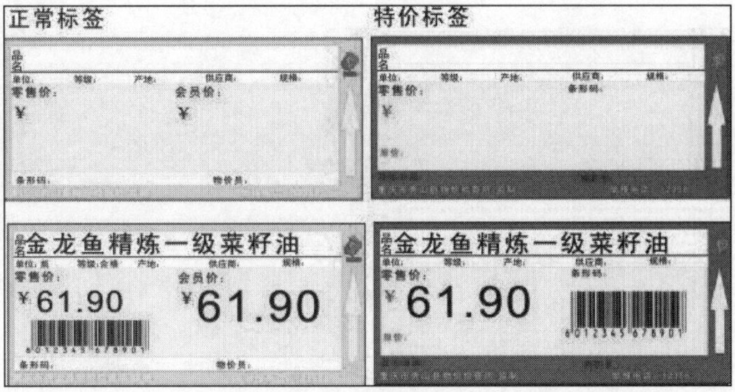

图 2.17　超市中各商品下面的价格标签相当于注释

(1) 行注释

行注释都以“//”开头，后面跟注释的内容。例如，在 Hello World 程序中使用行注释，解释每一行代码的作用，代码如下：

```
static void Main(string[] args)              //Main 方法，程序的主入口方法
{
      Console.WriteLine("Hello World");      // 输出 "Hello World"
      Console.ReadLine();                    // 定位控制台窗体
}
```

注意：

注释可以出现在代码的任意位置，但是不能分隔关键字和标识符。例如，下面的代码注释是错误的：

```
static void                                  // 错误的注释 Main(string[] args)
```

(2) 块注释

如果注释的行数较少，一般使用行注释。对于连续多行的大段注释，则使用块注释，块注释通常以“/*”开始，以“*/”结束，注释的内容放在它们之间。

例如，在 Hello World 程序中使用块注释将输出 Hello World 字符串和定位控制台窗体的 C# 语句注释为无效代码，代码如下：

```
static void Main(string[] args)              //Main 方法，程序的主入口方法
{
      /*    块注释开始
            Console.WriteLine("Hello World"); // 输出 "Hello World" 字符串
            Console.ReadLine();
      */
}
```

技巧：

块注释通常用来为类文件、类或者方法等添加版权、功能等信息。例如，下面代码使用块注释为 Program.cs 类键添加版权、功能及修改日志等信息。

```
/*
 * 版权所有：吉林省明日科技有限公司 © 版权所有
 *
 * 文件名：Program.cs
 * 文件功能描述：类的主程序文件，主要作为入口
 *
 * 创建日期：2021 年 6 月 1 日
 * 创建人：王小科
 *
 * 修改标识：2021 年 6 月 5 日
 * 修改描述：增加 Add 方法，用来计算不同类型数据的和
 * 修改日期：2021 年 6 月 5 日
 *
*/

using System;
using System.Collections.Generic;
using System.Linq;
using System.Text;

namespace Test
{
    class Program
    {
    }
}
```

2.2.7 一个完整的 C# 程序

通过以上内容的讲解，我们熟悉了 C# 程序的基本组成，下面通过一个实例讲解如何编写一个完整的 C# 程序。

[实例 2.2]　　（源码位置：资源包 \Code\02\02）

输出软件启动页

使用 Visual Studio 开发环境创建一个控制台应用程序，然后使用 Console.WriteLine 方法在控制台中模拟输出“编程词典（珍藏版）”软件的启动页。代码如下：

```
static void Main(string[] args)
{
    Console.WriteLine(" --------------------------------------------------------------");
    Console.WriteLine("|                                                              |");
    Console.WriteLine("|                                                              |");
    Console.WriteLine("|                                                              |");
    Console.WriteLine("|                                                              |");
    Console.WriteLine("|                                                              |");
    Console.WriteLine("|                       编程词典（珍藏版）                       |");
    Console.WriteLine("|                                                              |");
    Console.WriteLine("|                                                              |");
    Console.WriteLine("|                                                              |");
    Console.WriteLine("|                                         开发团队：明日科技        |");
    Console.WriteLine("|                                                              |");
    Console.WriteLine("|                                                              |");
    Console.WriteLine("|                                                              |");
    Console.WriteLine("|                                                              |");
    Console.WriteLine("|                     copyright   2000——2021   明日科技        |");
    Console.WriteLine("|                                                              |");
```

```
        Console.WriteLine("|                                                              |");
        Console.WriteLine("|                                                              |");
        Console.WriteLine(" --------------------------------------------------------------");
        Console.ReadLine();
    }
```

完成以上操作后，单击 Visual Studio 2019 开发环境工具栏中 ▶启动 按钮，即可运行该程序。程序运行结果如图 2.18 所示。

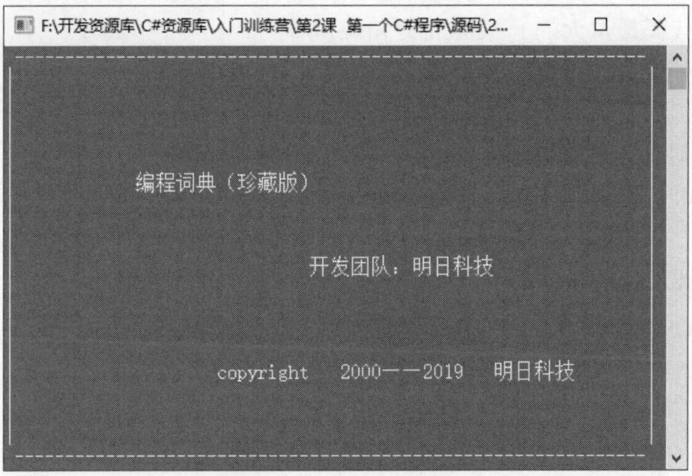

图 2.18 输出软件启动页

2.3 程序编写规范

下面给出两段实现同样功能的代码，如图 2.19 所示。

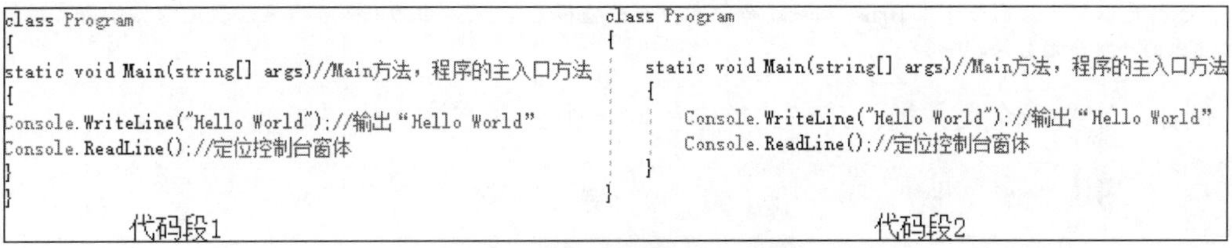

图 2.19 两段相同的 C# 代码

大家在学习时，愿意看图 2.19 中的左侧代码还是右侧代码？答案应该是肯定的，大家肯定都喜欢阅读图 2.19 中的右侧代码，因为它看上去更加规整，这是一种最基本的代码编写规范。本节将对 C# 代码的编写规则以及命名规范进行介绍。遵循一定的代码编写规则和命名规范可以使代码更加规范化，对代码的理解与维护起到至关重要的作用。

2.3.1 代码编写规则

代码编写规则通常对应用程序的功能没有影响，但它们在改善对源代码的理解方面是有帮助的。养成良好的习惯对于软件的开发和维护都是很有益的，下面列举一些常用的代码编写规则。

- 编写 C# 程序时，统一代码缩进的样式，例如统一缩进两个字符或者 4 个字符位置。

- 每编写一行 C# 代码，都应该换行编写下一行代码。
- 在编写 C# 代码时，应该合理使用空格，以便使代码结构更加清晰。
- 尽量使用接口，然后使用类实现接口，以提高程序的灵活性。
- 关键的语句（包括声明关键的变量）必须要写注释。
- 建议局部变量在最接近使用它的地方声明。
- 不要使用 goto 系列语句，除非是用在跳出深层循环时。
- 避免编写超过 5 个参数的方法，如果要传递多个参数，则使用结构。
- 避免书写代码量过大的 try-catch 语句块。
- 避免在同一个文件中编写多个类。
- 生成和构建一个长的字符串时，一定要使用 StringBuilder 类型，而不用 string 类型。
- 对于 if 语句，应该使用一对“{ }”把语句块包含起来。
- switch 语句一定要有 default 语句来处理意外情况。

2.3.2 命名规范

命名规范在编写代码中起到很重要的作用，虽然不遵循命名规范，程序也可以运行，但是使用命名规范可以更加直观地了解代码所代表的含义。本节将介绍 C# 中常用的一些命名规范。

（1）两种命名方法

在 C# 中，最常用的有两种命名方法，分别是 Pascal 命名法和 Camel 命名法，下面分别介绍。

- 用 Pascal 命名法来命名方法和类型，Pascal 命名法是第一个字母必须大写，并且后面连接词的第一个字母均为大写。

说明：

Pascal 是以纪念法国数学家 Blaise Pascal 而命名的一种编程语言，C# 中的 Pascal 命名法就是根据该语言的特点总结出来的一种命名方法。

例如，定义一个公共类，并在此类中创建一个公共方法，代码如下：

```
public  class  User                          // 创建一个公共类
{
    public  void  GetInfo()                  // 在公共类中创建一个公共方法
    {
    }
}
```

- 用 Camel 命名法来命名局部变量和方法的参数，Camel 命名法是指名称中第一个单词的第一个字母小写。

说明：

Camel 命名法又称驼峰式命名法，它是由骆驼的体型特征推理出来的一种命名方法。

例如，声明一个字符串变量和创建一个公共方法，代码如下：

```
string strUserName;  // 声明一个字符串变量 strUserName
// 创建一个具有两个参数的公共方法
public void addUser(string strUserId, byte[] byPassword);
```

（2）程序中的命名规范

开发项目时，不可避免地要遇到各个程序元素的命名问题，例如项目的命名、类的命名、方法的命名等。例如，图 2.20 中声明了一个 User 类，图 2.21 中声明了一个 aaa 类。

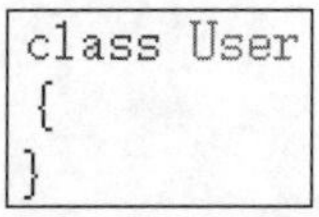

图 2.20　声明 User 类

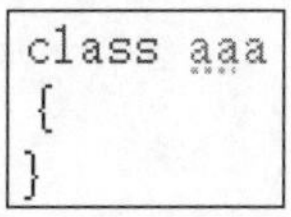

图 2.21　声明 aaa 类

查看图 2.20 和图 2.21，从类的命名上，可以很容易看出，图 2.20 中的 User 类应该是与用户相关的一个类，但是图 2.21 中声明的 aaa 类，即使再有想象力的人，恐怕也想象不出这个类到底是用来做什么的吧？从这两个例子可以看出，在对程序元素命名时，如果遵循一定的规范，将使代码更加具有可读性，下面介绍一下常用程序元素的基本命名规范。

- 命名项目名称时，可以使用公司域名 + 产品名称，或者直接使用产品名称。

例如，利用公司名和产品名定义命名空间。又如，在命名项目时，可以将项目命名为“mingrisoft.ERP”或者“ERP”，其中，mingrisoft 是公司的域名，ERP 是产品名称。

- 用有意义的名字定义命名空间，如公司名、产品名。

例如，利用公司名和产品名定义命名空间，代码如下：

```
namespace Mrsoft                                    // 公司命名
{
}
namespace ERP                                       // 产品命名
{
}
```

- 接口的名称加前缀“I”。

例如，创建一个公共接口 Iconvertible，代码如下：

```
public  interface  Iconvertible                     // 创建一个公共接口 Iconvertible
{
      byte ToByte();                                // 声明一个 byte 类型的方法
}
```

- 类的命名最好能够体现出类的功能或操作。

例如，创建一个名称为 Operation 的类，用来作为运算类，代码如下：

```
public  class  Operation                            // 表示一个运算类
{
}
```

- 方法的命名：一般将其命名为动宾短语，表明该方法的主要作用。

例如，在公共类 File 中创建 CreateFile 方法和 GetPath 方法，代码如下：

```
public  class  File                                      // 创建一个公共类
{
      public  void  CreateFile(string  filePath)         // 创建一个 CreateFile 方法
      {
      }
      public  void  GetPath(string  path)                // 创建一个 GetPath 方法
      {
      }
}
```

● 定义成员变量时，最好加前缀 “_”。

例如，在公共类 DataBase 中声明一个私有成员变量 _connectionString，代码如下：

```
public  class  DataBase                            // 创建一个公共类
{
    private  string  _connectionString;            // 声明一个私有成员变量
}
```

本章知识思维导图

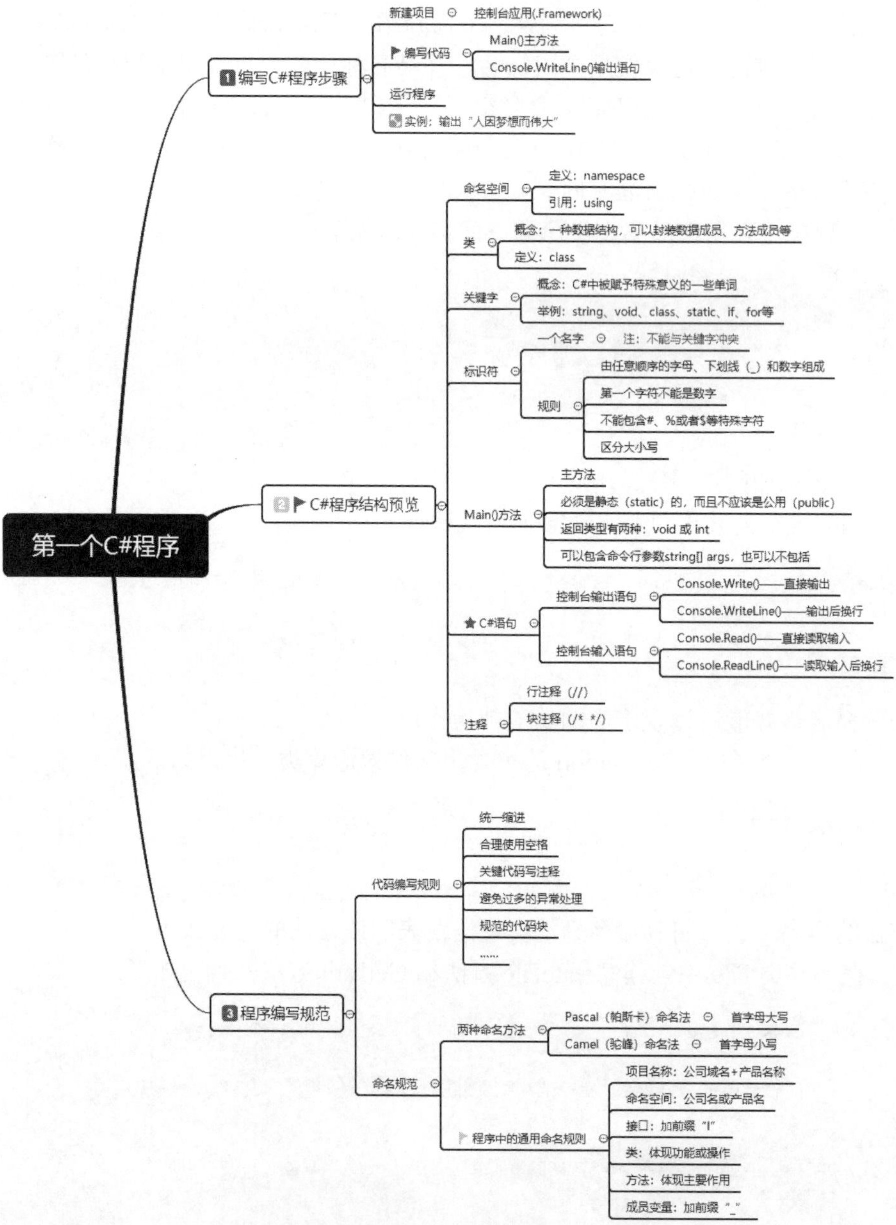

第 3 章

数据类型

扫码领取
- 配套视频
- 配套素材
- 学习指导
- 交流社群

本章学习目标

- 掌握变量的使用。
- 熟练掌握各种数据类型的应用。
- 熟悉引用类型与值类型的区别。
- 熟悉常量的应用场景。
- 掌握数据类型转换的使用。

3.1 数据类型及变量

3.1.1 为什么要使用变量

变量关系到数据的存储，计算机是使用内存来存储计算时所使用的数据，那么内存是如何来存储数据的呢？通过生活常识，我们知道数据是各式各样的，例如整数、小数、字符串等，那么，在内存中存储这些数据时，首先就需要根据数据的需求（即类型）为它申请一块合适的空间，然后在这个空间中存储相应的值。实际上，内存就像一个宾馆，客人如果到一个宾馆住宿，首先需要开房间，然后入住，而在开房间时，客人需要选择是开单间、双人间，还是开总统套房等，这其实就对应一个变量的数据类型选择问题。

在内存中为数据分配一定的空间之后，如果要使用定义的这个数据，由于内存中的数据是以二进制格式进行存储的，而这些二进制数据都对应相应的内存地址，因此，必须通过一种技术使用户能够很方便地访问二进制数据的内存地址，这种技术就是变量！

3.1.2 变量是什么

变量主要用来存储特定类型的数据，用户可以根据需要随时改变变量中所存储的数据值。变量具有名称、类型和值，其中，变量名是变量在程序源代码中的标识，类型用来确定变量所代表的内存的大小和类型，变量值是指它所代表的内存块中的数据。在程序执行过程中，变量的值可以发生变化。使用变量之前必须先声明变量，即指定变量的类型和名称。

这里以上面的客人入住宾馆为例，说明一个变量所需要的基本要素。首先，客人需要选择房间类型，也就是确定变量类型的过程；选择房间类型后，需要选择房间号，这是确定变量的名称；完成以上操作后，这个客人就可以顺利入住，这样，这个客人就相当于这个房间中存储的数据，如图 3.1 所示。

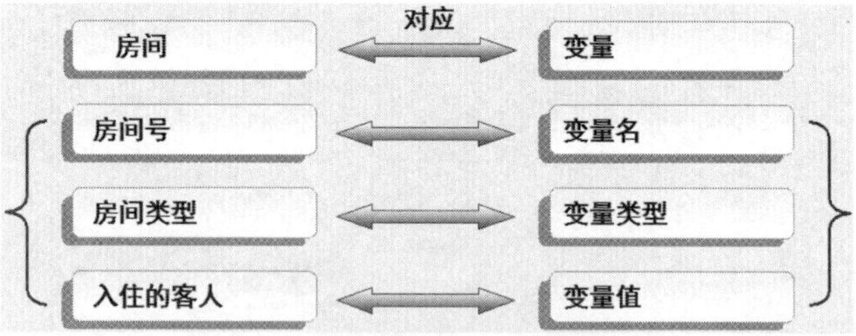

图 3.1 变量的基本要素

3.1.3 声明变量

（1）声明变量的概念

声明变量就是指定变量的名称和类型，变量的声明非常重要，未经声明的变量本身并不合法，也无法在程序中使用。在 C# 中，声明一个变量是由一个类型和跟在后面的一个或多个变量名组成，多个变量之间用逗号分开，声明变量以分号结束，语法如下：

```
变量类型 变量名；                                      // 声明一个变量
变量类型 变量名 1, 变量名 2, …, 变量名 n;              // 同时声明多个变量
```

例如，声明一个整型变量 mr，然后再同时声明 3 个字符串变量 mr_1、mr_2 和 mr_3，代码如下：

```
int mr;                                  // 声明一个整型变量
string mr_1, mr_2, mr_3;                 // 同时声明 3 个字符型变量
```

(2) 变量的命名规则

在声明变量时，要注意变量的命名规则。C# 的变量名是一种标识符，应该符合标识符的命名规则。另外，需要注意的一点是：C# 中的变量名是区分大小写的。例如，num 和 Num 是两个不同的变量，在程序中使用时是有区别的。下面列出变量的命名规则：

- 变量名只能由数字、字母和下划线组成。
- 变量名的第一个符号只能是字母和下划线，不能是数字。
- 不能使用 C# 中的关键字作为变量名。
- 一旦在一个语句块中定义了一个变量名，那么在变量的作用域内都不能再定义同名的变量。

例如，下面的变量名是正确的：

```
city
_money
money_1
```

下面的变量名是不正确的：

```
123
2word
int
```

说明：

在 C# 语言中允许使用汉字或其他语言文字作为变量名，如“int 年龄 = 21”，在程序运行时并不出现什么错误，但建议读者尽量不要使用这些语言文字作为变量名。

3.1.4 简单数据类型

前面提到，声明变量时，首先需要确定变量的类型，那么，开发人员可以使用哪些类型呢？实际上，可以使用的变量类型是无限多的，因为开发人员可以通过自定义类型存储各种数据，但这里要讲解的简单数据类型是 C# 中预定义的一些类型。

C# 中的数据类型根据其定义可以分为两种：一种是值类型；另一种是引用类型。从概念上看，值类型是直接存储值，而引用类型存储的是对值的引用。C# 中的数据类型结构如图 3.2 所示。

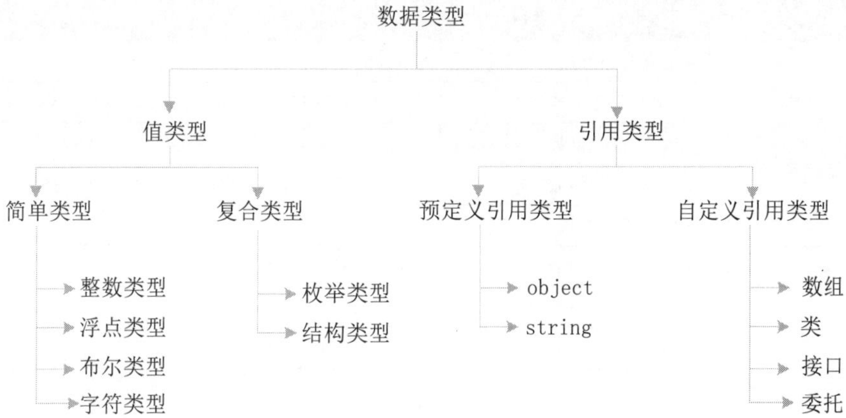

图 3.2 C# 中的数据类型结构

从图 3.2 可以看出，值类型主要包括简单类型和复合类型两种，其中简单类型是程序中使用的最基本类型，主要包括整数类型、浮点类型、布尔类型和字符类型 4 种，这 4 种简单类型都是 .NET 中预定义的；而复合类型主要包括枚举类型和结构类型，这两种复合类型既可以是 .NET 中预定义的，也可以由用户自定义。下面主要对简单类型进行详细讲解，简单类型在实际中的应用如图 3.3 所示。

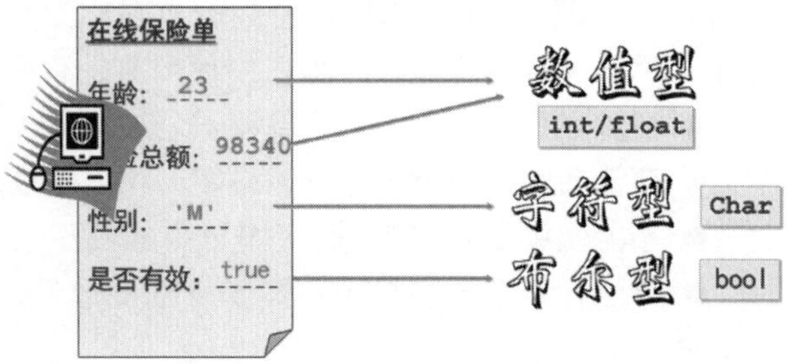

图 3.3　简单类型在实际中的应用

（1）整数类型

整数类型用来存储整数数值，即没有小数部分的数值。可以是正数，也可以是负数。整型数据在 C# 程序中有 3 种表示形式，分别为十进制、八进制和十六进制。

- 十进制：十进制的表现形式大家都很熟悉，如 120、0、－127。

注意：

不能以 0 作为十进制数的开头（0 除外）。

- 八进制：以 0 开头的数，如 0123（转换成十进制数为 83）、－0123（转换成十进制数为－83）。

注意：

八进制必须以 0 开头。

- 十六进制：以 0x/0X 开头的数，如 0x25（转换成十进制数为 37）、0Xb01e（转换成十进制数为 45086）。

注意：

十六进制必须以 0X 或 0x 开头。

C# 中内置的整数类型如表 3.1 所示。

表 3.1　C# 内置的整数类型

类型	说明（8 位等于 1 字节）	范围
sbyte	8 位有符号整数	-128 ～ 127
short	16 位有符号整数	-32768 ～ 32767
int	32 位有符号整数	-2147483648 ～ 2147483647
long	64 位有符号整数	-9223372036854775808 ～ 9223372036854775807
byte	8 位无符号整数	0 ～ 255
ushort	16 位无符号整数	0 ～ 65535
uint	32 位无符号整数	0 ～ 4294967295
ulong	64 位无符号整数	0 ～ 18446744073709551615

说明：

表 3.1 中出现了“有符号 **”和“无符号 **”，其中，“无符号 **”是在“有符号 **”类型的前面加了一个 u，

这里的 u 是 unsigned 的缩写。它们的主要区别是："有符号 **"既可以存储正数，也可以存储负数；"无符号 **"只能存放不带符号的整数，因此，它只能存放正数。例如，下面的代码：

```
int i = 10;                    // 正确
int j = -10;                   // 正确
uint m = 10;                   // 正确
uint n = -10;                  // 错误
```

例如，定义一个 int 类型的变量 i 和一个 byte 类型的变量 j，并分别赋值为 2020 和 255，代码如下：

```
int i = 2020;                  // 声明一个 int 类型的变量 i
byte j = 255;                  // 声明一个 byte 类型的变量 j
```

此时，如果将 byte 类型的变量 j 赋值为 256，即将代码修改如下：

```
int i = 2020;                  // 声明一个 int 类型的变量 i
byte j = 256;                  // 将 byte 类型变量 j 的值修改为 256
```

此时在 Visual Studio 开发环境中编译程序，会出现如图 3.4 所示的错误提示。

图 3.4　取值超出指定类型的范围时出现的错误提示

分析图 3.4 中出现的错误提示，主要是由于 byte 类型的变量是 8 位无符号整数，它的范围为 0 ～ 255，而 256 这个值已经超出了 byte 类型的范围，所以编译程序会出现错误提示。

说明：

整数类型变量的默认值为 0。

(2) 浮点类型

浮点类型变量主要用于处理含有小数的数据，浮点类型主要包含 float 和 double 两种类型。表 3.2 列出了这两种浮点类型的描述信息。

表 3.2　浮点类型及描述

类型	说明	范围
float	精确到 7 位数	$\pm 1.5 \times 10^{-45} \sim \pm 3.4 \times 10^{38}$
double	精确到 15 ～ 16 位数	$\pm 5.0 \times 10^{-324} \sim \pm 1.7 \times 10^{308}$

如果不做任何设置，包含小数点的数值都被认为是 double 类型，例如 9.27，没有特别指定的情况下，这个数值是 double 类型。如果要将数值以 float 类型来处理，就应该通过强制使用 f 或 F 将其指定为 float 类型。

例如，下面的代码就是将数值强制指定为 float 类型。

```
float theMySum = 9.27f;        // 使用 f 强制指定为 float 类型
float theMuSums = 1.12F;       // 使用 F 强制指定为 float 类型
```

如果要将数值强制指定为 double 类型，则应该使用 d 或 D 进行设置，但加不加“d”或“D”没有硬性规定，可以加也可以不加。

例如，下面的代码就是将数值强制指定为 double 类型。

```
double myDou = 927d;                    // 使用 d 强制指定为 double 类型
double mudou = 112D;                    // 使用 D 强制指定为 double 类型
```

注意：

① 需要使用 float 类型变量时，必须在数值的后面跟随 f 或 F，否则编译器会直接将其作为 double 类型处理；另外，也可以在 double 类型的值前面加上 (float)，对其进行强制转换。

② 浮点类型变量的默认值是 0，而不是 0.0。

（3）decimal 类型

decimal 类型表示 128 位数据类型，它是一种精度更高的浮点类型，其精度可以达到 28 位，取值范围为 $\pm1.0\times10^{-28}\sim\pm7.9\times10^{28}$。

技巧：

由于 decimal 类型的高精度特性，它更合适于财务和货币计算。

如果希望一个小数被当成 decimal 类型使用，需要使用后缀 m 或 M，例如：

```
decimal myMoney = 1.12m;
```

如果小数没有后缀 m 或 M，数值将被视为 double 类型，从而导致编译器错误，例如，在开发环境中运行下面代码：

```
static void Main(string[] args)
{
        decimal d = 3.14;
        Console.WriteLine(d);
}
```

将会出现如图 3.5 所示的错误提示。

图 3.5　不加后缀 m/M 时，decimal 出现的错误

从图 3.5 可以看出，3.14 这个数如果没有后缀，直接被当成了 double 类型，所以赋值给 decimal 类型的变量时，就会出现错误提示。

[实例 3.1]　（源码位置：资源包 \Code\03\01）

根据身高体重计算 BMI 指数

创建一个控制台应用程序，声明 double 型变量 height 来记录身高，单位为米，声明 int 型变量 weight 记录体重，单位为千克，根据“BMI = 体重 / (身高 * 身高)”的公式计算

BMI 指数（身体质量指数）。代码如下：

```
static void Main(string[] args)
{
    double height = 1.78;                                  // 身高变量，单位：米
    int weight = 75;                                       // 体重变量，单位：千克
    double exponent = weight / (height * height);          // BMI 计算公式
    Console.WriteLine("您的身高为：" + height);
    Console.WriteLine("您的体重为：" + weight);
    Console.WriteLine("您的 BMI 指数为：" + exponent);
    Console.Write("您的体重属于：");
    if (exponent < 18.5)
    {// 判断 BMI 指数是否小于 18.5
        Console.WriteLine("体重过轻");
    }
    else if (exponent >= 18.5 && exponent < 24.9)
    {// 判断 BMI 指数是否在 18.5 到 24.9 之间
        Console.WriteLine("正常范围");
    }
    else if (exponent >= 24.9 && exponent < 29.9)
    {// 判断 BMI 指数是否在 24.9 到 29.9 之间
        Console.WriteLine("体重过重");
    }
    else if (exponent >= 29.9)
    {// 判断 BMI 指数是否大于 29.9 之间
        Console.WriteLine("肥胖");
    }
    Console.ReadLine();
}
```

代码注解：

上面代码使用了 if...else if 条件判断语句，该语句主要用来判断是否满足某种条件，这里只需要了解即可。

程序运行效果如图 3.6 所示。

（4）布尔（bool）类型

布尔类型主要用来表示 true/false 值，C# 中定义布尔类型时，需要使用 bool 关键字。例如，下面代码定义一个布尔类型的变量：

```
bool x = true;
```

说明：

布尔类型通常被用在流程控制语句中作为判断条件。

这里需要注意的是，布尔类型变量的值只能是 true 或者 false，不能将其他的值指定给布尔类型变量。例如，将一个整数 10 赋值给布尔类型变量，代码如下：

```
bool x = 10;
```

在 Visual Studio 开发环境中运行这句代码，会出现如图 3.7 所示的错误提示。

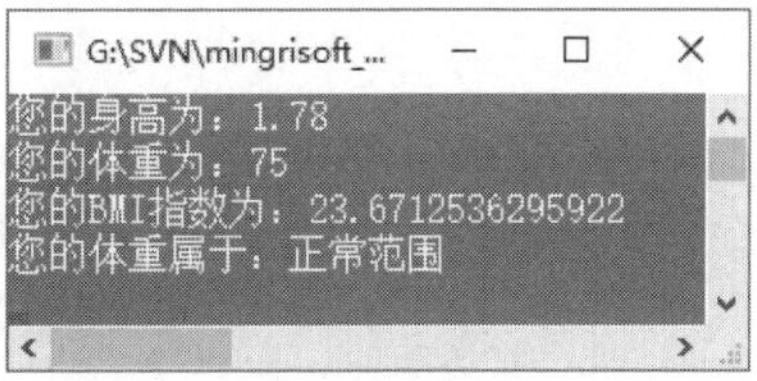

图 3.6　根据身高体重计算 BMI 指数

图 3.7　将整数值赋值给布尔型变量时出现的错误

说明：

布尔类型变量的默认值为 false。

（5）字符类型

字符类型在 C# 中使用 Char 类来表示，该类主要用来存储单个字符，它占用 16 位（两个字节）的内存空间。在定义字符型变量时，要以单引号（' '）表示。如 'a' 表示一个字符，而 "a" 则表示一个字符串。虽然只有一个字符，但由于使用双引号，所以它仍然表示字符串，而不是字符。字符类型变量的声明非常简单，代码如下：

```
Char ch1 = 'L';
char ch2 = '1';
```

注意：

Char 类只能定义一个 Unicode 字符。Unicode 字符是目前计算机中通用的字符编码，它为针对不同语言中的每个字符设定了统一的二进制编码，用于满足跨语言、跨平台的文本转换和处理的要求，这里了解 Unicode 即可。

- Char 类的使用

Char 类为开发人员提供了许多方法，可以通过这些方法灵活地对字符进行各种操作。Char 类的常用方法及说明如表 3.3 所示。

表 3.3　Char 类的常用方法及说明

方法	说明
IsDigit	指示某个Unicode字符是否属于十进制数字类别
IsLetter	指示某个Unicode字符是否属于字母类别
IsLetterOrDigit	指示某个Unicode字符是属于字母类别还是属于十进制数字类别
IsLower	指示某个Unicode字符是否属于小写字母类别
IsNumber	指示某个Unicode字符是否属于数字类别
IsPunctuation	指示某个Unicode字符是否属于标点符号类别
IsSeparator	指示某个Unicode字符是否属于分隔符类别
IsUpper	指示某个Unicode字符是否属于大写字母类别
IsWhiteSpace	指示某个Unicode字符是否属于空白类别
Parse	将指定字符串的值转换为它的等效Unicode字符
ToLower	将Unicode字符的值转换为它的小写等效项
ToString	将字符的值转换为其等效的字符串表示
ToUpper	将Unicode字符的值转换为它的大写等效项
TryParse	将指定字符串的值转换为它的等效Unicode字符

从表 3.3 可以看到，C# 中的 Char 类提供了很多操作字符的方法，其中以 Is 和 To 开始的方法比较常用。以 Is 开始的方法大多是判断 Unicode 字符是否为某个类别，例如是否大小写、是否是数字等；而以 To 开始的方法主要是对字符进行转换大小写及转换字符串的操作。

[实例 3.2]　（源码位置：资源包 \Code\03\02）

字符类 Char 的常用方法应用

创建一个控制台应用程序，演示如何使用 Char 类提供的常见方法，代码如下：

```
01  static void Main(string[] args)
02  {
03          char a = 'a';                                    // 声明字符 a
04          char b = '8';                                    // 声明字符 b
05          char c = 'L';                                    // 声明字符 c
06          char d = '.';                                    // 声明字符 d
07          char e = '|';                                    // 声明字符 e
08          char f = ' ';                                    // 声明字符 f
09          // 使用 IsLetter 方法判断 a 是否为字母
10          Console.WriteLine("IsLetter 方法判断 a 是否为字母: {0}", Char.IsLetter(a));
11          // 使用 IsDigit 方法判断 b 是否为数字
12          Console.WriteLine("IsDigit 方法判断 b 是否为数字: {0}", Char.IsDigit(b));
13          // 使用 IsLetterOrDigit 方法判断 c 是否为字母或数字
14          Console.WriteLine("IsLetterOrDigit 方法判断 c 是否为字母或数字: {0}", Char.IsLetterOrDigit(c));
15          // 使用 IsLower 方法判断 a 是否为小写字母
16          Console.WriteLine("IsLower 方法判断 a 是否为小写字母: {0}", Char.IsLower(a));
17          // 使用 IsUpper 方法判断 c 是否为大写字母
18          Console.WriteLine("IsUpper 方法判断 c 是否为大写字母: {0}", Char.IsUpper(c));
19          // 使用 IsPunctuation 方法判断 d 是否为标点符号
20          Console.WriteLine("IsPunctuation 方法判断 d 是否为标点符号: {0}", Char.IsPunctuation(d));
21          // 使用 IsSeparator 方法判断 e 是否为分隔符
22          Console.WriteLine("IsSeparator 方法判断 e 是否为分隔符: {0}", Char.IsSeparator(e));
23          // 使用 IsWhiteSpace 方法判断 f 是否为空白
24          Console.WriteLine("IsWhiteSpace 方法判断 f 是否为空白: {0}", Char.IsWhiteSpace(f));
25          Console.ReadLine();
26  }
```

代码注解：

① 第 3～8 行代码，声明了 5 个不同类型的字符变量，下面的操作都是围绕这 5 个字符变量进行的。

② Console.ReadLine(); 主要是为了使控制台界面能够停留在桌面上。

程序的运行结果如图 3.8 所示。

● 转义字符

前面讲到了字符只能存储单个字符，但是，如果在 Visual Studio 开发环境中编写如下代码：

```
char ch = '\';
```

会出现如图 3.9 所示的错误提示。

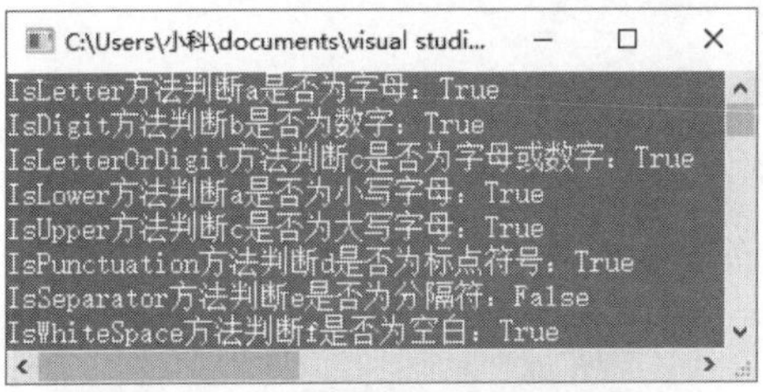

图 3.8　Char 类常用方法的应用

图 3.9　定义反斜线时的错误提示

从代码表面上看，反斜线“\”是一个字符，正常应该是可以定义为字符的，但为什么会出现错误呢？这里就引出了转义字符的概念。

转义字符是一种特殊的字符变量，以反斜线“\”开头，后跟一个或多个字符，也就是说，在 C# 中，反斜线“\”是一个转义字符，不能单独作为字符使用。因此，如果要在 C# 中使用反斜线，可以使用下面代码表示：

```
char ch = '\\';
```

转义字符就相当于一个电源变换器，电源变换器就是通过一定的手段获得所需的电源形式。例如，交流变成直流、高电压变为低电压、低频变为高频等。转义字符也是，它是将字符转换成另一种操作形式，或是将无法一起使用的字符进行组合。

注意：

转义符 \（单个反斜杠）只针对后面紧跟着的单个字符进行操作。

C# 中的常用转义字符如表 3.4 所示。

表 3.4　转义字符及其作用

转义字符	说明
\n	回车换行
\t	横向跳到下一制表位置
\"	双引号
\b	退格
\r	回车
\f	换页
\\	反斜线符
\'	单引号符
\u××××	4 位十六进制所表示的字符，如 \u0052

[实例 3.3]　　（源码位置：资源包 \Code\03\03）

输出 Windows 系统目录

创建一个控制台应用程序，通过使用转义字符在控制台窗口中输出 Windows 的系统目录，代码如下：

```
static void Main(string[] args)
{
        Console.WriteLine("Windows 的系统目录为: C:\\Windows"); // 输出 Windows 的系统目录
        Console.ReadLine();
}
```

程序的运行结果如图 3.10 所示。

图 3.10　输出 Windows 的系统目录

技巧：

上面实例在输出系统目录时，遇到反斜杠时，使用“\\”表示，但是，如果遇到下面的情况：

```
Console.WriteLine("C:\\Windows\\Microsoft.NET\\Framework\\v4.0.30319\\2052");
```

从上面代码看到，如果有多级目录，遇到反斜杠时，如果都使用“\\”，会显得非常麻烦，这时可以用一个 @ 符号来进行多级转义，代码修改如下：

```
Console.WriteLine(@"C:\Windows\Microsoft.NET\Framework\v4.0.30319\2052");
```

3.1.5 变量的初始化

变量的初始化实际上就是给变量赋值，以便在程序中使用。首先，在 Visual Studio 开发环境中运行下面一段代码：

```
static void Main(string[] args)
{
        string title;
        Console.WriteLine(title);
}
```

运行上面代码时，会出现如图 3.11 所示的错误提示。

图 3.11　变量未赋值时的错误

从图 3.11 可以看出，如果直接定义一个变量进行使用，会提示使用了未赋值的变量，这说明：在程序中使用变量时，一定要对其进行赋值，也就是初始化，然后才可以使用。那么如何对变量进行初始化呢？

初始化变量有 3 种方法，分别是单独初始化变量、声明时初始化变量、同时初始化多个变量等，下面分别进行讲解。

（1）单独初始化变量

在 C# 中，使用赋值运算符“=”（等号）对变量进行初始化，即将等号右边的值赋给左边的变量。

例如，声明一个变量 sum，并初始化其默认值为 2020，代码如下：

```
int sum;                                        // 声明一个变量
sum = 2020;                                     // 使用赋值运算符 "=" 给变量赋值
```

说明：

在对变量进行初始化时，等号右边也可以是一个已经被赋值的变量。例如，首先声明两个变量 sum 和 num，然后将变量 sum 赋值为 2020，最后将变量 sum 赋值给变量 num，代码如下。

```
int sum, num;                                   // 声明两个变量
sum = 2020;                                     // 将变量 sum 初始化为 2020
num = sum;                                      // 将变量 sum 赋值给变量 num
```

（2）声明时初始化变量

声明变量时可以变量对变量进行初始化，即在每个变量名后面加上给变量赋初始值的指令。

例如，声明一个整型变量 a，并且赋值为 927。然后，再同时声明 3 个字符串型变量，并初始化，代码如下：

```
int mr = 927;                                   // 初始化整型变量 mr
// 初始化字符串变量 mr_1、mr_2 和 mr_3
string mr_1 = " 从零开始学 ", mr_2 = " 项目入门 ", mr_3 = " 实例精粹 ";
```

（3）同时初始化多个变量

在对多个同类型的变量赋同一个值时，为了节省代码的行数，可以同时对多个变量进行初始化。

例如，声明 5 个 int 类型的变量 a、b、c、d、e，然后将这 5 个变量都初始化为 0，代码如下：

```
int a, b, c, d, e;
a = b = c = d = e = 0;
```

上面讲解了初始化变量的 3 种方法，这时，我们对本课开始的代码段进行修改，使其能够正常运行，修改后的代码如下：

```
static void Main(string[] args)
{
    //// 第一种方法
    //string title="C# 入门训练营 ";
    // 第二种方法
    string title;
    title = " C# 入门训练营 ";
    Console.WriteLine(title);
}
```

再次运行程序，即可正常运行。

3.1.6 变量的作用域

由于变量被定义后，只是暂时存储在内存中，等程序执行到某一个点后，该变量会被释放掉，也就是说变量有它的生命周期。因此，变量的作用域是指程序代码能够访问该变量的区域，如果超出该区域，则在编译时会出现错误。在程序中，一般会根据变量的“有效范围”将变量分为“成员变量”和“局部变量”。

（1）成员变量

在类体中定义的变量被称为成员变量，成员变量在整个类中都有效。类的成员变量又可以分为两种，即静态变量和实例变量。

例如，在 Test 类中声明静态变量和实例变量，代码如下：

```
class Test
{
    int x = 45;
    static int y = 90;
}
```

其中，x 为实例变量，y 为静态变量（也称类变量）。如果在成员变量的类型前面加上关键字 static，这样的成员变量称为静态变量。静态变量的有效范围可以跨类，甚至可达到整个应用程序之内。对于静态变量，除了能在定义它的类内存取，还能直接以“类名 . 静态变量”的方式在其他类内使用。

（2）局部变量

在类的方法体中定义的变量（定义方法的“{”与“}”之间的区域）称为局部变量，局部变量只在当前代码块中有效。

在类的方法中声明的变量，包括方法的参数，都属于局部变量。局部变量只有在当前定义的方法内有效，不能用于类的其他方法中。局部变量的生命周期取决于方法，当方法被调用时，C# 编译器为方法中的局部变量分配内存空间，当该方法的调用结束后，则会释放方法中局部变量占用的内存空间，局部变量也将会销毁。

变量的有效范围如图 3.12 所示。

[实例 3.4] （源码位置：资源包 \Code\03\04）

使用变量记录用户登录名

创建一个控制台应用程序，使用一个局部变量记录用户的登录名，代码如下：

```
static void Main(string[] args)
{
      Console.WriteLine("    欢迎进入明日科技官网 \n\n    请首先输入用户名：");
      string Name = Console.ReadLine();          // 记录用户的输入
      Console.WriteLine("    登录用户：" + Name);   // 输出当前登录用户
      Console.ReadLine();
}
```

程序运行结果如图 3.13 所示。

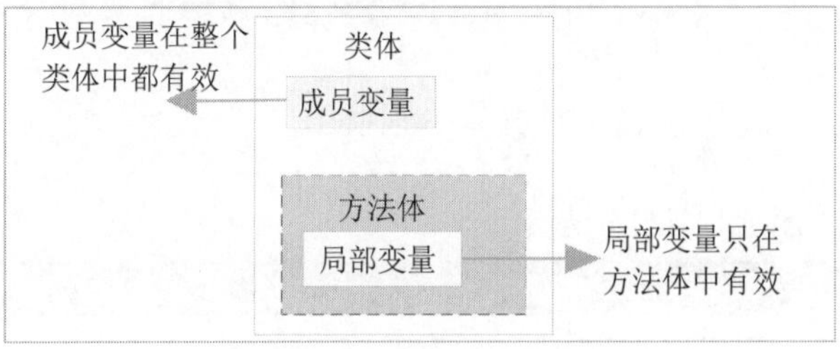

图 3.12　变量的有效范围

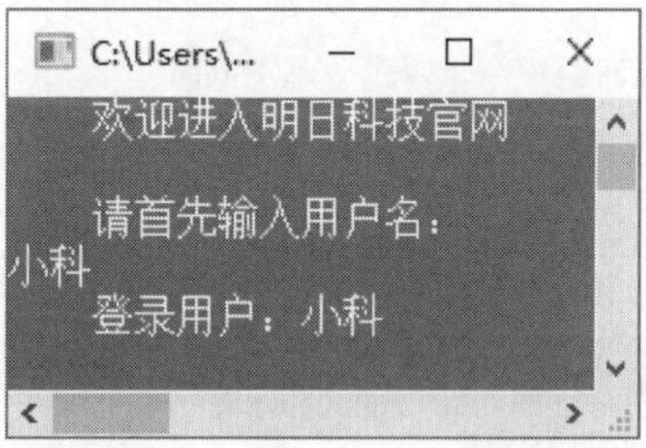

图 3.13　使用一个局部变量记录用户的登录名

3.2　引用类型

C# 中的数据类型根据其定义可以分为两种：一种是值类型；另一种是引用类型，本节将对引用类型以及值类型与引用类型的区别进行详细讲解。

3.2.1　引用类型分类

引用类型是构建 C# 应用程序的主要对象类型数据，在应用程序执行的过程中，预先定义的对象类型以 new 创建对象实例，并且存储在堆中。引用类型具有如下特征。

- 必须在堆中为引用类型变量分配内存。
- 使用 new 关键字创建引用类型变量。
- 在堆中分配的每个对象都有与之相关联的附加成员，这些成员必须被初始化。
- 多个引用类型变量可以引用同一对象，这种情况下，对一个变量的操作会影响另一个变量所引用的同一对象。
- 引用类型被赋值前的值都是 null。

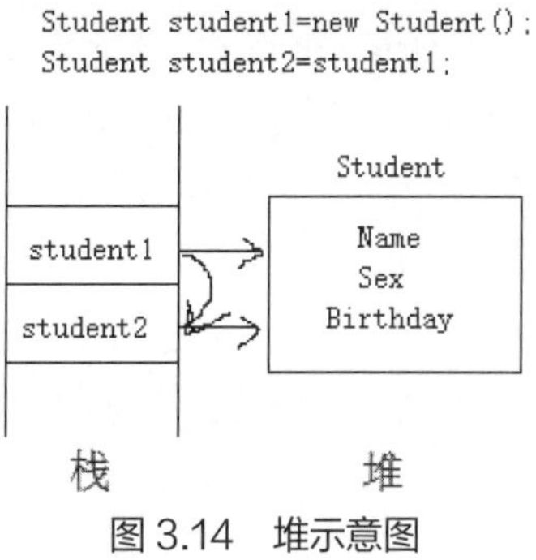

图 3.14　堆示意图

说明：

堆是一种由系统弹性配置的内存空间，没有特定大小及存活时间，因此可以被弹性地运用于对象的访问。堆的存储数据示意图如图 3.14 所示。

引用类型就类似于生活中的代理商，代理商没有自己的产品，而是代理厂家的产品，使其就好像是自己的产品一样。

C# 中支持两个预定义的引用类型，分别是 object 和 string，它们的说明如表 3.5 所示。

表 3.5　C# 支持的预定义引用类型

类型	公共语言运行库中的类	说明
object	System.Object	基类型，公共语言运行库中的所有类型都是从它派生而来
string	System.String	字符串类型

下面分别对 object 类型和 string 类型进行介绍。

（1）object 类型

object 类是 System.Object 类的别名，在 C# 中，所有类型的基类都是 System.Object 类。由于 object 类型的这个特性，它通常用在以下两个方面：

- 使用 object 类绑定任何子类型的对象，例如，object o=2; 这句代码就是使用 object 类型存储一个整型类型的值。
- 使用 object 类执行一些通用的方法，object 类的方法如表 3.6 所示。

表 3.6　object 类的方法

方法	说明
Equals(Object)	确定指定的 Object 是否等于当前的 Object
Equals(Object, Object)	确定指定的对象实例是否被视为相等
Finalize	允许对象在“垃圾回收”回收之前尝试释放资源并执行其他清理操作
GetHashCode	用作特定类型的哈希函数
GetType	获取当前实例的 Type
MemberwiseClone	创建当前 Object 的浅表副本
ReferenceEquals	确定指定的 Object 实例是否是相同的实例
ToString	返回表示当前对象的字符串

技巧：

Object 类是比较特殊的类，它是所有类的父类，是 C# 类层中的最高层类，实质上 C# 中任何一个类都是它的子类。由于所有类都是 Object 的子类，所以在定义类时，省略了 : Object 关键字，图 3.15 便描述了这一原则。

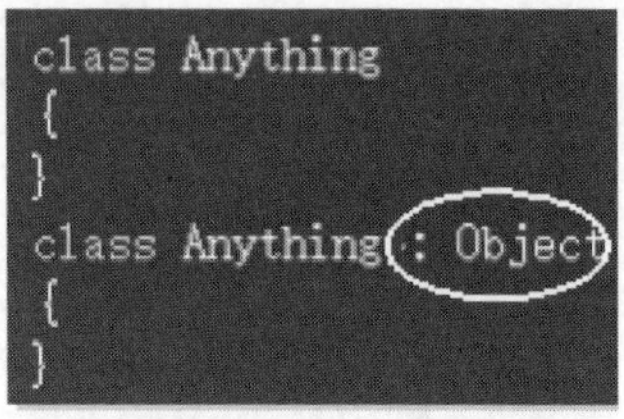

图 3.15　定义类时可以省略 : Object 关键字

（2）string 类型

string 类在 C# 中表示字符串，它对应 .NET Framework 公共语言运行库中的 System.String 类，通过该类，一些简单的字符串操作将变得非常简单，例如，有两个字符串“C#”“ASP.NET”现在要将它们连接在一起，如果用 C 语言或者 C++ 实现，代码如下：

```
char ch1[] = { 'C', '#', '\0' };
char ch2[] = { 'A', 'S', 'p', '.', 'N', 'E', 'T', '\0' };
char ch3[] = { '\0' };
strcpy(ch3, ch1);
strcat(ch3, ch2);
```

说明：

① 在 C++ 中定义字符数组时，必须以 \0 结尾，否则会出现乱码。

② 上面的举例是使用 C++ 的原始方法实现的，在 C++ 的后期版本中，已经改善了这个功能，可以使用 C++ 模板库中 string 容器方便地实现上述功能。

但是，如果使用 C# 实现，则代码如下：

```
string str1 = "C#";
string str2 = "ASP.NET";
string str3 = str1 + str2;
```

从上面的代码可以看出，C# 中处理字符串比 C++ 中更加的方便。查看上面的代码段，我们发现，在使用 string 定义字符串时，直接对其进行了赋值，这其实是一个值类型的赋值，但 string 是一个引用类型，因此，当把一个字符串变量赋值给另外一个字符串时，会得到对内存中同一个字符串的两个引用，但是，这里需要注意，string 与其他的引用类型在操作上是有一些区别的，例如，修改一个字符串时，它相当于创建了一个全新的 string 对象，而另外一个字符串并不会发生改变，代码如下：

```
string str1 = "C#";
string str2 = str1;
Console.WriteLine("str1 字符串的值为: " + str1);
Console.WriteLine("str2 字符串的值为: " + str2);
str1 = "ASP.NET";
Console.WriteLine("str1 字符串的值为: " + str1);
Console.WriteLine("str2 字符串的值为: " + str2);
```

上面代码的运行结果如图 3.16 所示。

从图 3.16 可以看出，对字符串变量 str1 的改变，并没有引起 str2 的变化，这与前面讲解到的引用类型特征是相反的，这主要是因为在对 str1 改变值时，相当于在内存中又生成了一个新的对象，而 str2 指向的还是原来的对象，所以它的值并没有发生改变。

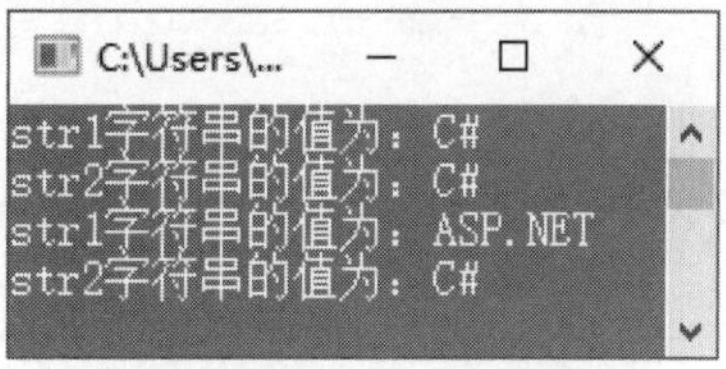

图 3.16　string 类应用

3.2.2 引用类型举例

下面通过一个实例来演示如何使用引用类型。

[实例 3.5]　（源码位置：资源包 \Code\03\05）

引用类型的使用

创建一个控制台应用程序，在其中创建一个类 C，在此类中定义一个变量 Value，并初始化为 0，然后在程序的 Main 方法中通过 new 创建对该类的引用类型变量，最后输出。代码如下：

```
class Program
{
        class C                                   // 创建一个类 C
        {
            public int Value = 0;                 // 声明一个公共 int 类型的变量 Value
        }
        static void Main(string[] args)
```

```
        {
            C r1 = new C();                          // 使用 new 关键字创建引用对象
            C r2 = r1;                               // 使 r1 等于 r2
            r1.Value = 112;
            Console.WriteLine("Refs:{0},{1}", r1.Value, r2.Value);// 输出引用类型对象的 Value 值
            Console.ReadLine();
        }
    }
```

程序运行的结果如下：

```
Refs：112, 112
```

3.2.3 值类型与引用类型的区别

从概念上看，值类型直接存储其值，而引用类型存储对其值的引用，这两种类型存储在内存的不同地方。从内存空间上看，值类型是在栈中操作，而引用类型则在堆中分配存储单元。栈在编译的时候就分配好内存空间，在代码中有栈的明确定义；而堆是程序运行中动态分配的内存空间，可以根据程序的运行情况动态地分配内存的大小。因此，值类型总是在内存中占用一个预定义的字节数，而引用类型的变量则在堆中分配一个内存空间，这个内存空间包含的是对另一个内存位置的引用，这个位置是托管堆中的一个地址，即存放此变量实际值的地方。也就是说，值类型相当于现金，要用就直接用；而引用类型相当于存折，要用得先去银行取。

图 3.17 是值类型与引用类型的对比效果图。

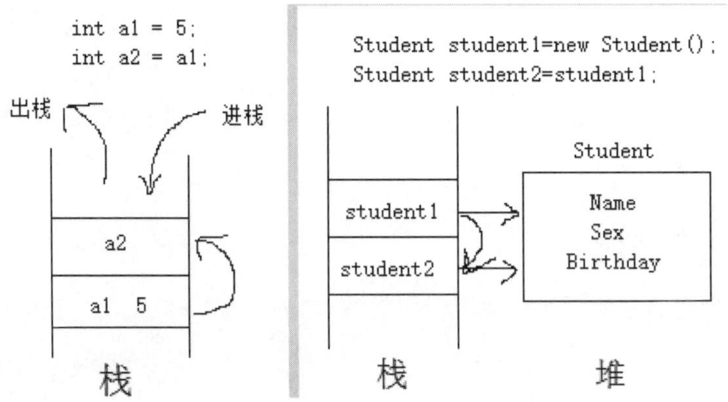

图 3.17 值类型与引用类型的对比效果图

下面通过一个实例演示值类型与引用类型的区别。

[实例 3.6] （源码位置：资源包 \Code\03\06）

值类型与引用类型的区别举例

创建一个控制台应用程序，首先在程序中创建一个类 stamp，该类中定义两个属性 Name 和 Age，其中 Name 属性为 string 引用类型，Age 属性为 int 值类型；然后定义一个 ReferenceAndValue 类，该类中定义一个静态的 Demonstration 方法，该方法主要演示值类型和引用类型使用时，其中一个值变化时，另外的值是否变化；最后在 Main 方法中调用

ReferenceAndValue 类中的 Demonstration 方法输出结果。代码如下：

```
class Program
{
    static void Main(string[] args)
    {
        ReferenceAndValue.Demonstration();// 调用 ReferenceAndValue 类中的 Demonstration 方法
        Console.ReadLine();
    }
}
public class stamp                                                       // 定义一个类
{
    public string Name { get; set; }                                     // 定义引用类型
    public int Age { get; set; }                                         // 定义值类型
}
public static class ReferenceAndValue                                    // 定义一个静态类
{
    public static void Demonstration()                                   // 定义一个静态方法
    {
        stamp Stamp_1 = new stamp { Name = "Premiere", Age = 25 };
        stamp Stamp_2 = new stamp { Name = "Again", Age = 47 };
        int age = Stamp_1.Age;                                           // 获取值类型 Age 的值
        Stamp_1.Age = 22;                                                // 修改值类型的值
        stamp Stamp_3 = Stamp_2;                                         // 获取 Stamp_2 中的值
        Stamp_2.Name = "Again Amend";                                    // 修改引用的 Name 值
        Console.WriteLine("Stamp_1's age:{0}", Stamp_1.Age);   // 显示 Stamp_1 中的 Age 值
        Console.WriteLine("age's value:{0}", age);                       // 显示 age 值
        Console.WriteLine("Stamp_2's name:{0}", Stamp_2.Name);// 显示 Stamp_2 中的 Name 值
        Console.WriteLine("Stamp_3's name:{0}", Stamp_3.Name);// 显示 Stamp_3 中的 Name 值
     }
}
```

运行结果如图 3.18 所示。

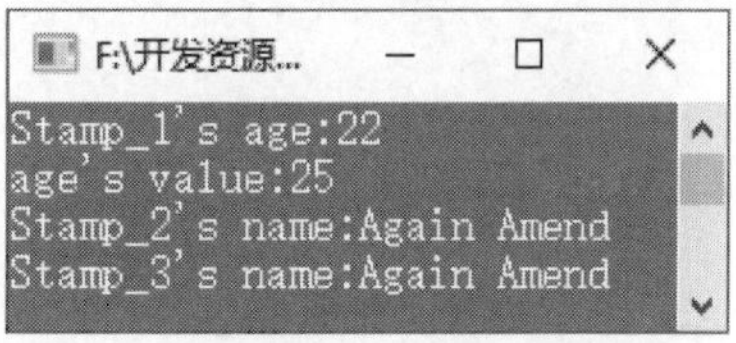

图 3.18　值类型与引用类型的使用区别

从图 3.18 中可以看出，当改变了 Stamp_1.Age 的值时，age 没有跟着改变，而在改变了 Stamp_2.Name 的值后，Stamp_3.Name 却跟着变了，这就是值类型和引用类型的区别。在声明 age 值类型变量时，将 Stamp_1.Age 的值赋给它，这时，编译器在栈上分配了一块空间，然后把 Stamp_1.Age 的值填进去，两者之间没有任何关联，就像在计算机中复制文件一样，只是把 Stamp_1.Age 的值复制给 age 了。而引用类型则不同，在声明 Stamp_3 时把 Stamp_2 赋给它。前面说过，引用类型包含的只是堆上数据区域地址的引用，其实就是把 Stamp_2 的引用也赋给 Stamp_3，因此它们指向了同一块内存区域。既然是指向同一块区域，不管修改谁，另一个的值都会跟着改变。就像信用卡跟亲情卡一样，用亲情卡取了钱，与之关联的信用卡账上也会跟着发生变化。

3.3　常量

通过对前面知识的学习，我们知道了变量是随时可以改变值的量，那么，在遇到不允许改变值的情况时，该怎么办呢？这就是下面要讲解的常量。

3.3.1 常量是什么

常量就是程序运行过程中，值不能改变的量。例如，现实生活中的居民身份证号码、数学运算中的π值等，这些都是不会发生改变的，它们都可以定义为常量。常量可以区分为不同的类型，例如 98、368 是整型常量，3.14、0.25 是实数常量，即浮点类型的常量，'m'、'r' 是字符常量。

3.3.2 常量的分类

常量主要有两种，分别是 const 常量和 readonly 常量，下面分别对这两种常量进行讲解。

（1）const 常量

在 C# 中提到常量，通常指的是 const 常量。const 常量也叫静态常量，它在编译时就已经确定了值。const 常量的值必须在声明时就进行初始化，而且之后不可以再进行更改。

例如，声明一个正确的 const 常量，同时再声明一个错误的 const 常量，以便读者对比参考。代码如下：

```
const double PI = 3.1415926;                    // 正确的声明方法
const int MyInt;                                // 错误：定义常量时没有初始化
```

（2）readonly 常量

readonly 常量是一种特殊的常量，也称动态常量，从字面理解上看，readonly 常量可以进行动态赋值，但需要注意的是，这里的动态赋值是有条件的，它只能在构造函数中进行赋值。例如，下面的代码：

```
class Program
{
    readonly int Price;                         // 定义一个 reanonly 常量
    Program()                                   // 构造函数
    {
        Price = 368;                            // 在构造函数中修改 reanonly 常量的值
    }
    static void Main(string[] args)
    {
    }
}
```

如果要在构造函数以外的位置修改 readonly 常量的值，例如，在 Main 方法中进行修改，代码如下：

```
class Program
 {
     readonly int Price;                        // 定义一个 reanonly 常量
     Program()                                  // 构造函数
     {
         Price = 368;                           // 在构造函数中修改 reanonly 常量的值
     }
     static void Main(string[] args)
     {
         Program p = new Program();             // 创建类的对象
         p.Price = 365;                         // 试图对 readonly 常量值修改
     }
 }
```

这时再运行程序，将会提示如图 3.19 所示的错误提示。

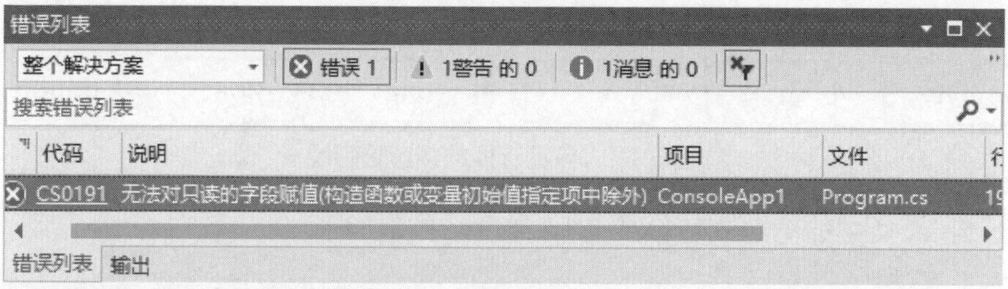

图 3.19　试图在构造函数以外的位置修改 readonly 常量值的错误提示

（3）const 常量与 readonly 常量的区别

const 常量与 readonly 常量的主要区别如下：

- const 常量必须在声明时初始化，而 readonly 常量则可以延迟到构造函数中初始化。
- const 常量在编译时就被解析，即将常量的值替换成了初始化的值，而 readonly 常量的值需要在运行时确定。
- const 常量可以定义在类中或者方法体中，而 readonly 常量只能定义在类中。

3.4　数据类型转换

类型转换是将一个值从一种数据类型更改为另一种数据类型的过程。例如，可以将 string 类型数据“457”转换为一个 int 类型，而且可以将任意类型的数据转换为 string 类型。

数据类型转换有两种方式，即隐式转换与显式转换。如果从低精度数据类型向高精度数据类型转换，则永远不会溢出，并且总是成功的；而把高精度数据类型向低精度数据类型转换，则必然会有信息丢失，甚至有可能失败，这种转换规则就像如图 3.20 所示的两个场景，高精度相当于一个大水杯，低精度相当于一个小水杯，大水杯可以轻松装下小水杯中所有的水，但小水杯无法装下大水杯中所有的水，装不下的部分必然会溢出。

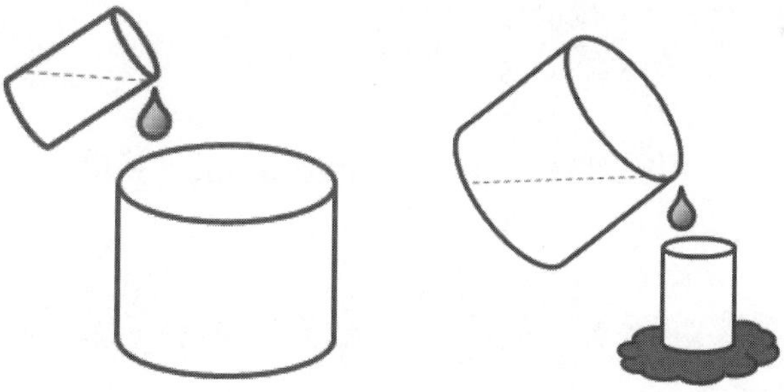

图 3.20　大小水杯转换类比数据类型转换的示意图

3.4.1　隐式类型转换

隐式类型转换就是不需要声明就能进行的转换，进行隐式类型转换时，编译器不需要进行检查就能自动进行转换。下列基本数据类型会涉及数据转换（不包括逻辑类型），这些类型按精度从“低”到“高”排列的顺序为 byte < short < int < long < float < double，可对照图 3.21，其中 char 类型比较特殊，它可以与部分 int 型数字兼容，且不会发生精度变化。

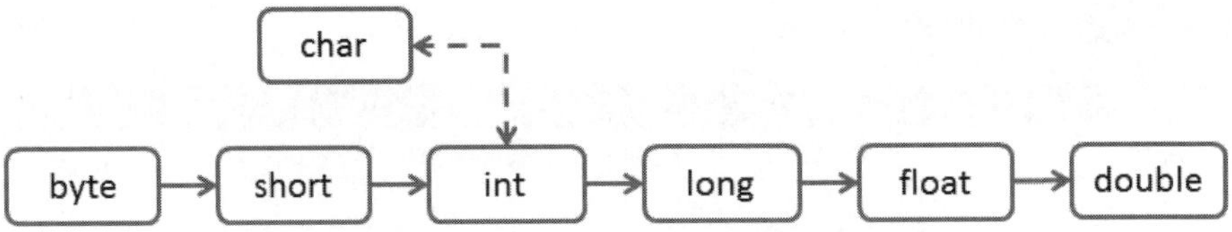

图 3.21　自动转换的兼容顺序图

例如，将 int 类型的值隐式转换成 long 类型，代码如下：

```
int i = 927;                    // 声明一个整型变量 i 并初始化为 927
long j = i;                     // 隐式转换成 long 类型
```

3.4.2　显式类型转换

有很多场合不能隐式地进行类型转换，否则编译器会出现错误。例如，下面的类型在进行隐式转换时会出现错误：

- int 转换为 short——会丢失数据；
- int 转换为 uint——会丢失数据；
- float 转换为 int——会丢失小数点后面的所有数据；
- double 转换为 int——会丢失小数点后面的所有数据；
- 数值类型转换为 char——会丢失数据；
- decimal 转换为其他数值类型——decimal 类型的内部结构不同于整数和浮点数。

如果遇到上面类型之间的转换，就需要用到 C# 中的显式类型转换。显式类型转换也称强制类型转换，它需要在代码中明确地声明要转换的类型。如果要把高精度的变量转换为低精度的变量，就需要使用显式类型转换。

显式类型转换的一般形式如下：

```
(类型说明符) 表达式
```

其功能是把表达式的运算结果强制转换成类型说明符所表示的类型。

例如，下面的代码用来把 x 转换为 float 类型：

```
(float) x;
```

通过显式类型转换，就可以解决高精度数据向低精度转换的问题。例如，将 double 类型的值 4.5 赋值给 int 类型变量时，可以使用下面的代码实现：

```
int  i ;
i = (int)4.5;                   // 使用显式类型转换
```

3.4.3　使用 Convert 类进行转换

前面讲解了使用“(类型说明符) 表达式”可以进行显式类型转换，下面使用这种方式实现类型转换：

```
long l=3000000000;
int i = (int)l;
```

按照代码的本意，i 的值应该是 3000000000，但在运行上面两行代码时，却发现 i 的值是-1294967296，这主要是由于int类型的最大值为2147483647，很明显，3000000000要比2147483647大，所以在使用上面代码进行显式类型转换时，出现了与预期不符的结果，但是程序并没有报告错误，如果在实际开发中遇到这种情况，可能会引起大的BUG，那么，在遇到这种类型的错误时，有没有一种方式能够向开发人员报告错误呢？答案是肯定的。C#中提供了Convert类，该类也可以进行显式类型转换，它的主要作用是将一个基本数据类型转换为另一个基本数据类型。Convert类的常用方法及说明如表3.7所示。

表3.7　Convert类的常用方法及说明

方法	说明
ToBoolean	将指定的值转换为等效的布尔值
ToByte	将指定的值转换为8位无符号整数
ToChar	将指定的值转换为Unicode字符
ToDateTime	将指定的值转换为DateTime
ToDecimal	将指定值转换为Decimal数字
ToDouble	将指定的值转换为双精度浮点数字
ToInt32	将指定的值转换为32位有符号整数
ToInt64	将指定的值转换为64位有符号整数
ToSByte	将指定的值转换为8位有符号整数
ToSingle	将指定的值转换为单精度浮点数字
ToString	将指定值转换为其等效的String表示形式
ToUInt32	将指定的值转换为32位无符号整数
ToUInt64	将指定的值转换为64位无符号整数

例如，定义一个double类型的变量x，并赋值为198.99，使用Convert类将其显式转换为int类型，代码如下：

```
double x = 198.99;                    // 定义double类型变量并初始化
int y = Convert.ToInt32(x);           // 使用Convert类的方法进行显式类型转换
```

下面使用Convert类的ToInt32对上面的两行代码进行修改，修改后的代码如下：

```
long l=3000000000;
int i = Convert.ToInt32(l);
```

再次运行这两行代码，则会出现如图3.22所示的错误提示。

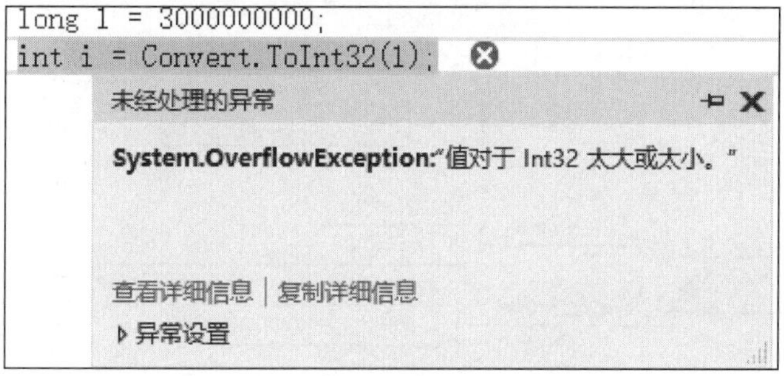

图3.22　显式类型转换的错误提示

这样，开发人员即可根据图 3.22 中的错误提示对程序代码进行修改，避免程序出现逻辑错误。

本章知识思维导图

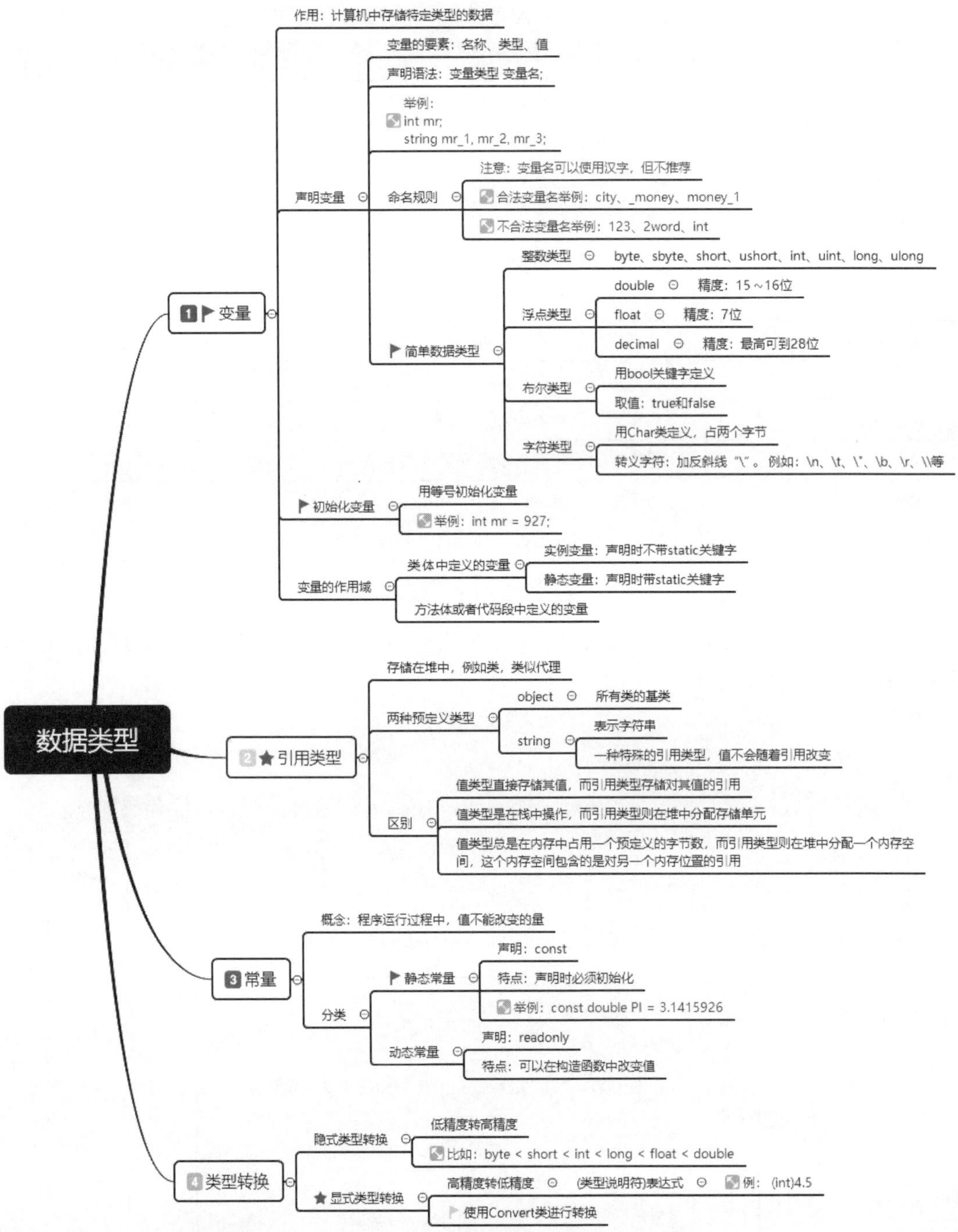
数据类型
1 变量
作用：计算机中存储特定类型的数据
声明变量
变量的要素：名称、类型、值
声明语法：变量类型 变量名;
举例：
int mr;
string mr_1, mr_2, mr_3;
命名规则
注意：变量名可以使用汉字，但不推荐
合法变量名举例：city、_money、money_1
不合法变量名举例：123、2word、int
简单数据类型
整数类型
byte、sbyte、short、ushort、int、uint、long、ulong
浮点类型
double
精度：15～16位
float
精度：7位
decimal
精度：最高可到28位
布尔类型
用bool关键字定义
取值：true和false
字符类型
用Char类定义，占两个字节
转义字符：加反斜线 "\"。例如：\n、\t、\"、\b、\r、\\等
初始化变量
用等号初始化变量
举例：int mr = 927;
变量的作用域
类体中定义的变量
实例变量：声明时不带static关键字
静态变量：声明时带static关键字
方法体或者代码段中定义的变量
2 引用类型
存储在堆中，例如类，类似代理
两种预定义类型
object
所有类的基类
string
表示字符串
一种特殊的引用类型，值不会随着引用改变
区别
值类型直接存储其值，而引用类型存储对其值的引用
值类型是在栈中操作，而引用类型则在堆中分配存储单元
值类型总是在内存中占用一个预定义的字节数，而引用类型则在堆中分配一个内存空间，这个内存空间包含的是对另一个内存位置的引用
3 常量
概念：程序运行过程中，值不能改变的量
分类
静态常量
声明：const
特点：声明时必须初始化
举例：const double PI = 3.1415926
动态常量
声明：readonly
特点：可以在构造函数中改变值
4 类型转换
隐式类型转换
低精度转高精度
比如：byte < short < int < long < float < double
显式类型转换
高精度转低精度
(类型说明符)表达式
例：(int)4.5
使用Convert类进行转换

第 4 章

运算符

扫码领取

- 配套视频
- 配套素材
- 学习指导
- 交流社群

本章学习目标

- 掌握算术运算符的使用。
- 掌握自增自减运算符的使用。
- 掌握赋值运算符的使用。
- 掌握关系运算符的使用。
- 熟练掌握逻辑运算符的使用。
- 熟悉位运算符和移位运算符的使用。
- 熟悉条件运算符的使用。
- 掌握各种运算符的优先级顺序。

4.1 算术运算符

运算符是具有运算功能的符号，根据使用运算符的个数，可以将运算符分为单目运算符、双目运算符和三目运算符，其中，单目运算符是作用在一个操作数上的运算符，如正号（+）等；双目运算符是作用在两个操作数上的运算符，如加法（+）、乘法（*）等；三目运算符是作用在 3 个操作数上的运算符，C# 中唯一的三目运算符就是条件运算符（?:）。下面将详细讲解 C# 中的运算符。

C# 中的算术运算符是双目运算符，主要包括 +、-、*、／和 %5 种，它们分别用于进行加、减、乘、除和模（求余）运算。C# 中算术运算符的功能及使用方式如表 4.1 所示。

表 4.1 算术运算符

运算符	说明	实例	结果
+	加	12.45f+15	27.45
-	减	4.56-0.16	4.4
*	乘	5L*12.45f	62.25
/	除	7/2	3
%	求余	12%10	2

[实例 4.1] （源码位置：资源包 \Code\04\01）

计算学生成绩的分差及平均分

某学员 3 门课成绩如图 4.1 所示，编程实现：

- C# 课和 SQL 课的分数之差；
- 3 门课的平均分。

代码如下：

```
static void Main(string[] args)
{
    int c = 89, csharp = 90, sql = 60;    // 定义 3 个变量，分别存储 C 语言、C# 和 SQL 的分数
    int sub = csharp - sql;               // 计算 C# 和 SQL 的分数差
    double avg = (c + csharp + sql) / 3;  // 计算平均成绩
    Console.WriteLine("C# 课和 SQL 课的分数之差： " + sub + " 分 ");
    Console.WriteLine("3 门课的平均分： " + avg + " 分 ");
    Console.ReadLine();
}
```

程序运行结果如图 4.2 所示。

课程	分数
C	89
C#	90
SQL	60

图 4.1 某学员 3 门课成绩

图 4.2 计算学生成绩的分差及平均分

注意：

使用除法（/）运算符和求余运算符时，除数不能为 0，否则将会出现异常，如图 4.3 所示。

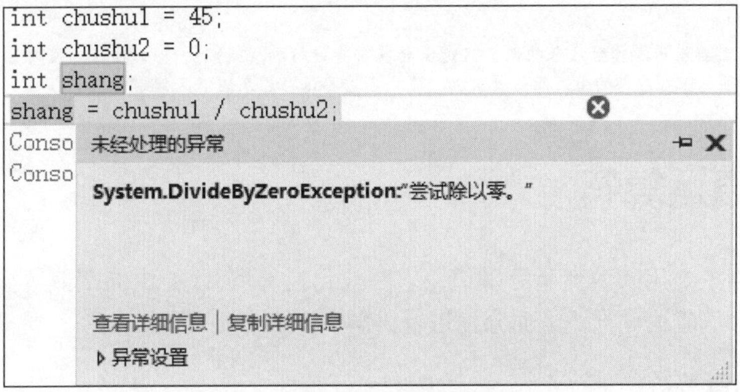
int chushu1 = 45;
int chushu2 = 0;
int shang;
shang = chushu1 / chushu2;
未经处理的异常
System.DivideByZeroException:"尝试除以零。"
查看详细信息 | 复制详细信息
异常设置

图 4.3　除数为 0 时出现的错误提示

4.2　自增自减运算符

使用算术运算符时，如果需要对数值型变量的值进行加 1 或者减 1 操作，可以使用下面的代码：

```
int i=5;
i=i+1;
i=i-1;
```

针对以上功能，C# 中还提供了另外的实现方式：自增、自减运算符，它们分别用 ++ 和 -- 表示，下面分别对它们进行讲解。

自增自减运算符是单目运算符，在使用时有两种形式，分别是 ++expr、expr++，或者 --expr、expr--。其中，++expr、--expr 是前置形式，它表示 expr 自身先加 1 或者减 1，其运算结果是自身修改后的值，再参与其他运算；而 expr++、expr-- 是后置形式，它也表示自身加 1 或者减 1，但其运算结果是自身未修改的值，也就是说，expr++、expr-- 是先参加完其他运算，然后再进行自身加 1 或者减 1 操作。自增、自减运算符放在不同位置时的运算示意图如图 4.4 所示。

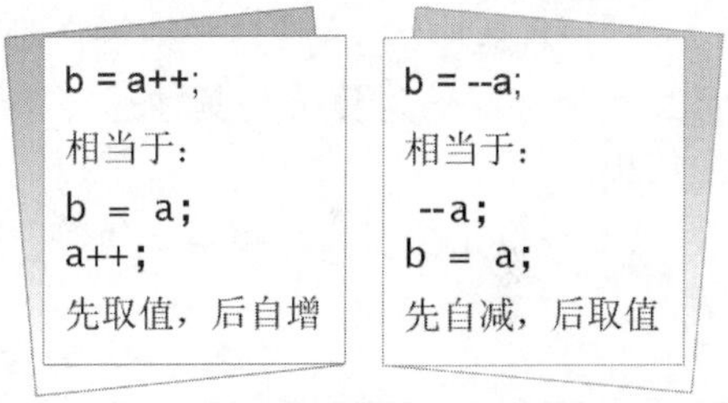
b = a++;
相当于:
b = a;
a++;
先取值，后自增
b = --a;
相当于:
--a;
b = a;
先自减，后取值

图 4.4　自增、自减运算符放在不同位置时的运算示意图

例如，下面代码演示自增运算符放在变量的不同位置时的运算结果：

```
int i = 0, j = 0;      // 定义 int 类型的 i、j
int post_i, pre_j;     // post_i 表示后置形式运算的返回结果，pre_j 表示前置形式运算的返回结果
post_i = i++;          // 后置形式的自增，post_i 是 0
Console.WriteLine(i); // 输出结果是 1
pre_j = ++j;           // 前置形式的自增，pre_j 是 1
Console.WriteLine(j); // 输出结果是 1
```

注意：

自增、自减运算符只能作用于变量，因此，下面的形式是不合法的：

```
3++;        // 不合法，因为 3 是一个常量
(i+j)++;  // 不合法，因为 i+j 是一个表达式
```

技巧：

如果程序中不需要使用操作数原来的值，只是需要其自身进行加（减）1，那么建议使用前置自加（减），因为后置自加（减）必须先保存原来的值，而前置自加（减）不需要保存原来的值。

4.3 赋值运算符

赋值运算符主要用来为变量等赋值，它是双目运算符。C# 中的赋值运算符分为简单赋值运算符和复合赋值运算符，下面分别进行讲解。

（1）简单赋值运算符

简单赋值运算符以符号“=”表示，其功能是将右操作数所含的值赋给左操作数。例如：

```
int a = 100; // 该表达式是将 100 赋值给变量 a
```

（2）复合赋值运算符

在程序中对某个对象进行某种操作后，如果要再将操作结果重新赋值给该对象，则可以通过下面的代码实现：

```
int a = 3;
int temp = 0 ;
temp = a + 2 ;
a= temp ;
```

上面的代码看起来很烦琐，在 C# 中，上面的代码等价于：

```
int a = 3;
a += 2;
```

上面代码中的+=就是一种复合赋值运算符，复合赋值运算符又称带运算的赋值运算符，它其实是将赋值运算符与其他运算符合并成一个运算符来使用，从而同时实现两种运算符的效果。

C# 提供了很多复合赋值运算符，其说明及运算规则如表 4.2 所示。

表 4.2　复合赋值运算符的说明及运算规则

名称	运算符	运算规则	意义
加赋值	+=	x+=y	x=x+y
减赋值	-=	x-=y	x=x-y
除赋值	/=	x/=y	x=x/y
乘赋值	*=	x*=y	x=x*y
模赋值	%=	x%=y	x=x%y
位与赋值	&=	x&=y	x=x&y
位或赋值	|=	x|=y	x=x|y
右移赋值	>>=	x>>=y	x=x>>y
左移赋值	<<=	x<<=y	x=x<<y
异或赋值	^=	x^=y	x=x^y

（3）复合赋值运算符的优势及劣势

使用复合赋值运算符时，虽然“a += 1”与“a = a + 1”两者的计算结果是相同的，但是在不同的场景下，两种使用方法都有各自的优势和劣势，下面分别介绍。

1）低精度类型自增

在 C# 中，整数的默认类型时 int 型，所以下面的代码会报错：

```
byte a=1;                                  // 创建 byte 型变量 a
a=a+1;                                     // 让 a 的值 +1，错误提示：无法将 int 型转换成 byte 型
```

上面的代码中，在没有进行强制类型转换的条件下，a+1 的结果是一个 int 值，无法直接赋给一个 byte 变量。但是，如果使用“+=”实现递增计算，就不会出现这个问题，代码如下：

```
byte a=1;                                  // 创建 byte 型变量 a
a+=1;                                      // 让 a 的值 +1
```

2）不规则的多值运算

复合赋值运算符虽然简洁、强大，但是有些时候是不推荐使用的。例如，下面的代码：

```
a = (2 + 3 - 4) * 92 / 6;
```

上面的代码如果改成复合赋值运算符实现，就会显得非常烦琐，代码如下：

```
a += 2;
a += 3;
a -= 4;
a *= 92;
a /= 6;
```

说明：

在 C# 中可以把赋值运算符连在一起使用。例如：

```
x = y = z = 5;
```

在这个语句中，变量 x、y、z 都得到同样的值 5，但在程序开发中不建议使用这种赋值语法。

（4）使用赋值运算符时的注意事项

使用赋值运算符时，其左操作数不能是常量，但所有表达式都可以作为赋值运算符的右操作数。例如，下面的 3 种赋值形式是错误的：

```
int  i=1 , j = 2 , k = 3 ;
const int val = 5 ;
5 = k ;                                    // 错误，不能赋值给整型常量
i + j = k;                                 // 错误，i+j 表达式的结果是一个常量值，不能被赋值
val = i ;                                  // 错误，val 是 const 常量，不能被赋值
```

另外，在使用赋值运算符时，右操作数的类型必须可隐式转换为左操作数的类型，否则，将会出现错误提示。例如，下面的代码：

```
int  i;
i = 4.5;                                   // 左、右操作数的类型不一致
```

运行上面的代码，出现如图 4.5 所示的错误提示。

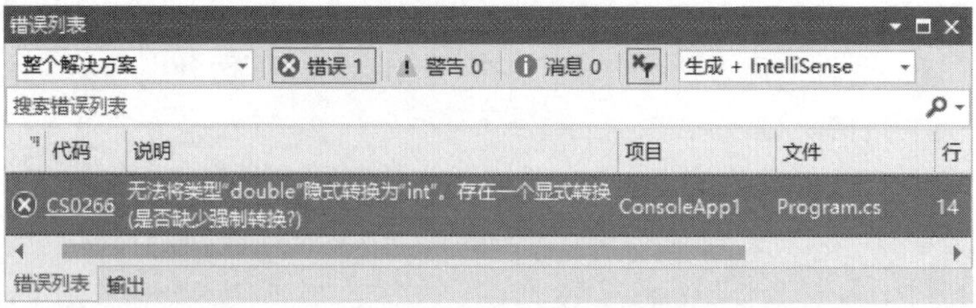

图 4.5　使用赋值运算符时的类型不一致异常

4.4　关系运算符

关系运算符是双目运算符，它用于在程序中的变量之间，以及其他类型的对象之间的比较，它返回一个代表运算结果的布尔值。当运算符对应的关系成立时，运算结果为 true，否则为 false。关系运算符通常用在条件语句中来作为判断的依据。C# 中的关系运算符共有 6 个，其使用及说明如表 4.3 所示。

表 4.3　关系运算符

运算符	作用	举例	操作数据	结果
>	大于	'a'>'b'	整型、浮点型、字符型	false
<	小于	156 < 456	整型、浮点型、字符型	false
==	等于	'c'=='c'	基本数据类型、引用型	true
!=	不等于	'y'!='t'	基本数据类型、引用型	true
>=	大于等于	479>=426	整型、浮点型、字符型	true
<=	小于等于	12.45<=45.5	整型、浮点型、字符型	true

说明：

不等于运算符 (!=) 是与相等运算符相反的运算符，它与 !(a==b) 是等效的。

[实例 4.2]　（源码位置：资源包 \Code\04\02）

使用关系运算符比较大小关系

创建一个控制台应用程序，声明 3 个 int 类型的变量，并分别对它们进行初始化，然后分别使用 C# 中的各种关系运算符对它们的大小关系进行比较，代码如下：

```
static void Main(string[] args)
{
    int num1 = 4, num2 = 7, num3 = 7;     // 定义 3 个 int 变量，并初始化
    // 输出 3 个变量的值
    Console.WriteLine("num1=" + num1 + " , num2=" + num2 + " , num3=" + num3);
    Console.WriteLine();                                            // 换行
    Console.WriteLine("num1<num2 的结果：" + (num1 < num2));          // 小于操作
    Console.WriteLine("num1>num2 的结果：" + (num1 > num2));          // 大于操作
    Console.WriteLine("num1==num2 的结果：" + (num1 == num2));        // 等于操作
    Console.WriteLine("num1!=num2 的结果：" + (num1 != num2));        // 不等于操作
```

```
11        Console.WriteLine("num1<=num2 的结果: " + (num1 <= num2));     // 小于等于操作
12        Console.WriteLine("num2>=num3 的结果: " + (num2 >= num3));     // 大于等于操作
13        Console.ReadLine();
14    }
```

代码注解:

① 第 5 行代码使用 Console.WriteLine(); 输出了一个空行，起到换行的作用。
② 第 6 行到第 11 行代码主要演示 6 种关系运算符的使用方法。

程序运行结果如图 4.6 所示。

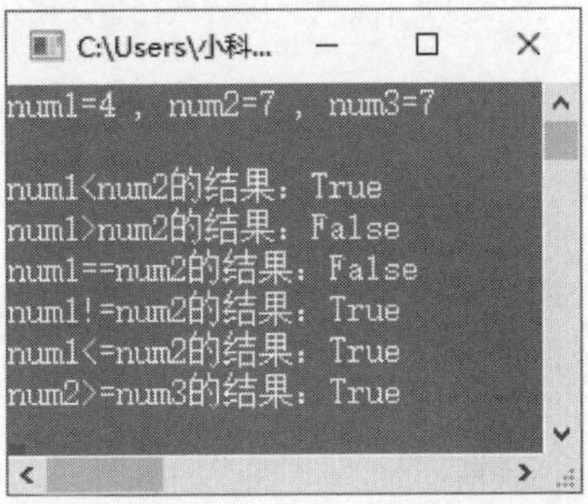

图 4.6 使用关系运算符比较大小关系

4.5 逻辑运算符

假定某面包店，在每周二 19:00 ~ 20:00 和每周六 17:00 ~ 18:00，对生日蛋糕商品进行折扣让利活动，那么想参加折扣活动的顾客，就要在时间上满足这样的条件（周二 17:00 ~ 18:00）或者（周六 19:00 ~ 20:00），这里就用到了逻辑关系，C# 中也提供了这样的逻辑运算符来进行逻辑运算。

逻辑运算符是对真和假这两种布尔值进行运算，运算后的结果仍是一个布尔值，C# 中的逻辑运算符主要包括 &（&&）（逻辑与）、|（||）（逻辑或）、!（逻辑非）。在逻辑运算符中，除“!”是单目运算符之外，其他都是双目运算符。表 4.4 列出了逻辑运算符的用法和说明。

表 4.4 逻辑运算符

运算符	含义	用法	结合方向
&&、&	逻辑与	op1&&op2	左到右
||、|	逻辑或	op1||op2	左到右
!	逻辑非	!op	右到左

使用逻辑运算符进行逻辑运算时，其运算结果如表 4.5 所示。

表 4.5 使用逻辑运算符进行逻辑运算

表达式 1	表达式 2	表达式 1&& 表达式 2	表达式 1|| 表达式 2	! 表达式 1
true	true	true	true	false
true	false	false	true	false
false	false	false	false	true
false	true	false	true	true

技巧：

逻辑运算符“&&”与“&”都表示“逻辑与”，那么它们之间的区别在哪里呢？从表 4.5 可以看出，当两个表达式都为 true 时，逻辑与的结果才会是 true。使用“&”会判断两个表达式；而“&&”则是针对 bool 类型的数据进行判断，当第一个表达式为 false 时，则不去判断第二个表达式，直接输出结果，从而节省计算机判断的次数。通常将这种在逻辑表达式中从左端的表达式可推断出整个表达式的值称为“短路”，而那些始终执行逻辑运算符两边的表达式称为“非短路”。“&&”属于“短路”运算符，而“&”则属于“非短路”运算符。“||”与“|”的区别与“&&”与“&”的区别类似。

[实例 4.3]　　（源码位置：资源包 \Code\04\03）

参加面包店的打折活动

创建一个控制台应用程序，使用代码实现本节开始描述的场景，代码如下：

```
01  static void Main(string[] args)
02  {
03      Console.WriteLine(" 面包店正在打折，活动进行中 ......\n");           // 输出提示信息
04      Console.Write(" 请输入星期：");                                    // 输出提示信息
05      string strWeek = Console.ReadLine();                                // 记录用户输入的星期
06      Console.Write(" 请输入时间：");                                    // 输出提示信息
07      int intTime = Convert.ToInt32(Console.ReadLine());                  // 记录用户输入的事件
08      // 判断是否满足活动参与条件（使用了 if 条件语句）
09      if((strWeek == " 星期二 " && (intTime >= 19 && intTime <= 20)) || (strWeek == " 星期六
" && (intTime >= 17 && intTime <= 18)))
10      {
11          Console.WriteLine(" 恭喜您，你获得了折扣活动参与资格，请尽情选购吧！ "); // 输出提示信息
12      }
13      else
14      {
15          Console.WriteLine(" 对不起，您来晚了一步，期待下次活动 ......");        // 输出提示信息
16      }
17      Console.ReadLine();
18  }
```

代码注解：

① 第 9 行和第 13 行代码使用了 if...else 条件判断语句，该语句主要用来判断是否满足某种条件，该语句将在第 4 章进行详细讲解，这里只需要了解即可。

② 第 9 行代码中对条件进行判断时，使用了逻辑运算符 &&、|| 和关系运算符 ==、>=、<=。

程序运行结果如图 4.7 和图 4.8 所示。

图 4.7　符合条件的运行效果

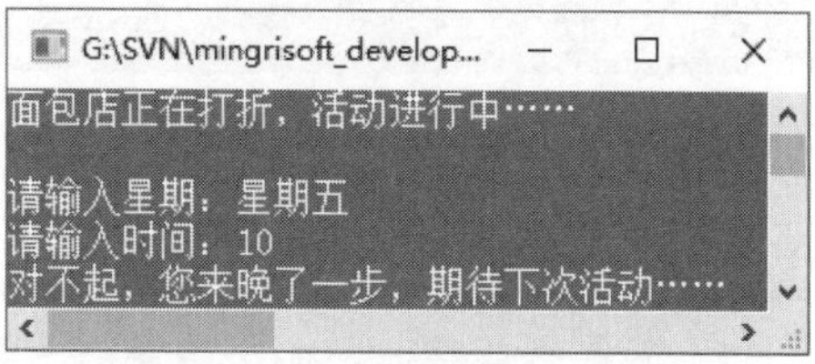

图 4.8　不符合条件的运行效果

4.6　位运算符

位运算符的操作数类型是整型，可以是有符号的，也可以是无符号的。C# 中的位运算符有位与、位或、位异或和取反运算符，其中位与、位或、位异或为双目运算符，取反运算符为单目运算符。位运算是完全针对位方面的操作，因此，它在实际使用时，需要先将

要执行运算的数据转换为二进制，然后才能进行执行运算。

说明：

整型数据在内存中以二进制的形式表示，如整型变量 7 的 32 位二进制表示是 00000000 00000000 00000000 00000111，其中，左边最高位是符号位，最高位是 0 表示正数，若为 1 则表示负数。负数采用补码表示，如 -8 的 32 位二进制表示为 11111111 11111111 11111111 11111000。

（1）“位与”运算

“位与”运算的运算符为“&”，“位与”运算的运算法则是：如果两个整型数据 a、b 对应位都是 1，则结果位才是 1，否则为 0。如果两个操作数的精度不同，则结果的精度与精度高的操作数相同，如图 4.9 所示。

（2）“位或”运算

“按位或”运算的运算符为“|”，“位或”运算的运算法则是：如果两个操作数对应位都是 0，则结果位才是 0，否则为 1。如果两个操作数的精度不同，则结果的精度与精度高的操作数相同，如图 4.10 所示。

（3）“位异或”运算

“位异或”运算的运算符是“^”，“位异或”运算的运算法则是：当两个操作数的二进制表示相同（同时为 0 或同时为 1）时，结果为 0，否则为 1。若两个操作数的精度不同，则结果数的精度与精度高的操作数相同，如图 4.11 所示。

	0000 0000 0000 1100
&	0000 0000 0000 1000
	0000 0000 0000 1000

图 4.9　12&8 的运算过程

	0000 0000 0000 0100
|	0000 0000 0000 1000
	0000 0000 0000 1100

图 4.10　4|8 的运算过程

	0000 0000 0001 1111
^	0000 0000 0001 0110
	0000 0000 0000 1001

图 4.11　31^22 的运算过程

（4）“取反”运算

“取反”运算也称“按位非”运算，运算符为“～”。“取反”运算就是将操作数对应二进制中的 1 修改为 0，0 修改为 1，如图 4.12 所示。

在 C# 中使用 Console.WriteLine 输出各种位运算符的运算结果，主要代码如下：

```
Console.WriteLine("12 与 8 的结果为: " + (12 & 8));          // 位与计算整数的结果
Console.WriteLine("4 或 8 的结果为: " + (4 | 8));            // 位或计算整数的结果
Console.WriteLine("31 异或 22 的结果为: " + (31 ^ 22));      // 位异或计算整数的结果
Console.WriteLine("123 取反的结果为: " + ~123);              // 位取反计算整数的结果
```

运算结果如图 4.13 所示。

~	0000 0000 0111 1011
	1111 1111 1000 0100

图 4.12　~123 的运算过程

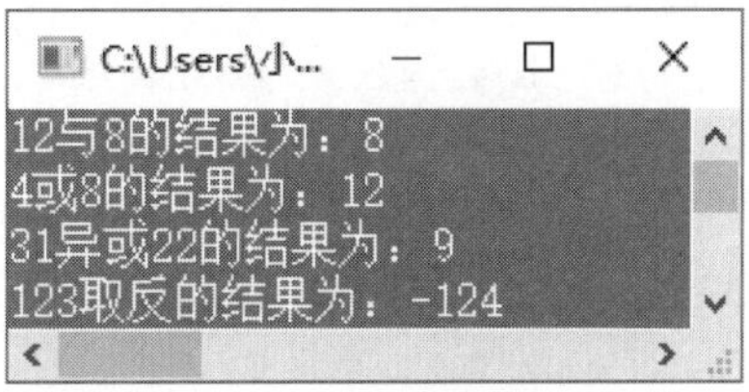

图 4.13　位运算符的运算结果

4.7 移位运算符

C# 中的移位运算符有两个，分别是左移位 << 和右移位 >>，这两个运算符都是双目运算符，它们主要用来对整数类型数据进行移位操作。移位运算符的右操作数不可以是负数，并且要小于左操作数的位数。下面分别对左移位 << 和右移位 >> 进行讲解。

（1）左移位运算符 <<

左移位运算符 << 是将一个二进制操作数向左移动指定的位数，左边（高位端）溢出的位被丢弃，右边（低位端）的空位用 0 补充。左移位运算相当于乘以 2 的 *n* 次幂。

例如，int 类型数据 48 对应的二进制数为 00110000，将其左移 1 位，根据左移位运算符的运算规则可以得出 (00110000<<1)=01100000，所以转换为十进制数就是 96（48*2）；将其左移 2 位，根据左移位运算符的运算规则可以得出 (00110000<<2)=11000000，所以转换为十进制数就是 192（$48*2^2$），其执行过程如图 4.14 所示。

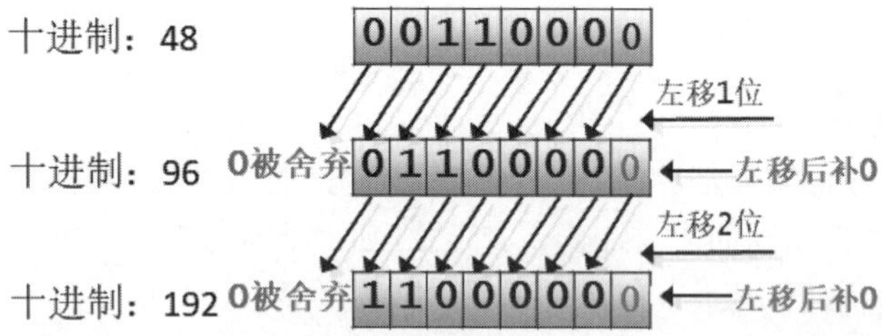

图 4.14 左移位运算

（2）右移位运算符 >>

右移位运算符 >> 是将一个二进制操作数向右移动指定的位数，右边（低位端）溢出的位被丢弃，而在填充左边（高位端）的空位时，如果最高位是 0（正数），左侧空位填入 0；如果最高位是 1（负数），左侧空位填入 1。右移位运算相当于除以 2 的 *n* 次幂。

正数 48 右移 1 位的运算过程如图 4.15 所示。

负数 −80 右移 2 位的运算过程如图 4.16 所示。

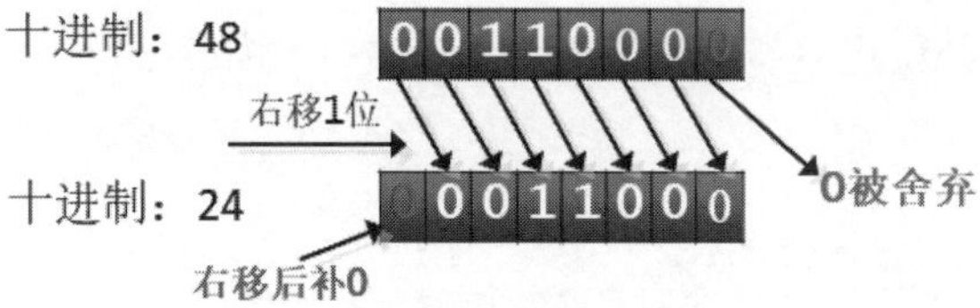

图 4.15 正数的右移位运算过程

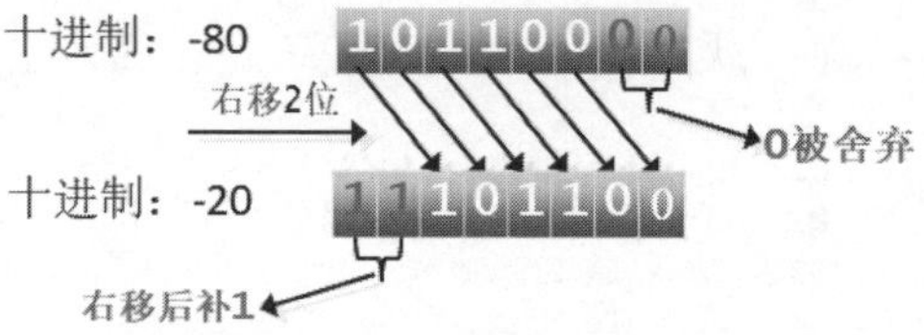

图 4.16 负数的右移位运算过程

技巧：

由于移位运算的速度很快，在程序中遇到表达式乘以或除以 2 的 *n* 次幂的情况时，一般采用移位运算来代替。

4.8 条件运算符

条件运算符用“?:”表示，它是 C# 中唯一的三目运算符，该运算符需要 3 个操作数，

形式如下:

```
<表达式1> ? <表达式2>  : <表达式3>
```

其中，表达式 1 是一个布尔值，可以为真或假。如果表达式 1 为真，返回表达式 2 的运算结果；如果表达式 1 为假，则返回表达式 3 的运算结果。例如:

```
01   int  x=5, y=6, max;
02   max=x<y? y : x ;
```

技巧:

条件运算符相当于一个 if 语句，因此，上面的第 2 行代码可以修改如下:

```
if (x<y)
     max=y;
else
     max=x;
```

另外，条件运算符的结合性是从右向左的，即从右向左运算。例如:

```
int  x =5 , y = 6 ;
int  a = 1 ,b = 2 ;
int  z=0;
z= x>y ? x : a>b? a : b ;   // z的值是 2
```

等价于:

```
int  x =5 , y = 6 ;
int  a = 1 ,b = 2 ;
int  z=0;
z= x>y ? x : (a>b? a : b) ; // z的值是 2
```

[实例 4.4]　（源码位置：资源包 \Code\04\04）

判断人的年龄所处阶段

创建一个控制台应用程序，使用条件运算符判断输入年龄所处的阶段，并输出相应的提示信息，代码如下:

```
01   static void Main(string[] args)
02   {
03        Console.Write("请输入一个年龄: ");                // 屏幕输入提示字符串
04        int age = Int32.Parse(Console.ReadLine());    // 将输入的年龄转换成 int 类型
05        // 利用条件运算符判断年龄是否大于 40，并输出相应的内容
06        string info = age > 40 ? "人到中年了! " : "这正是黄金奋斗的年龄";
07        Console.WriteLine(info);
08        Console.ReadLine();
09   }
```

代码注解:

① 第 4 行代码中，Int32.Parse 方法用来将用户的输入转换为 int 类型，存储到 int 类型变量中。
② 第 6 行代码是定义了一个 string 类型的变量，记录条件表达式的返回结果。

程序运行结果如图 4.17 所示。

图 4.17　使用条件运算符判断人的年龄阶段

在 C# 中使用条件运算符对两个整型变量 a 和 b 进行运算，如果 a>b，则得到 a 的值，否则，得到 b 的值，代码如下：

```
static void Main(string[] args)
{
      int a = 10, b = 5;
      (a > b) ? a : b;
      Console.WriteLine(n);
      Console.ReadLine();
}
```

运行程序，出现如图 4.18 所示的错误提示。

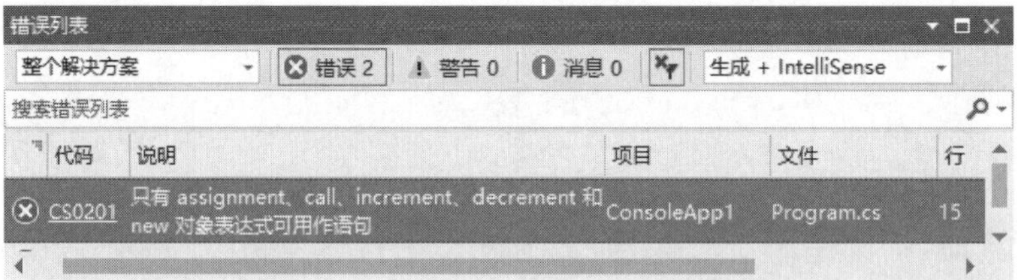

图 4.18　把三目运算符单独作为语句的错误

分析错误原因，“?:”是 C# 中的三目运算符，而三目运算符是不能单独构成语句的，所以上面的代码才会出现错误，要修改该程序，只需要使用一个变量记录三目运算符运算之后的结果即可。改正后的代码如下：

```
static void Main(string[] args)
{
      int a = 10, b = 5;
      int n = (a > b) ? a : b;
      Console.WriteLine(n);
      Console.ReadLine();
}
```

4.9　运算符优先级与结合性

C# 中的表达式是使用运算符连接起来的符合 C# 规范的式子，运算符的优先级决定了表达式中运算执行的先后顺序。运算符优先级其实相当于进销存的业务流程，如进货、入库、销售、出库，只能按这个步骤进行操作。运算符的优先级也是这样的，它是按照一定的先后顺序进行计算的，C# 中的运算符优先级由高到低的顺序依次如下：

① 自增、自减运算符。

② 算术运算符。

③ 移位运算符。

④ 关系运算符。

⑤ 逻辑运算符。

⑥ 条件运算符。

⑦ 赋值运算符。

如果两个运算符具有相同的优先级，则会根据其结合性确定是从左至右运算，还是从右至左运算。表 4.6 列出了运算符从高到低的优先级顺序及结合性。

表 4.6　运算符的优先级顺序及结合性

运算符类别	运算符	数目	结合性
单目运算符	++, --, !	单目	←
算术运算符	*, /, %	双目	→
	+, -	双目	→
移位运算符	<<, >>	双目	→
关系运算符	>, >=, <, <=	双目	→
	==, !=	双目	→
逻辑运算符	&&	双目	→
	||	双目	→
条件运算符	? :	三目	←
赋值运算符	=,+=,-=,*=,/=,%=	双目	←

说明：

表 4.6 中的“←”表示从右至左，“→”表示从左至右。从表 4.6 中可以看出，C# 的运算符中，只有单目、条件和赋值运算符的结合性为从右至左，其他运算符的结合性都是从左至右。所以，下面的代码是等效的：

```
!a++;            等效于:    !(a++);
a ? b : c ? d : e;  等效于:    a ? b : (c ? d : e);
a = b = c;        等效于:    a = (b = c);
a + b - c;        等效于:    (a + b) - c;
```

本章知识思维导图

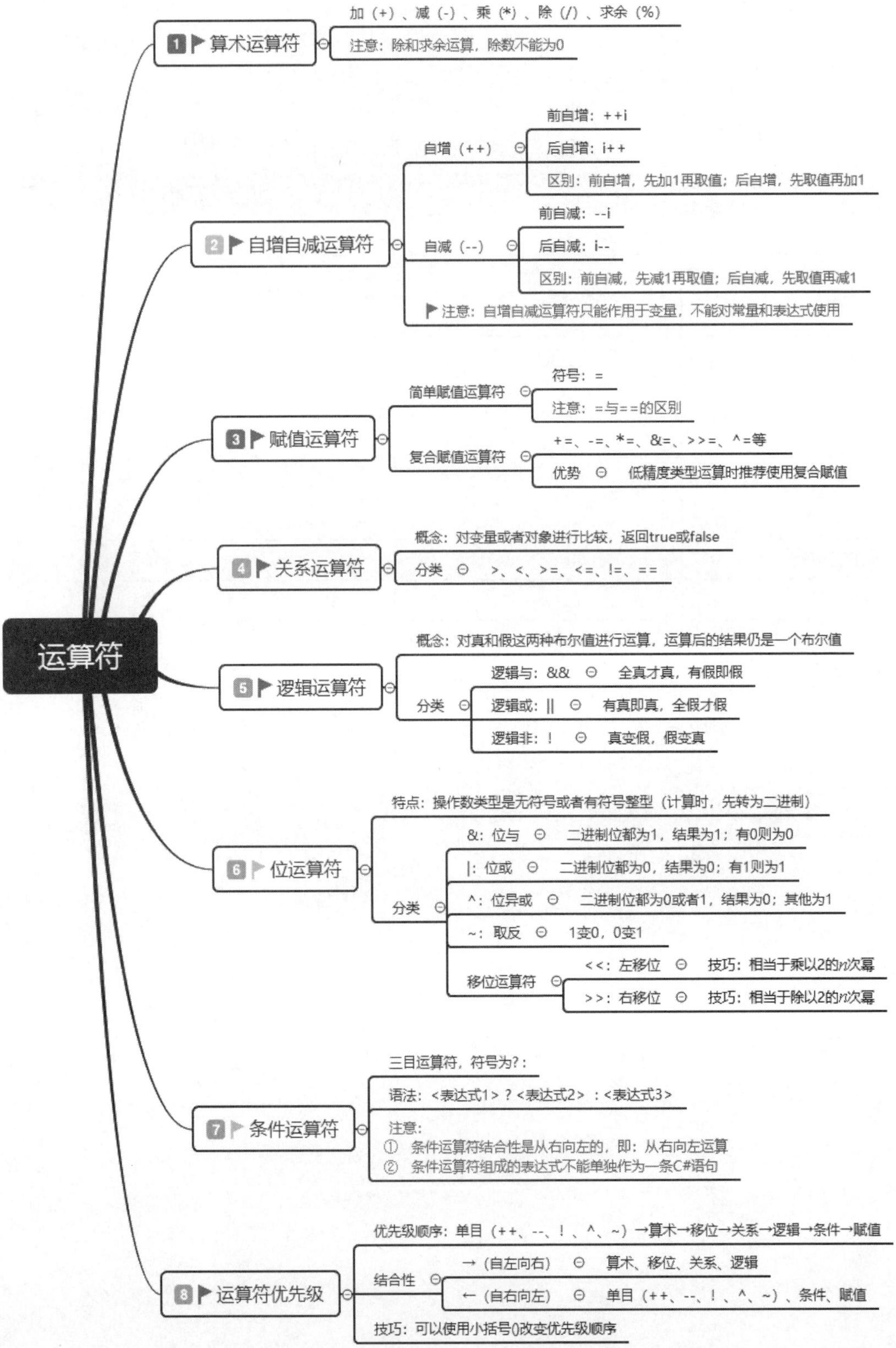
运算符
1 算术运算符
加（+）、减（-）、乘（*）、除（/）、求余（%）
注意：除和求余运算，除数不能为0
2 自增自减运算符
自增（++）
前自增：++i
后自增：i++
区别：前自增，先加1再取值；后自增，先取值再加1
自减（--）
前自减：--i
后自减：i--
区别：前自减，先减1再取值；后自减，先取值再减1
注意：自增自减运算符只能作用于变量，不能对常量和表达式使用
3 赋值运算符
简单赋值运算符
符号：=
注意：=与==的区别
复合赋值运算符
+=、-=、*=、&=、>>=、^=等
优势
低精度类型运算时推荐使用复合赋值
4 关系运算符
概念：对变量或者对象进行比较，返回true或false
分类
>、<、>=、<=、!=、==
5 逻辑运算符
概念：对真和假这两种布尔值进行运算，运算后的结果仍是一个布尔值
分类
逻辑与：&&
全真才真，有假即假
逻辑或：||
有真即真，全假才假
逻辑非：！
真变假，假变真
6 位运算符
特点：操作数类型是无符号或者有符号整型（计算时，先转为二进制）
分类
&：位与
二进制位都为1，结果为1；有0则为0
|：位或
二进制位都为0，结果为0；有1则为1
^：位异或
二进制位都为0或者1，结果为0；其他为1
~：取反
1变0，0变1
移位运算符
<<：左移位
技巧：相当于乘以2的n次幂
>>：右移位
技巧：相当于除以2的n次幂
7 条件运算符
三目运算符，符号为?：
语法：<表达式1>？<表达式2>：<表达式3>
注意：
① 条件运算符结合性是从右向左的，即：从右向左运算
② 条件运算符组成的表达式不能单独作为一条C#语句
8 运算符优先级
优先级顺序：单目（++、--、！、^、~）→算术→移位→关系→逻辑→条件→赋值
结合性
→（自左向右）
算术、移位、关系、逻辑
←（自右向左）
单目（++、--、！、^、~）、条件、赋值
技巧：可以使用小括号()改变优先级顺序

第 5 章
条件语句

扫码领取
- 配套视频
- 配套素材
- 学习指导
- 交流社群

本章学习目标

- 了解什么是决策分支。
- 熟练掌握 if 条件语句的使用。
- 掌握 siwtch 多分支语句的使用。
- 熟悉 switch 与 if…else if…else 的应用场景。

5.1 if 条件语句

5.1.1 决策分支

计算机的主要功能是提供用户计算功能，但在计算的过程中会遇到各种各样的情况，针对不同的情况会有不同的处理方法，这就要求程序开发语言要有处理决策的能力。汇编语言使用判断指令和跳转指令实现决策，高级语言使用选择判断语句实现决策。

一个决策系统就是一个分支结构，这种分支结构就像一个树形结构，每到一个节点都需要做决定，就像人走到十字路口，是向前走，还是向左走或是向右走都需要做决定，不同的分支代表不同的决定。例如，十字路口的分支结构如图 5.1 所示。

为描述决策系统的流通，设计人员开发了流程图。流程图使用图形方式描述系统不同状态的不同处理方法。开发人员使用流程图表现程序的结构，主要的流程图符号如图 5.2 所示。

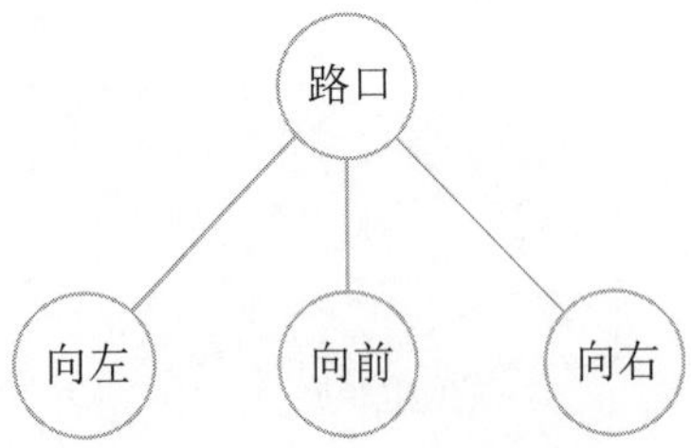

图 5.1　十字路口分支结构

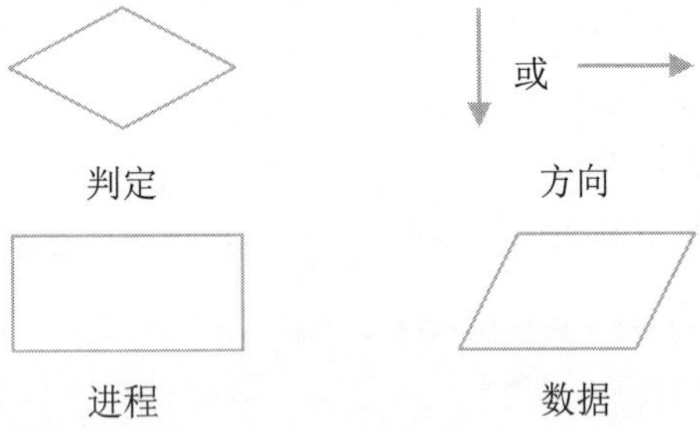

图 5.2　主要的流程图符号

使用流程图描述十字路口转向的决策，利用方位做决定，判断是否是南方，如果是南方，则前行，如果不是南方，寻找南方，流程图如图 5.3 所示。

程序中使用选择结构语句来做决策，选择结构是编程语言的基础语句，在 C# 语言中有两种选择结构语句，分别是 if 语句和 switch 语句。

说明：
选择结构语句也称为条件判断语句或者分支语句。

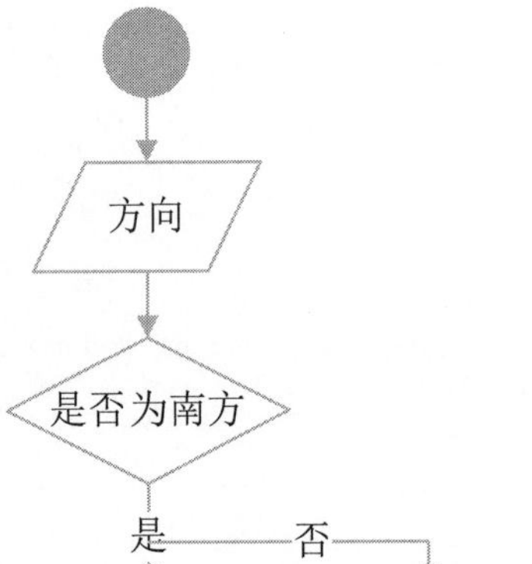

图 5.3　十字路口转向流程图

5.1.2 if 语句

在生活中，每个人都要做出各种各样的选择。例如，吃什么菜？走哪条路？找什么人？那么当程序遇到选择时，该怎么办呢？这时需要使用的就是选择结构语句。if 语句是最基础的一种选择结构语句，它主要有 3 种形式，分别为 if 语句、if…else 语句和 if…else if…else 多分支语句，本节将分别对它们进行详细讲解。

（1）最简单的 if 语句

C# 语言中使用 if 关键字来组成选择语句，其最简单的语法形式如下：

```
if( 表达式 )
{
        语句块
}
```

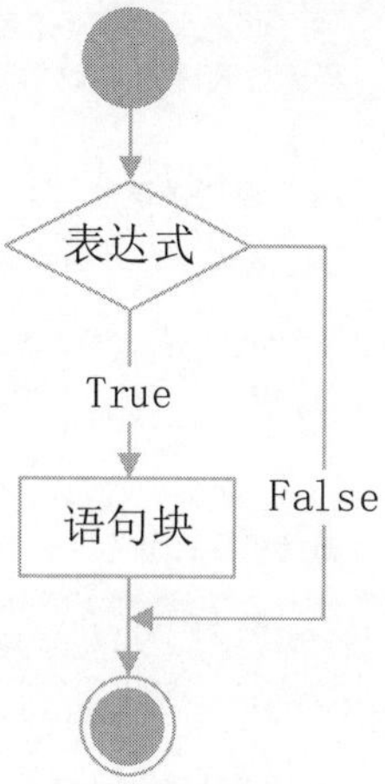

图 5.4 if 语句流程图

说明：

使用 if 语句时，如果只有一条语句，省略 {} 是没有语法错误的，而且不影响程序的执行，但是为了程序代码的可读性，建议不要省略。

其中，表达式部分必须用 () 括起来，它可以是一个单纯的布尔变量或常量，也可以是关系表达式或逻辑表达式。如果表达式为真，则执行“语句块”，之后继续执行“下一条语句”；如果表达式的值为假，就跳过“语句块”，执行“下一条语句”。这种形式的 if 语句相当于汉语里的“如果 …… 那么 ……”，其流程图如图 5.4 所示。

[实例 5.1] 判断输入是不是奇数

（源码位置：资源包 \Code\05\01）

使用 if 语句判断用户输入的数字是不是奇数，代码如下：

```
01  static void Main(string[] args)
02  {
03      Console.WriteLine(" 请输入一个数字: ");
04      int iInput = Convert.ToInt32(Console.ReadLine());      // 记录用户的输入
05      if (iInput % 2 != 0)                                   // 使用 if 语句进行判断
06      {
07          Console.WriteLine(iInput + " 是一个奇数！ ");
08      }
09      Console.ReadLine();
10  }
```

代码注解：

① 第 4 行代码使用 Convert.ToInt32 方法将用户的输入强制转换成了 int 类型，然后使用 int 类型变量记录。

② 奇数的条件是不能被 2 整除，因此，第 5 行代码判断用户的输入求余 2 是否不等于 0，以此来确定用户的输入是不是奇数。

运行程序，当输入 7 时，效果如图 5.5 所示；当输入 6 时，效果如图 5.6 所示。

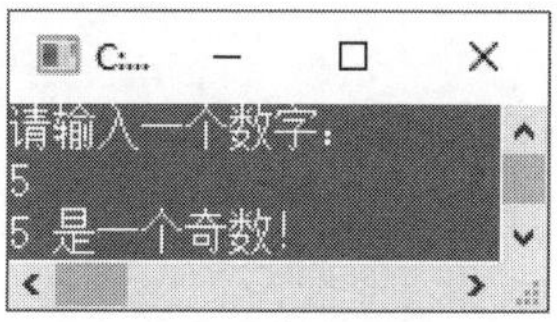

图 5.5 奇数运行结果

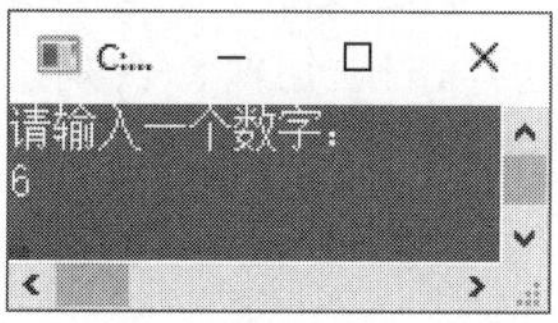

图 5.6 不是奇数的运行结果

说明：

if 语句后面如果只有一条语句时，可以不使用大括号 {}，例如，下面的代码：

```
if (a > b)
    max = a;
```

但是，不建议开发人员使用这种形式，不管 if 语句后面有多少要执行的语句，都建议使用大括号 {} 括起来，这样方便代码的阅读。

常见错误：

① if 语句后面多加了分号。例如，if 语句正确表示如下：

```
if (i == 5)
        Console.WriteLine("i 的值是 5");
```

上面两行代码的本意是：当变量 i 的值为 5 时，执行下面的输出语句。但是，如果在 if 判断后面多加了分号，下面的输出语句将会无条件执行，if 语句就起不到判断的作用。代码如下：

```
if (i == 5);
Console.WriteLine("i 的值是 5");
```

② 使用 if 语句时，将多个语句作为复合语句来执行，例如：程序的真正意图是使用如下语句：

```
if(flag)
{
        i++;
        j++;
}
```

但是，如果去掉大括号 {}，执行程序时，无论 flag 是否为 true，j++ 都会无条件执行，这显然与程序的本意是不符的，但程序并不会报告异常，因此，这种错误很难发现。代码如下：

```
if(flag)
        i++;
j++;
```

（2）if…else 语句

如果遇到只能二选一的条件，C# 中提供了 if…else 语句解决类似问题，其语法如下：

```
if( 表达式 )
{
        语句块 1;
}
else
{
        语句块 2;
}
```

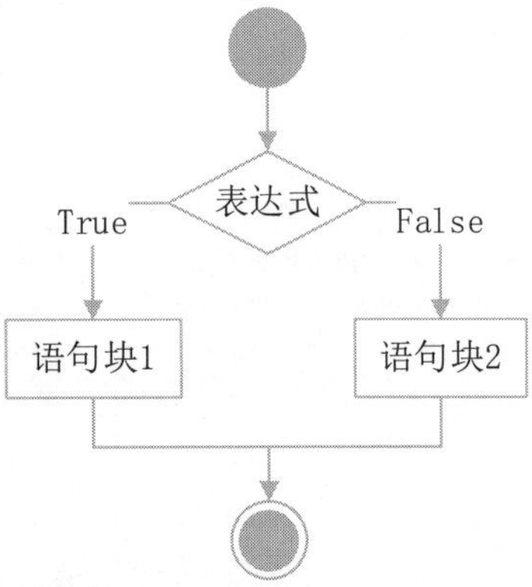

图 5.7　if…else 语句流程图

使用 if…else 语句时，表达式可以是一个单纯的布尔变量或常量，也可以是关系表达式或逻辑表达式，如果满足条件，则执行 if 后面的语句块，否则，执行 else 后面的语句块，这种形式的选择语句相当于汉语里的“如果 …… 否则 ……”，其流程图如图 5.7 所示。

技巧：

if…else 语句可以使用条件运算符进行简化。例如，下面的代码：

```
if(a > 0)
        b = a;
else
        b = -a;
```

可以简写成：

```
b = a > 0?a:-a;
```

上段代码主要实现求绝对值的功能。如果 a > 0，就把 a 的值赋值给变量 b；否则，将 -a 赋值给变量 b。使用条件运算符的好处是可以使代码简洁，并且有一个返回值。

[实例 5.2]　（源码位置：资源包 \Code\05\02）

根据分数划分是否优秀

使用 if…else 语句判断用户输入的分数是不是足够优秀，如果大于 90，则表示优秀，否则，输出“希望你继续努力”，代码如下：

```
static void Main(string[] args)
{
     Console.WriteLine(" 请输入你的分数：");
     int score = Convert.ToInt32(Console.ReadLine());// 记录用户的输入
     if (score > 90) // 判断输入是否大于 90
     {
          Console.WriteLine(" 你非常优秀！ ");
     }
     else  // 不大于 90 的情况
     {
          Console.WriteLine(" 希望你继续努力！ ");
     }
     Console.ReadLine();
}
```

运行程序，当输入一个大于 90 的数时（如 93），效果如图 5.8 所示；当输入一个小于 90 的数时（如 87），效果如图 5.9 所示。

图 5.8　输入大于 90 的运行结果

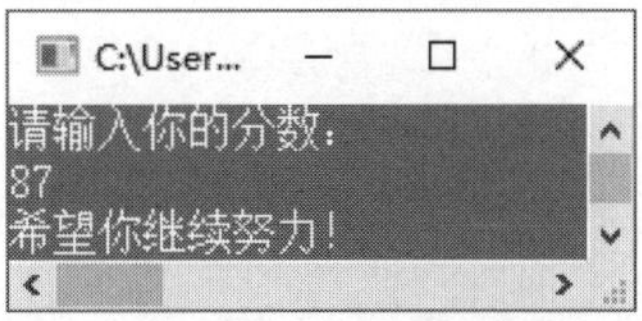

图 5.9　输入小于 90 的运行结果

注意：

在使用 else 语句时，else 一定不可以单独使用，它必须和关键字 if 一起使用。例如，下面的代码是错误的：

```
else
{
     max=a;
}
```

程序中使用 if…else 语句时，如果出现 if 语句多于 else 语句的情况，将会出现悬垂 else 问题：究竟 else 和哪个 if 相匹配呢？例如，下面的代码：

```
if(x>1)
     if(y>x)
          y++;
else
     x++;
```

如果遇到上面的情况，记住在没有特殊处理的情况下，else 永远都与最后出现的 if 语句相匹配，即上面代码中的 else 是与 if(y>x) 语句相匹配的。如果想改变 else 语句的匹配对象，可以使用大括号。例如，将上面代码修改如下：

```
if(x>1)
{
    if(y>x)
        y++;
}
else
    x++;
```

如果修改成这样，else 将与 if(x>1) 语句相匹配。

技巧：

建议总是在 if 后面使用大括号 {} 将要执行的语句括起来，这样可以避免程序代码混乱。

（3）if…else if…else 语句

大家在网上购物时，可以选择多种付款方式，这时用户就需要从多个选项中选择一个。在开发程序时，如果遇到多选一的情况，则可以使用 if…else if…else 语句，该语句是一个多分支选择语句，通常表现为“如果满足某种条件，进行某种处理；否则，如果满足另一种条件，则执行另一种处理 ……”。if…else if…else 语句的语法格式如下：

```
if(表达式1)
{
        语句1;
}
else if(表达式2)
{
        语句2;
}
else if(表达式3)
{
        语句3
}
      ……
else if(表达式m)
{
        语句m
}
else
{
        语句n
}
```

使用 if…else if…else 语句时，表达式部分必须用 () 括起来，它可以是一个单纯的布尔变量或常量，也可以是关系表达式或逻辑表达式。如果表达式为真，执行语句；而如果表达式为假，则跳过该语句，进行下一个 else if 的判断，只有在所有表达式都为假的情况下，才会执行 else 中的语句。if…else if…else 语句的流程图如图 5.10 所示。

注意：

if 和 else if 都需要判断表达式的真假，而 else 则不需要判断；另外，else if 和 else 都必须跟 if 一起使用，不能单独使用。

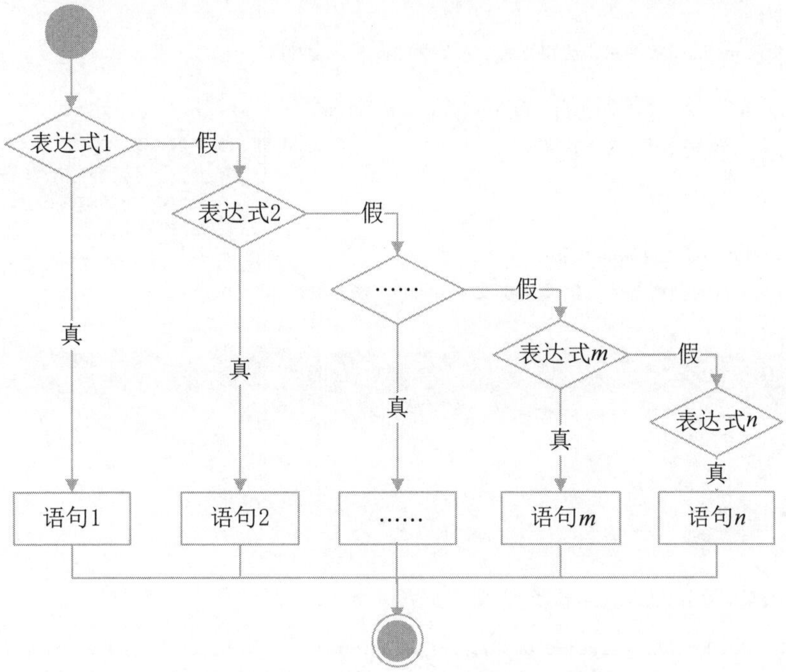

图 5.10　if…else if…else 语句的流程图

[实例 5.3]　（源码位置：资源包 \Code\05\03）

根据分数划分优秀等级

使用 if…else if…else 多分支语句实现根据用户输入的年龄输出相应信息提示的功能，代码如下：

```
static void Main(string[] args)
{
     int YouAge = 0;                           // 声明一个 int 类型的变量 YouAge，值为 0
     Console.WriteLine(" 请输入您的年龄：");
     YouAge = int.Parse(Console.ReadLine()); // 获取用户输入的数据
     if (YouAge <= 18)                         // 调用 if 语句判断输入的数据是否小于等于 18
     {
          // 如果小于等于 18，则输出提示信息
          Console.WriteLine(" 您的年龄还小，要努力奋斗哦！ ");
     }
     else if (YouAge > 18 && YouAge <= 30)    // 判断是否大于 18 岁并且小于 30 岁
     {
          // 如果输入的年龄大于 18 岁并且小于 30 岁，则输出提示信息
          Console.WriteLine(" 您现在的阶段正是努力奋斗的黄金阶段！ ");
     }
     else if (YouAge > 30 && YouAge <= 50)    // 判断输入的年龄是否大于 30 岁并且小于等于 50 岁
     {
          // 如果输入的年龄大于 30 岁并且小于等于 50 岁，则输出提示信息
          Console.WriteLine(" 您现在的阶段正是人生的黄金阶段！ ");
     }
     else
     {
          Console.WriteLine(" 最美不过夕阳红！ ");
     }
     Console.ReadLine();
}
```

代码注解：

第 5 行代码中的 int.Parse 方法用来将用户的输入强制转换成 int 类型。

运行程序，输入一个年龄值，按回车键，即可输出相应的信息提示，效果如图 5.11 所示。

图 5.11 if...else if...else 多分支语句的使用

技巧：

使用 if 选择语句时，尽量遵循以下原则：

① 使用 bool 变量作为判断条件，假设 bool 变量为 falg，较为规范的书写：

```
if(flag)                                    // 表示为真
if(!flag)                                   // 表示为假
```

不符合规范的书写，例如：

```
if(flag==true)
if(flag==false)
```

② 使用浮点类型变量与 0 值进行比较时，规范的书写格式如下：

```
if(d_value>=-0.00001&&d_value<=0.00001)// 这里的 0.00001 是 d_value 的精度，d_value 是 double 类型
```

不符合规范的书写格式如下：

```
if(d_value==0.0)
```

③ 使用 if(1==a) 这样的书写格式可以防止错写成 if(a=1) 这种形式，以避免逻辑上的错误。

（4）if 语句的嵌套

前面讲过 3 种形式的 if 选择语句，这 3 种形式的选择语句之间都可以进行互相嵌套。例如，在最简单的 if 语句中嵌套 if...else 语句，形式如下：

```
if( 表达式 1)
{
      if( 表达式 2)
              语句 1;
      else
              语句 2;
}
```

例如，在 if...else 语句中嵌套 if...else 语句，形式如下：

```
if( 表达式 1)
{
        if( 表达式 2)
            语句 1;
        else
            语句 2;
}
else
{
        if( 表达式 2)
            语句 1;
        else
            语句 2;
}
```

说明：

if 选择语句可以有多种嵌套方式，开发程序时，可以根据自身需要选择合适的嵌套方式，但一定要注意逻辑关系的正确处理。

[实例 5.4] （源码位置：资源包 \Code\05\04）

判断输入的年份是不是闰年

通过使用嵌套的 if 语句实现判断用户输入的年份是不是闰年的功能，代码如下：

```
01  static void Main(string[] args)
02  {
03      Console.WriteLine(" 请输入一个年份: ");
04      int iYear = Convert.ToInt32(Console.ReadLine());    // 记录用户输入的年份
05      if (iYear % 4 == 0)                                 // 四年一闰
06      {
07          if (iYear % 100 == 0)
08          {
09              if (iYear % 400 == 0)                       // 四百年再闰
10              {
11                  Console.WriteLine(" 这是闰年 ");
12              }
13              else                                        // 百年不闰
14              {
15                  Console.WriteLine(" 这不是闰年 ");
16              }
17          }
18          else
19          {
20              Console.WriteLine(" 这是闰年 ");
21          }
22      }
23      else
24      {
25          Console.WriteLine(" 这不是闰年 ");
26      }
27      Console.ReadLine();
28  }
```

代码注解：

判断闰年的方法是“四年一闰，百年不闰，四百年再闰”。程序使用嵌套的 if 语句对这 3 个条件逐一判断，第 5 行代码首先判断年份能否被 4 整除 iYear%4==0，如果不能整除，输出字符串“这不是闰年”，如果能整除，第 7 行代码继续判断能否被 100 整除 iYear%100==0，如果不能整除，输出字符串“这是闰年”，如果能整除，第 9 行代码继续判断能否被 400 整除 iYear%400==0，如果能整除，输出字符串“这是闰年”，如果不能整除，输出字符串“这不是闰年”。

运行程序，当输入一个闰年年份时（如 2000），效果如图 5.12 所示；当输入一个非闰年年份时（如 2017），效果如图 5.13 所示。

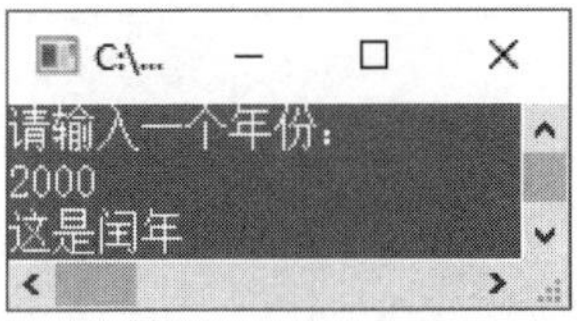

图 5.12　输入闰年年份的结果

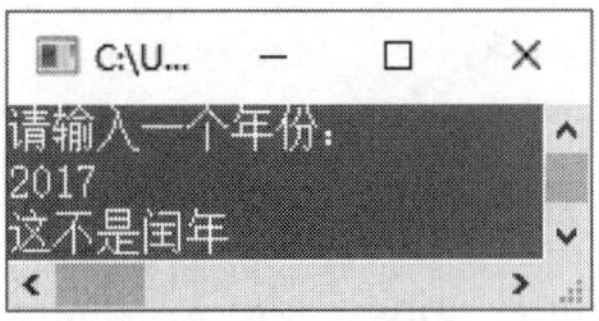

图 5.13　输入非闰年年份的结果

说明：

① 使用 if 语句嵌套时，要注意 else 关键字要和 if 关键字成对出现，并且遵守临近原则，即 else 关键字总是和自己最近的 if 语句相匹配。

② 在进行条件判断时，应该尽量使用复合语句，以免产生二义性，导致运行结果和预想的不一致。

5.2 switch 多分支语句

在开发中一个常见的问题就是检测一个变量是否符合某个条件，如果不符合，再用另一个值来检测它，依此类推。当然，这种问题可以使用 if 选择语句完成。

例如，使用 if 语句检测变量是否符合某个条件。

```
char grade = 'B';
if (grade == 'A')
{
        Console.WriteLine(" 真棒 ");
}
if (grade == 'B')
{
        Console.WriteLine(" 做得不错 ");
}
if (grade == 'C')
{
        Console.WriteLine(" 再接再厉 ");
}
```

在执行上面代码时，每一条 if 语句都会进行判断，这样显得非常烦琐，为了简化这种编写代码的方式，C# 中提供了 switch 语句，将判断动作组织了起来，以一个比较简单的方式实现“多选一”的逻辑。本节将对 switch 语句进行详细讲解。

5.2.1 switch 语句

switch 语句是多分支条件判断语句，它根据参数的值使程序从多个分支中选择一个用于执行的分支，其基本语法如下：

```
switch( 判断参数 )
{
    case 常量值 1:
        语句块 1
        break;
    case 常量值 2:
        语句块 2
        break;
    ……
    case 常量值 n:
        语句块 n
        break;
    defaul:
        语句块 n+1
        break;
}
```

switch 关键字后面的括号 () 中是要判断的参数，参数可以是 sbyte、byte、short、ushort、int、uint、long、ulong、char、string、bool、float、double 或者枚举类型中的一种，大括号 { } 中的代码是由多个 case 子句组成的，每个 case 关键字后面都有相应的语句块，这些语句块都是 switch 语句可能执行的语句块。如果符合常量值，则 case 下的语句块就会被执行，语句块执行完毕后，执行 break 语句，使程序跳出 switch 语句；如果条件都不满足，则执行 default 中的语句块。

注意：

① case 后的各常量值不可以相同，否则会出现错误。
② case 后面的语句块可以是多条语句，不必使用大括号 {} 括起来。
③ case 语句和 default 语句的顺序可以改变，但不会影响程序执行结果。
④ 一个 switch 语句中只能有一个 default 语句，而且 default 语句可以省略。

switch 语句的执行过程如图 5.14 所示。

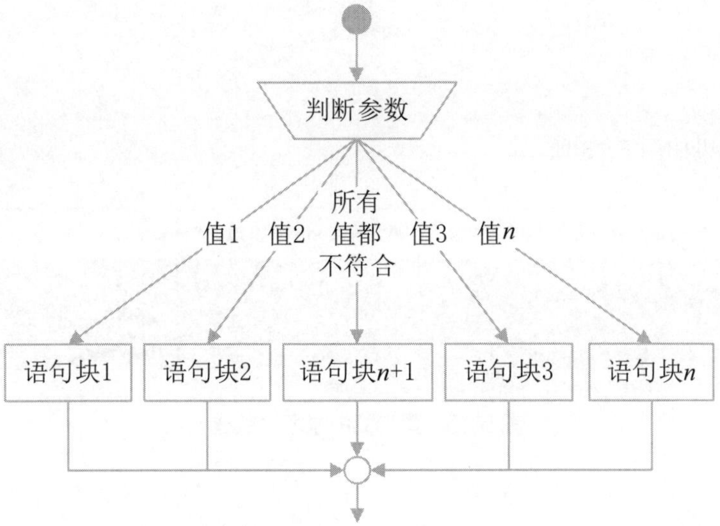

图 5.14　switch 语句的执行过程

[实例 5.5]　（源码位置：资源包 \Code\05\05）

查询高考录取分数线

使用 switch 多分支语句实现查询高考录取分数线的功能，其中，民办本科 350 分、艺术类本科 290 分、体育类本科 280 分、二本 445 分、一本 555 分。代码如下：

```
static void Main(string[] args)
{
    // 输出提示问题
    Console.WriteLine(" 请输入要查询的录取分数线（如民办本科、艺术类本科、体育类本科、二本、一本)");
    string strNum = Console.ReadLine();      // 获取用户输入的数据
    switch (strNum)
    {
        case " 民办本科 ":                    // 查询民办本科分数线
            Console.WriteLine(" 民办本科录取分数线: 350");
            break;
        case " 艺术类本科 ":                  // 查询艺术类本科分数线
            Console.WriteLine(" 艺术类本科录取分数线: 290");
            break;
        case " 体育类本科 ":                  // 查询体育类本科分数线
            Console.WriteLine(" 体育类本科录取分数线: 280");
            break;
        case " 二本 ":                        // 查询二本分数线
            Console.WriteLine(" 二本录取分数线: 445");
```

```
                break;
            case "一本":                              // 查询一本分数线
                Console.WriteLine("一本录取分数线: 555");
                break;
            default:                                  // 如果不是以上输入，则输入错误
                Console.WriteLine("您输入的查询信息有误！ ");
                break;
        }
        Console.ReadLine();
    }
```

程序运行效果如图 5.15 所示。

图 5.15　查询高考录取分数线

常见错误：

使用 switch 语句时，每一个 case 语句或者 default 后面必须有一个 break 关键字，否则，将会出现如图 5.16 所示的错误提示。

图 5.16　缺少 break 关键字时的错误提示

5.2.2　switch 与 if…else if…else 的区别

if…else if…else 语句也可以实现多分支选择的情况，但它主要是对布尔、关系或者逻辑表达式进行判断，而 switch 多分支语句主要对常量值进行判断。因此，在程序开发中，如果遇到多分支选择的情况，并且判断的条件不是关系表达式、逻辑表达式或者浮点类型，就可以使用 switch 语句代替 if…else if…else 语句，这样执行效率会更高。

本章知识思维导图

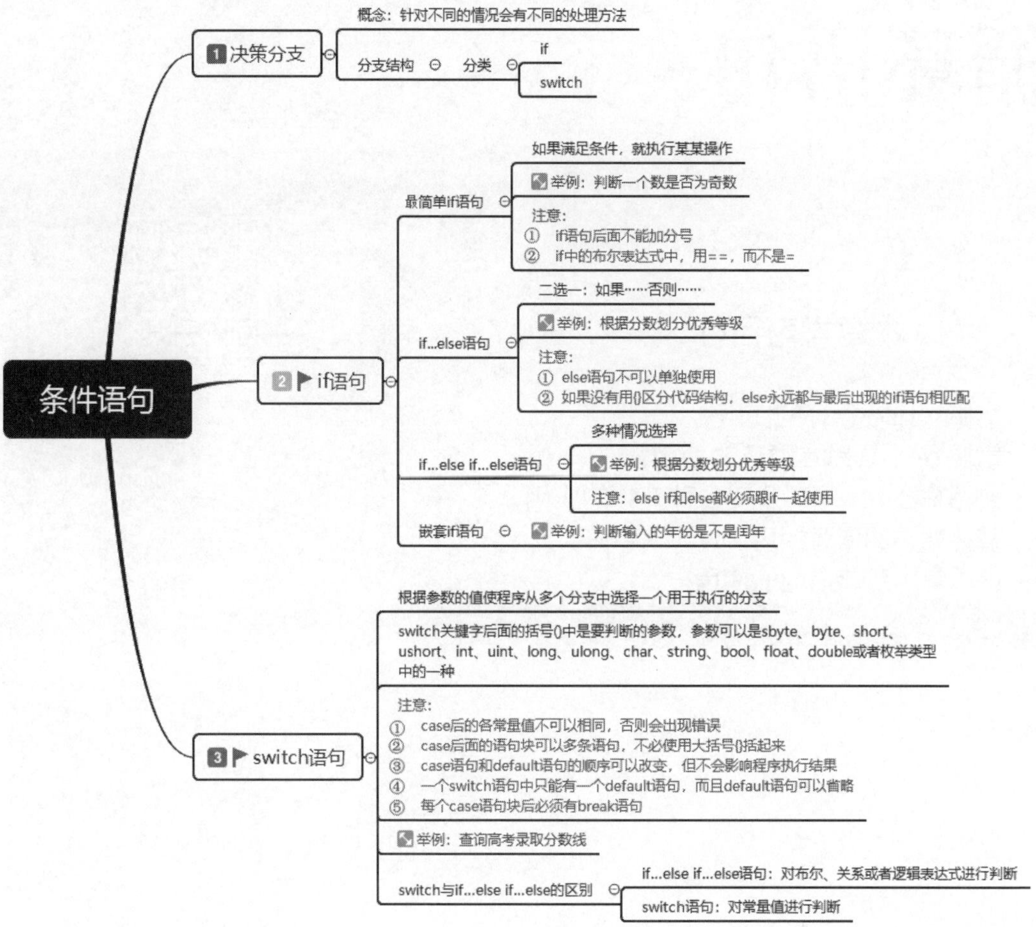
条件语句
1 决策分支
概念：针对不同的情况会有不同的处理方法
分支结构
分类
if
switch
2 if语句
最简单if语句
如果满足条件，就执行某某操作
举例：判断一个数是否为奇数
注意：
① if语句后面不能加分号
② if中的布尔表达式中，用==，而不是=
if...else语句
二选一：如果……否则……
举例：根据分数划分优秀等级
注意：
① else语句不可以单独使用
② 如果没有用{}区分代码结构，else永远都与最后出现的if语句相匹配
if...else if...else语句
多种情况选择
举例：根据分数划分优秀等级
注意：else if和else都必须跟if一起使用
嵌套if语句
举例：判断输入的年份是不是闰年
3 switch语句
根据参数的值使程序从多个分支中选择一个用于执行的分支
switch关键字后面的括号()中是要判断的参数，参数可以是sbyte、byte、short、ushort、int、uint、long、ulong、char、string、bool、float、double或者枚举类型中的一种
注意：
① case后的各常量值不可以相同，否则会出现错误
② case后面的语句块可以多条语句，不必使用大括号{}括起来
③ case语句和default语句的顺序可以改变，但不会影响程序执行结果
④ 一个switch语句中只能有一个default语句，而且default语句可以省略
⑤ 每个case语句块后必须有break语句
举例：查询高考录取分数线
switch与if...else if...else的区别
if...else if...else语句：对布尔、关系或者逻辑表达式进行判断
switch语句：对常量值进行判断

第 6 章

循环语句

扫码领取

- 配套视频
- 配套素材
- 学习指导
- 交流社群

本章学习目标

- 掌握 while 循环的使用。
- 掌握 do…while 循环的使用。
- 熟练掌握 for 循环及其各种变体的应用。
- 掌握循环的嵌套使用。
- 熟悉常用跳转语句的使用。

6.1 while 循环

while 语句用来实现“当型”循环结构，它的语法格式如下：

```
while( 表达式 )
{
        语句
}
```

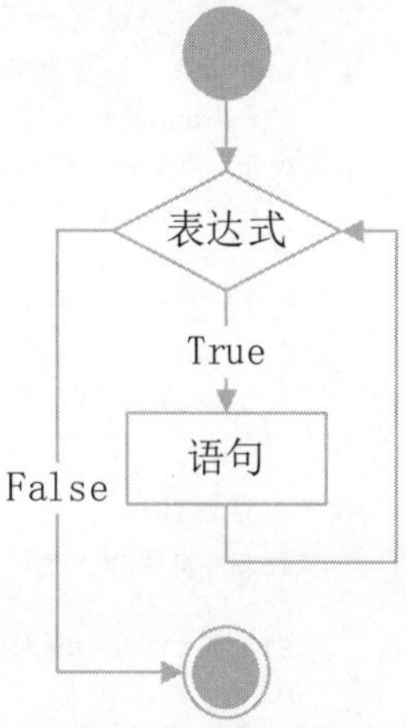

图 6.1 while 循环流程图

表达式一般是一个关系表达式或一个逻辑表达式，其表达式的值应该是一个逻辑值真或假（true 和 false），当表达式的值为真时，开始循环执行语句；而当表达式的值为假时，退出循环，执行循环外的下一条语句。循环每次都是执行完语句后回到表达式处重新开始判断，重新计算表达式的值。

while 循环的流程图如图 6.1 所示。

[实例 6.1] （源码位置：资源包 \Code\06\01）

数学家高斯的故事

200 多年以前，在德国的一所乡村小学里，有一个很懒的老师，他总是要求学生们不停地做整数加法计算，在学生们将一长串整数求和的过程中，他就可以在旁边名正言顺地偷懒了。有一天，他又用同样的方法布置了一道从 1 加到 100 的求和问题。正当他打算偷懒时，就有一个学生说自己算出了答案。老师自然是不信的，不看答案就让学生再去算，可是学生还是站在老师面前不动。老师被激怒了，认为这个学生是在挑衅自己的威严，他是不会相信一个小学生能在几秒内就将从 1 到 100 这 100 个数的求和问题计算出结果。于是抢过学生的答案，正打算教训学生时，突然发现学生写的答案是 5050。老师愣住了，原来这个学生不是一个数一个数的加起来的，而是将 100 个数分成 1+100=101、2+99=101 一直到 50+51=101 等 50 对，然后使用 101×50=5050 计算得出的，这个聪明的学生就是德国著名的数学家高斯。本实例将使用 while 循环挑战高斯，通过程序实现 1 到 100 的累加，代码如下：

```
static void Main(string[] args)
{
     int iNum = 1;                              //iNum 从 1 到 100 递增
     int iSum = 0;                              // 记录每次累加后的结果
     while (iNum <= 100)                        //iNum <= 100 是循环条件
     {
          iSum += iNum;                         // 把每次的 iNum 的值累加到上次累加的结果中
          iNum++;                               // 每次循环 iNum 的值加 1
     }
     // 输出结果
     Console.WriteLine("1 到 100 的累加结果是：" + iSum);
     Console.ReadLine();
}
```

代码注解：

(1) 题目要求计算 1 到 100 之间的数字的累加结果，那么需要先定义一个变量 iNum 作为循环条件的判定，iNum 的初始值是 1，循环条件是 iNum 必须小于等于 100。也就是只有到 iNum 小于等于 100 时才进行累加操作，若 iNum 大于 100，则循环终止。

(2) 每次循环只能计算其中一次相加的结果，想要计算 100 个数字的累加值，需要定义一个变量 iSum 来暂存每次累加的结果，并作为下一次累加操作的基数。

(3) iNum 的初始值是 1，要计算 1 到 100 之间每个数的累加，需要 iNum 每次进入循环，进行累加后，iNum 的值增加 1，为下一次进入循环进行累加做准备，也同时作为循环结束的判断条件。

(4) 当 iNum 大于 100 时，循环结束，执行后面的输出语句。

程序运行结果如下：

```
1 到 100 的累加结果是: 5050
```

常见错误：

如果将实例 006 代码中 while 语句后面的大括号去掉，即将代码修改如下：

```
static void Main(string[] args)
 {
     int iNum = 1;                                         //iNum 从 1 到 100 递增
     int iSum = 0;                                         // 记录每次累加后的结果
     while (iNum <= 100)                                   //iNum <= 100 是循环条件
         iSum += iNum;                                     // 把每次的 iNum 的值累加到上次累加的结果中
         iNum++;                                           // 每次循环 iNum 的值加 1
     Console.WriteLine("1 到 100 的累加结果是: " + iSum); // 输出结果
     Console.ReadLine();
 }
```

重新编译并运行程序，运行的时候会没有任何结果。分析造成这种情况的原因：当 while 语句循环体中的语句大于一条时，需要把循环体放在大括号 {} 中，如果 while 语句后面没有大括号，则 while 循环只会循环 while 语句后的第一条语句，对于上面的代码，则没有对循环变量 iNum 增加的过程，于是每次进入循环时，iNum 的值都是 1，造成死循环，永远不会执行后面的其他语句。

注意：

(1) 循环体如果是多条语句，需要用大括号括起来，如果不用大括号，则循环体只包含 while 语句后的第一条语句。

(2) 循环体内或表达式中必须有使循环结束的条件，例如，实例 006 中的循环条件是 iNum <= 100，iNum 的初始值为 1，循环体中就用 iNum++ 来使得 iNum 趋向于 100，使循环结束。

6.2 do…while 循环

6.2.1 do…while 循环的使用

有些情况下，无论循环条件是否成立，循环体的内容都要被执行一次，这时可以使用 do...while 循环。do…while 循环的特点是先执行循环体，再判断循环条件，其语法格式如下：

```
do
{
        语句
}
while( 表达式 );
```

do 为关键字，必须与 while 配对使用。do 与 while 之间的语句称为循环体，该语句是用大括号 {} 括起来的复合语句。循环语句中的表达式与 while 语句中的相同，也为关系表达式或逻辑表达式。但特别值得注意的是：do…while 语句后一定要有分号“;”。do…while 循环的流程图如图 6.2 所示。

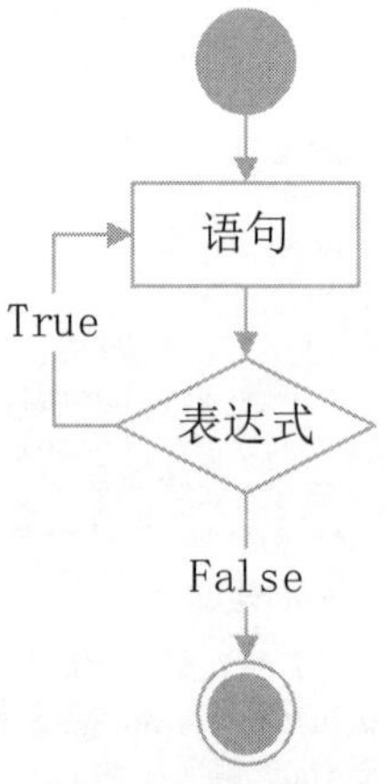

图 6.2 do…while 循环流程

从图 6.2 中可以看出，当程序运行到 do…while 时，先执行一次循环体的内容，然后判断循环条件，当循环条件为“真”的时候，重新返回执行循环体的内容，如此反复，直到循环条件为“假”，循环结束，程序执行 do…while 循环后面的语句。

[实例 6.2]　（源码位置：资源包 \Code\06\02）

使用 do…while 循环挑战数据家高斯

使用 do…while 循环编写程序实现 1 到 100 的累加。代码如下：

```
static void Main(string[] args)
{
    int iNum = 1;                              //iNum 从 1 到 100 递增
    int iSum = 0;                              // 记录每次累加后的结果
    do
    {
        iSum += iNum;                          // 把每次的 iNum 的值累加到上次累加的结果中
        iNum++;                                // 每次循环 iNum 的值加 1
    } while (iNum <= 100);                     //iNum <= 100 是循环条件
    Console.WriteLine("1 到 100 的累加结果是：" + iSum);    // 输出结果
    Console.ReadLine();
}
```

代码注解：

上面代码中将判断条件 iNum <= 100 放到了循环体后面，这样，无论 iNum 是否满足条件，都将至少执行一次循环体。

6.2.2　while 和 do…while 语句的区别

while 语句和 do…while 语句都用来控制代码的循环，但 while 语句适用于先条件判断，再执行循环结构的场合；而 do…while 语句则适合于先执行循环结构，再进行条件判断的场合。具体来说，使用 while 语句时，如果条件不成立，则循环结构一次都不会执行，而如果使用 do…while 语句时，即使条件不成立，程序也至少会执行一次循环结构。

6.3　for 循环

for 循环是 C# 中最常用、最灵活的一种循环结构，for 循环既能够用于循环次数已知的情况，又能够用于循环次数未知的情况，本节将对 for 循环的使用进行详细讲解。

6.3.1　for 循环的一般形式

for 循环的常用语法格式如下：

```
for( 表达式 1; 表达式 2; 表达式 3)
{
    语句
}
```

for 循环的执行过程如下。

① 求解表达式 1。

② 求解表达式 2，若表达式 2 的值为“真”，则执行循环体内的语句组，然后执行下面

第③步，若值为“假”，转到下面第⑤步。

③ 求解表达式 3。

④ 转回到第②步执行。

⑤ 循环结束，执行 for 循环接下来的语句。

for 循环的流程图如图 6.3 所示。

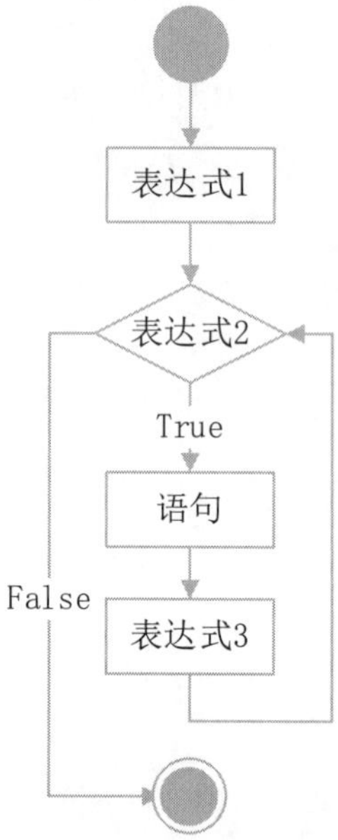

图 6.3　for 循环流程图

for 循环最常用的格式如下：

```
for( 循环变量赋初值 ; 循环条件 ; 循环变量增值 )
{
    语句组
}
```

[实例 6.3]　（源码位置：资源包 \Code\06\03）

使用 for 循环挑战数据家高斯

使用 for 循环编写程序实现 1 到 100 的累加。代码如下：

```
static void Main(string[] args)
{
    int iSum = 0;                                   // 记录每次累加后的结果
    for (int iNum = 1; iNum <= 100; iNum++)
    {
        iSum += iNum;                               // 把每次的 iNum 的值累加到上次累加的结果中
    }
    Console.WriteLine("1 到 100 的累加结果是：" + iSum);// 输出结果
    Console.ReadLine();
}
```

代码注解：

上面代码中，iNum 是循环变量，iNum 的初始值为 1，循环条件是 iNum 小于等于 100，每次循环结束会对 iNum 进行累加。

技巧：

可以把 for 循环改成 while 循环。代码如下：

```
表达式 1;
while (表达式 2)
{
      语句组
      表达式 3;
}
```

6.3.2 for 循环的变体

for 循环在具体使用时，有很多种变体形式，例如，可以省略“表达式 1”、省略“表达式 2”、省略“表达式 3”或者 3 个表达式都省略，下面分别对 for 的常用变体形式进行讲解。

(1) 省略“表达式 1”的情况

for 循环语句的一般格式中的“表达式 1”可以省略，在 for 循环中“表达式 1”一般是用于为循环变量赋初值，若省略了“表达式 1”，则需要在 for 循环的前面为循环条件赋初值。例如：

```
for(;iNum <= 100; iNum++)
{
    sum += iNum;
}
```

此时，需要在 for 循环之前，为 iNum 这个循环变量赋初值。程序执行时，跳过“表达式 1”这一步，其他过程不变。

常见错误：

把上面 for 循环语句改成 for(iNum <= 100; iNum ++)，进行编译，会出现如图 6.4 所示的错误提示。

图 6.4 使用 for 循环语句中缺少分号错误

出错是因为省略“表达式 1”，但是其后面的分号不能省略。

(2) 省略“表达式 2”的情况

使用 for 循环时，“表达式 2”也可以省略，如果省略了“表达式 2”，则循环没有终止条件，会无限地循环下去，针对这种使用方法，一般会配合后面将会学到的 break 语句等来结束循环。

省略“表达式 2”情况的举例：

```
for(iNum = 1;;iNum++)
{
    iSum += iNum;
}
```

这种情况的 for 循环相当于以下 while 语句：

```
while(true) // 条件永远为真
{
      iSum += iNum;
      iNum ++;
}
```

（3）省略“表达式 3”的情况

使用 for 循环时，“表达式 3”也可以省略，但此时程序设计者应另外设法保证循环变量的改变。例如，下面的代码在循环体中对循环变量的值进行了改变：

```
for(iNum = 1; iNum<=100;)
{
      iSum += iNum;
      iNum ++;
}
```

此时，在 for 循环的循环体内，对 iNum 这个循环变量的值进行了改变，这样才能使程序随着循环的进行逐渐趋近并满足程序终止条件。程序执行时，跳过“表达式 3”这一步，其他过程不变。

（4）3 个表达式都省略的情况

for 循环语句中的 3 个表达式都可以省略，这种情况既没有对循环变量赋初值的操作，又没有循环条件，也没有改变循环变量的操作，这种情况下，同省略“表达式 2”的情况类似，都需要配合使用 break 语句来结束循环，否则，会造成死循环。

例如，下面的代码就将会成为死循环，因为没有能够跳出循环的条件判断语句：

```
int i = 100;
for(;;)
{
      Console.WriteLine(i);
}
```

6.3.3 for 循环中逗号的应用

在 for 循环语句中，“表达式 1”和“表达式 3”处都可以使用逗号表达式，即包含一个以上的表达式，中间用逗号间隔。例如，在“表达式 1”处为变量 iNum 和 iSum 同时赋初值：

```
for(iSum = 0, iNum = 1; iNum <= 100; iNum++)
{
      iSum += iNum;
}
```

6.4 循环的嵌套

在一个循环里可以又包含另一个循环，组成循环的嵌套，而里层循环还可以继续进行循环嵌套，构成多层循环结构。

3 种循环（while 循环、do…while 循环和 for 循环）之间都可以相互嵌套。例如，下面的 6 种嵌套都是合法的嵌套形式：

- while 循环中嵌套 while 循环

```
while (表达式)
{
          语句组
          while (表达式)
          {
              语句组
          }
}
```

- do…while 循环中嵌套 do…while 循环

```
do
{
          语句组
          do
          {
              语句组
          }
          while (表达式) ;
}while (表达式) ;
```

- for 循环中嵌套 for 循环

```
for( 表达式 ; 表达式 ; 表达式 )
{
          语句组
          for (表达式 ; 表达式 ; 表达式)
          {
              语句组
          }
}
```

- while 循环中嵌套 do…while 循环

```
while( 表达式 )
{
          语句组
          do
          {
              语句组
          }
          while( 表达式 ) ;
}
```

- while 循环中嵌套 for 循环

```
while( 表达式 )
{
          语句组
          for( 表达式 ; 表达式 ; 表达式 )
          {
              语句组
          }
}
```

- for 循环中嵌套 while 循环

```
for( 表达式 ; 表达式 ; 表达式 )
{
```

```
            语句组
            while( 表达式 )
            {
                语句组
            }
    }
```

[实例 6.4]（源码位置：资源包 \Code\06\04）

打印九九乘法表

使用嵌套的 for 循环打印九九乘法表，代码如下：

```
static void Main(string[] args)
{
    int iRow, iColumn;                                      // 定义行数和列数
    for (iRow = 1; iRow < 10; iRow++)                       // 行数循环
    {
        for (iColumn = 1; iColumn <= iRow; iColumn++)       // 列数循环
        {
            // 输出每一行的数据
            Console.Write("{0}*{1}={2} ", iColumn, iRow, iRow * iColumn);
        }
        Console.WriteLine();                                // 换行
    }
    Console.ReadLine();
}
```

代码注解：

本实例的代码使用了双层 for 循环，第一个循环可以看成是对乘法表的行数的控制，同时也是每一个乘法公式的第二个因子；因为输出的九九乘法表是等腰直角三角形排列的，第二个循环控制乘法表的列数，列数的最大值应该等于行数，因此第二个循环的条件应该是在第一个循环的基础上建立的。

程序运行效果如图 6.5 所示。

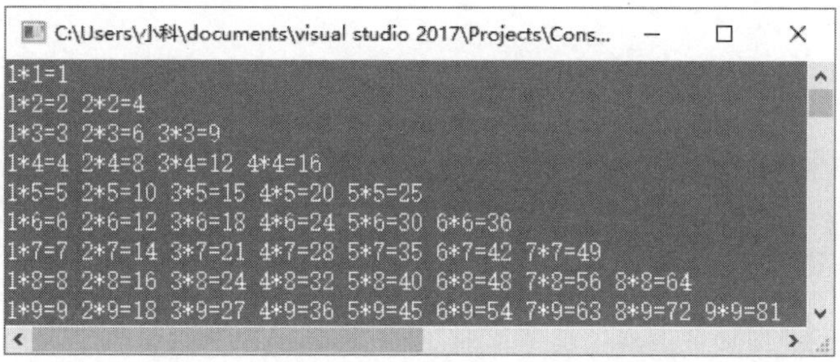

图 6.5　使用循环嵌套打印九九乘法表

6.5　跳转语句

C# 语言中的跳转语句主要包括 break 语句和 continue 语句，跳转语句可以用于提前结束循环，本节将分别对它们进行详细讲解。

6.5.1　break 语句

在学习条件语句时，我们知道使用 break 语句可以跳出 switch 多分支结构，实际上，

break 语句还可以用来跳出循环体，执行循环体之外的语句。break 语句通常应用在 switch、while、do…while 或 for 语句中，当多个 switch、while、do…while 或 for 语句互相嵌套时，break 语句只应用于最里层的语句。break 语句的语法格式如下：

```
break;
```

说明：

break 一般会结合 if 语句进行搭配使用，表示在某种条件下，循环结束。

[实例 6.5]（源码位置：资源包 \Code\06\05）

使用 break 跳出循环

执行 1 到 100 的累加运算时，在值为 50 时，退出循环，代码如下：

```
static void Main(string[] args)
{
    int iNum = 1;                              //iNum 从 1 到 100 递增
    int iSum = 0;                              // 记录每次累加后的结果
    while (iNum <= 100)                        //iNum <= 100 是循环条件
    {
        iSum += iNum;                          // 把每次的 iNum 的值累加到上次累加的结果中
        iNum++;                                // 每次循环 iNum 的值加 1
        if (iNum == 50)                        // 判断 iNum 的值是否为 50
            break;                             // 退出循环
    }
    Console.WriteLine("1 到 49 的累加结果是：" + iSum);// 输出结果
    Console.ReadLine();
}
```

程序运行结果如下：

```
1 到 49 的累加结果是：1225
```

6.5.2 continue 语句

continue 语句的作用是结束本次循环，它通常应用于 while、do…while 或 for 语句中，用来忽略循环语句内位于它后面的代码而直接开始一次的循环。当多个 while、do…while 或 for 语句互相嵌套时，continue 语句只能使直接包含它的循环开始一次新的循环。continue 的语法格式如下：

```
continue;
```

说明：

continue 一般会结合 if 语句进行搭配使用，表示在某种条件下不执行后面的语句，直接开始下一次的循环。

[实例 6.6]（源码位置：资源包 \Code\06\06）

使用 continue 语句实现 1 到 100 之间的偶数和

通过在 for 循环中使用 continue 语句实现 1 到 100 之间的偶数和，代码如下：

```
static void Main(string[] args)
{
    int iSum = 0;                                        // 定义变量，用来存储偶数和
    int iNum = 1;                                        // 定义变量，用来作为循环变量
    for (; iNum <= 100; iNum++)                          // 执行 for 循环
    {
        if (iNum % 2 == 1)                               // 判断是否为偶数
            continue;                                    // 继续下一次循环
        iSum += iNum;                                    // 记录偶数的和
    }
    Console.WriteLine("1 到 100 之间的偶数的和: " + iSum);    // 输出偶数和
    Console.ReadLine();
}
```

程序运行结果如下:

```
1 到 100 之间的偶数的和: 2550
```

6.5.3 goto 语句

goto 语句是无条件跳转语句，使用 goto 语句可以无条件地使程序跳转到方法内部的任何一条语句。goto 语句后面带一个标识符，这个标识符是同一个方法内某条语句的标号，标号可以出现在任何可执行语句的前面，并且以一个冒号":"作为后缀。goto 语句的一般语法格式如下:

```
goto 标识符 ;
```

goto 后面的标识符是要跳转的目标，这个标识符要在程序的其他位置给出，但是其标识符必须在方法内部。例如:

```
goto Lable;
   Console.WriteLine("the message before Label");
Lable:
   Console.WriteLine("the Label message");
```

上面代码中，goto 后面的 Lable 是跳转的标识符，接下来 Lable：后面的代码表示 goto 语句要跳转的位置，这样在上面的代码中，第一个输出语句将不会被执行，而直接去执行 Lable 标识符后面的语句。

注意:

跳转的方向可以向前也可以向后；可以跳出一个循环，也可以跳入一个循环。

[实例 6.7] （源码位置：资源包 \Code\06\07）

使用 goto 语句实现 1 到 100 的累加

通过 goto 语句实现 1 到 100 的累加，代码如下:

```
static void Main(string[] args)
{
    int iNum = 0;                        // 定义一个整型变量，初始化为 0
    int iSum = 0;                        // 定义一个整型变量，初始化为 0
label:                                   // 定义一个标签
    iNum++;                              //iNum 自加 1
```

```
        iSum += iNum;                          // 累加求和
        if (iNum< 100)                         // 判断 iNum 是否小于 100
        {
            goto label;                        // 转向标签
        }
        Console.WriteLine("1 到 100 的累加结果是: " + iSum);      // 输出结果
        Console.ReadLine();
    }
```

注意:

goto 语句可以忽略当前程序的逻辑，直接使程序跳转到某一语句执行，有时非常方便，但是也正是由于 goto 语句的这种特性，在程序开发中一般不主张使用 goto 语句，以免造成程序流程的混乱，使理解和调试程序都产生困难。

6.5.4 continue 和 break 语句的区别

continue 和 break 语句的区别是：continue 语句只结束本次循环，而不是终止整个循环。而 break 是结束整个循环过程，开始执行循环之后的语句。例如，有以下两个循环结构：

```
while(表达式 1)
{
    if（表达式 2）
        break;
}
```

```
while（表达式 1）
{
    if（表达式 2）
        continue;
}
```

这两个循环结构的执行流程分别如图 6.6 和图 6.7 所示。

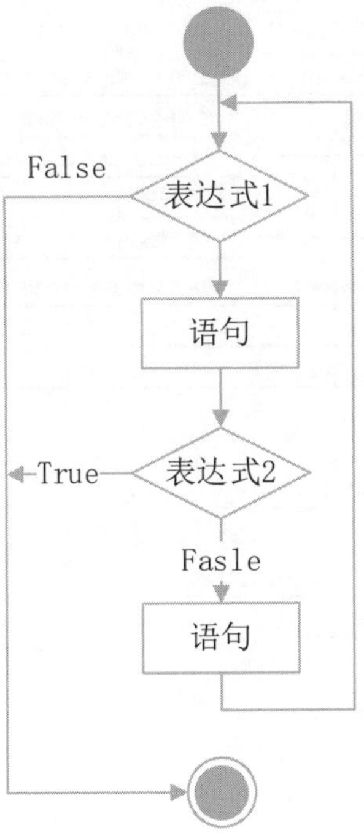

图 6.6　break 语句流程图

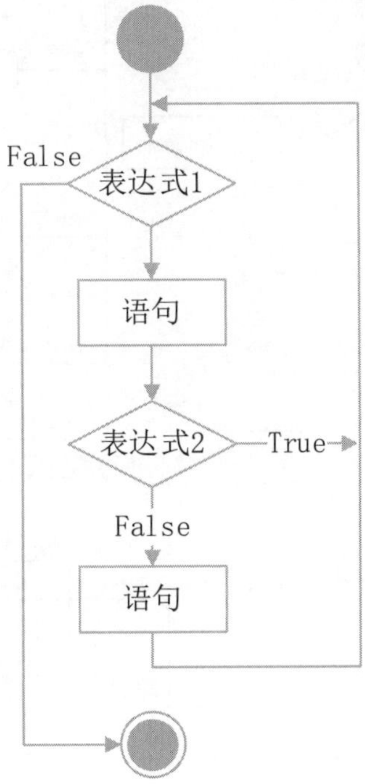

图 6.7　continue 语句流程图

本章知识思维导图

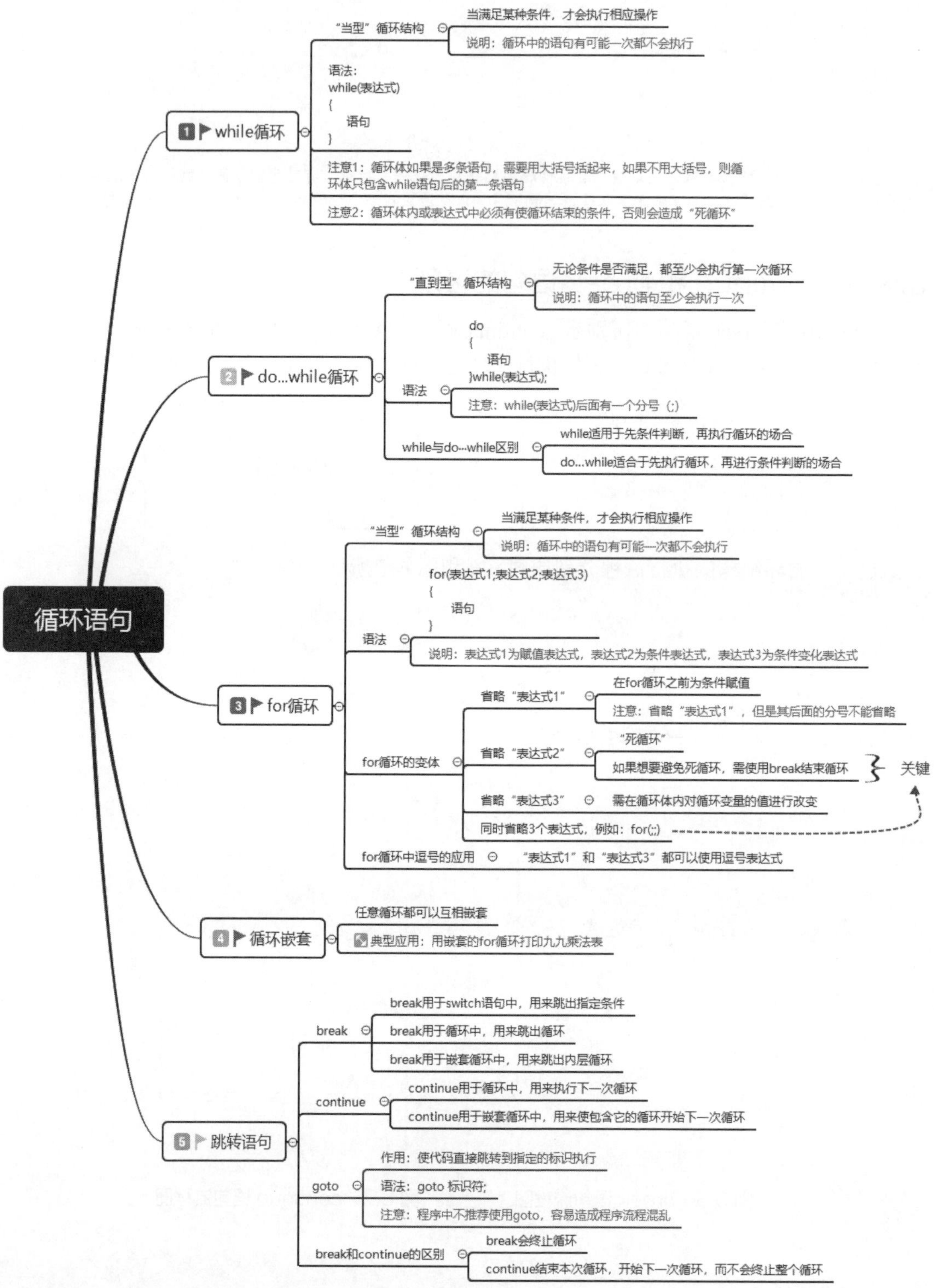
循环语句
1 while循环
"当型"循环结构
当满足某种条件，才会执行相应操作
说明：循环中的语句有可能一次都不会执行
语法：
while(表达式)
{
语句
}
注意1：循环体如果是多条语句，需要用大括号括起来，如果不用大括号，则循环体只包含while语句后的第一条语句
注意2：循环体内或表达式中必须有使循环结束的条件，否则会造成"死循环"
2 do...while循环
"直到型"循环结构
无论条件是否满足，都至少会执行第一次循环
说明：循环中的语句至少会执行一次
语法
do
{
语句
}while(表达式);
注意：while(表达式)后面有一个分号（;）
while与do…while区别
while适用于先条件判断，再执行循环的场合
do...while适合于先执行循环，再进行条件判断的场合
3 for循环
"当型"循环结构
当满足某种条件，才会执行相应操作
说明：循环中的语句有可能一次都不会执行
语法
for(表达式1;表达式2;表达式3)
{
语句
}
说明：表达式1为赋值表达式，表达式2为条件表达式，表达式3为条件变化表达式
for循环的变体
省略"表达式1"
在for循环之前为条件赋值
注意：省略"表达式1"，但是其后面的分号不能省略
省略"表达式2"
"死循环"
如果想要避免死循环，需使用break结束循环
关键
省略"表达式3"
需在循环体内对循环变量的值进行改变
同时省略3个表达式，例如：for(;;)
for循环中逗号的应用
"表达式1"和"表达式3"都可以使用逗号表达式
4 循环嵌套
任意循环都可以互相嵌套
典型应用：用嵌套的for循环打印九九乘法表
5 跳转语句
break
break用于switch语句中，用来跳出指定条件
break用于循环中，用来跳出循环
break用于嵌套循环中，用来跳出内层循环
continue
continue用于循环中，用来执行下一次循环
continue用于嵌套循环中，用来使包含它的循环开始下一次循环
goto
作用：使代码直接跳转到指定的标识执行
语法：goto 标识符;
注意：程序中不推荐使用goto，容易造成程序流程混乱
break和continue的区别
break会终止循环
continue结束本次循环，开始下一次循环，而不会终止整个循环

第 7 章

数组

扫码领取

- 配套视频
- 配套素材
- 学习指导
- 交流社群

本章学习目标

- 了解数组的基本概念和作用。
- 掌握一维数组和二维数组的使用。
- 熟悉 Array 类。
- 掌握数组的基本操作。
- 如何用排序算法对数组排序。

7.1 一维数组

7.1.1 数组概述

假设正在编写一个程序，需要保存一个班级的学生数学成绩（假定是整数），如果有 5 个学生，如果用前面所学的知识实现，就需要声明 5 个整型变量来保存每个学生的成绩。代码如下：

```
int score1,score2,score3,score4,score5;
```

但如果是 100 个学生，难道要定义 100 个整型变量？这显然是不现实的，那怎么办呢？这时就可以使用数组来实现。

数组是具有相同数据类型的一组数据的集合，例如，球类的集合——足球、篮球、羽毛球等；电器集合——电视机、洗衣机、电风扇等。前面学过的变量用来保存单个数据，而数组则保存的是多个相同类型的数据。

数组中的每一个变量称为数组的元素，数组能够容纳元素的数量称为数组的长度。数组中的每个元素都具有唯一的索引与其相对应，数组的索引从零开始。

数组是通过指定数组的元素类型、数组的秩（维数）及数组每个维度的上限和下限来定义的，即一个数组的定义需要包含以下几个要素。

- 元素类型。
- 数组的维数。
- 每个维数的上下限。

在程序设计中引入数组可以更有效地管理和处理数据，根据数组的维数将数组分为一维数组、多维数组和不规则数组等。

7.1.2 一维数组的创建

一维数组实质上是一组相同类型数据的线性集合，例如，学校中学生们排列的一字长队就是一个数组，每一位学生都是数组中的一个元素；再如，把一家快捷酒店看作一个一维数组，那么酒店里的每个房间都是这个数组中的元素。

数组作为对象允许使用 new 关键字进行内存分配。在使用数组之前，必须首先定义数组变量所属的类型。一维数组的创建有两种形式。

（1）先声明，再用 new 运算符进行内存分配

声明一维数组使用以下形式：

```
数组元素类型 [ ] 数组名字 ;
```

数组元素类型决定了数组的数据类型，它可以是 C# 中任意的数据类型。

数组名字为一个合法的标识符。

符号“[ ]”表明是一个数组，单个“[ ]”表示要创建的数组是一个一维数组。

例如，声明一维数组，代码如下：

```
int[] arr;          // 声明 int 型数组，数组中的每个元素都是 int 型数值
string[] str;       // 声明 string 数组，数组中的每个元素都是 string 型数值
```

声明数组后，还不能访问它的任何元素，因为声明数组只是给出了数组名字和元素的数据类型，要想真正使用数组，还要为它分配内存空间。在为数组分配内存空间时，必须指明数组的长度。为数组分配内存空间的语法格式如下：

```
数组名字 = new 数组元素类型[数组元素的个数];
```

通过上面的语法可知，使用new关键字分配数组时，必须指定数组元素的类型和数组元素的个数，即数组的长度。

例如，为数组分配内存，代码如下：

```
arr = new int[5];
```

说明：

使用new关键字为数组分配内存时，整型数组中各个元素的初始值都为0。

以上代码表示要创建一个有5个元素的整型数组，其数据存储形式如图7.1所示。

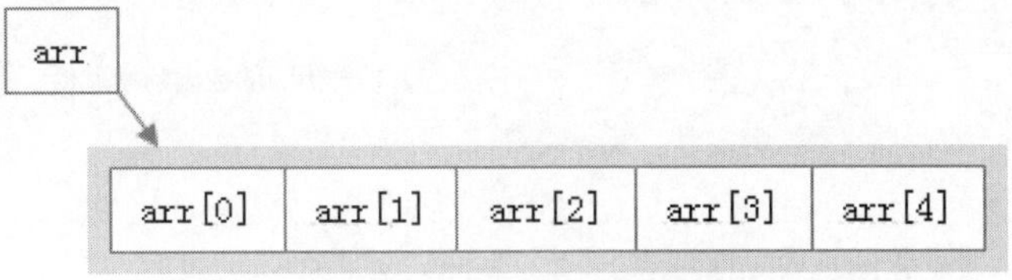

图7.1　一维数组的内存模式

在图7.1中，arr为数组名称，中括号“[ ]”中的值为数组的索引。数组通过索引来区分数组中不同的元素。数组的索引是从0开始的。由于创建的数组arr中有5个元素，因此数组中元素的索引为0～4。

常见错误：

上面代码中定义了一个长度为5的数组，但如果使用arr[5]，将会引起索引超出范围异常，因为数组的索引是从0开始的。索引超出范围的异常提示如图7.2所示。

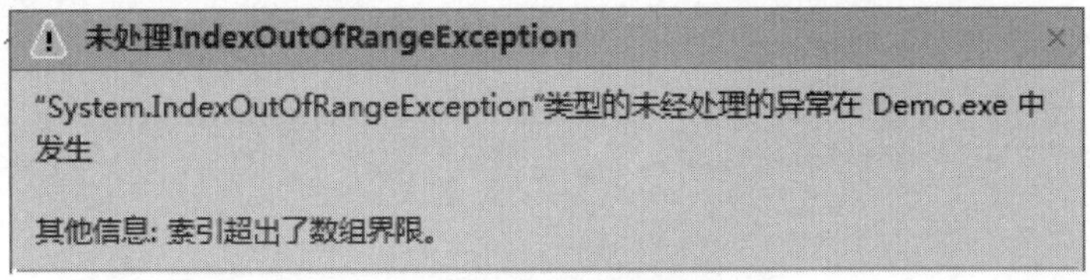

图7.2　索引超出范围异常信息

（2）声明的同时为数组分配内存

这种创建数组的方法是将数组的声明和内存的分配合在一起执行。

语法如下：

```
数组元素类型[] 数组名 = new 数组元素类型[数组元素的个数];
```

例如，声明并为数组分配内存，代码如下：

```
int[] month = new int[12];
```

上面的代码创建数组month，并指定了数组长度为12。

7.1.3 一维数组的初始化

数组的初始化主要分为两种：为单个数组元素赋值和同时为整个数组赋值，下面分别介绍。

（1）为单个数组元素赋值

为单个数组元素赋值即首先声明一个数组，并指定长度，然后为数组中的每个元素进行赋值。例如：

```
int[] arr = new int[5];                         // 定义一个 int 类型的一维数组
arr[0] = 1;                                     // 为数组的第 1 个元素赋值
arr[1] = 2;                                     // 为数组的第 2 个元素赋值
arr[2] = 3;                                     // 为数组的第 3 个元素赋值
arr[3] = 4;                                     // 为数组的第 4 个元素赋值
arr[4] = 5;                                     // 为数组的第 5 个元素赋值
```

使用这种方式对数组进行赋值时，通常使用循环实现。例如，上面代码可以修改如下：

```
int[] arr = new int[5];                         // 定义一个 int 类型的一维数组
for (int i = 0; i < arr.Length; i++)            // 遍历数组
{
        arr[i] = i + 1;                         // 为遍历到的数组元素赋值
}
```

代码注解：

Length 属性用来获取数组的长度。

注意：

数组大小必须与大括号中的元素个数相匹配，否则会产生编辑错误。

（2）同时为整个数组赋值

同时为整个数组赋值时需要使用大括号，将要赋值的数据包含在大括号中，并用逗号（,）隔开。例如：

```
string[] arrStr = new string[7] { "Sun", "Mon", "Tue", "Wed", "Thu", "Fri", "Sat" };
```

或者

```
string[] arrStr = new string[] { "Sun", "Mon", "Tue", "Wed", "Thu", "Fri", "Sat" };
```

或者

```
string[] arrStr = { "Sun", "Mon", "Tue", "Wed", "Thu", "Fri", "Sat" };
```

以上 3 种形式实现的效果是一样的，都是定义了一个长度为 7 的 string 类型数组，并进行了初始化，其中，后两种形式会自动计算数组的长度。

7.1.4 一维数组的使用

[实例 7.1]　（源码位置：资源包 \Code\07\01）

输出一年中每个月的天数

创建一个控制台应用程序，其中定义了一个 int 类型的一维数组，实现将各月的天数输出。代码如下：

```
static void Main(string[] args)
{
    //创建并初始化一维数组
    int[] day = new int[] { 31, 28, 31, 30, 31, 30, 31, 31, 30, 31, 30, 31 };
    for (int i = 0; i < 12; i++) //利用循环将信息输出
    {
        Console.WriteLine((i + 1) + "月有" + day[i] + "天"); //输出的信息
    }
    Console.ReadLine();
}
```

程序运行结果如图 7.3 所示。

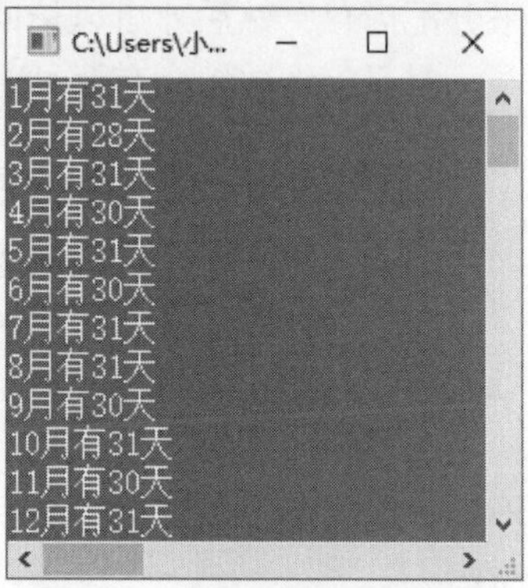

图 7.3 输出 1 ~ 12 月份各月的天数

7.2 二维数组

二维数组是一种特殊的多维数组，多维数组是指可以用多个索引访问的数组，声明多维数组时，用多个中括号（[]）或者在中括号内加逗号，就表明是多维数组，有 *n* 个中括号或者中括号内有 *n* 个逗号，就是 *n*+1 维数组。

7.2.1 二维数组的创建

例如，快捷酒店每一个楼层都有很多房间，这些房间都可以构成一维数组，如果这个酒店有 500 个房间，并且所有房间都在同一个楼层里，那么拿到 499 号房钥匙的旅客可能就不高兴了，从 1 号房走到 499 号房要花好长时间，因此每个酒店都不只有一个楼层，而是很多楼层，每一个楼层都会有很多房间，形成一个立体的结构，把大量的房间均摊到每个楼层，这种结构就是二维表结构。在计算机中，二维表结构可以使用二维数组来表示。使用二维表结构表示快捷酒店每一个楼层的房间号的效果如图 7.4 所示。

楼层	房间号						
一楼	1101	1102	1103	1104	1105	1106	1107
二楼	2101	2102	2103	2104	2105	2106	2107
三楼	3101	3102	3103	3104	3105	3106	3107
四楼	4101	4102	4103	4104	4105	4106	4107
五楼	5101	5102	5103	5104	5105	5106	5107
六楼	6101	6102	6103	6104	6105	6106	6107
七楼	7101	7102	7103	7104	7105	7106	7107

图 7.4 二维表结构的楼层房间号

二维数组常用于表示二维表，表中的信息以行和列的形式表示，第一个下标代表元素所在的行，第二个下标代表元素所在的列。

二维数组的声明语法如下：

```
type[,] arrayName;
type[][] arrayName;
```

- type： 二维数组的数据类型。
- arrayName： 二维数组的名称。

例如，声明一个 int 类型的二维数组，可以使用下面两种形式：

```
int[,] myarr;                                   // 声明一个 int 类型的二维数组，名称为 myarr
```

或者

```
int[][] myarr;                                  // 声明一个 int 类型的二维数组，名称为 myarr
```

同一维数组一样，二维数组在声明时也没有分配内存空间，同样可以使用关键字 new 来分配内存，然后才可以访问每个元素。

对于二维数组，有两种为数组分配内存的方式。

（1）直接为每一维分配内存空间

例如，定义一个二维数组，并直接为其分配内存空间。代码如下：

```
int[,] a = new int[2, 4];                       // 定义一个 2 行 4 列的 int 类型二维数组
```

上面代码创建了一个int类型的二维数组a，二维数组a中包括两个长度为4的一维数组，内存分配如图 7.5 所示。

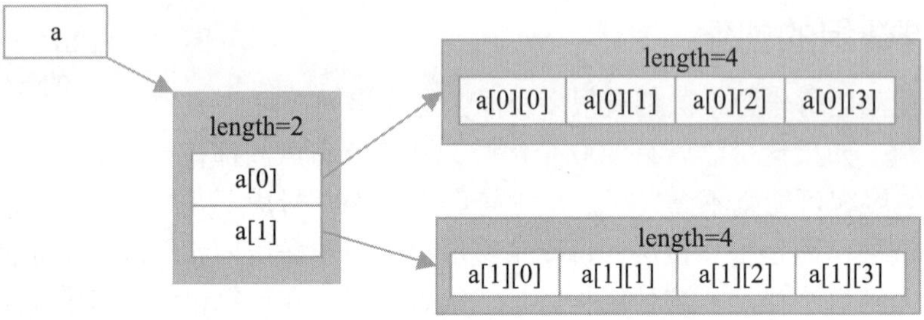

图 7.5　二维数组内存分配（第一种方式）

（2）分别为每一维分配内存空间

例如，定义一个二维数组，分别为每一维分配内存空间，代码如下：

```
int[][] a = new int[2][];                       // 定义一个 2 行的 int 类型二维数组
a[0] = new int[2];                              // 初始化二维数组的第 1 行有 2 个元素
a[1] = new int[3];                              // 初始化二维数组的第 2 行有 3 个元素
```

通过第二种方式为二维数组分配内存，如图 7.6 所示。

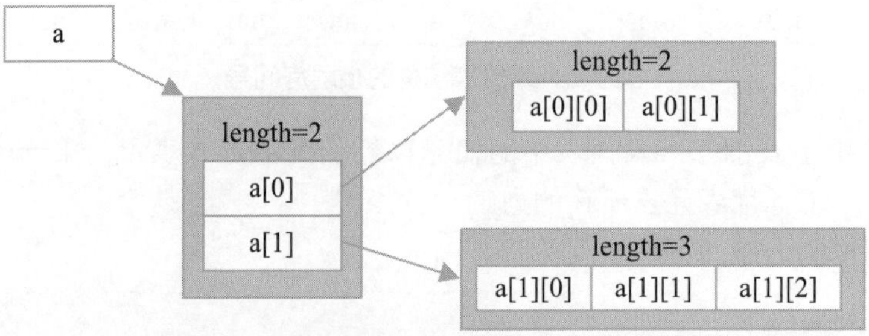

图 7.6　二维数组内存分配（第二种方式）

说明：
上面代码中，由于为每一维分配的内存空间不同，因此，a 相当于一个不规则二维数组。

7.2.2 二维数组的初始化

二维数组有两个索引（即下标），构成由行列组成的一个矩阵，如图 7.7 所示。

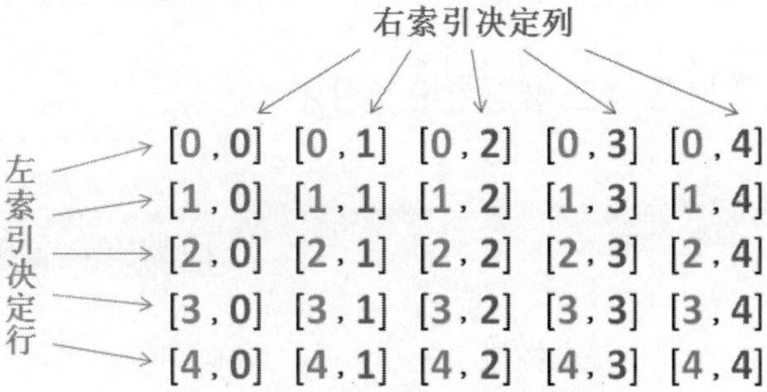

图 7.7 二维数组索引与行列的关系

二维数组的初始化主要分为两种：为单个二维数组元素赋值、为每一维数组元素赋值和同时为整个二维数组赋值，下面分别介绍。

（1）为单个二维数组元素赋值

为单个二维数组元素赋值即首先声明一个二维数组，并指定行数和列数，然后为二维数组中的每个元素进行赋值。例如：

```
int[,] myarr = new int[2, 2];              // 定义一个 int 类型的二维数组
myarr[0, 0] = 0;                           // 为二维数组中的第 1 行第 1 列赋值
myarr[0, 1] = 1;                           // 为二维数组中的第 1 行第 2 列赋值
myarr[1, 0] = 1;                           // 为二维数组中的第 2 行第 1 列赋值
myarr[1, 1] = 2;                           // 为二维数组中的第 2 行第 2 列赋值
```

使用这种方式对二维数组进行赋值时，通常使用嵌套的循环实现。例如，上面代码可以修改如下：

```
int[,] myarr = new int[2, 2];              // 定义一个 int 类型的二维数组
for (int i = 0; i < 2; i++)                // 遍历二维数组的行
{
    for (int j = 0; j < 2; j++)            // 遍历二维数组的列
    {
        myarr[i, j] = i + j;               // 为遍历到的二维数组中的第 i 行第 j 列赋值
    }
}
```

（2）为每一维数组元素赋值

为二维数组中的每一维数组元素赋值时，首先需要使用“数组类型 [][]”形式声明一个数组，并指定数组的行数，然后再分别为每一维数组元素赋值。例如：

```
int[][] myarr = new int[2][];              // 定义一个 2 行的 int 类型二维数组
myarr[0] = new int[] { 0, 1 };             // 初始化二维数组的第 1 行
myarr[1] = new int[] { 1, 2 };             // 初始化二维数组的第 2 行
```

（3）同时为整个二维数组赋值

同时为整个二维数组赋值时需要使用嵌套的大括号，将要赋值的数据包含在里层大括号中，每个大括号中间用逗号（,）隔开。例如：

```
int[,] myarr = new int[2,2] { { 12, 0 }, { 45, 10 } };
```

或者

```
int[,] myarr = new int[,]{ { 12, 0 }, { 45, 10 } };
```

或者

```
int[,] myarr = {{12,0},{45,10}};
```

以上 3 种形式实现的效果是一样的，都是定义了一个长度为 2 行 2 列的 int 类型二维数组，并进行了初始化，其中，后两种形式会自动计算数组的行数和列数。

7.2.3 二维数组的使用

[实例 7.2]　（源码位置：资源包 \Code\07\02）

模拟客车售票系统

创建一个控制台应用程序，模拟制作一个简单的客车售票系统，假设客车的座位数是 9 行 4 列，使用一个二维数组记录客车售票系统中的所有座位号，并在每个座位号上都显示“【有票】”，然后用户输入一个坐标位置，按回车键，即可将该座位号显示为“【已售】”。代码如下：

```
static void Main(string[] args)
{
    Console.Title = " 简单客车售票系统 ";                              // 设置控制台标题
    string[,] zuo = new string[9, 4];                                 // 定义二维数组
    for (int i = 0; i < 9; i++)                                       //for 循环开始
    {
        for (int j = 0; j < 4; j++)                                   //for 循环开始
        {
            zuo[i, j] = " 【有票】 ";                                  // 初始化二维数组
        }
    }
    string s = string.Empty;                                          // 定义字符串变量
    while (true)                                                      // 开始售票
    {
        Console.Clear();                                              // 清空控制台信息
        Console.WriteLine("\n        简单客车售票系统 " + "\n");       // 输出字符串
        for (int i = 0; i < 9; i++)
        {
            for (int j = 0; j < 4; j++)
            {
                System.Console.Write(zuo[i, j]);                      // 输出售票信息
            }
            Console.WriteLine();                                      // 输出换行符
        }
        Console.Write(" 请输入坐位行号和列号 ( 如: 0,2), 输入 q 键退出: ");
        s = Console.ReadLine();                                       // 售票信息输入
        if (s == "q") break;                                          // 输入字符串 "q" 退出系统
        string[] ss = s.Split(',');                                   // 拆分字符串
        int one = int.Parse(ss[0]);                                   // 得到坐位行数
        int two = int.Parse(ss[1]);                                   // 得到坐位列数
        zuo[one, two] = " 【已售】 ";                                  // 标记售出票状态
    }
}
```

代码注解：

上面代码中用到了字符串的 Split 方法，该方法用来根据指定的符号对字符串进行分割，这里了解即可。

程序运行效果如图 7.8 所示。

图 7.8 模拟客车售票系统

7.2.4 不规则数组的定义

前面讲的二维数组是行和列固定的矩形方阵，如 4×4、3×2 等，另外，C# 中还支持不规则的数组。例如，二维数组中，不同行的元素个数完全不同，代码如下：

```
int[][] a = new int[3][];                    // 创建二维数组，指定行数，不指定列数
a[0] = new int[5];                           // 第一行分配 5 个元素
a[1] = new int[3];                           // 第二行分配 3 个元素
a[2] = new int[4];                           // 第三行分配 4 个元素
```

上面代码中定义的不规则二维数组所占的内存空间如图 7.9 所示。

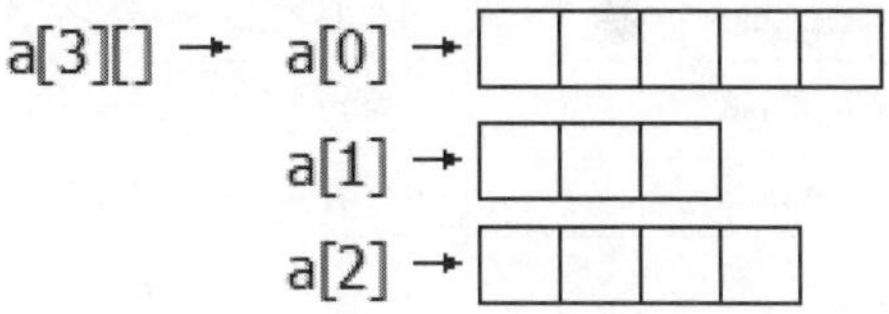

图 7.9 不规则二维数组的空间占用

7.2.5 获取二维数组的列数

二维数组的行数可以使用 Length 属性获得，但由于 C# 中支持不规则数组，因此二维数组中每一行中的列数可能不会相同，如何获取二维数组中每一维的列数呢？答案还是 Length 属性，因为二维数组的每一维都可以看做一个一维数组，而一维数组的长度是可以使用 Length 属性获得。例如，下面代码定义一个不规则二维数组，并通过遍历其行数、列数，输出二维数组中的内容，代码如下：

```
static void Main(string[] args)
{
    int[][] arr = new int[3][];                  //创建二维数组，指定行数，不指定列数
    arr[0] = new int[5];                         //第一行分配 5 个元素
    arr[1] = new int[3];                         //第二行分配 3 个元素
    arr[2] = new int[4];                         //第三行分配 4 个元素
    for(int i=0;i< arr.Length;i++)               //遍历行数
    {
        for(int j = 0; j < arr[i].Length; j++)   //遍历列数
        {
            Console.Write(arr[i][j]);            //输出遍历到的元素
        }
        Console.WriteLine();                     //换行输出
    }
    Console.ReadLine();
}
```

7.3 数组与 Array 类

C# 中的数组是由 System.Array 类派生而来的引用对象，其关系图如图 7.10 所示。

可以使用 Array 类中的各种属性或者方法对数组进行各种操作。例如，可以使用 Array 类的 Length 属性获取数组元素的长度，可以使用 Rank 属性获取数组的维数。

Array 类的常用方法如表 7.1 所示。

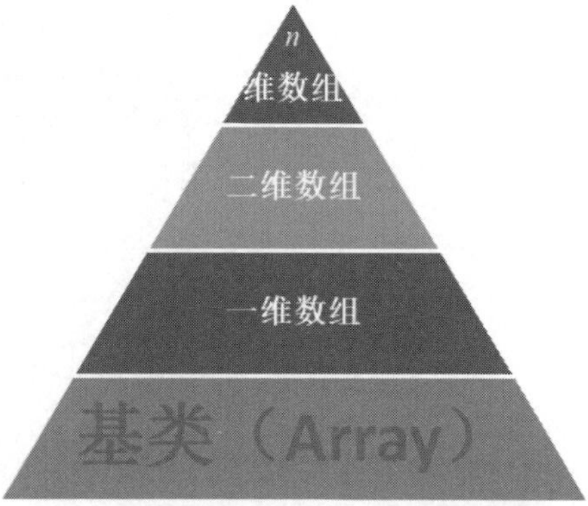

图 7.10　数组与 Array 类的关系图

表 7.1　Array 类的常用方法及说明

方法	说明
Copy	将数组中的指定元素复制到另一个 Array 中
CopyTo	从指定的目标数组索引处开始，将当前一维数组中的所有元素复制到另一个一维数组中
Exists	判断数组中是否包含指定的元素
GetLength	获取 Array 的指定维中的元素数
GetLowerBound	获取 Array 中指定维度的下限
GetUpperBound	获取 Array 中指定维度的上限
GetValue	获取 Array 中指定位置的值
Reverse	反转一维 Array 中元素的顺序
SetValue	设置 Array 中指定位置的元素
Sort	对一维 Array 数组元素进行排序

[实例 7.3]　（源码位置：资源包 \Code\07\03）

打印杨辉三角

使用数组打印杨辉三角，杨辉三角是一个由数字排列成的三角形数表，其最本质的特征是它的两条边都是由数字 1 组成的，而其余的数则等于它上方的两个数之和。代码如下：

```
static void Main(string[] args)
{
    int[][] Array_int = new int[10][];                       // 定义一个 10 行的二维数组
    // 向数组中记录杨辉三角的值
    for (int i = 0; i < Array_int.Length; i++)               // 遍历行数
    {
        Array_int[i] = new int[i + 1];                       // 定义二维数组的列数
        for (int j = 0; j < Array_int[i].Length; j++)        // 遍历二维数组的列数
        {
            if (i <= 1)                                      // 如果是数组的前两行
            {
                Array_int[i][j] = 1;                         // 将其设置为 1
                continue;
            }
            else
            {
                // j==0 判断是不是行首, j == Array_int[i].Length - 1) 判断是不是行尾,
```

```
                    // 因为在杨辉三角中，每一行的行首和行尾都是 1，所以进行了特殊处理
                    if (j == 0 || j == Array_int[i].Length - 1)
                        Array_int[i][j] = 1;   // 将其设置为 1
                    else                       // 根据杨辉算法进行计算
                        Array_int[i][j] = Array_int[i - 1][j - 1] + Array_int[i - 1][j];
                }
            }
        }
        for (int i = 0; i <= Array_int.Length-1; i++) // 输出杨辉三角
        {
            // 循环控制每行前面打印的空格数
            for (int k = 0; k <= Array_int.Length - i; k++)
            {
                Console.Write("   ");
            }
            // 循环控制每行打印的数据
            for (int j = 0; j < Array_int[i].Length; j++)
            {
                Console.Write("{0}    ", Array_int[i][j]);
            }
            Console.WriteLine(); // 换行
        }
        Console.ReadLine();
    }
```

程序运行效果如图 7.11 所示。

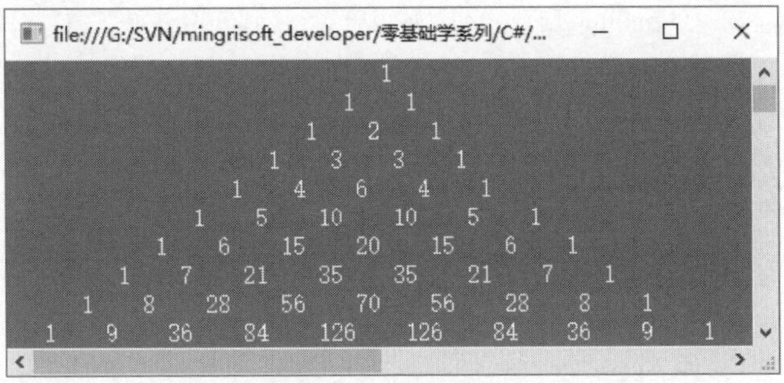

图 7.11　杨辉三角

7.4　数组的基本操作

7.4.1　数组的输入与输出

数组的输入与输出指的是对不同维数的数组进行输入和输出的操作。数组的输入和输出可以用 for 语句来实现，下面将分别讲解一维数组、二维数组的输入与输出。

(1) 一维数组的输入与输出

一维数组的输入与输出一般用单层循环来实现。

[实例 7.4]　（源码位置：资源包 \Code\07\04）

一维数组的输入与输出

创建一个控制台应用程序，首先定义一个 int 类型的一维数组，然后使用 for 循环将数

组元素值读取出来。代码如下：

```
static void Main(string[] args)
{
    // 定义一个 int 类型的一维数组
    int[] arr = new int[10] { 0, 1, 2, 3, 4, 5, 6, 7, 8, 9 };
    for (int i = 0; i < arr.Length; i++)
    {
        Console.Write(arr[i] + " ");// 输出一维数组元素
    }
    Console.ReadLine();
}
```

程序运行结果为 0 1 2 3 4 5 6 7 8 9。

（2）二维数组的输入与输出

二维数组的输入与输出是用双层循环语句实现的。多维数组的输入与输出与二维数组的输入与输出相同，只是根据维数来指定循环的层数。

[实例 7.5]　（源码位置：资源包 \Code\07\05）

二维数组的输入与输出举例

创建一个控制台应用程序，在其中定义两个 3 行 3 列的矩阵，根据矩阵乘法规则对它们执行乘法运算，得到一个新的矩阵，最后输出这个矩阵的元素。代码如下：

```
static void Main(string[] args)
{
    // 定义 3 个 int 类型的二维数组，作为矩阵
    int[,] MatrixEin = new int[3, 3] { { 2, 2, 1 }, { 1, 1, 1 }, { 1, 0, 1 } };
    int[,] MatrixZwei = new int[3, 3] { { 0, 1, 2 }, { 0, 1, 1 }, { 0, 1, 2 } };
    int[,] MatrixResult = new int[3, 3];
    for (int i = 0; i < 3; i++)
    {
        for (int j = 0; j < 3; j++)
        {
            for (int k = 0; k < 3; k++)
            {
                // 矩阵乘积的运算规则为：一个 m×n 矩阵可与一个 n×p 矩阵相乘，结果为一个 m×p 矩阵。
                // 这里需要注意，如果两个矩阵相乘，第一个矩阵的列数必须与第二个矩阵的行数相同
                MatrixResult[i, j] += MatrixEin[i, k] * MatrixZwei[k, j];
            }
        }
    }
    Console.WriteLine(" 两个矩阵的乘积：");
    // 循环遍历新得到的矩阵并输出
    for (int i = 0; i < 3; i++)                              // 遍历行
    {
        for (int j = 0; j < 3; j++)                          // 遍历列
        {
            Console.Write(MatrixResult[i, j] + " ");  // 输出遍历到的元素
        }
        Console.WriteLine();                                 // 换行
    }
    Console.ReadLine();
}
```

程序运行结果如图 7.12 所示。

图 7.12　计算矩阵的乘积

7.4.2　使用 foreach 语句遍历数组

除了使用循环输出数组的元素，C# 中还提供了一种 foreach 语句，该语句用来遍历集合中的每个元素，而数组也属于集合类型，因此，foreach 语句可以遍历数组。foreach 语句语法格式如下：

```
foreach(【类型】【迭代变量名】in【集合】)
{
        语句
}
```

其中，【类型】和【迭代变量名】用于声明迭代变量，迭代变量相当于一个范围覆盖整个语句块的局部变量，在 foreach 语句执行期间，迭代变量表示当前正在为其执行迭代的集合元素；【集合】必须有一个从该集合的元素类型到迭代变量的类型的显式转换，如果【集合】的值为 null，则会出现异常。

foreach 语句的执行流程如图 7.13 所示。

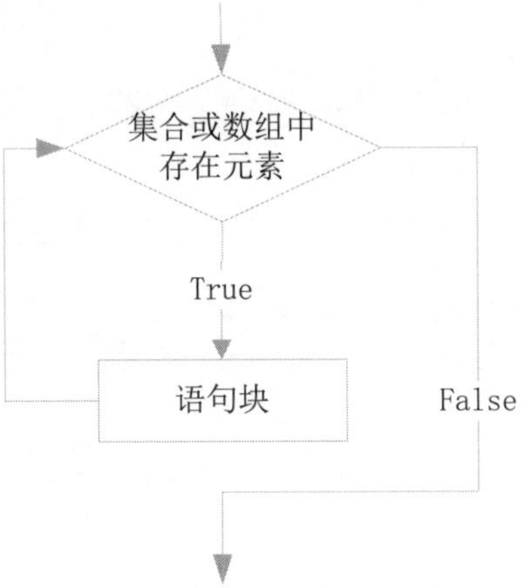

图 7.13　foreach 语句执行流程

[实例 7.6]　　（源码位置：资源包 \Code\07\06）

输出狼人杀游戏主要角色

在控制台中使用一维数组存储狼人杀游戏的主要角色，并使用 foreach 遍历输出。代码如下：

```
static void Main(string[] args)
{
     Console.WriteLine("狼人杀游戏主要身份：");
     // 定义数组，存储狼人杀游戏的主要角色
     string[] roles = { "狼人", "预言家", "村民", "女巫", "丘比特", "猎人", "守卫" };
     foreach (string role in roles)           // 遍历数组
     {
          Console.Write(role + "  ");         // 输出遍历到的元素
```

```
        }
        Console.ReadLine();
}
```

程序运行结果如图 7.14 所示。

图 7.14　输出狼人杀游戏主要角色

说明：

foreach 语句通常用来遍历集合，而数组也是一种简单的集合。

7.4.3　对数组进行排序

C# 中提供了用于对数组进行排序的方法——Array.Sort 和 Array.Reverse，下面分别进行讲解。

（1）Sort 方法

Array.Sort 方法用于对一维 Array 中的元素进行排序，该方法有多种形式，其最常用的两种形式如下：

```
public static void Sort(Array array)
public static void Sort(Array array,int index,int length)
```

- array：要排序的一维 Array。
- index：排序范围的起始索引。
- length：排序范围内的元素数。

例如，使用 Array.Sort 方法对数组中的元素进行从小到大排序，代码如下：

```
int[] arr = new int[] { 3, 9, 27, 6, 18, 12, 21, 15 };
Array.Sort(arr);                                   // 对数组元素排序
```

注意：

在 Sort 方法中所用到的数组不能为空，也不能是多维数组，它只对一维数组进行排序。

（2）Reverse 方法

Array.Reverse 方法用于反转一维 Array 中元素的顺序，该方法有两种形式：

```
public static void Reverse(Array array)
public static void Reverse(Array array,int index,int length)
```

- array：要反转的一维 Array。
- index：要反转的部分的起始索引。
- length：要反转的部分中的元素数。

例如，下面使用 Array.Reverse 方法对数组的元素进行反转，代码如下：

```
int[] arr = new int[] { 3, 9, 27, 6, 18, 12, 21, 15 };
Array.Reverse(arr);                                // 对数组元素反转
```

注意：

对数组进行反转，并不是反向排序。例如，有一个一维数组，元素为“36 89 76 45 32”，反转之后为“32 45 76 89 36”，而不是“89 76 45 36 32”。

7.5 数组排序算法

7.5.1 冒泡排序算法

在程序设计中，经常需要将一组数列进行排序，这样更加方便统计与查询。冒泡排序法是最常用的数组排序算法之一，它排序数组元素的过程总是小数往前放，大数往后放，类似水中气泡往上升的动作，所以称作冒泡排序。

（1）基本思想

冒泡排序的基本思想是比较相邻的元素值，如果满足条件就交换元素值，把较小的元素移动到数组前面，把大的元素移动到数组后面（也就是交换两个元素的位置），这样较小的元素就像气泡一样从底部上升到顶部。

（2）计算过程

冒泡算法由双层循环实现，其中外层循环用于控制排序轮数，一般是要排序的数组长度减 1 次，因为最后一次循环只剩下一个数组元素，不需要对比，同时数组已经完成排序了。而内层循环主要用于对比数组中每个临近元素的大小，以确定是否交换位置，对比和交换次数以排序轮数而减少。例如，一个拥有 6 个元素的数组，在排序过程中，每一次循环的排序过程和结果如图 7.15 所示。

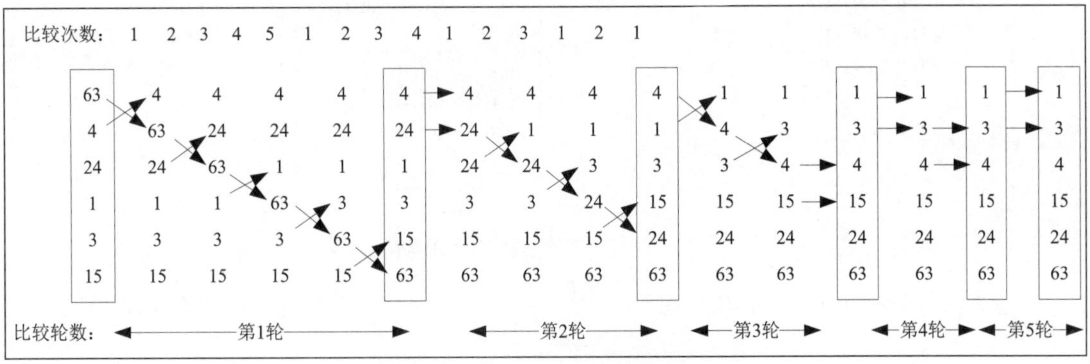

图 7.15　6 个元素数组的排序过程

第 1 轮外层循环时，把最大的元素值 63 移动到了最后面（相应的比 63 小的元素向前移动，类似气泡上升）；第 2 轮外层循环不再对比最后一个元素值 63，因为它已经确认为最大（不需要上升），应该放在最后，需要对比和移动的是其他剩余元素，这次将元素 24 移动到 63 的前一个位置。其他循环以此类推，继续完成排序任务。

（3）流程图

冒泡排序算法的传统流程图和 N-S 结构化流程图分别如图 7.16 和图 7.17 所示。

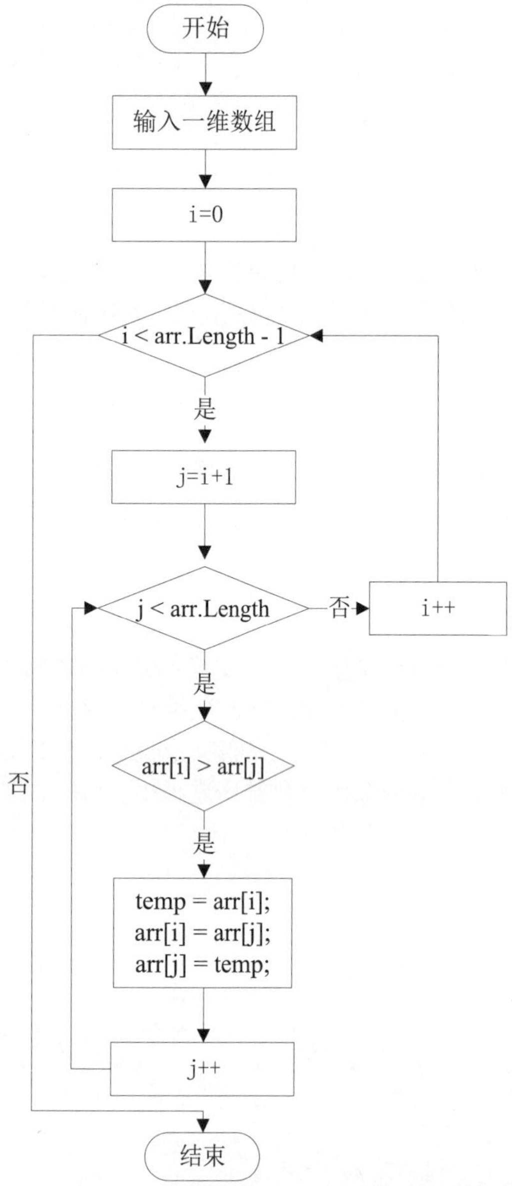

图 7.16　冒泡排序算法的传统流程图

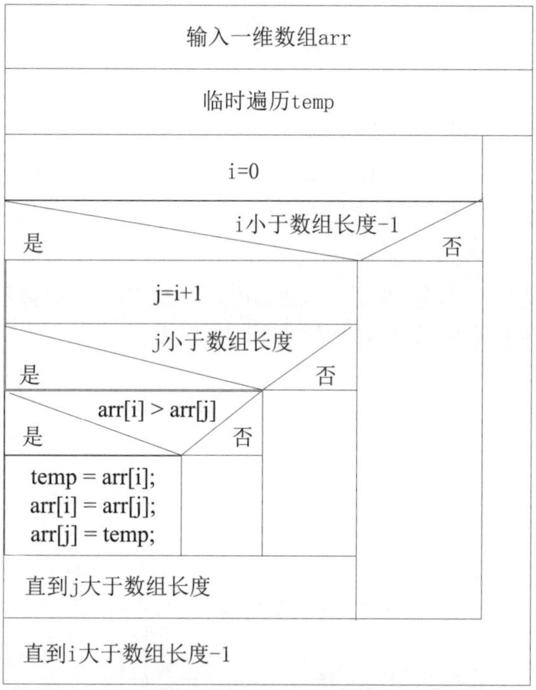

图 7.17　冒泡排序算法的 N-S 结构化流程图

[实例 7.7]　（源码位置：资源包 \Code\07\07）

冒泡排序算法排序

创建一个控制台应用程序，该程序主要使用冒泡排序算法对一维数组中的元素从小到大进行排序，代码如下：

```
static void Main(string[] args)
{
    int[] arr = new int[] { 63, 4, 24, 1, 3, 15 };     // 定义一个一维数组，并赋值
    Console.Write("初始数组：");
    foreach (int m in arr)          // 循环遍历定义的一维数组，并输出其中的元素
        Console.Write(m + " ");
    Console.WriteLine();
```

```
        // 定义一个 int 类型的变量，用来存储新的数组元素
        int temp;
        for (int i = 0; i < arr.Length - 1; i++)// 根据数组下标的值遍历数组元素
        {
            for (int j = i + 1; j < arr.Length; j++)
            {
                if (arr[i] > arr[j])          // 判断前后两个数的大小
                {
                    temp = arr[i];            // 将比较后大的元素赋值给定义的 int 变量
                    arr[i] = arr[j];          // 将后一个元素的值赋值给前一个元素
                    arr[j] = temp;            // 将 int 变量中存储的元素值赋值给后一个元素
                }
            }
        }
        Console.Write(" 排序后的数组：");
        foreach (int n in arr)                // 循环遍历排序后的数组元素并输出
            Console.Write(n + " ");
        Console.ReadLine();
    }
```

运行程序，效果如图 7.18 所示。

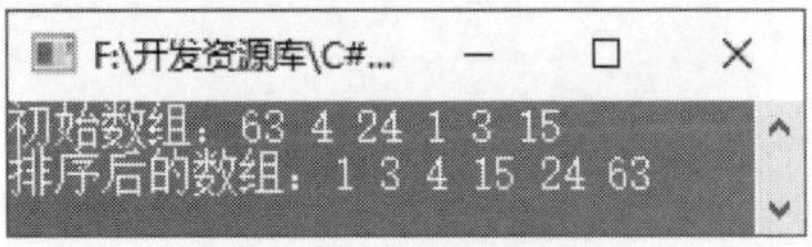

图 7.18　冒泡排序法

7.5.2　选择排序算法

选择排序的排序速度要比冒泡排序快一些，也是常用的数组排序算法，是初学者应该掌握的。

(1) 基本思想

选择排序的基本思想是将指定排序位置与其他数组元素分别对比，如果满足条件，就交换元素值，注意这里区别冒泡排序，不是交换相邻元素，而是把满足条件的元素与指定的排序位置交换（如从最后一个元素开始排序），这样排序好的位置逐渐扩大，最后整个数组都成为已排序好的格式。

这就好比有一个小学生，从包含数字 1 ～ 10 的乱序的数字堆中分别选择合适的数字，组成一个从 1 ～ 10 的排序，而这个学生首先从数字堆中选出 1，放在第 1 位，然后选出 2（注意这时数字堆中已经没有 1 了），放在第 2 位，依次类推，直到其找到数字 9，放到 8 的后面，最后剩下 10，就不用选择了，直接放到最后就可以了。

与冒泡排序相比，选择排序的交换次数要少很多，所以速度会快些。

(2) 计算过程

每一遍从待排序的数据元素中选出最小（或最大）的一个元素，顺序放在已排好序的数列的最后，直到全部待排序的数据元素排完。

使用选择排序法排序的过程如图 7.19 所示。

原序列	94	35	61	53	77	9	12	39
第 1 遍选择	9	35	61	53	77	94	12	39
第 2 遍选择	9	12	61	53	77	94	35	39
第 3 遍选择	9	12	35	53	77	94	61	39
第 4 遍选择	9	12	35	39	77	94	61	53
第 5 遍选择	9	12	35	39	53	94	61	77
第 6 遍选择	9	12	35	39	53	61	94	77
第 7 遍选择	9	12	35	39	53	61	77	94

图 7.19　选择排序法排序过程

(3) 流程图

选择排序算法的传统流程图和 N-S 结构化流程图分别如图 7.20 和图 7.21 所示。

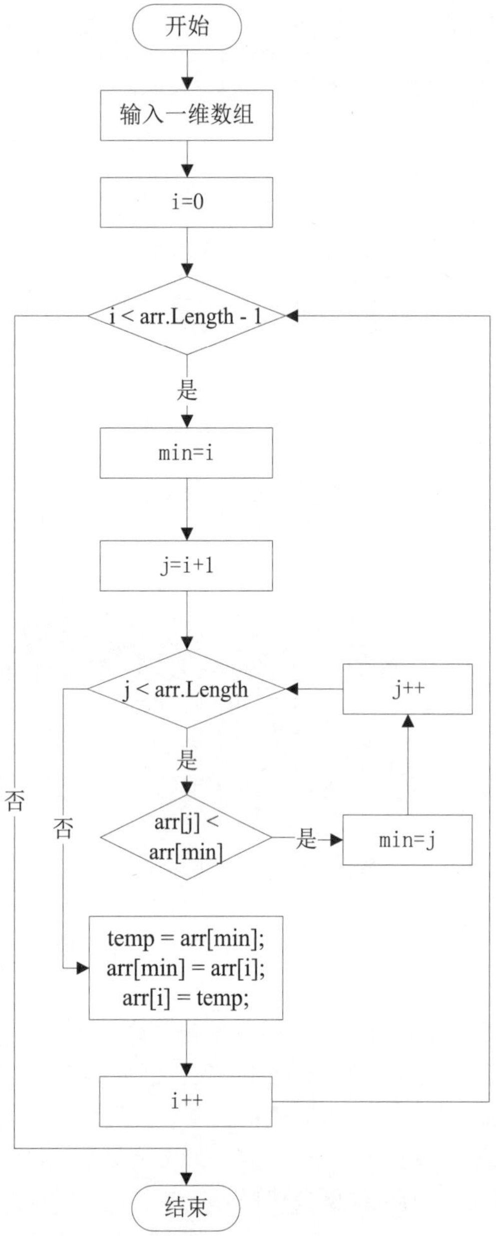

图 7.20　选择排序算法的传统流程图

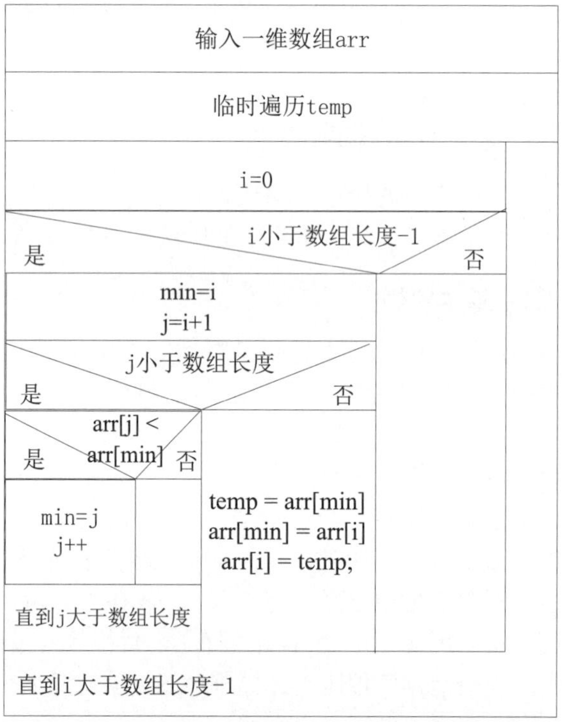

图 7.21　选择排序算法的 N-S 结构化流程图

[实例 7.8]　（源码位置：资源包 \Code\07\08）

选择排序算法排序

创建一个控制台应用程序，该程序主要使用选择排序算法对一维数组中的元素从小到大进行排序，代码如下：

```
static void Main(string[] args)
{
    int[] arr = new int[] { 94, 35, 61, 53, 77, 9, 12, 39 };    // 定义一个一维数组，并赋值
    Console.Write(" 初始数组：");
```

```
        foreach (int n in arr)                    // 循环遍历定义的一维数组，并输出其中的元素
            Console.Write("{0}", n + " ");
        Console.WriteLine();
        int min;                                  // 定义一个 int 变量，用来存储数组下标
        for (int i = 0; i < arr.Length - 1; i++)  // 循环访问数组中的元素值（除最后一个）
        {
            min = i;                              // 为定义的数组下标赋值
            for (int j = i + 1; j < arr.Length; j++)     // 循环访问数组中的元素值（除第 1 个）
            {
                if (arr[j] < arr[min])            // 判断相邻两个元素值的大小
                    min = j;
            }
            int t = arr[min];                     // 定义一个 int 变量，用来存储比较大的数组元素值
            arr[min] = arr[i];                    // 将小的数组元素值移动到前一位
            arr[i] = t;                           // 将 int 变量中存储的较大的数组元素值向后移
        }
        Console.Write(" 排序后的数组：");
        foreach (int n in arr)                    // 循环访问排序后的数组元素并输出
            Console.Write("{0}", n + " ");
        Console.ReadLine();
    }
```

运行程序，效果如图 7.22 所示。

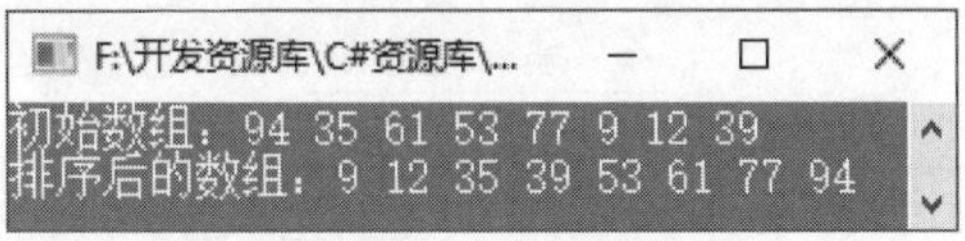

图 7.22　选择排序法

本章知识思维导图

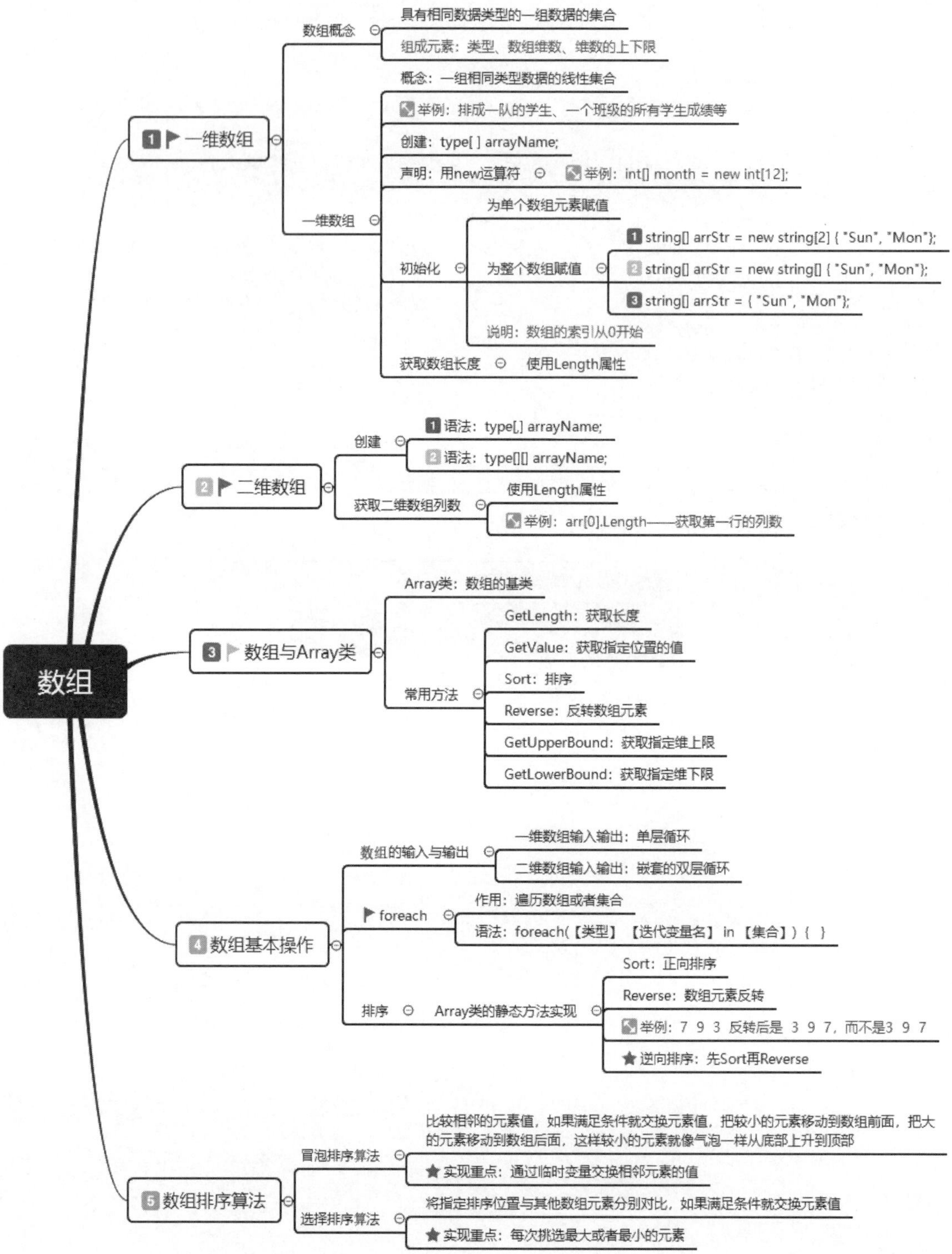
数组
1 一维数组
数组概念
具有相同数据类型的一组数据的集合
组成元素：类型、数组维数、维数的上下限
一维数组
概念：一组相同类型数据的线性集合
举例：排成一队的学生、一个班级的所有学生成绩等
创建：type[ ] arrayName;
声明：用new运算符
举例：int[] month = new int[12];
初始化
为单个数组元素赋值
为整个数组赋值
1 string[] arrStr = new string[2] { "Sun", "Mon"};
2 string[] arrStr = new string[] { "Sun", "Mon"};
3 string[] arrStr = { "Sun", "Mon"};
说明：数组的索引从0开始
获取数组长度
使用Length属性
2 二维数组
创建
1 语法：type[,] arrayName;
2 语法：type[][] arrayName;
获取二维数组列数
使用Length属性
举例：arr[0].Length——获取第一行的列数
3 数组与Array类
Array类：数组的基类
常用方法
GetLength：获取长度
GetValue：获取指定位置的值
Sort：排序
Reverse：反转数组元素
GetUpperBound：获取指定维上限
GetLowerBound：获取指定维下限
4 数组基本操作
数组的输入与输出
一维数组输入输出：单层循环
二维数组输入输出：嵌套的双层循环
foreach
作用：遍历数组或者集合
语法：foreach(【类型】 【迭代变量名】 in 【集合】) { }
排序
Array类的静态方法实现
Sort：正向排序
Reverse：数组元素反转
举例：7 9 3 反转后是 3 9 7，而不是3 9 7
逆向排序：先Sort再Reverse
5 数组排序算法
冒泡排序算法
比较相邻的元素值，如果满足条件就交换元素值，把较小的元素移动到数组前面，把大的元素移动到数组后面，这样较小的元素就像气泡一样从底部上升到顶部
实现重点：通过临时变量交换相邻元素的值
选择排序算法
将指定排序位置与其他数组元素分别对比，如果满足条件就交换元素值
实现重点：每次挑选最大或者最小的元素

第 8 章
字符串

扫码领取
- 配套视频
- 配套素材
- 学习指导
- 交流社群

本章学习目标

- 熟悉如何声明及初始化字符串。
- 熟练掌握字符串的常用操作。
- 掌握字符串信息的提取。
- 重点掌握字符串的格式化操作。
- 掌握可变字符串的应用。
- 熟悉字符串与可变字符串的不用应用场景。

8.1 字符串的声明与初始化

char 类型可以保存字符，但它只能表示单个字符。如果要用 char 类型来展示像“版权说明”“姓名”之类的内容，那程序员就无计可施了，这时可以使用 C# 中最常用到的一个概念——字符串。

字符串，顾名思义，就是用字符拼接成的文本值。字符串在存储上类似数组，不仅字符串的长度可取，而且每一位上的元素也可取。C# 语言中，可以通过 string 类创建字符串。

8.1.1 声明字符串

在 C# 语言中，字符串必须包含在一对双引号（""）之内。例如：

```
"23.23"、"ABCDE"、" 你好 "
```

这些都是字符串常量，字符串常量是系统能够显示的任何文字信息，甚至是单个字符。

注意：

在 C# 中，由双引号（""）包围的都是字符串，不能作为其他数据类型来使用，例如 "1+2" 的输出结果永远也不会是 3。

可以通过以下语法格式来声明字符串：

```
string str = [null]
```

- string：指定该变量为字符串类型。
- str：任意有效的标识符，表示字符串变量的名称。
- null：如果省略 null，表示 str 变量是未初始化的状态，否则，表示声明的字符串的值就等于 null。

例如，声明一个字符串变量 strName，代码如下：

```
string strName;
```

也可以同时声明多个字符串，字符串名称中间用英文逗号隔开即可，例如，下面的代码：

```
string name, info, remark;
```

8.1.2 字符串的初始化

声明字符串之后，如果要使用该字符串，例如，下面的代码：

```
string str;
Console.WriteLine(str);
```

运行上面代码，将会出现如图 8.1 所示的错误提示。

从图 8.1 可以看出，要使用一个变量，必须首先对其进行初始化（即赋值），对字符串进行初始化的方法主要有以下几种。

- 引用字符串常量，示例代码如下：

```
string a = "时间就是金钱，我的朋友。";
string b = "锄禾日当午";
string str1, str2;
str1 = "We are students";
str2 = "We are students";
```

说明：

当两个字符串对象引用相同的常量，就会具有相同的实体。例如，上面代码中的 str1 和 str2 的内存示意图如图 8.2 所示。

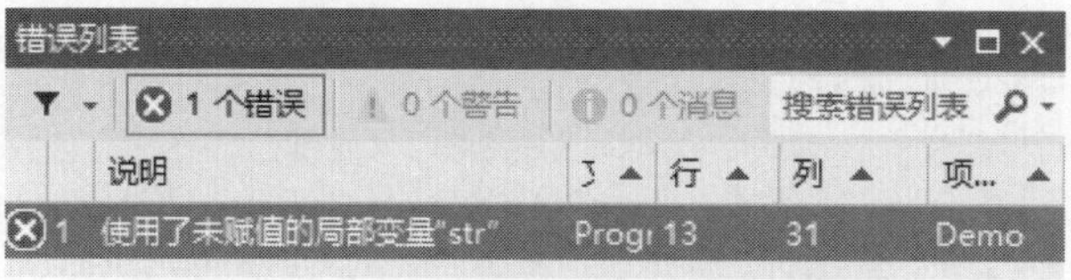

图 8.1 使用未初始化的变量时的错误提示

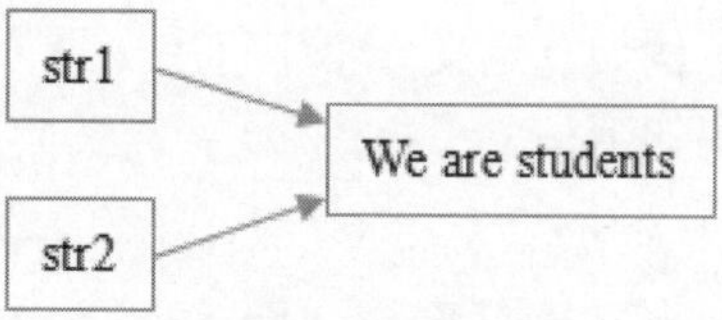

图 8.2 两个字符串对象引用相同的常量

- 利用字符数组初始化，示例代码如下：

```
char[] charArray = { 't', 'i', 'm', 'e' };
string str = new string(charArray);
```

- 提取字符数组中的一部分初始化字符串，示例代码如下：

```
char[] charArray = { '时', '间', '就', '是', '金', '钱' };
string str = new string(charArray, 4, 2);
```

说明：

string str=null; 和 string str= ""; 是两种不同的概念，前者是空对象，没有指向任何引用地址，调用 string 类的方法会抛出 NullReferenceException 空引用异常；而后者是一个字符串，分配了内存空间，可以调用 string 的任何方法，只是没有显示出任何数据而已。

上面提到，字符串在使用之前必须初始化，但有一种情况，可以不对其进行初始化，程序也不会出现错误，就是字符串作为成员变量，即将字符串的定义放到类中，而不是方法中，这时定义的字符串变量就叫做成员变量，它会保持默认值 null。例如，下面的代码运行时，程序就不会出现错误：

```
internal class Program
{
    static string name;
    private static void Main(string[] args)
    {
        Console.Write(name);
        Console.ReadLine();
    }
}
```

上面代码运行时，不会出现异常，因为 name 直接定义在了 Program 类中，它将作为成员变量，在 main 方法中使用 Console.Write 输出时，它的值为默认值 null。

8.2 提取字符串信息

字符串作为对象，可以通过相应的方法获取字符串的有效信息，如获取某字符串的长度、某个索引位置的字符等。这里将对常用的获取字符串信息的方法进行讲解。

8.2.1 获取字符串长度

获取字符串的长度可以使用 string 类的 Length 属性，其语法格式如下：

```
public int Length { get; }
```

- 属性值：表示当前字符串中字符的数量。

例如，定义一个字符串变量，并为其赋值，然后使用 Length 属性获取该字符串的长度，代码如下：

```
string num1 = "1234567890";
int size1 = num1.Length;
string num2 = "12345 67890";
int size2 = num2.Length;
```

运行上面代码，size1 的值为 10，而 size2 的值为 11，这说明使用 Length 属性返回的字符串长度是包括字符串中空格的，每个空格都单独作为一个字符计算长度。

8.2.2 获取指定位置的字符

获取指定位置的字符可以使用 string 类的 Chars 属性，其语法格式如下：

```
public char this[
    int index
] { get; }
```

- index：当前的字符串中的位置。
- 属性值：位于 index 位置的字符。

Chars 属性是一个索引器属性，它的调用语法是一对中括号，中间加索引位置，具体形式为 str[index]。例如，定义一个字符串变量，并为其赋值，然后获取该字符串索引位置 5 处的字符并输出，代码如下：

```
string str = "努力工作是人生最好的投资";        //创建字符串对象 str
char chr = str[5];                             //将字符串 str 中索引位置为 5 的字符赋值给 chr
Console.WriteLine("字符串中索引位置为 5 的字符是：" + chr); //输出 chr
```

运行结果如下：

```
字符串中索引位置为 5 的字符是：人
```

说明：

字符串中的索引位置是从 0 开始的。

8.2.3 获取子字符串索引位置

string 类提供了两种查找字符串索引的方法，即 IndexOf 与 LastIndexOf 方法。其中，IndexOf 方法返回的是搜索的字符或字符串首次出现的索引位置，而 LastIndexOf 方法返回的是搜索的字符或字符串最后一次出现的索引位置。下面分别对这两个方法的使用进行讲解。

（1）IndexOf 方法

IndexOf 方法返回的是搜索的字符或字符串首次出现的索引位置，它有多种重载形式，其中常用的几种语法格式如下：

```
public int IndexOf(char value)
public int IndexOf(string value)
public int IndexOf(char value,int startIndex)
public int IndexOf(string value,int startIndex)
public int IndexOf(char value,int startIndex,int count)
public int IndexOf(string value,int startIndex,int count)
```

- value：要搜寻的字符或字符串。
- startIndex：搜索起始位置。
- count：要检查的字符位置数。
- 返回值：如果找到字符或字符串，则为 value 的从零开始的索引位置；如果未找到字符或字符串，则为- 1。

例如，查找字符 e 在字符串 str 中第一次出现的索引位置，代码如下：

```
string str = "We are the world";
int size = str.IndexOf('e');  //size 的值为 1
```

理解字符串的索引位置，要对字符串的下标有所了解。在计算机中，string 对象是用数组表示的。字符串的下标是 0 至 Length-1。上面代码中的字符串 str 的下标排列如图 8.3 所示。

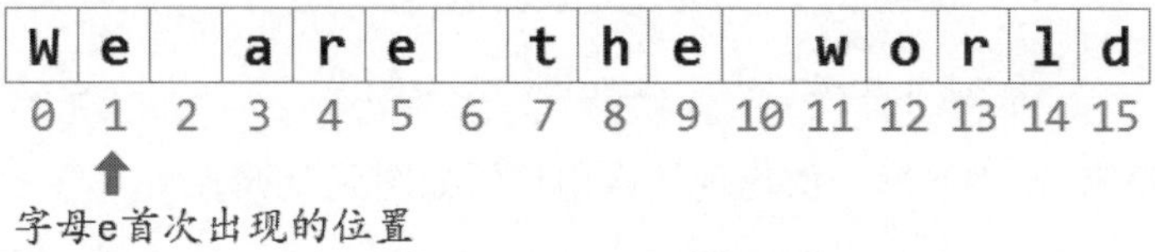

图 8.3 字符串 str 的下标排列

技巧：

在日常开发工作中，经常会遇到判断一个字符串中是否包含某个字符或者某个子字符串的情况，这时就可以使用 IndexOf 方法，判断获取到的索引是否大于等于 0，如果是，则表示包含，否则，不包含。

[实例 8.1]（源码位置：资源包 \Code\08\01）

查找“r”在“We are the world”中出现的位置

查找字符串“We are the world”中“r”第一、二、三次出现的索引位置，代码如下：

```
static void Main(string[] args)
{
    string str = "We are the world";          //创建字符串
    int firstIndex = str.IndexOf("r");        //获取字符串中 "r" 第一次出现的索引位置
    //获取字符串中 "r" 第二次出现的索引位置，从第一次出现的索引位置之后开始查找
    int secondIndex = str.IndexOf("r", firstIndex + 1);
    //获取字符串中 "r" 第三次出现的索引位置，从第二次出现的索引位置之后开始查找
    int thirdIndex = str.IndexOf("r", secondIndex + 1);
    //输出三次获取的索引位置
    Console.WriteLine("r 第一次出现的索引位置是：" + firstIndex);
    Console.WriteLine("r 第二次出现的索引位置是：" + secondIndex);
    Console.WriteLine("r 第三次出现的索引位置是：" + thirdIndex);
    Console.ReadLine();
}
```

程序运行结果如图 8.4 所示。

从图 8.4 中可以看出，由于字符串中只有两个“r”，所以程序输出了这两个“r”的索引位置，第 3 次搜索时已经找不到“r”了，所以返回-1。

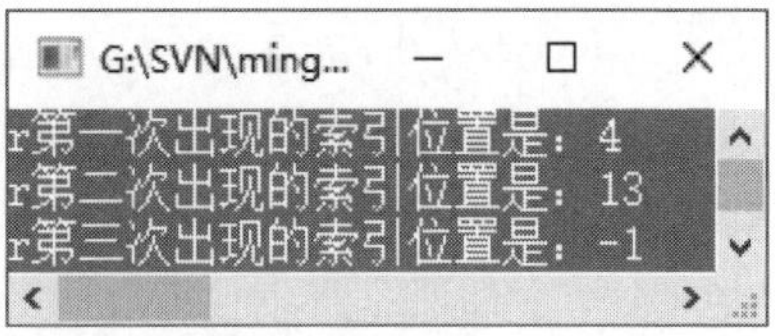

图 8.4　查找“r”第一、二、三次出现的索引位置

（2）LastIndexOf 方法

LastIndexOf 方法返回的是搜索的字符或字符串最后一次出现的索引位置，它有多种重载形式，其中常用的几种语法格式如下：

```
public int LastIndexOf(char value)
public int LastIndexOf(string value)
public int LastIndexOf(char value,int startIndex)
public int LastIndexOf(string value,int startIndex)
public int LastIndexOf(char value,int startIndex,int count)
public int LastIndexOf(string value,int startIndex,int count)
```

- value：要搜寻的字符或字符串。
- startIndex：搜索起始位置。
- count：要检查的字符位置数。
- 返回值：如果找到字符或字符串，则为 value 的从零开始的索引位置；如果未找到字符或字符串，则为-1。

例如，查找字符 e 在字符串 str 中最后一次出现的索引位置，代码如下：

```
string str = "We are the world";
int size = str.LastIndexOf('e');   //size 的值为 9
```

字符 e 在字符串 str 中最后一次出现的索引位置如图 8.5 所示。

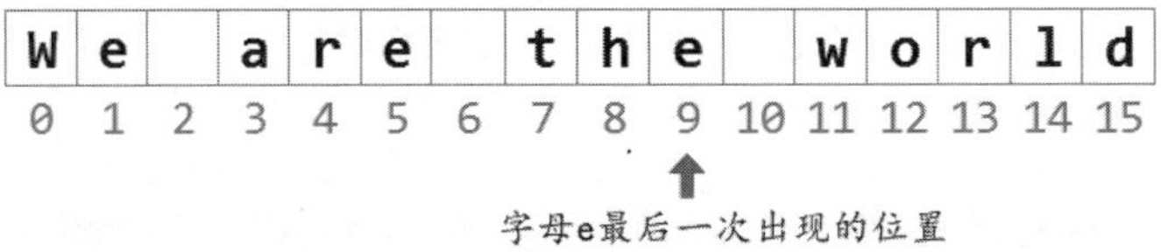

图 8.5　字符 e 在字符串 str 中最后一次出现的索引位置

8.2.4　判断字符串首尾内容

判断字符串首尾内容，可以使用 StartsWith 与 EndsWith 方法，其中，StartsWith 方法用来判断字符串是否以指定的内容开始，而 EndsWith 方法用来判断字符串是否以指定的内容结束，下面将分别对这两种方法进行讲解。

（1）StartsWith 方法

StartsWith 方法用来判断字符串是否以指定的内容开始，其常用的两种语法格式如下：

```
public bool StartsWith(string value)
public bool StartsWith(string value,bool ignoreCase,CultureInfo culture)
```

- value：要判断的字符串。
- ignoreCase：要在判断过程中忽略大小写，则为 true；否则为 false。
- culture：CultureInfo 对象，用来确定如何对字符串与 value 进行比较的区域性信息。

如果 culture 为 null，则使用当前区域性。

- 返回值：如果 value 与字符串的开头匹配，则为 true；否则为 false。

例如，使用 StartsWith 方法判断一个字符串是否以“梦想”开始，代码如下：

```
string str = "梦想还是要有的，万一实现了呢！"; // 定义一个字符串，并初始化
bool result = str.StartsWith("梦想");          // 判断 str 是否以 "梦想" 开始
Console.WriteLine(result);
```

上面代码的运行结果：True。

技巧：

如果在判断某一个英文字符串是否以某字母开始时，需要忽略大小写，可以使用第 2 种形式，并将第 2 个参数设置为 true。例如，定义一个字符串“Keep on going never give up”，然后使用 StartsWith 方法判断该字符串是否以“keep”开始，代码如下：

```
string str = "Keep on going never give up";
bool result = str.StartsWith("keep", true, null); // 判断 str 是否以 keep 开始
Console.WriteLine(result);
```

上面代码的返回结果为 True，因为这里使用了 StartsWith 方法的第 2 种形式，并且第 2 个参数为 true，因此在比较时，“Keep”和“keep”会忽略大小写，因此返回结果为 True。

（2）EndsWith 方法

EndsWith 方法用来判断字符串是否以指定的内容结束，其常用的两种语法格式如下：

```
public bool EndsWith(string value)
public bool EndsWith(string value,bool ignoreCase,CultureInfo culture)
```

- value：要判断的字符串。
- ignoreCase：要在判断过程中忽略大小写，则为 true；否则为 false。
- culture：CultureInfo 对象，用来确定如何对字符串与 value 进行比较的区域性信息。如果 culture 为 null，则使用当前区域性。
- 返回值：如果 value 与字符串的末尾匹配，则为 true；否则为 false。

技巧：

如果在比较时需要忽略大小写，通常使用第 2 种形式，并将第 2 个参数设置为 true。

例如，使用 EndsWith 方法判断一个字符串是否以句号（。）结束，代码如下：

```
string str = "梦想还是要有的，万一实现了呢！"; // 定义一个字符串，并初始化
bool result = str.EndsWith("。");              // 判断 str 是否以 "。" 结尾
Console.WriteLine(result);
```

上面代码的运行结果为：False。

8.3 字符串操作

字符串是一个常量，也就是定义并赋值之后，它的值就不会再发生改变了，我们之所以能对它进行拼接、插入、删除、去空格等操作，是因为执行完这些操作之后，实际上是生成了一个新的字符串，这里我们一定要明白这一点——字符串是不可变的！

8.3.1 字符串的拼接

使用“+”运算符可完成对多个字符串的拼接，“+”运算符可以连接多个字符串并产生一个 string 对象。

例如，定义两个字符串，使用“+”运算符连接，代码如下：

```
string s1 = "hello";                          // 声明 string 对象 s1
string s2 = "world";                          // 声明 string 对象 s2
string s = s1 + " " + s2;                     // 将对象 s1 和 s2 连接后的结果赋值给 s
```

技巧：

C# 中一个相连的字符串不能分开在两行中写。例如：

```
Console.WriteLine("I like
C#");
```

这种写法是错误的，如果一个字符串太长，为了便于阅读，可以将这个字符串分在两行上书写，此时就可以使用“+”将两个字符串拼接起来，之后在加号处换行。因此，上面的语句可以修改如下：

```
Console.WriteLine("I like" +
 "C#");
```

“+”运算符连接字符串时，也可以将数字、bool 值等跟字符串相连，最终得到的是一个字符串。例如，下面的代码：

```
string str1 = 123 + "456";      // 数字与 " 数字字符串 " 连接，结果为 123456，而不是 579，因为后面的 456 是一个字符串
string str2 = 123 + "string"; // 数字与字符串连接，结果为 123string
string str3 = true + "456";    //bool 值与字符串连接，结果为 True456
```

8.3.2 比较字符串

对字符串值进行比较时，可以使用前面学过的关系运算符“==”实现。

例如，使用关系运算符比较两个字符串的值是否相等，代码如下：

```
string str1 = "mingrikeji";
string str2 = "mingrikeji";
Console.WriteLine((str1 == str2));
```

上面代码的输出结果为 True。

除了使用比较运算符“==”，在 C# 中最常见的比较字符串的方法还有 Compare、CompareTo 和 Equals 方法等，这些方法都归属于 String 类。下面对这 3 种方法进行详细的介绍。

（1）Compare 方法

Compare 方法用来比较两个字符串是否相等，它有很多个重载方法，其中最常用的两种方法如下。

```
int compare (string strA, string strB)
int Compare (string strA, string strB, bool ignorCase)
```

- strA 和 strB：代表要比较的两个字符串。

● ignorCase：是一个布尔类型的参数，如果这个参数的值是 true，那么在比较字符串时就忽略大小写的差别。Compare 方法是一个静态方法，所以在使用时，可以直接引用。

例如，声明两个字符串变量，然后使用 Compare 方法比较两个字符串是否相等，代码如下：

```
string Str1 = "华为 P30";                              // 声明一个字符串 Str1
string Str2 = "华为 P30 Pro";                          // 声明一个字符串 Str2
Console.WriteLine(String.Compare(Str1, Str2));        // 输出字符串 Str1 与 Str2 比较后的返回值
Console.WriteLine(String.Compare(Str1, Str1));        // 输出字符串 Str1 与 Str1 比较后的返回值
Console.WriteLine(String.Compare(Str2, Str1));        // 输出字符串 Str2 与 Str1 比较后的返回值
```

程序的运行结果如下：

```
-1
0
1
```

注意：

比较字符串并非比较字符串长度的大小，而是比较字符串在英文字典中的位置。比较字符串按照字典排序的规则，判断两个字符串的大小。在英文字典中，前面的单词小于后面的单词。

（2）CompareTo 方法

CompareTo 方法与 Compare 方法相似，都可以比较两个字符串是否相等，不同的是 CompareTo 方法以实例对象本身与指定的字符串做比较，其语法如下：

```
public int CompareTo (string strB)
```

例如，对字符串 stra 和字符串 strb 进行比较，代码如下：

```
stra.CompareTo(strb)
```

如果 stra 的值与 strb 相等，则返回 0。如果 stra 大于 strb 的值，则返回 1；否则，返回 −1。

（3）Equals 方法

Equals 方法主要用于比较两个字符串是否相同。如果相同，返回值是 true；否则为 false。常用的两种方式的语法如下：

```
public bool Equals (string value)
public static bool Equals (string a,string b)
```

● value：是与实例比较的字符串。

● a 和 b：是要进行比较的两个字符串。

[实例 8.2]　　（源码位置：资源包 \Code\08\02）

验证用户名和密码是否正确

假设明日学院网站的登录用户名和密码分别是 mr、mrsoft，请编程验证用户输入的用户名和密码是否正确，代码如下：

```
static void Main(string[] args)
{
      Console.Write("请输入登录用户名：");
```

```
        string name = Console.ReadLine();         // 记录输入的用户名
        Console.Write("请输入登录密码: ");
        string pwd = Console.ReadLine();          // 记录输入的密码
        if (name=="mr" && pwd.Equals("mrsoft")) // 判断用户名和密码是否正确
        {
              Console.WriteLine("登录成功，欢迎你访问明日学院网站……");
        }
        else
        {
              Console.WriteLine("输入的用户名和密码错误！！！");
        }
        Console.ReadLine();
}
```

运行程序，用户名和密码正确、不正确的效果分别如图 8.6 和图 8.7 所示。

图 8.6　用户名和密码正确的效果

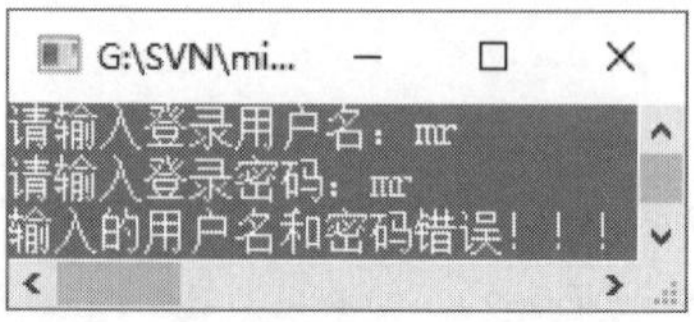

图 8.7　用户名和密码不正确的效果

8.3.3　字符串的大小写转换

对字符串进行大小写转换时，需要使用 string 类提供的 ToUpper 方法和 ToLower 方法，其中，ToUpper 方法用来将字符串转换为大写形式，而 ToLower 方法用来将字符串转换为小写形式，它们的语法格式如下：

```
public string ToUpper()
public string ToLower()
```

说明：

如果字符串中没有需要被转换的字符（如数字或者汉字），则返回原字符串。

例如，定义一个字符串，赋值为“Learn and live”，分别用大写、小写两种格式输出该字符串，代码如下：

```
string str = "Learn and live";
Console.WriteLine(str.ToUpper());              // 大写输出
Console.WriteLine(str.ToLower());              // 小写输出
```

运行结果如下：

```
LEARN AND LIVE
learn and live
```

技巧：

在各种网站的登录页面中，验证码的输入通常都是不区分大小写的，这样的情况，就可以使用 ToUpper 或者 ToLower 方法将网页显示的验证码和用户输入的验证码同时转换为大写或者小写，以方便验证。

8.3.4　格式化字符串

在 C# 中，string 类提供了一个静态的 Format 方法，用于将字符串数据格式化成指定的格式，其常用的语法格式如下：

```
public static string Format(string format,Object arg0)
public static string Format(string format,params Object[] args)
```

- format：用来指定字符串所要格式化的形式，该参数的基本格式如下：

```
{index[,length][:formatString]}
```

- index：要设置格式的对象的参数列表中的位置（从零开始）。
- length：参数的字符串表示形式中包含的最小字符数。如果该值是正的，则参数右对齐；如果该值是负的，则参数左对齐。
- formatString：要设置格式的对象支持的标准或自定义格式字符串。
- arg0：要设置格式的对象。
- args：一个对象数组，其中包含零个或多个要设置格式的对象。
- 返回值：格式化后的字符串。

格式化字符串主要有两种情况，分别是数值类型的格式化和日期时间类型的格式化，下面分别讲解。

（1）数值类型的格式化

实际开发中，数值类型有多种显示方式，如货币形式、百分比形式等。C# 支持的标准数值格式规范如表 8.1 所示。

表 8.1　C# 支持的标准数值格式规范

格式说明符	名称	说明	示例
C或c	货币	结果：货币值 受以下类型支持：所有数值类型 精度说明符：小数位数	¥123或-¥123.456
D或d	Decimal	结果：整型数字，负号可选 受以下类型支持：仅整型 精度说明符：最小位数	1234或-001234
E或e	指数（科学型）	结果：指数记数法 受以下类型支持：所有数值类型 精度说明符：小数位数	1.052033E+003或-1.05e+003
F或f	定点	结果：整数和小数，负号可选 受以下类型支持：所有数值类型 精度说明符：小数位数	1234.57或-1234.5600
N或n	Number	结果：整数和小数、组分隔符和小数分隔符，负号可选 受以下类型支持：所有数值类型 精度说明符：所需的小数位数	1,234.57或-1,234.560
P或p	百分比	结果：乘以 100 并显示百分比符号的数字 受以下类型支持：所有数值类型 精度说明符：所需的小数位数	100.00 %或100 %
X或x	十六进制	结果：十六进制字符串 受以下类型支持：仅整型 精度说明符：结果字符串中的位数	FF或00ff

注意：

使用 string.Format 方法对数值类型数据格式化时，传入的参数必须为数值类型。

[实例 8.3]　（源码位置：资源包 \Code\08\03）

格式化不同的数值类型数据

使用表 8.1 中的标准数值格式规范对不同的数值类型数据进行格式化，并输出，代码如下：

```
static void Main(string[] args)
{
        // 输出金额
        Console.WriteLine(string.Format("1251+3950 的结果是（以货币形式显示）：{0:C}", 1251 + 3950));
        // 输出科学计数法
        Console.WriteLine(string.Format("120000.1 用科学计数法表示：{0:E}", 120000.1));
        // 输出以分隔符显示的数字
        Console.WriteLine(string.Format("12800 以分隔符数字显示的结果是：{0:N0}", 12800));
        // 输出小数点后两位
        Console.WriteLine(string.Format("π 取两位小数点：{0:F2}", Math.PI));
        // 输出 16 进制
        Console.WriteLine(string.Format("33 的 16 进制结果是：{0:X4}", 33));
        // 输出百分号数字
        Console.WriteLine(string.Format(" 天才是由 {0:P0} 的灵感，加上 {1:P0} 的汗水 。", 0.01, 0.99));
        Console.ReadLine();
}
```

程序运行结果如图 8.8 所示。

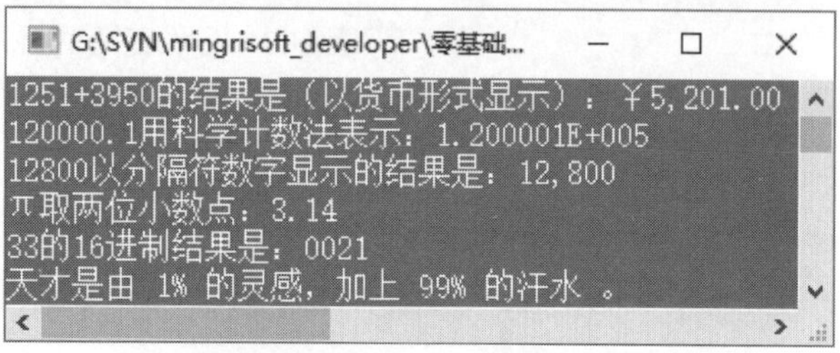

图 8.8　数值类型的格式化

（2）日期时间类型的格式化

如果希望日期时间按照某种标准格式输出，例如，短日期格式、完整日期时间格式等，那么可以使用 string 类的 Format 方法将日期时间格式化为指定的格式。C# 支持的日期时间类型格式规范如表 8.2 所示。

表 8.2　C# 支持的日期时间类型格式规范

格式说明符	说明	举例
d	短日期格式	YYYY-MM-dd
D	长日期格式	YYYY 年 MM 月 dd 日
f	完整日期/时间格式（短时间）	YYYY 年 MM 月 dd 日　hh:mm
F	完整日期/时间格式（长时间）	YYYY 年 MM 月 dd 日　hh:mm:ss
g	常规日期/时间格式（短时间）	YYYY-MM-dd　hh:mm
G	常规日期/时间格式（长时间）	YYYY-MM-dd　hh:mm:ss
M 或 m	月/日格式	MM 月 dd 日
t	短时间格式	hh:mm
T	长时间格式	hh:mm:ss
Y 或 y	年/月格式	YYYY 年 MM 月

注意：

使用 string.Format 方法对日期时间类型数据格式化时，传入的参数必须为 DataTime 类型。

[实例 8.4]　（源码位置：资源包\Code\08\04）

输出不同形式的日期时间

使用表 8.2 中的标准日期时间格式规范对不同的日期时间数据进行格式化，并输出，代码如下：

```
01  static void Main(string[] args)
02  {
03      DateTime strDate = DateTime.Now;    //获取当前日期时间
04      // 输出短日期格式
05      Console.WriteLine(string.Format("当前日期的短日期格式表示：{0:d}", strDate));
06      // 输出长日期格式
07      Console.WriteLine(string.Format("当前日期的长日期格式表示：{0:D}", strDate));
08      Console.WriteLine();// 换行
09      // 输出完整日期 / 时间格式（短时间）
10      Console.WriteLine(string.Format("当前日期时间的完整日期 / 时间格式（短时间）表示：{0:f}",
strDate));
11      // 输出完整日期 / 时间格式（长时间）
12      Console.WriteLine(string.Format("当前日期时间的完整日期 / 时间格式（长时间）表示：{0:F}",
strDate));
13      Console.WriteLine();// 换行
14      // 输出常规日期 / 时间格式（短时间）
15      Console.WriteLine(string.Format("当前日期时间的常规日期 / 时间格式（短时间）表示：{0:g}",
strDate));
16      // 输出常规日期 / 时间格式（长时间）
17      Console.WriteLine(string.Format("当前日期时间的常规日期 / 时间格式（长时间）表示：{0:G}",
strDate));
18      Console.WriteLine();// 换行
19      // 输出时间格式
20      Console.WriteLine(string.Format("当前时间的短时间格式表示：{0:t}", strDate));
21      // 输出长时间格式
22      Console.WriteLine(string.Format("当前时间的长时间格式表示：{0:T}", strDate));
23      Console.WriteLine(); // 换行
24      // 输出月 / 日格式
25      Console.WriteLine(string.Format("当前日期的月 / 日格式表示：{0:M}", strDate));
26      // 输出年 / 月格式
27      Console.WriteLine(string.Format("当前日期的年 / 月格式表示：{0:Y}", strDate));
28      Console.ReadLine();
29  }
```

代码注解：

第 3 行代码中获取当前时间时用到了 DateTime 结构，该结构是 .NET Framework 自带的，表示时间上的一刻，通常以日期和当天的时间表示。DateTime.Now 用来获取计算机上的当前日期和时间。

程序运行结果如图 8.9 所示。

技巧：

通过在 ToString 方法中传入指定的“格式说明符”，也可以实现对数值型数据和日期时间型数据的格式化。例如，下面的代码分别使用 ToString 方法将数字 1298 格式化为货币形式、当前日期格式化为年 / 月格式，代码如下：

```
int money = 1298;
Console.WriteLine(money.ToString("C"));       // 使用 ToString 方法格式化为数值类型
Console.WriteLine(money.ToString("000000")); // 使用 ToString 方法格式化为 6 位数字
DateTime dTime = DateTime.Now;
Console.WriteLine(dTime.ToString("Y"));       // 使用 ToString 方法格式化为日期时间类型
```

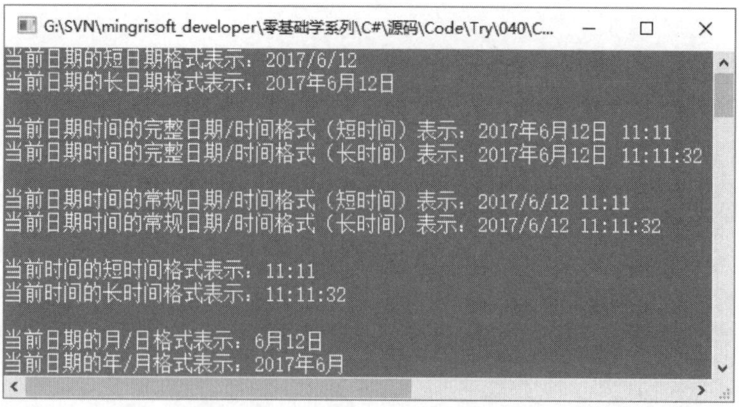

图 8.9　日期时间类型的格式化

8.3.5　截取字符串

string 类提供了一个 Substring 方法，该方法可以截取字符串中指定位置和指定长度的子字符串。该方法有两种使用形式，分别如下：

```
public string Substring(int startIndex)
public string Substring (int startIndex,int length)
```

- startIndex：子字符串的起始位置的索引。
- length：子字符串中的字符数。
- 返回值：截取的子字符串。

[实例 8.5]　（源码位置：资源包 \Code\08\05）

从完整文件名中获取文件名和扩展名

使用 SubString 方法的两种形式从一个完整文件名中分别获取文件名称和文件扩展名，代码如下：

```
static void Main(string[] args)
{
    string strFile = "Program.cs";                                        // 定义字符串
    Console.WriteLine(" 文件完整名称: " + strFile);                        // 输出文件完整名称
    string strFileName = strFile.Substring(0, strFile.IndexOf('.')); // 获取文件名
    string strExtension = strFile.Substring(strFile.IndexOf('.'));   // 获取扩展名
    Console.WriteLine(" 文件名: " + strFileName);                          // 输出文件名
    Console.WriteLine(" 扩展名: " + strExtension);                         // 输出扩展名
    Console.ReadLine();
}
```

程序运行结果如图 8.10 所示。

图 8.10　获取文件名及扩展名

8.3.6　分割字符串

string 类提供了一个 Split 方法，用于根据指定的字符数组或者字符串数组对字符串进行分割。该方法有 5 种使用形式，分别如下：

```
public string[] Split(params char[] separator)
public string[] Split(char[] separator,int count)
public string[] Split(string[] separator,StringSplitOptions options)
public string[] Split(char[] separator,int count,StringSplitOptions options)
public string[] Split(string[] separator,int count,StringSplitOptions options)
```

- separator：分割字符串的字符数组或字符串数组。
- count：要返回的子字符串的最大数量。
- options：要省略返回的数组中的空数组元素，则为 RemoveEmptyEntries；要包含返回的数组中的空数组元素，则为 None。
- 返回值：一个数组，其元素包含分割得到的子字符串，这些子字符串由 separator 中的一个或多个字符或字符串分割。

[实例 8.6]　（源码位置：资源包 \Code\08\06）

学习编程的最终目标

有一段体现学习编程最终目标的文字“让编程学习不再难，让编程创造财富不再难，让编程改变工作和人生不再难”，请使用 Split 方法对其进行分割，并输出。代码如下：

```
static void Main(string[] args)
{
      // 声明字符串
      string str = " 让编程学习不再难，让编程创造财富不再难，让编程改变工作和人生不再难 ";
      char[] separator = { '，' };  // 声明分割字符的数组
      // 分割字符串
      string[] splitStrings = str.Split(separator, StringSplitOptions.RemoveEmptyEntries);
      // 使用 for 循环遍历数组，并输出
      for (int i = 0; i < splitStrings.Length; i++)
      {
            Console.WriteLine(splitStrings[i]);
      }
      Console.ReadLine();
}
```

代码注解：

上面代码中声明了一个字符数组，并初始化一个值，实际上，数组中可以存储相同类型的多个值，这里只存储了一个。

程序运行结果如图 8.11 所示。

图 8.11　分割字符串

8.3.7　插入及填充字符串

string 类提供了一个 Insert 方法，用于向字符串的任意位置插入新的子字符串，其语法格式如下：

```
public string Insert (int startIndex, string value)
```

- startIndex：用于指定所要插入的位置，索引从 0 开始。
- value：指定所要插入的字符串。
- 返回值：插入字符串之后得到的新字符串。

例如，定义一个字符串 strOld，并初始化为“Keep on never give up”，然后使用 Insert

方法在“on”后面插入“going ”，代码如下：

```
string strOld = "Keep on never give up";
string strNew = strOld.Insert(8, "going ");    //在索引8处插入"going "
```

strNew 的结果为“Keep on going never give up”。

技巧：

如果要在字符串的尾部插入字符串，可以用字符串变量的 Length 属性来设置插入的起始位置。

上面使用 Insert 方法可以对字符串进行插入，另外，我们在执行一些字符串对齐显示的操作时，通常都需要将字符串填充为指定的长度，这时就需要用到字符串的填充。C# 中的 String 类提供了 PadLeft/PadRight 方法用于填充字符串，PadLeft 方法在字符串的左侧进行字符填充，而 PadRight 方法在字符串的右侧进行字符填充。PadLeft 方法的语法格式如下：

```
public string PadLeft(int totalWidth,char paddingChar)
```

PadRight 方法的语法格式如下：

```
public string PadRight(int totalWidth,char paddingChar)
```

- totalWidth：指定填充后的字符串长度。
- paddingChar：指定所要填充的字符。如果省略，则填充空格符号。

[实例 8.7]　（源码位置：资源包 \Code\08\07）

对字符串进行填充

定义一个字符串，存储“*”号，然后分别使用空格和 - 对齐进行左右填充，以便使填充后的字符串能够右对齐和左对齐显示，代码如下：

```
string str = "*";
string newStr1 = str.PadLeft(8);             //以默认的空格在左侧填充字符串，使其右对齐
string newStr2 = str.PadLeft(8, '-');        //以-号在左侧填充字符串，使其右对齐
Console.WriteLine("【" + newStr1 + "】");
Console.WriteLine("【" + newStr2 + "】");
Console.WriteLine("--------------");
string newStr3 = str.PadRight(8);            //以默认的空格在右侧填充字符串，使其左对齐
string newStr4 = str.PadRight(8, '-');       //以-号在右侧填充字符串，使其左对齐
Console.WriteLine("【" + newStr3 + "】");
Console.WriteLine("【" + newStr4 + "】");
```

程序的运行结果如图 8.12 所示。

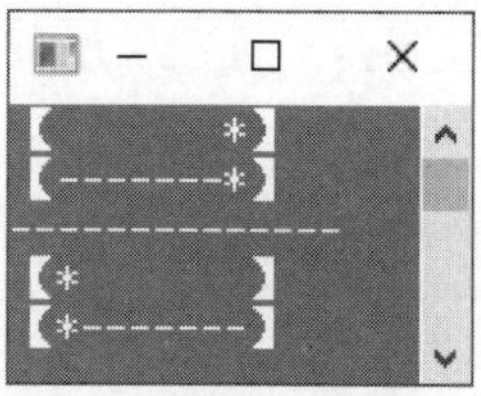

图 8.12　字符串的填充应用

8.3.8　删除字符串

string 类提供了一个 Remove 方法，用来从一个字符串的指定位置开始，删除指定数量的字符，该方法的语法格式有两种：

```
public string Remove(int startIndex)
public string Remove(int startIndex,int count)
```

- startIndex：用于指定开始删除的位置，索引从 0 开始。
- count：指定删除的字符数量。

- 返回值：删除指定数量的字符之后得到的新字符串。

说明：
第一种方法将会删除指定位置之后的所有字符。

例如，定义一个字符串 strOld，并初始化为“Keep on going never give up”，然后使用 Remove 方法的两种形式分别从该字符串中删除指定数量的字符。代码如下：

```
string strOld = "Keep on going never give up";
string strNew1 = strOld.Remove(7);              // 删除索引 7 之后的所有字符
string strNew2 = strOld.Remove(7, 6);           // 从索引 7 处开始删除 6 个字符
```

strNew1 的结果为“Keep on”，而 strNew2 的结果为“Keep on never give up”。

8.3.9 去除空白内容

string 类提供了一个 Trim 方法，用来移除字符串中的所有开头空白字符和结尾空白字符，其语法格式如下：

```
public string Trim()
```

Trim 方法的返回值是从当前字符串的开头和结尾删除所有空白字符后剩余的字符串。

例如，定义一个字符串 strOld，并初始化为“   abc   ”，然后使用 Trim 方法删除该字符串中开头和结尾处的所有空白字符。代码如下：

```
string str = "        abc             ";          // 定义原始字符串
string shortStr = str.Trim();                     // 去掉字符串的首尾空格
Console.WriteLine("str 的原值是: [" + str + "]");
Console.WriteLine("去掉首尾空白的值: [" + shortStr + "]");
```

上面代码的运行结果如下：

```
str 的原值是: [        abc             ]
去掉首尾空白的值: [abc]
```

技巧：
使用 Trim 方法还可以从字符串的开头和结尾删除指定的字符。它的使用形式如下：

```
public string Trim(params char[] trimChars)
```

例如，使用 Trim 方法删除字符串开头和结尾处的“*”字符，代码如下：

```
char[] charsToTrim = { '*' };                  // 定义要删除的字符数组
string str = "*****abc*****";                  // 定义原始字符串
string shortStr = str.Trim(charsToTrim);       // 去掉字符串的首尾 "*" 字符
```

8.3.10 复制字符串

string 类提供了 Copy 和 CopyTo 方法，用于将字符串或字符串的一部分复制到另一个字符串或 Char 类型的数组中，下面分别进行讲解。

（1）Copy 方法

创建一个与指定的字符串具有相同值的字符串的新实例，其语法格式如下：

```
public static string Copy (string str)
```

- str：要复制的字符串。
- 返回值：与 str 具有相同值的字符串。

说明：

Copy 是静态方法，使用 string 类直接调用。

例如，定义一个字符串 strOld，并初始化为“Keep on going never give up”，然后使用 Copy 方法将该字符串的值复制到 strNew 中。代码如下：

```
string strOld = "Keep on going never give up";
string strNew = string.Copy(strOld);          //复制字符串
```

上面代码中的 strOld 和 strNew 的值最终都是“Keep on going never give up”。

（2）CopyTo 方法

CopyTo 方法用来将字符串的某一部分复制到另一个字符数组中，其语法格式如下：

```
public void CopyTo(int sourceIndex,char[] destination,int destinationIndex,int count)
```

- sourceIndex：要复制的字符的起始位置。
- destination：目标字符数组。
- destinationIndex：指定目标数组中的开始存放位置。
- count：指定要复制的字符个数。

注意：

当参数 sourceIndex、destinationIndex 或 count 为负数，或者参数 count 大于从 startIndex 到此字符串末尾的子字符串的长度，或者参数 count 大于从 destinationIndex 到 destination 末尾的子数组的长度时，则引发 ArgumentOutOfRangeException 异常（当参数值超出调用的方法所定义的允许取值范围时引发的异常）。

例如，定义一个字符串，并初始化为“Do one thing at a time,and do well.”，然后使用 CopyTo 方法将该字符串中的“time”复制到一个字符数组中，并输出这个字符数组。代码如下：

```
static void Main(string[] args)
{
    string str = "Do one thing at a time,and do well."; //声明一个字符串变量并初始化
    char[] charsString = new char[4];    //定义字符数组
    str.CopyTo(str.IndexOf("time"), charsString, 0, 4);//将字符串中的"time"复制到字符数组中
    Console.WriteLine(charsString);      //输出字符数组中的内容
    Console.ReadLine();
}
```

运行上面代码，字符数组 charsString 的值为“time”。

常见错误：

在将字符串的一部分复制到字符数组中时，字符数组必须已经进行了初始化。如果没有初始化，则将上面的代码修改如下：

```
string str = "Do one thing at a time,and do well."; //声明一个字符串变量并初始化
char[] charsString = null;                          //定义字符数组
str.CopyTo(str.IndexOf("time"), charsString, 0, 4); //将字符串中的"time"复制到字符数组中
```

运行上面代码，将会出现如图 8.13 所示的错误提示。

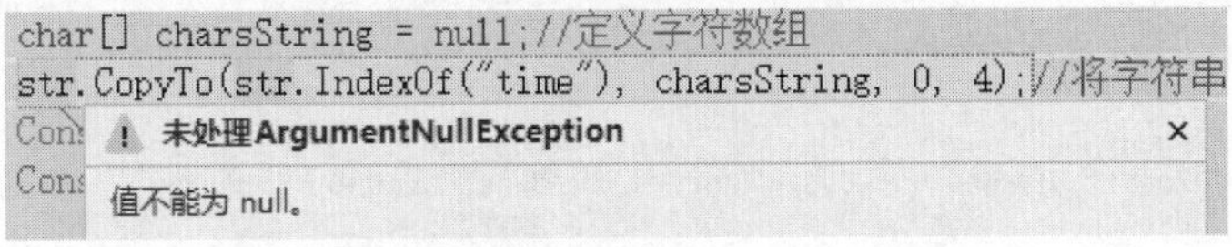

图 8.13　字符数组未初始化时的错误提示

8.3.11　替换字符串

string 类提供了一个 Replace 方法，用于将字符串中的某个字符或字符串替换成其他的字符或字符串。该方法有两种语法形式：

```
public string Replace(char OChar,char NChar)
public string Replace(string OValue,string NValue)
```

- OChar：待替换的字符。
- NChar：替换后的新字符。
- OValue：待替换的字符串。
- NValue：替换后的新字符串。
- 返回值：替换字符或字符串之后得到的新字符串。

说明：
如果要替换的字符或字符串在原字符串中重复出现多次，Replace 方法会将所有的都进行替换。

[实例 8.8]　（源码位置：资源包 \Code\08\08）

字符串的替换

创建一个控制台应用程序，声明一个 string 类型变量，存储国内市值最高的三大公司及英文名称，然后使用 Replace 方法的两种形式分别替换其中的子字符及子字符串。代码如下：

```
static void Main(string[] args)
{
        string strOld = "HuaWei——华为  Tencent——腾讯  Alibaba——阿里巴巴 ";// 声明一个字符串变量并初始化
        Console.WriteLine(" 原始字符串：" + strOld);  // 输出原始字符串
        string strNew1 = strOld.Replace('—', '_');  // 使用 Replace 将字符串中的 "—" 替换为 "_"
        Console.WriteLine("\n 第一种形式的替换：" + strNew1);
        // 使用 Replace 方法将字符串中的 "a" 替换为 "A"
        string strNew2 = strOld.Replace("a", "A");
        Console.WriteLine("\n 第二种形式的替换：" + strNew2);
        Console.ReadLine();
}
```

程序运行结果如图 8.14 所示。

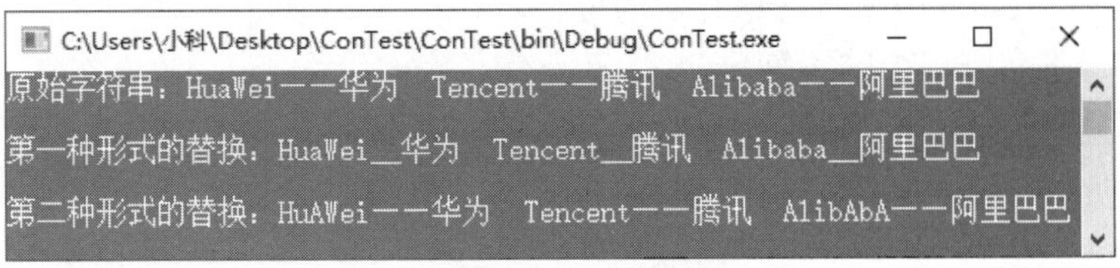

图 8.14　字符串的替换

注意：

要替换的字符/字符串的大小写要与原字符串中字符/字符串的大小写保持一致，否则不能成功地替换。例如，将上面的代码修改如下，将不能成功替换：

```
string strOld = " HuaWei——华为  Tencent——腾讯  Alibaba——阿里巴巴 "; // 声明字符串变量并初始化
string strNew2 = strOld.Replace("HUA", "hua"); // 字符串替换，不会执行替换操作，因为大小写不匹配
```

在使用 Replace 方法时，还有一种常用的技巧，我们平时在处理字符串中的空格时，遇到去掉首尾空格的情况，可以直接使用 Trim 方法处理，但如果字符串中间有空格，例如，在开发上位机程序时，接收到的十六进制数据中间就是以空格隔开的（例如：1A 3B F4 E6 C5 7F 8A 9C），如果需要去掉中间的所有空格，该怎么办呢？这时就可以使用 Replace 方法将接收到的数据中的所有空格替换掉。例如，下面的代码：

```
string strOld = "1A 3B F4 E6 C5 7F 8A 9C";
string strNew = strOld.Replace(" ", "");// 将字符串中的所有空格替换成空字符串，实现去除所有空格的功能
```

8.4 可变字符串类

对于创建成功的 string 字符串，它的长度是固定的，内容不能被改变和编译。虽然使用"+"可以达到附加新字符或字符串的目的，但"+"会产生一个新的 string 对象，会在内存中创建新的字符串对象。如果重复地对字符串进行修改，将会极大地增加系统开销。而 C# 中提供了一个可变的字符序列 StringBuilder 类，大大提高了频繁增加字符串的效率。下面对可变字符串的使用进行讲解。

8.4.1 StringBuilder 类的定义

StringBuilder 类位于 System.Text 命名空间中，如果要创建 StringBuilder 对象，首先必须引用该命名空间。StringBuilder 类有 6 种不同的构造方法：

```
public StringBuilder()
public StringBuilder(int capacity)
public StringBuilder(string value)
public StringBuilder(int capacity,int maxCapacity)
public StringBuilder(string value,int capacity)
public StringBuilder(string value,int startIndex,int length,int capacity)
```

- capacity：StringBuilder 对象的建议起始大小。
- value：字符串，包含用于初始化 StringBuilder 对象的子字符串。
- maxCapacity：当前字符串可包含的最大字符数。
- startIndex：value 中子字符串开始的位置。
- length：子字符串中的字符数。

例如，创建一个 StringBuilder 对象，其初始引用的字符串为"Hello World!"，代码如下：

```
StringBuilder MyStringBuilder = new StringBuilder("Hello World!");
```

说明：

StringBuilder 类表示值为可变字符序列的类似字符串的对象，之所以说值是可变的，是因为在通过追加、移除、替换或插入字符而创建它后可以对它进行修改。

8.4.2 StringBuilder 类的使用

StringBuilder 类中常用的方法及说明如表 8.3 所示。

表 8.3 StringBuilder 类中常用的方法及说明

方法	说明
Append	将文本或字符串追加到指定对象的末尾
AppendFormat	自定义变量的格式并将这些值追加到 StringBuilder 对象的末尾
Insert	将字符串或对象添加到当前 StringBuilder 对象中的指定位置
Remove	从当前 StringBuilder 对象中移除指定数量的字符
Replace	用另一个指定的字符来替换 StringBuilder 对象内的字符

说明：

StringBuilder 类提供的方法都有多种使用形式，开发者可以根据需要选择合适的使用形式。

[实例 8.9]　（源码位置：资源包 \Code\08\09）

StringBuilder 类中几种方法的应用

创建一个控制台应用程序，声明一个 int 类型的变量 Num，并初始化为 368，然后创建一个 StringBuilder 对象 SBuilder，其初始值为“明日科技”，之后分别使用 StringBuilder 类的 Append、AppendFormat、Insert、Remove 和 Replace 方法对 StringBuilder 对象进行操作，并输出相应的结果。代码如下：

```
static void Main(string[] args)
{
    int Num = 368;                          // 声明一个 int 类型变量 Num 并初始化为 368
    // 实例化一个 StringBuilder 类，并初始化为 " 明日科技 "
    StringBuilder SBuilder = new StringBuilder(" 明日科技 ");
    SBuilder.Append("》C# 编程词典 ");        // 使用 Append 方法将字符串追加到 SBuilder 的末尾
    Console.WriteLine(SBuilder);            // 输出 SBuilder
    // 使用 AppendFormat 方法将字符串按照指定的格式追加到 SBuilder 的末尾
    SBuilder.AppendFormat("{0:C0}", Num);
    Console.WriteLine(SBuilder);            // 输出 SBuilder
    SBuilder.Insert(0, " 软件: ");           // 使用 Insert 方法将 " 软件: " 追加到 SBuilder 的开头
    Console.WriteLine(SBuilder);            // 输出 SBuilder
    // 使用 Remove 方法从 SBuilder 中删除索引 14 以后的字符串
    SBuilder.Remove(14, SBuilder.Length - 14);
    Console.WriteLine(SBuilder);            // 输出 SBuilder
    // 使用 Replace 方法将 " 软件: " 替换成 " 软件工程师必备 "
    SBuilder.Replace(" 软件 ", " 软件工程师必备 ");
    Console.WriteLine(SBuilder);            // 输出 SBuilder
    Console.ReadLine();
}
```

说明：

上面代码中的 {0:C0}，第一个 0 是占位符，表示后面跟的是第一个参数；C 表示格式化为货币形式；第二个 0 跟在 C 后面，表示格式化的货币形式没有小数。其中，格式化显示形式支持表 8.4 中的这些形式。

表 8.4　C# 支持的标准数值格式规范

格式说明符	名称	说明	示例
C或c	货币	结果：货币值 受以下类型支持：所有数值类型 精度说明符：小数位数	¥123 或 -¥123.456
D或d	Decimal	结果：整型数字，负号可选 受以下类型支持：仅整型 精度说明符：最小位数	1234 或 -001234
E或e	指数（科学型）	结果：指数记数法 受以下类型支持：所有数值类型 精度说明符：小数位数	1.052033E+003 或 -1.05e+003
F或f	定点	结果：整数和小数，负号可选 受以下类型支持：所有数值类型 精度说明符：小数位数	1234.57 或 -1234.5600
N或n	Number	结果：整数和小数、组分隔符和小数分隔符，负号可选 受以下类型支持：所有数值类型 精度说明符：所需的小数位数	1,234.57 或 -1,234.560
P或p	百分比	结果：乘以 100 并显示百分比符号的数字 受以下类型支持：所有数值类型 精度说明符：所需的小数位数	100.00 % 或 100 %
“X” 或 “x”	十六进制	结果：十六进制字符串 受以下类型支持：仅整型 精度说明符：结果字符串中的位数	FF 或 00ff

程序的运行结果如图 8.15 所示。

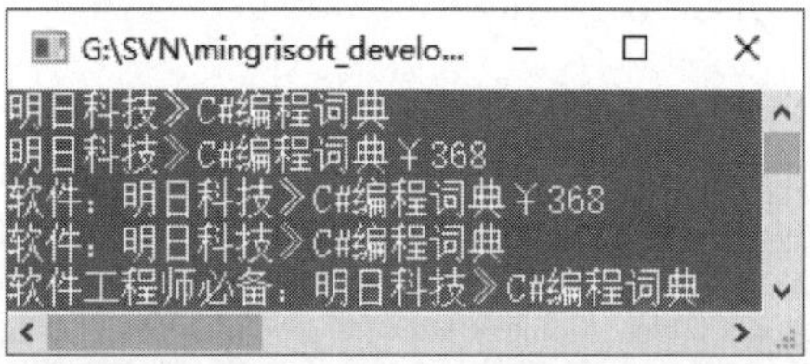

图 8.15　StringBuilder 类中几种方法的应用

8.4.3　StringBuilder 类与 string 类的区别

string 本身是不可改变的，它只能赋值一次，每一次内容发生改变，都会生成一个新的对象，然后原有的对象引用新的对象，而每一次生成新对象都会对系统性能产生影响，这会降低 .NET 编译器的工作效率。string 操作示意图如图 8.16 所示。

而 StringBuilder 类则不同，每次操作都是对自身对象进行操作，而不是生成新的对象，其所占空间会随着内容的增加而扩充，这样，在做大量的修改操作时，不会因生成大量匿名对象而影响系统性能。StringBuilder 操作示意图如图 8.17 所示。

技巧：

当程序中需要大量的对某个字符串进行操作时，应该考虑应用 StringBuilder 类处理该字符串，其设计目的就是针对大量 string 操作的一种改进办法，避免产生太多的临时对象；而当程序中只是对某个字符串进行一次或几次操作时，采用 string 类即可。

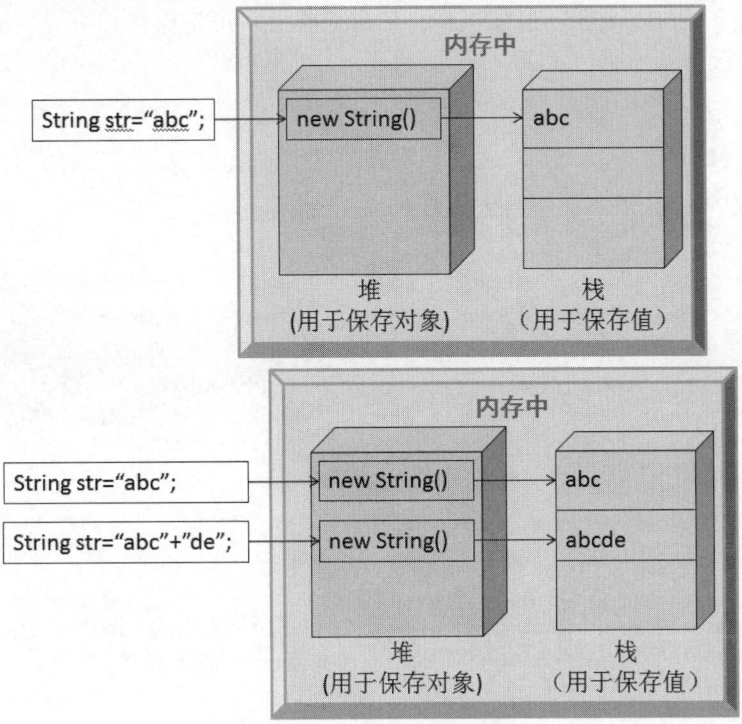

图 8.16　string 操作示意图

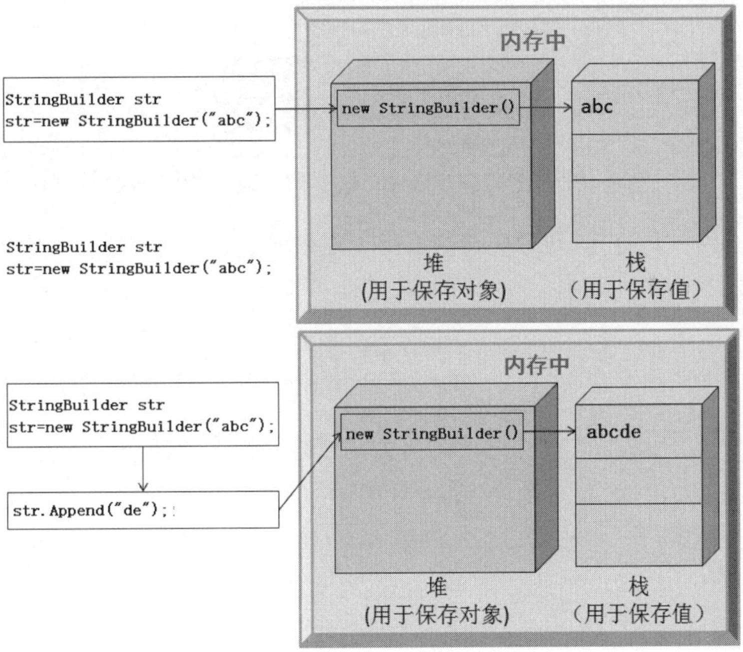

图 8.17　StringBuilder 操作示意图

[实例 8.10]　（源码位置：资源包 \Code\08\10）

对比 string 和 StringBuilder 的执行效率

创建一个控制台应用程序，在主方法 Main 中编写如下代码，分别对字符串对象和可变字符串对象执行 10000 次循环追加操作，依次来验证字符串操作和可变字符串操作的执行效率。代码如下：

```
static void Main(string[] args)
{
    string str = "";                                            // 创建空字符串
    // 定义对字符串执行操作的起始时间
    long starTime = DateTime.Now.Millisecond;
    for (int i = 0; i < 10000; i++)
    {                                                           // 利用 for 循环执行 10000 次操作
        str = str + i;                                          // 循环追加字符串
    }
    long endTime = DateTime.Now.Millisecond;                    // 定义对字符串操作后的时间
    long time = endTime - starTime;                             // 计算对字符串执行操作的时间
    Console.WriteLine("string 消耗时间: " + time);              // 将执行的时间输出
    StringBuilder builder = new StringBuilder("");              // 创建字符串生成器
    starTime = DateTime.Now.Millisecond;                        // 定义操作执行前的时间
    for (int j = 0; j < 10000; j++)
    {// 利用 for 循环进行操作
        builder.Append(j);                                      // 循环追加字符
    }
    endTime = DateTime.Now.Millisecond;                         // 定义操作后的时间
    time = endTime - starTime;                                  // 追加操作执行的时间
    Console.WriteLine("StringBuilder 消耗时间: " + time); // 将操作时间输出
    Console.ReadLine();
}
```

程序的运行结果如图 8.18 所示。

图 8.18　验证字符串操作和可变字符串操作的执行效率

通过图 8.18 可以看出，两者执行的时间差距很大。如果在程序中频繁地对字符串进行操作，建议使用 StringBuilder。

本章知识思维导图

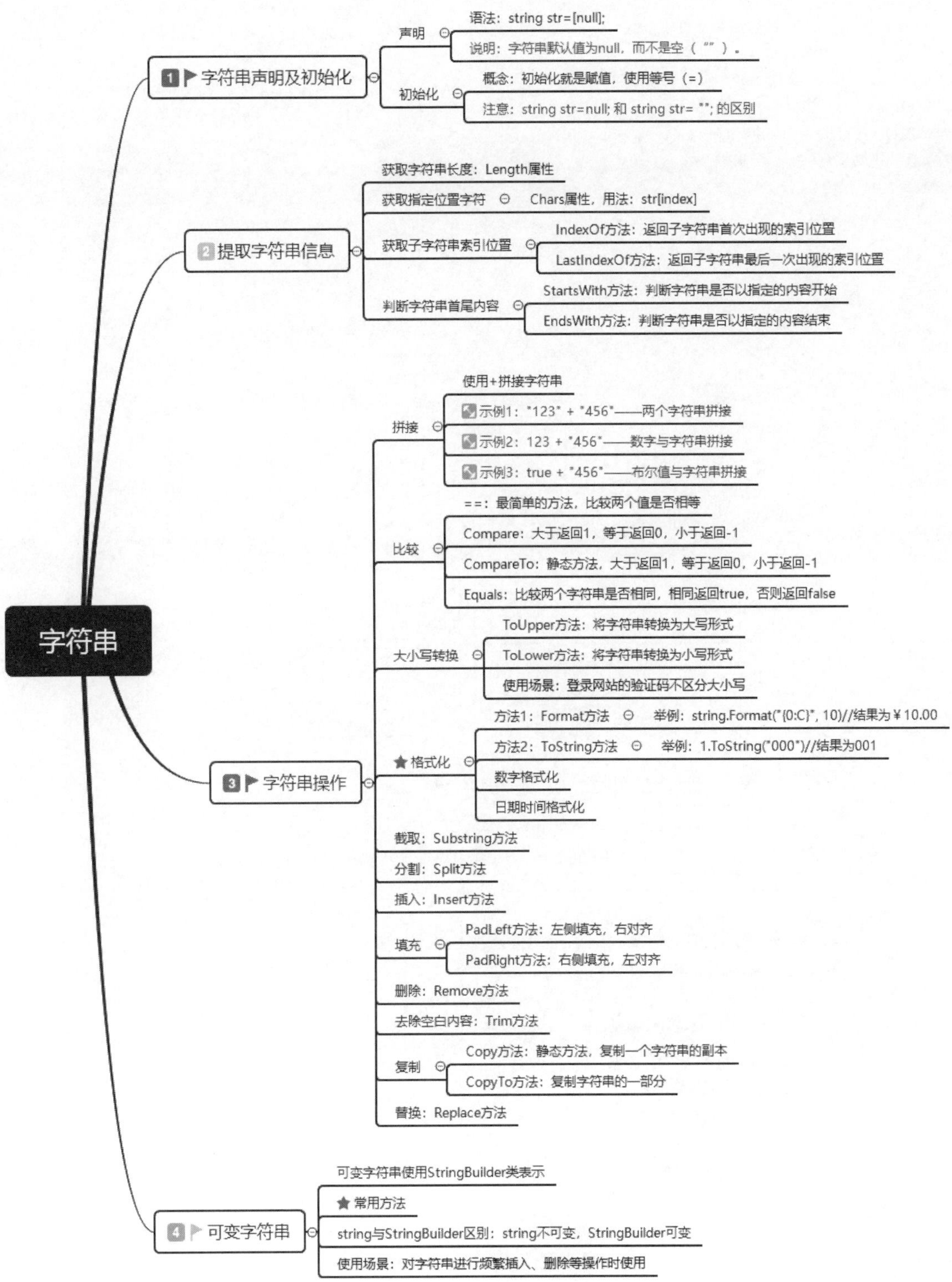
字符串
1 字符串声明及初始化
声明
语法：string str=[null];
说明：字符串默认值为null，而不是空（“”）。
初始化
概念：初始化就是赋值，使用等号（=）
注意：string str=null; 和 string str= ""; 的区别
2 提取字符串信息
获取字符串长度：Length属性
获取指定位置字符
Chars属性，用法：str[index]
获取子字符串索引位置
IndexOf方法：返回子字符串首次出现的索引位置
LastIndexOf方法：返回子字符串最后一次出现的索引位置
判断字符串首尾内容
StartsWith方法：判断字符串是否以指定的内容开始
EndsWith方法：判断字符串是否以指定的内容结束
3 字符串操作
拼接
使用+拼接字符串
示例1："123" + "456"——两个字符串拼接
示例2：123 + "456"——数字与字符串拼接
示例3：true + "456"——布尔值与字符串拼接
比较
==：最简单的方法，比较两个值是否相等
Compare：大于返回1，等于返回0，小于返回-1
CompareTo：静态方法，大于返回1，等于返回0，小于返回-1
Equals：比较两个字符串是否相同，相同返回true，否则返回false
大小写转换
ToUpper方法：将字符串转换为大写形式
ToLower方法：将字符串转换为小写形式
使用场景：登录网站的验证码不区分大小写
格式化
方法1：Format方法
举例：string.Format("{0:C}", 10)//结果为￥10.00
方法2：ToString方法
举例：1.ToString("000")//结果为001
数字格式化
日期时间格式化
截取：Substring方法
分割：Split方法
插入：Insert方法
填充
PadLeft方法：左侧填充，右对齐
PadRight方法：右侧填充，左对齐
删除：Remove方法
去除空白内容：Trim方法
复制
Copy方法：静态方法，复制一个字符串的副本
CopyTo方法：复制字符串的一部分
替换：Replace方法
4 可变字符串
可变字符串使用StringBuilder类表示
常用方法
string与StringBuilder区别：string不可变，StringBuilder可变
使用场景：对字符串进行频繁插入、删除等操作时使用

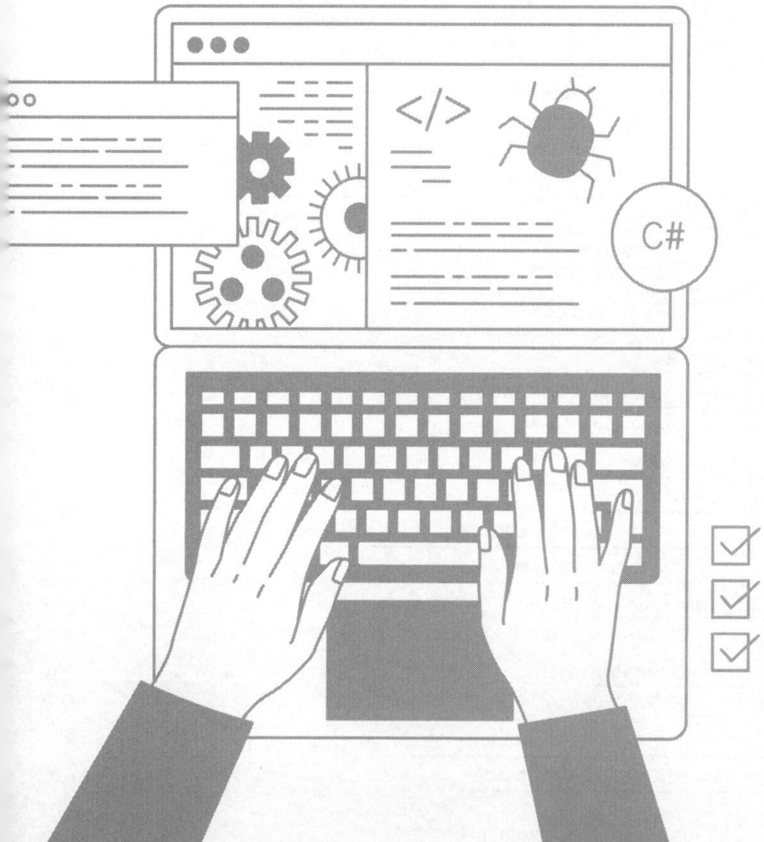
</>
C#

C#

从零开始学 C#

第2篇

面向对象编程篇

第 9 章

面向对象编程基础

扫码领取

- 配套视频
- 配套素材
- 学习指导
- 交流社群

本章学习目标

- 熟悉类和对象的概念。
- 熟悉面向对象的理论基础。
- 熟练掌握类的定义及成员定义。
- 熟悉权限修饰符的作用。
- 掌握类中构造函数的使用。
- 掌握方法的不同参数的区别。
- 掌握重载方法的使用。
- 熟悉类的静态成员应用。
- 掌握对象的创建与使用。

9.1 认识面向对象

面向对象技术源于面向对象的编程语言（Object Oriented Programming Language，OOPL），从 20 世纪 60 年代提出面向对象的概念到现在，它已经发展成为一种比较成熟的编程思想，并且逐步成为目前软件开发领域的主流技术。面向对象（Object Oriented）的英文缩写是 OO，它是一种设计思想，现在这种思想已经不单应用在软件设计上，数据库设计、计算机辅助设计（CAD）、网络结构设计、人工智能算法设计等领域都开始应用这种思想。

面向对象中的对象（Object），通常是指客观世界中存在的对象，这个对象具有唯一性，对象之间各不相同，各有各的特点，每一个对象都有自己的运动规律和内部状态；对象与对象之间又是可以相互联系、相互作用的。另外，对象也可以是一个抽象的事物，例如，可以从圆形、正方形、三角形等图形抽象出一个简单图形，简单图形就是一个对象，它有自己的属性和行为，图形中边的个数是它的属性，图形的面积也是它的属性，输出图形的面积就是它的行为。概括地讲，面向对象技术是一种从组织结构上模拟客观世界的方法。

9.1.1 对象

现实世界中，随处可见的事物都是对象，对象是事物存在的实体，如人类、书桌、计算机、高楼大厦等，而不仅是“伴侣”。

对象主要由两个部分组成，即静态部分与动态部分。静态部分，顾名思义就是不能动的部分，这个部分被称为“属性”，任何对象都会具备其自身属性，例如一个人，它包括高矮、胖瘦、性别、年龄等属性；然而具有这些属性的人会执行哪些动作是一个值得探讨的部分，人可以哭泣、微笑、说话、行走等，这些是人所具备的行为，也就是动态部分。

现实世界中的对象具有以下特征：

① 每一个对象必须有一个名字以区别其他对象；

② 用属性来描述对象的某些特征；

③ 有一组操作，每一个操作决定对象的一种行为；

④ 对象的操作可以分为两类：一类是自身所承受的操作；另一类是施加于其他对象的操作。

综上所述，现实世界中的对象可以表示为“属性 + 行为”，其示意图如图 9.1 所示。

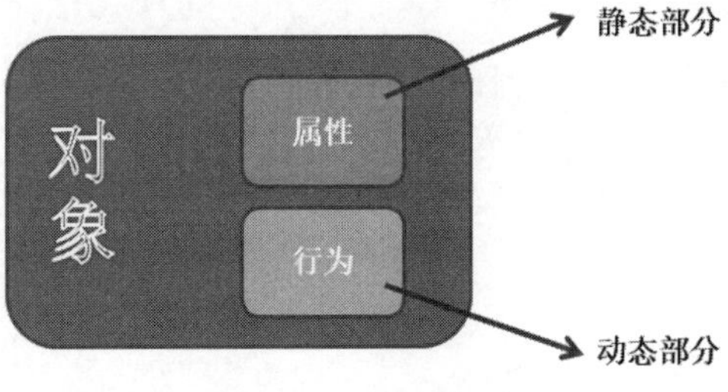

图 9.1 对象的组成

在计算机世界中，面向对象程序设计的思想要以对象来思考问题，首先要将现实世界的实体抽象为对象，然后考虑这个对象具备的属性和行为。例如，现在面临一只大雁要从北方飞往南方这样一个实际问题，尝试以面向对象的思想来解决这一实际问题。步骤如下。

① 可以从这一问题中抽象出对象，这里抽象出的对象为大雁。

② 识别这个对象的属性。对象具备的属性都是静态属性，如大雁有一对翅膀、黑色的羽毛等，这些属性如图 9.2 所示。

③ 识别这个对象的动态行为，即这只大雁可以进行的动作，如飞行、觅食等，这些行为都是因为这个对象基于其属性而具有的动作，如图 9.3 所示。

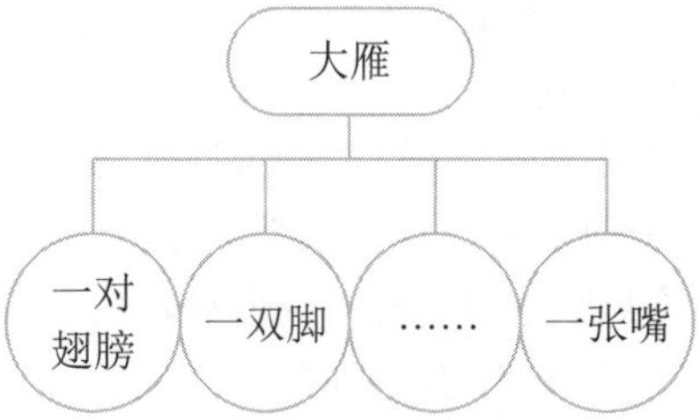

图 9.2　大雁的属性

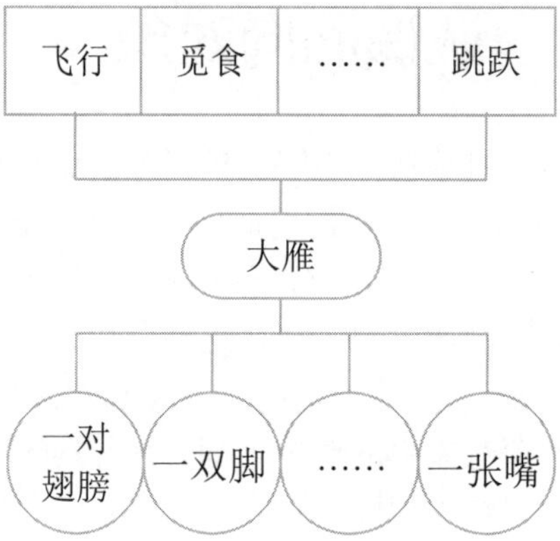

图 9.3　大雁的动作

④ 识别出这个对象的属性和行为后，这个对象就被定义完成，然后可以根据这只大雁具有的特性制定这只大雁要从北方飞向南方的具体方案以解决问题。

实质上究其本质，所有的大雁都具有以上的属性和行为，因此可以将这些属性和行为封装起来以描述大雁这类动物。由此可见，类实质上就是封装对象属性和行为的载体，而对象则是类抽象出来的一个实例，两者之间的关系如图 9.4 所示。

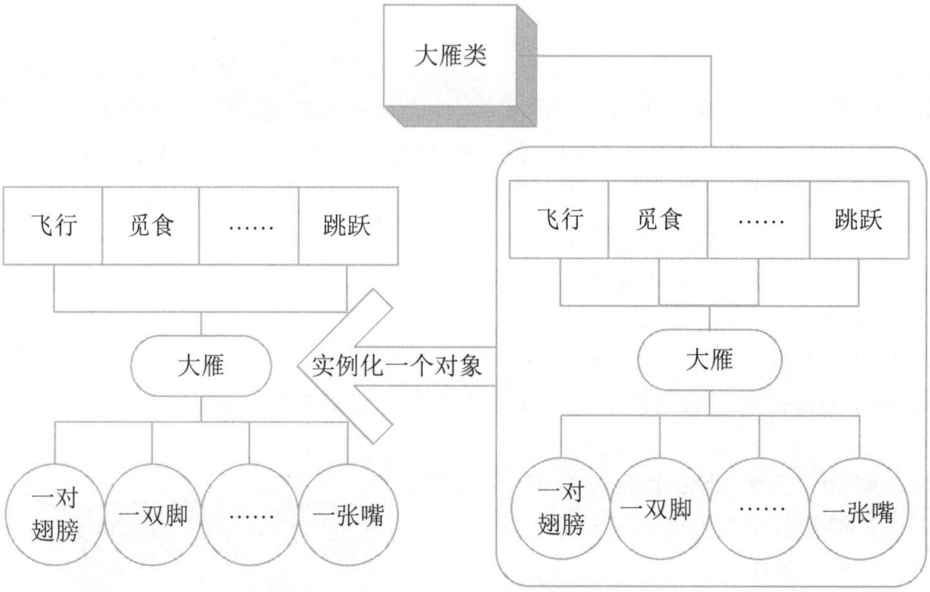

图 9.4　大雁类

9.1.2 类

类就是同一类事物的统称，如果将现实世界中的一个事物抽象成对象，类就是这类对象的统称，例如汽车就可以看作一个类，而具体的某一款车就可以看作是对象。因此，我们说，类是封装对象的属性和行为的载体，反过来说，具有相同属性和行为的一类实体被称为类。

图 9.5 中的汽车就是一个类，具体的保时捷汽车就是一个对象，而像产地、车体颜色这些都是每一款车的静态部分，称为属性；行驶、刹车等是人们可以执行的动作，称为行为，

这类行为的表示，在程序开发中通过方法来体现。

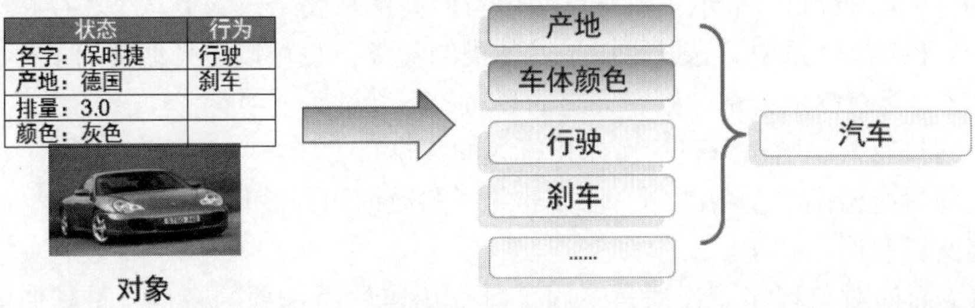

图 9.5　汽车类

9.1.3　面向对象技术的基本思想

如果说传统的面向过程编程是符合机器运行指令流程的话，那么面向对象思维方法就是符合现实生活中人类解决问题的思维过程。我们可以把人类解决问题的思维方式逐步翻译成程序能够理解的思维方式的过程，在这个过程中，软件也就逐步被设计好了。总结起来，面向对象的基本思想如下：

> 现实世界→由具体对象抽象出类→面向对象建模（类图、对象、方法）→用程序实现→执行求解。

9.1.4　面向对象程序设计的特点

面向对象程序设计具有三大基本特征：封装、继承和多态，下面分别描述。

（1）封装

封装是面向对象编程的核心思想，将对象的属性和行为封装起来就是类。例如，使用计算机时，只需要使用手指敲击键盘即可，而无需知道计算机内部的构造原理。

采用封装的好处是，保证了类内部数据结构的完整性，使用该类的用户不能直接看到类中的数据结构，也无需知道类中的具体细节，而只需要执行类允许公开的数据，这样就避免了外部对内部数据的影响，提高了程序的可维护性。

面向对象程序设计采用封装具有两方面含义，分别如下：

① 将有关的数据和操作代码封装在一个类中，各个类之间相对独立、互不干扰。

② 将类中的某些数据与操作代码对外隐蔽，即隐蔽实现其内部细节，只留下少量接口，以便与外界联系，接收外界的消息。

（2）继承

继承主要是利用特定对象之间的共有属性，例如，矩形、菱形、平行四边形和梯形都是四边形，因为四边形与它们具有共同的特征——拥有 4 个边。只要将四边形适当延伸，就会得到上述图形。以平行四边形为例，如果把平行四边形看作四边形的延伸，那么平行四边形就复用了四边形的属性和行为，同时添加了平行四边形特有的属性和行为，如平行四边形的对边平行且相等。C# 中，可以把平行四边形类看作是继承四边形类后产生的类，其中，将类似于平行四边形的类称为子类，将类似于四边形的类称为父类或基类。值得注意的是，在描述平行四边形和四边形的关系时，可以说平行四边形是特殊的四边形，但不能说四边形是平行四边形。同理，C# 中可以说子类的对象都是父类的对象，但不能说父类的对象是子类的对象，四边形类层次结构示意图如图 9.6 所示。

从图 9.6 中可以看出，继承关系可以使用树形关系来表示，父类与子类存在一种层次关系。一个类处于继承体系中，它既可以是其他类的父类，也可以是其他类的子类。

如果类之间具有继承关系，则它们之间具有以下特性：

① 类之间具有共享特性（包括属性和行为的共享）；

② 类之间具有差别或新增部分（包括非共享的数据和程序代码）；

③ 类之间具有层次结构。

继承性是面向对象程序设计语言不同于其他语言的最重要的特点，是其他语言所没有的。采用继承性，可以避免公用代码的重复开发，减少代码和数据冗余；而且能够通过增强一致性来减少模块之间的接口和界面。

（3）多态

将父类对象应用于子类的特征就是多态。例如，创建一个螺钉类，螺钉类有两个属性：粗细和螺纹密度。然后再创建两个类：一个是长螺钉类；另一个是短螺钉类，并且它们都继承了螺钉类。这样长螺钉类和短螺钉类不仅具有相同的特征（粗细相同，且螺纹密度也相同），还具有不同的特征（一个长、一个短，长的可以用来固定大型支架，短的可以用来固定生活中的家具）。综上所述，一个螺钉类衍生出不同的子类，子类继承父类特征的同时，也具备了自己的特征，并且能够实现不同的效果，这就是多态化的结构。螺钉类层次结构示意图如图 9.7 所示。

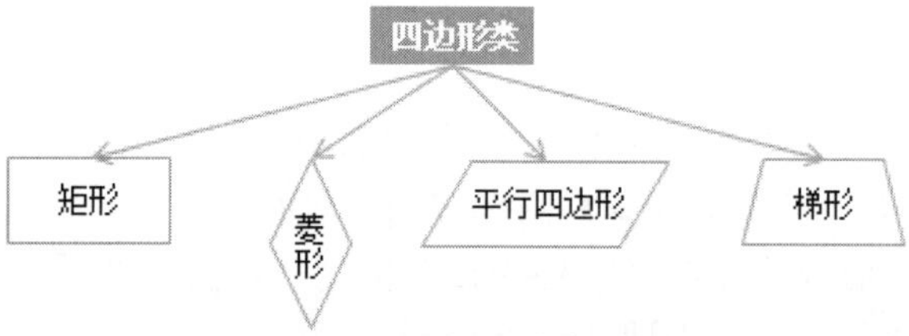

图 9.6　四边形类层次结构

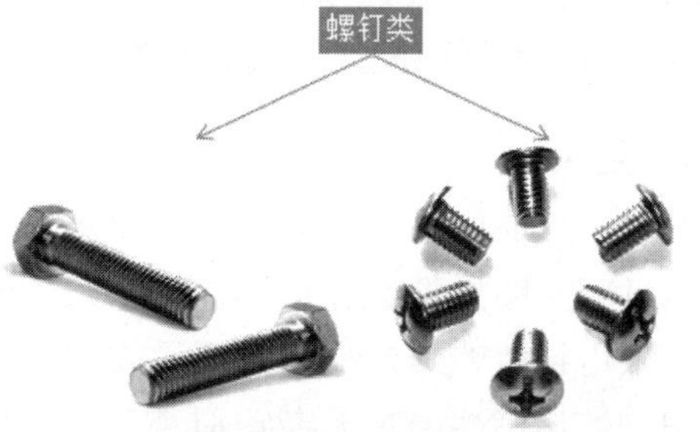

图 9.7　螺钉类层次结构

多态的意义在于：同一操作作用于不同的对象，可以有不同的解释，产生不同的执行结果，即“以父类的身份出现，以自己的方式工作”。在 C# 中，多态可以通过接口、抽象类、重载、重写等方式实现。

9.1.5　了解面向过程编程

面向过程编程的主要思想是先做什么后做什么，在一个过程中实现特定功能。一个大的实现过程还可以分成各个模块，各个模块可以按功能进行划分，然后组合在一起实现特定功能，如图 9.8 所示。在面向过程编程中，程序模块可以是一个函数，也可以是整个源文件。

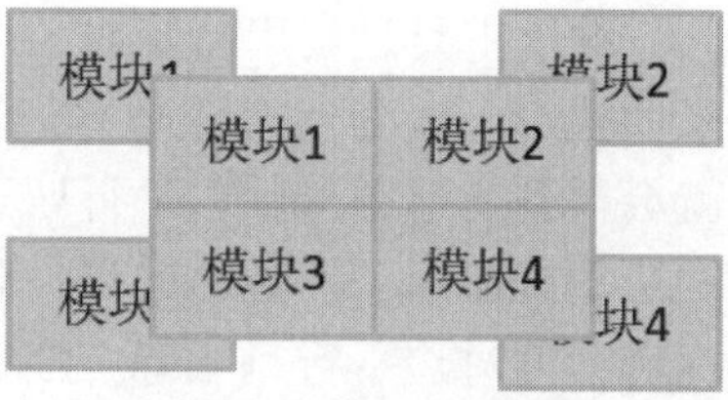

图 9.8　面向过程示意图

面向过程编程相比较面向对象来说，在重用性、可维护性和稳定性等方面都比较差。

（1）重用性差

重用性是指同一事物不经修改或稍加修改就可多次重复使用的性质。软件重用性是软件工程追求的目标之一，由于处理不同的过程都有不同的结构，当过程改变时，结构也需要改变，前期开发的代码无法得到充分的再利用。

（2）可维护性差

面向过程编程由于软件的重用性差，造成维护时其费用和成本也很高，而且大量修改的代码存在着许多未知的漏洞。

（3）稳定性差

大型软件系统一般涉及各种不同领域的知识，面向过程编程往往描述软件的最低层，针对不同领域设计不同的结构及处理机制，当用户需求发生变化时，就要修改最低层的结构。当处理用户需求变化较大时，面向过程编程将无法修改，可能导致软件的重新开发。

9.2 类

类是一种数据结构，它可以包含常量、变量、方法、属性、构造函数和析构函数等内容，接下来对面向对象的核心内容——类进行讲解。

9.2.1 类的声明

C# 中，类是使用 class 关键字来声明的，语法如下：

```
class 类名
{
}
```

例如，我们要设计一个飞机大战游戏，首先需要抽象出一个飞机类，而声明飞机类就可以使用下面的代码：

```
class Plane
{
}
```

9.2.2 类的成员

类的定义包括类头和类体两部分，其中，类头就是使用 class 关键字定义的类名，而类体是用一对大括号 {} 括起来的，在类体中主要定义类的成员，类的成员包括字段、属性、枚举、方法、构造函数等，下面将对常用的类成员进行讲解。

（1）字段

字段就是程序开发中常见的常量或者变量，它是类的一个构成部分，它使得类可以封装数据。

例如，定义一个飞机类 Plane，在其中定义两个 int 类型的变量，分别表示飞机的 *X*、*Y* 坐标，定义一个常量，表示飞机的速度。代码如下：

```
class Plane
{
     private int x;                            // 飞机的 X 坐标
     private int y;                            // 飞机的 Y 坐标
     public const int SPEED = 10;              // 飞机的移动速度
}
```

说明：

字段属于类级别的变量，未初始化时，C# 将其初始化为默认值，但不会将局部变量初始化为默认值。例如，下面代码是正确的，输出为 0：

```
class Program
{
     static int i;
     static void Main(string[] args)
     {
          Console.WriteLine(i);
     }
}
```

但是，如果将变量 i 的定义放在 Main 方法中，则运行时会出现如图 9.9 所示的错误提示。

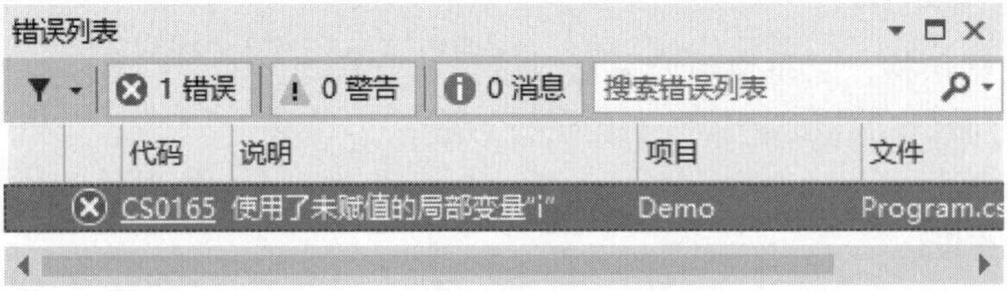

图 9.9　局部变量未赋值的问题

（2）属性

属性是对现实实体特征的抽象，提供对类或对象的访问。类的属性描述的是状态信息，在类的实例中，属性的值表示对象的状态值。C# 中的属性具有访问器，这些访问器指定在它们的值被读取或写入时需要执行的语句，因此属性提供了一种机制，把读取和写入对象的某些特性与一些操作关联起来。属性的声明语法如下：

```
【权限修饰符】【类型】【属性名】
{
   get  {get 访问器 }
   set  {set 访问器 }
}
```

- 【权限修饰符】：指定属性的访问级别。
- 【类型】：指定属性的类型，可以是任何的预定义或自定义类型。
- 【属性名】：一种标识符，命名规则与变量相同，但是，属性名的第一个字母通常都大写。
- get 访问器：相当于一个具有属性类型返回值的无参数方法，它除作为赋值的目标外，当在表达式中引用属性时，将调用该属性的 get 访问器获取属性的值。get 访问器需要用 return 语句来返回，并且所有的 return 语句都必须返回一个可隐式转换为属性类型的表达式。
- set 访问器：相当于一个具有单个属性类型值参数和 void 返回类型的方法。set 访问器的隐式参数始终命名为 value。当一个属性作为赋值的目标被引用时，就会调用 set 访问器，所传递的参数将提供新值。由于 set 访问器存在隐式的参数 value，因此，在 set 访问器中不能自定义名称为 value 的局部变量或常量。

根据是否存在 get 和 set 访问器，属性可以分为以下几种：

- 可读可写属性：包含 get 和 set 访问器；
- 只读属性：只包含 get 访问器；
- 只写属性：只包含 set 访问器。

说明：

属性的主要用途是限制外部类对类中成员的访问权限，定义在类级别上。

例如，在飞机类中定义两个属性 X 和 Y，设置这两个属性都是可读可写属性，并且坐标的值必须大于 0。代码如下：

```
public int X
{
    get { return x; }
    set
    {
        if (x > 0)
            x = value;
    }
}
public int Y
{
    get { return y; }
    set
    {
        if (y > 0)
            y = value;
    }
}
```

由于属性的 set 访问器中可以包含大量的语句，因此可以对赋予的值进行检查，如果值不安全或者不符合要求，就可以进行处理操作，这样可以避免因为给属性设置了错误的值而导致的异常。

[实例 9.1]　（源码位置：资源包 \Code\09\01）

使用属性控制用户年龄输入

创建一个控制台应用程序，在默认的 Program 类中定义一个 Age 属性，设置访问级别为 public，因为该属性提供了 get 和 set 访问器，因此它是可读可写属性；然后在该属性的 set 访问器中对属性的值进行控制，控制只能输入 1 ～ 130 之间的数据，如果输出其他数据，会提示相应的信息。代码如下：

```
class Program
{
    private int age;                          // 定义字段
    public int Age                            // 定义属性
    {
        get                                   // 设置 get 访问器
        {
            return age;
```

```
            }
            set                                 // 设置 get 访问器
            {
                if (value > 0 && value < 130)   // 如果数据合理，将值赋给字段
                {
                    age = value;
                }
                else
                {
                    Console.WriteLine(" 输入数据不合理！ ");
                }
            }
        }
        static void Main(string[] args)
        {
            Program p = new Program();          // 创建 Program 类的对象
            while (true)
            {
                Console.Write(" 请输入年龄: ");
                p.Age = Convert.ToInt16(Console.ReadLine());
            }
        }
    }
```

运行结果如图 9.10 所示。

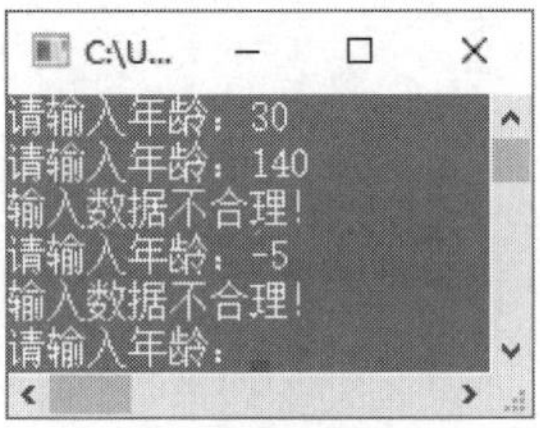

图 9.10　用属性控制用户年龄的值

说明：

C# 中支持自动实现的属性，即在属性的 get 和 set 访问器中没有任何逻辑，代码如下：

```
public int Age
{
    get;
    set;
}
```

使用自动实现的属性，就不能在属性设置中进行属性的有效验证。例如，在上面的例子中，不能检查输入的年龄为 0 ～ 130 岁；另外，如果要使用自动实现的属性，则必须同时拥有 get 访问器和 set 访问器，只有 get 或者只有 set 的代码会出现错误。例如，下面的代码是不合法的：

```
public int Age
{
    get;
}
```

重点提示：

属性与字段的区别：

(1) 封装字段，将类中的字段与属性绑定到一起。

(2) 避免非法数据的访问。

(3) 保证数据的完整性。

(3)枚举

枚举是一种独特的字段，它是值类型数据，主要用于声明一组具有相同性质的常量。例如，编写与日期相关的应用程序时，经常需要使用年、月、日、星期等日期数据，可以将这些数据组织成多个不同名称的枚举类型。使用枚举可以增加程序的可读性和可维护性。同时，枚举类型可以避免类型错误。

在 C# 中使用关键字 enum 类声明枚举，其形式如下：

```
enum 枚举名
{
   list1=value1,
   list2=value2,
   list3=value3,
   …
   listN=valueN
}
```

其中，大括号 {} 中的内容为枚举值列表，list1 ～ listN 则为枚举值的标识名称，value1 ～ valueN 为整数数据类型，可以省略，每个枚举值中间用一个英文逗号（,）分割，最后一个枚举值后面可以不用加英文逗号（,）。

说明：

在定义枚举类型时，如果不对其进行赋值，默认情况下，第一个枚举数的值为 0，后面每个枚举数的值依次递增 1。

[实例 9.2]　（源码位置：资源包 \Code\09\02）

设计表示星期的枚举

创建一个控制台应用程序，定义一个枚举，分别表示星期几；在 Main 方法中提示用户输入，判断用户输入与哪个枚举值相匹配，并输出相应的星期几。代码如下：

```
enum Week
{
    Mon,                                    // 星期一
    Tue,                                    // 星期二
    Wed,                                    // 星期三
    Thu,                                    // 星期四
    Fri,                                    // 星期五
    Sta,                                    // 星期六
    Sun                                     // 星期日
}
static void Main(string[] args)
{
    Console.Write(" 请输入星期对应的数字（例如 0、1、2、…、6）：");
    int iWeek = Convert.ToInt32(Console.ReadLine());// 记录用户输入
    switch (iWeek)
    {
        case (int)Week.Mon:
            Console.WriteLine(" 今天是星期一 ");
            break;
        case (int)Week.Tue:
            Console.WriteLine(" 今天是星期二 ");
            break;
        case (int)Week.Wed:
            Console.WriteLine(" 今天是星期三 ");
            break;
        case (int)Week.Thu:
```

```
                Console.WriteLine(" 今天是星期四 ");
                break;
            case (int)Week.Fri:
                Console.WriteLine(" 今天是星期五 ");
                break;
            case (int)Week.Sta:
                Console.WriteLine(" 今天是星期六 ");
                break;
            case (int)Week.Sun:
                Console.WriteLine(" 今天是星期日 ");
                break;
            default:
                Console.WriteLine(" 信息输入有误 ");
                break;
        }
        Console.ReadLine();
    }
```

代码注释：

上面代码中的 (int)Week.Mon 用来将枚举值转换为 int 类型。

程序运行效果如图 9.11 所示。

图 9.11 使用枚举定义星期

9.2.3 权限修饰符

在前面定义类的成员时，我们看到前面用了 public、private 等关键字，这些关键字在 C# 中称作权限修饰符，C# 中的权限修饰符主要包括 private、protected、internal、protected internal 和 public，这些修饰符控制着对类和类的成员变量、成员方法的访问。表 9.1 中描述了这些修饰符的修饰权限。

表 9.1 C# 中的权限修饰符

权限修饰符	应用于	访问范围
private	所有类或者成员	只能在本类中访问
protected	类和内嵌类的所有成员	在本类和其子类中访问
internal	类和内嵌类的所有成员	在同一程序集中访问
protected internal	类和内嵌类的所有成员	在同一程序集和子类中访问
public	所有类或者成员	任何程序都可以访问

这里需要注意的是，定义类时，只能使用 public 或者 internal，这取决于是否希望在包含类的程序集外部访问它。例如，下面的类定义是合法的：

```
namespace Demo
{
    public class Program
    {
    }
}
```

正常情况下，不能把类定义为 private、protected 或者 protected internal 类型，因为这些修饰符对于包含在命名空间中的类是没有意义的，因此，这些修饰符只能应用于成员；但是，可以使用这些修饰符定义嵌套的内部类（即包含在其他类中的类），因为在这种情况下，类也具有成员的状态。例如，下面的代码是合法的：

```
namespace Demo
{
    public class Program
    {
        private class Test
        {
        }
    }
}
```

说明：

如果有内部类，那么内部类总是可以访问外部类的所有成员，因此，上面代码中的 Test 类中可以访问 Program 类的所有成员，包括其 private 成员。

9.2.4 构造函数

构造函数是一个特殊的函数，它是在创建对象时执行的方法，构造函数具有与类相同的名称，它通常用来初始化对象的数据成员。构造函数的特点如下。

- 构造函数没有返回值。
- 构造函数的名称要与本类的名称相同。

（1）构造函数的定义

构造函数的定义语法如下：

```
public class className
{
    public className ()                    //无参构造函数
    {
    }
    public className (int args)            //有参构造函数
    {
        args = 2 + 3;
    }
}
```

- public：构造函数修饰符。
- className：类的名字（构造函数名与此同名）。
- args：构造函数的参数。

（2）默认构造函数和有参构造函数

定义类时，如果没有定义构造函数，则编译器会自动创建一个不带参数的默认构造函数。例如，下面代码定义一个 Book 类：

```
class Plane
{
}
```

在创建 Plane 类的对象时，可以直接使用如下代码：

```
Plane plane = new Plane();
```

但是，如果在定义类时，定义了含有参数的构造函数，这时如果还想要使用默认构造函数，就需要显式地进行定义了。例如，下面的代码是错误的：

```
class Plane
{
    private int x;                              //飞机的X坐标
    private int y;                              //飞机的Y坐标
    public Plane(int x,int y)                   //有参构造方法
    {
        this.x = x;
        this.y = y;
    }
    void ShowInfo()
    {
        Plane book = new Plane();
    }
}
```

上面代码运行时，将会出现如图 9.12 所示的错误提示。

图 9.12 使用无参构造函数创建对象时的错误

上面的错误主要是由于程序中已经定义了一个有参的构造函数，这时在创建对象时，如果想要使用无参构造函数，就必须进行显式定义。修改后的代码如下：

```
class Plane
{
    private int x;                              //飞机的X坐标
    private int y;                              //飞机的Y坐标
    public Plane()                              //无参构造方法
    {
    }
    public Plane(int x,int y)                   //有参构造方法
    {
        this.x = x;
        this.y = y;
    }
    void ShowInfo()
    {
        Plane book = new Plane();
}
}
```

(3) 私有构造函数

构造函数定义时，也可以使用 private 进行修饰，表示构造函数只能在本类中访问，其他类不能访问，但是，如果类中只定义了私有构造函数，这将导致类不能使用 new 运算符在外部代码中实例化。例如下面的代码：

```
class Plane
{
    private Plane()
    {
    }
}
```

上面代码中，在 Plane 类中只定义了一个私有的构造函数，这时，如果要在其他类中创建 Plane 类的对象，该怎么办呢？可以通过编写一个公共的静态属性或者方法来解决这个问题，代码如下：

```
class Plane
{
    private Plane() { }                        // 私有构造函数
    public static Plane newPlane()             // 创建静态方法，返回本类实例对象
    {
        return new Plane();
    }
    static void Main(string[] args)
    {
        Plane plane = Plane.newPlane();
    }
}
```

技巧：

利用私有构造函数实现了一种常见的设计模式——单例模式，即同一类创建的所有对象都是同一个实例。

（4）静态构造函数

在 C# 中，可以为类定义静态构造函数，这种构造函数只执行一次。编写静态构造函数的主要原因是，类有一些静态字段或者属性，需要在第一次使用类之前，从外部源中初始化这些静态字段和属性。

定义静态构造函数时，不能设置访问修饰符，因为其他 C# 代码从来不会调用它，它只在引用类之前执行一次；另外，静态构造函数不能带任何参数，而且一个类中只能有一个静态构造函数，它只能访问类的静态成员，不能访问实例成员。例如，下面代码用来定义一个静态构造函数：

```
static Program()
{
    Console.WriteLine("static");
}
```

在类中，静态构造函数和无参数的实例构造函数是可以共存的，因为静态构造函数是在加载类时执行，而实例构造函数是在创建类的对象时执行。

[实例 9.3] （源码位置：资源包\Code\09\03）

对比静态构造函数和实例构造函数的执行

创建一个控制台应用程序，在 Program 类中定义一个静态构造函数和一个实例构造函数，然后在 Main 方法中创建 3 个 Program 类的对象。代码如下：

```
class Program
{
    static Program()                       // 静态构造函数
    {
        Console.WriteLine("static");
    }
    private Program()                      // 实例构造函数
    {
```

```
            Console.WriteLine("实例构造函数");
        }
        static void Main(string[] args)
        {
            Program p1 = new Program();         //创建类的对象 p1
            Program p2 = new Program();         //创建类的对象 p2
            Program p3 = new Program();         //创建类的对象 p3
            Console.ReadLine();
        }
    }
```

上面代码的运行结果如图 9.13 所示。

从图 9.13 中可以看出，静态构造函数只在引用类之前执行了一次，而实例构造函数则每创建一个对象都会执行一次。

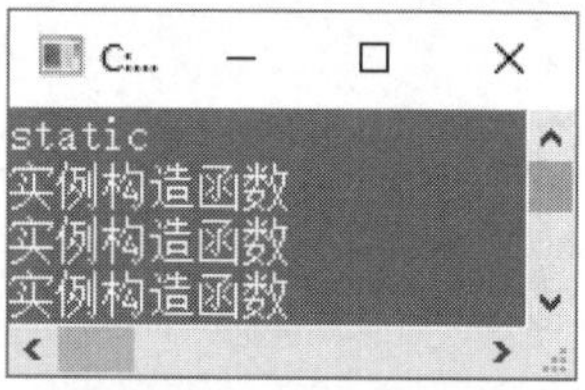

图 9.13　静态构造函数只执行一次

9.2.5　析构函数

析构函数主要用来释放对象资源，.NET Framework 类库有垃圾回收功能，当某个类的实例被认为是不再有效，并符合析构条件时，.NET Framework 类库的垃圾回收功能就会调用该类的析构函数实现垃圾回收。析构函数是以类名加~来命名的，例如，为 Program 类定义一个析构函数。代码如下：

```
~Program()                                      //析构函数
{
    Console.WriteLine("析构函数自动调用");
}
```

说明：

严格来说，析构函数是自动调用的，不需要开发人员显式定义。如果需要定义析构函数，一个类中只能定义一个析构函数。这里对析构函数了解即可。

构造函数和析构函数是类中比较特殊的两种成员函数，主要用来对对象进行初始化和释放对象资源。一般来说，对象的生命周期从构造函数开始，以析构函数结束。

9.3　方法

方法的作用主要是为了代码的重复使用，例如我们在玩经典的超级玛丽游戏时，如图 9.14 所示，想一想，什么时候游戏会结束？至少有 3 种情况，例如碰到障碍物、被吃掉、直接掉下去等，那么在遇到这 3 种情况时，游戏都会结束。如果用程序实现，那么在判断是这 3 种情况时，就需要有相同的代码去实现结束游戏，这样就会造成结束游戏的代码会重复写 3 次，而且，后期一旦再有其他情况，还需要重复写。那么遇到这种情况，就可以将结束游戏的代码封装成一个方

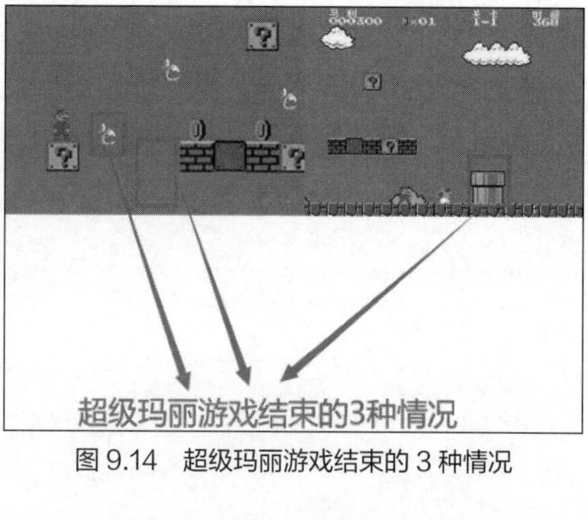

图 9.14　超级玛丽游戏结束的 3 种情况

法，在遇到需要结束游戏的情况时，直接调用这个方法即可。接下来对这个方法进行讲解。

9.3.1 方法的声明

方法在类或结构中声明，声明时应该指定访问修饰符、返回值类型、方法名称及方法参数，方法参数放在方法名后面的小括号中，并用逗号隔开，小括号中没有内容时，表示声明的方法没有参数。

声明方法的基本格式如下：

```
[ 访问修饰符 ] 返回值类型 方法名 ( 参数列表 )
{
    // 方法的具体实现 ;
}
```

其中，访问修饰符可以是 private、public、protected、internal 4 个中的任一个，也可以省略。如果省略访问修饰符，则方法的默认访问级别为 private 私有，即只能在该类中访问。

“返回值类型”指定方法返回数据的类型，可以是任何类型。如果方法不需要返回一个值，则使用 void 关键字。

“参数列表”是用逗号分隔的类型、标识符。如果方法中没有参数，则“参数列表”为空。

一个方法的签名由它的名称以及参数的个数、修饰符和类型组成，返回值类型不是方法签名的组成部分，参数的名称也不是方法签名的组成部分。

例如，定义一个 ShowInfo 方法，用来输出飞机的坐标信息，代码如下：

```
public void ShowInfo()
{
    Console.WriteLine(" 飞机的 X 坐标: " + x);
    Console.WriteLine(" 飞机的 Y 坐标: " + y);
}
```

如果定义的方法有返回值，则必须使用 return 关键字返回一个指定类型的数据。例如，定义一个返回值类型为 int 的方法，就必须使用 return 返回一个 int 类型的值，代码如下：

```
public int ShowInfo()
{
    Console.WriteLine(" 飞机信息 ");
    return 1;
}
```

上面代码中，如果将 return 1; 删除，将会出现如图 9.15 所示的错误提示。

图 9.15　方法缺少返回值的错误提示

9.3.2 方法的参数

在调用方法时，有时需要向方法传递数据，这个传递的数据称为参数，如图 9.16 所示。

参数
调用者
函数

图 9.16　参数示意图

参数就是定义方法时，在方法名后面的小括号中定义的“变量”，C# 中的方法参数主要有 4 种，分别为值参数、ref 参数、out 参数和 params 参数，下面分别进行讲解。

必知必会：

形参与实参的概念

调用方法时，可以给该方法传递一个或多个值。传递方法的值叫做实参。在方法内部，接收实参的变量叫做形参，形参在紧跟着方法名的括号中声明，形参的声明语法与变量的声明语法一样，形参只在方法内部有效。形参和实参示意图如图 9.17 所示。

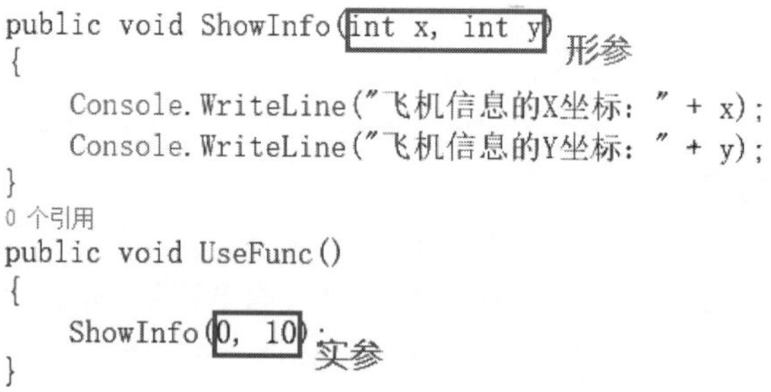
public void ShowInfo(int x, int y)
形参
{
Console.WriteLine("飞机信息的X坐标：" + x);
Console.WriteLine("飞机信息的Y坐标：" + y);
}
0 个引用
public void UseFunc()
{
ShowInfo(0, 10);
实参
}

图 9.17　形参与实参示意图

（1）值参数

值参数就是在声明时不加修饰的参数，它表明实参与形参之间按值类型传递，即在方法中对值类型的形参的修改并不会影响实参。

[实例 9.4]　（源码位置：资源包 \Code\09\04）

计算两个数的和

定义一个 Add 方法，用来计算两个数的和，该方法中有两个形参，但在方法体中，对其中的一个形参 x 执行加 y 操作，并返回 x；在 Main 方法中调用该方法，为该方法传入定义好的实参；最后分别显示调用 Add 方法计算之后的 x 值和实参 x 的值。代码如下：

```
private int Add(int x, int y)                              // 计算两个数的和
{
    x = x + y;                                             // 对 x 进行加 y 操作
    return x;                                              // 返回 x
}
static void Main(string[] args)
{
    Program pro = new Program();                           // 创建 Program 对象
    int x = 30;                                            // 定义实参变量 x
    int y = 40;                                            // 定义实参变量 y
    Console.WriteLine(" 运算结果: " + pro.Add(x, y));      // 输出运算结果
    Console.WriteLine(" 实参 x 的值: " + x);               // 输出实参 x 的值
    Console.ReadLine();
}
```

程序运行结果如下：

```
运算结果：70
实参 x 的值：30
```

从上面的运行结果可以看出，在方法中对形参 x 值的修改并没有改变实参 x 的值。

如果在给方法传递参数时，参数的类型是数组或者其他引用类型，那么，在方法中对参数的修改会体现在原有的数组或者其他引用类型上。

[实例 9.5]　（源码位置：资源包 \Code\09\05）

值参数对引用类型的影响

定义一个 Change 方法，该方法中有一个形参，类型为数组类型，在方法体中，改变数组的索引 0、1、2 这 3 处的值；在 Main 方法中定义一个一维数组并初始化，然后将该数组作为参数传递给 Change 方法，最后输出一维数组的元素。代码如下：

```
class Program
{
    public void Change(int[] i)
    {
        i[0] = 100;
        i[1] = 200;
        i[2] = 300;
    }
    static void Main(string[] args)
    {
        Program pro = new Program();    // 创建 Program 对象
        int[] i = { 0, 1, 2 };
        pro.Change(i);
        for (int j = 0; j < i.Length; j++)
        {
            Console.WriteLine(i[j]);
        }
        Console.ReadLine();
    }
}
```

程序运行结果如下：

```
100
200
300
```

（2）ref 参数

ref 参数使形参按引用传递（即使形参是值类型）。其效果是：在方法中对形参所做的任何更改都将反映在实参中。如果要使用 ref 参数，则方法声明和方法调用都必须显式使用 ref 关键字。

[实例 9.6]　（源码位置：资源包 \Code\09\06）

ref 参数的应用

修改实例 9.4，将形参 x 定义为 ref 参数，然后再显示调用 Add 方法之后的实参 x 的值。代码如下：

```
private int Add(ref int x, int y)                          // 计算两个数的和
{
    x = x + y;                                             // 对 x 进行加 y 操作
    return x;                                              // 返回 x
}
static void Main(string[] args)
{
    Program pro = new Program();                           // 创建 Program 对象
    int x = 30;                                            // 定义实参变量 x
    int y = 40;                                            // 定义实参变量 y
    Console.WriteLine("运算结果: " + pro.Add(ref x, y));   // 输出运算结果
    Console.WriteLine("实参 x 的值: " + x);                // 输出实参 x 的值
    Console.ReadLine();
}
```

程序运行结果如下:

```
运算结果: 70
实参 x 的值: 70
```

对比实例 9.4 和实例 9.6 的运行结果，可以看出：在形参 x 前面加 ref 之后，在方法体中对形参 x 的修改最终影响了实参 x 的值。

使用 ref 参数时，需要注意以下几点:

- ref 关键字只对跟在它后面的参数有效，而不是应用于整个参数列表。
- 调用方法时，必须使用 ref 修饰实参，而且，因为是引用参数，所以实参和形参的数据类型一定要完全匹配。
- 实参只能是变量，不能是常量或者表达式。
- ref 参数在调用之前，一定要进行赋值。

（3）out 参数

out 关键字用来定义输出参数，它会导致参数通过引用来传递，这与 ref 关键字类似，不同之处在于: ref 要求变量必须在传递之前进行赋值，而使用 out 关键字定义的参数，不用赋值即可使用。如果要使用 out 参数，则方法声明和方法调用都必须显式使用 out 关键字。

[实例 9.7]　（源码位置：资源包 \Code\09\07）

使用 out 参数记录运算结果

修改实例 9.4，在 Add 方法中添加一个 out 参数 z，并在 Add 方法中使用 z 记录 x 与 y 的相加结果；在 Main 方法中调用 Add 方法时，为其传入一个未赋值的实参变量 z，最后输出实参变量 z 的值。代码如下:

```
private int Add(int x, int y, out int z)      // 计算两个数的和
{
    z = x + y;                                // 记录 x+y 的结果
    return z;                                 // 返回 z
}
static void Main(string[] args)
{
    Program pro = new Program();              // 创建 Program 对象
    int x = 30;                               // 定义实参变量 x
    int y = 40;                               // 定义实参变量 y
    int z;                                    // 定义实参变量 z
```

```
        Console.WriteLine("运算结果: " + pro.Add(x, y, out z));//输出运算结果
        Console.WriteLine("实参z的值: " + z);                  //输出实参变量
        Console.ReadLine();
}
```

程序运行结果如下:

```
运算结果: 70
实参z的值: 70
```

(4) params参数

定义方法时，如果遇到如图9.18所示的两种情况，大家可以想一下应该怎么办呢?

- 如果一个方法中有多个相同类型的参数，怎么办?

public void Func(int i,int j,int r,int t,int x,int y,int z)

- 如果方法的参数个数不固定，怎么办?

public void Func(int i,int j,int r...)

图9.18　程序开发中可能遇到的情况

例如，定义一个方法，需要处理100个int类型的参数，难道我们在参数列表中定义100个int类型的参数? 又或者有1万个参数，怎么办? C#中提供了params参数来处理这种情况。params可以修饰一个一维数组，用来指定在参数类型相同，但数量过多或者不确定时所采用的方法参数。

[实例9.8]　(源码位置: 资源包\Code\09\08)

使用params参数计算不定数的和

定义一个Add方法，用来计算多个int类型数据的和，在具体定义时，将参数定义为int类型的一维数组，并指定为params参数; 在Main方法中调用该方法，分别为该方法传入多个int类型的数据和一个一维数组，并输出计算结果。代码如下:

```
private int Add(params int[] x)                //定义Add方法，并指定params参数
{
     int result = 0;                           //记录运算结果
     for (int i = 0; i < x.Length; i++)        //遍历参数数组
     {
         result += x[i];                       //执行相加操作
     }
     return result;                            //返回运算结果
}
static void Main(string[] args)
{
     Program pro = new Program();              //创建Program对象
     Console.WriteLine("{0}+{1}+{2}=" + pro.Add(20, 30, 40), 20, 30, 40);//输出运算结果
     int[] test = { 20, 30, 40, 50, 60 };
     Console.WriteLine("{0}+{1}+{2}+{3}+{4}=" + pro.Add(test),test[0],
test[1],test[2],test[3], test[4]);
     Console.ReadLine();
}
```

程序运行结果如下:

```
20+30+40=90
20+30+40+50+60=200
```

使用params参数时，需要注意以下几点:

- 只能在一维数组上使用params;

- 不允许使用 ref 或者 out 修饰 params 参数；
- 一个方法最多只能有一个 params 参数。

9.3.3 方法的重载

方法重载是指方法名相同，但参数的数据类型、个数或顺序不同的方法。只要类中有两个以上的同名方法，但是使用的参数类型、个数或顺序不同，调用时，编译器即可判断在哪种情况下调用哪种方法。

[实例 9.9]　（源码位置：资源包 \Code\09\09）

使用重载方法计算不同类型数的和

创建一个控制台应用程序，定义一个 Add 方法，该方法有 3 种重载形式，分别用来计算两个 int 数据的和、计算一个 int 和一个 double 数据的和、计算 3 个 int 数据的和；然后在 Main 方法中分别调用 Add 方法的 3 种重载形式，并输出计算结果。代码如下：

```
class Program
{
    public static int Add(int x, int y)     // 定义方法 Add，返回值为 int 类型，有两个 int 类型的参数
    {
        return x + y;
    }
    public double Add(int x, double y)     // 重新定义方法 Add，它与第一个的参数类型不同
    {
        return x + y;
    }
    public int Add(int x, int y, int z)   // 重新定义方法 Add，它与第一个的参数个数不同
    {
        return x + y + z;
    }
    static void Main(string[] args)
    {
        Program program = new Program(); // 创建类对象
        int x = 3;
        int y = 5;
        int z = 7;
        double y2 = 5.5;
        // 根据传入的参数类型及参数个数的不同调用不同的 Add 重载方法
        Console.WriteLine(x + "+" + y + "=" + program.Add(x, y));
        Console.WriteLine(x + "+" + y2 + "=" + program.Add(x, y2));
        Console.WriteLine(x + "+" + y + "+" + z + "=" + program.Add(x, y, z));
        Console.ReadLine();
    }
}
```

程序运行结果如下：

```
3+5=8
3+5.5=8.5
3+5+7=15
```

注意：

定义重载方法时，需要注意以下两点：

(1) 重载方法不能仅在返回值类型上不同，因为返回值类型不是方法签名的一部分。

(2) 重载方法不能仅根据参数是否声明为 ref、out 或者 params 来区分。

9.4 类的静态成员

很多时候，不同的类之间需要对同一个变量进行操作。例如，一个水池，同时打开进水口和出水口，进水和出水这两个动作会同时影响池中的水量，此时池中的水量就可以认为是一个共享的变量。在 C# 程序中，把共享的变量或者方法用 static 修饰，它们被称作静态变量和静态方法，也被称为类的静态成员，静态成员是属于类所有的，调用时，不用创建类的对象，而是直接使用类名调用。

例如，创建一个控制台应用程序，在 Program 类中定义一个静态方法 Add，实现两个整形数相加，然后在 Main 方法直接使用类名调用静态方法。代码如下：

```
class Program
{
        public static int Add(int x, int y)// 定义静态方法实现整数相加
        {
            return x + y;
        }
        static void Main(string[] args)
        {
            Console.WriteLine("{0}+{1}={2}", 23, 34, Program.Add(23, 34));// 类名调用静态方法
            Console.ReadLine();
        }
}
```

运行结果如下：

```
23+34=57
```

注意：

如果在声明类时使用了 static 关键字，则该类就是一个静态类，静态类中定义的成员必须是静态的，不能定义实例变量、实例方法或者实例构造函数。例如，下面的代码是错误的：

```
static class Test
{
        public Test()
        {
        }
}
```

另外，static 也不能修饰常量。例如，下面的代码是错误的：

```
public static const int speed = 10;// 飞机的移动速度
```

9.5 对象的创建及使用

C# 是面向对象的编程语言，所有的问题都通过对象来处理，对象可以通过操作类的属性和方法解决相应的问题，所以了解对象的产生、操作和销毁对学习 C# 是十分必要的。下面将讲解对象在 C# 语言中的应用。

9.5.1 对象的创建

对象可以认为是在一类事物中抽象出的某一个特例，通过这个特例来处理这类事物出

现的问题。在 C# 语言中通过 new 关键字来创建对象。之前在讲解构造函数时，介绍过每实例化一个对象就会自动调用一次构造函数，实质上这个过程就是创建对象的过程。准确地说，可以在 C# 语言中使用 new 关键字调用构造函数创建对象。

语法如下：

```
Test test=new Test();
Test test=new Test("a");
```

创建对象语法中的参数说明如表 9.2 所示。

表 9.2　创建对象语法中的参数说明

参数	描述
Test	类名
test	创建 Test 类对象
new	创建对象关键字
“a”	构造函数的参数

test 对象被创建时就是一个对象的引用，这个引用在内存中为对象分配了存储空间；另外，可以在构造函数中初始化成员变量，当创建对象时，自动调用构造函数。也就是说，在 C# 语言中初始化与创建是被捆绑在一起的。

每个对象都是相互独立的，在内存中占据独立的内存地址，并且每个对象都有自己的生命周期，当一个对象的生命周期结束时，对象变成了垃圾，由 .NET 自带的垃圾回收机制处理。

说明：

在 C# 语言中，对象和实例本质上一样的，只是叫法不同，可以通用。

例如，在项目中创建Plane类，表示飞机类，在该类中创建对象并在主方法中创建对象，代码如下：

```
class Plane
{
      public Plane()                        // 构造函数
      {
            Console.WriteLine(" 飞机信息 ");
      }
      public static void main(string[] args) // 主方法
      {
            new Plane();                    // 创建对象
      }
}
```

在上述代码的 Main 方法中使用 new 关键字创建 Plane 类的对象，在创建对象的同时，自动调用构造函数中的代码。

9.5.2　访问对象的属性和行为

当用户使用 new 关键字创建一个对象后，可以使用“对象 . 类成员名”来获取对象的属性和行为。对象的属性和行为在类中是通过类成员变量和成员方法的形式来体现的，所以当对象获取类成员时，也就相应地获取了对象的属性和行为。

[实例 9.10]　（源码位置：资源包 \Code\09\10）

使用属性控制用户年龄输入

创建一个控制台应用程序，在程序中创建一个 Plane 类，表示飞机类，在该类中定义一个 X 属性、Y 属性和 ShowInfo 方法；然后在 Program 类中创建 Plane 类的对象，并使用该对象调用其中的属性和方法。代码如下：

```
class Plane
{
     // 飞机的 X 坐标
     public int X
     {
          get;
          set;
     }
     // 飞机的 Y 坐标
     public int Y
     {
          get;
          set;
     }
     public void ShowInfo()
     {
          Console.WriteLine(" 飞机的 X 坐标: " + X);
          Console.WriteLine(" 飞机的 Y 坐标: " + Y);
     }
}
class Program
{
     static void Main(string[] args)
     {
          Plane plane = new Plane();          // 创建 Plane 对象
          plane.X = 0;                        // 使用对象调用类成员属性
          plane.Y = 10;                       // 使用对象调用类成员属性
          plane.ShowInfo();                   // 使用对象调用类成员方法
          Console.ReadLine();
     }
}
```

程序的运行结果如下：

```
飞机的 X 坐标: 0
飞机的 Y 坐标: 10
```

9.5.3 对象的销毁

每个对象都有生命周期，当对象的生命周期结束时，分配给该对象的内存地址将会被回收。在其他语言中需要手动回收废弃的对象，但是 C# 拥有一套完整的垃圾回收机制，用户不必担心废弃的对象占用内存，垃圾回收器将自动回收无用、但占用内存的资源。

在谈到垃圾回收机制之前，首先需要了解何种对象会被 .NET 垃圾回收器视为垃圾。主要包括以下两种情况：

① 对象引用超过其作用范围，则这个对象将被视为垃圾，如图 9.19 所示。

② 将对象赋值为 null，如图 9.20 所示。

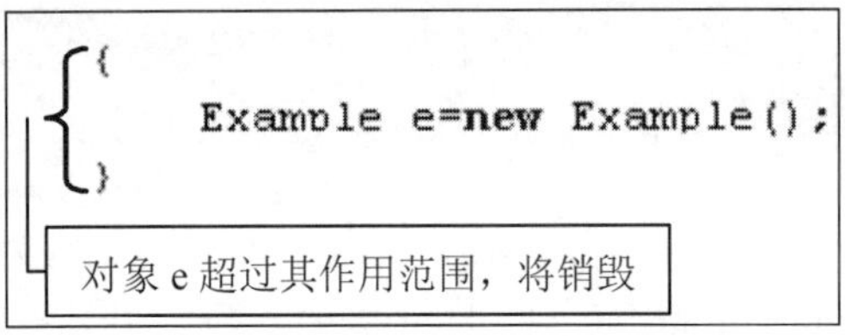

图 9.19　对象超过作用范围将销毁

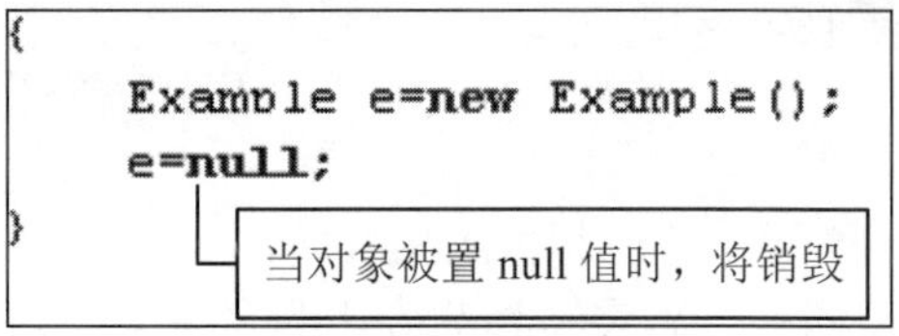

图 9.20　对象被设置为 null 值时将销毁

9.5.4　this 关键字

在项目中创建一个类文件，该类中定义一个 name 变量和一个 setName 方法，在 setName 方法中将形参的值复制给类中定义的变量 name，代码如下：

```
public class Book
{
     string name = "C#";
     private void setName(string name)
     {
          name = name;
     }
}
```

上面代码编写完成后，Visual Studio 编译器将会提示如图 9.21 所示的提示信息。

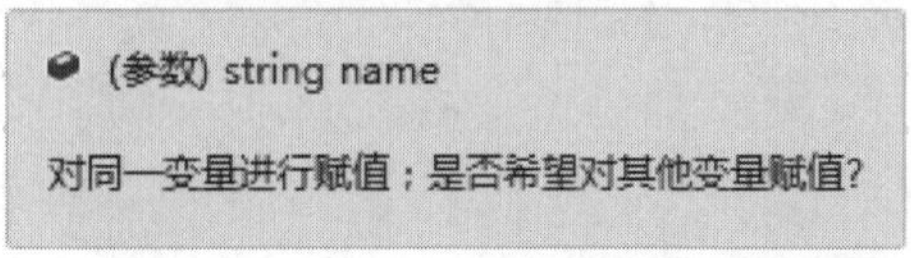

图 9.21　同一个类中存在同名的局部变量和成员变量的情况

从图 9.21 可以看出，setName 方法中的 name = name; 操作是同一个变量，都是该方法的形参，如果要在 setName 方法中访问 Book 类中定义的 name 变量，应该怎么办呢？在 C# 中可以使用 this 关键字来代表本类对象的引用，this 关键字被隐式地用于引用对象的成员变量和方法，这时将 setName 方法中的代码进行如下修改即可：

```
this.name = name;
```

上面代码中，this.name 指的是 Book 类中的 name 成员变量，而 this.name=name 语句中的第二个 name 则指的是形参 name。

在这里，大家明白了 this 可以调用成员变量和成员方法，但 C# 语言中最常规的调用方法是使用“对象 . 成员变量”或“对象 . 成员方法”，既然 this 关键字和对象都可以调用成员变量和成员方法，那么 this 关键字与对象之间具有怎样的关系呢？

事实上，this 引用的就是本类的一个对象，在局部变量或方法参数覆盖了成员变量时，如上面代码的情况，就可以添加 this 关键字明确引用的是类成员还是局部的变量或者方法。

另外，this 除可以调用成员变量或成员方法之外，还可以作为方法的返回值。

例如，在项目中创建一个类文件，在该类中定义 Book 类型的方法，并通过 this 关键字进行返回。代码如下：

```
public Book getBook()
{
     return this; // 返回 Book 类引用
}
```

在 getBook() 方法中，方法的返回值为 Book 类型，所以方法体中使用 return this 这种形式将 Book 类的对象返回。

9.5.5 类与对象的关系

类是一种抽象的数据类型，但是其抽象的程度可能不同，而对象是一个类的实例。

例如，现在我们国家推行的分类垃圾处理，可以把大的“垃圾”作为一个分类，而具体的垃圾（如“可回收垃圾”“不可回收垃圾”“厨余垃圾”和“有害垃圾”）就可以作为垃圾类的对象。当然，我们说类是有层次结构的，也就是类在一个整体的层次结构中，既可以作为子类，也可以作为其他类的父类。例如，这里提到的具体垃圾分类还是作为其他具体对象的父类，可以将有害垃圾作为一个父类，而有害垃圾中的电池作为对象，依次类推。

又如，生活中经常吃的水果，我们可以把水果看作一个类，而具体的水果，如葡萄、草莓、桃子等就可以作为水果类的对象。

综上所述，可以看出类与对象的区别：类是具有相同或相似结构、操作和约束规则的对象组成的集合，而对象是某一类的具体化实例，每一个类都是具有某些共同特征的对象的抽象。

本章知识思维导图

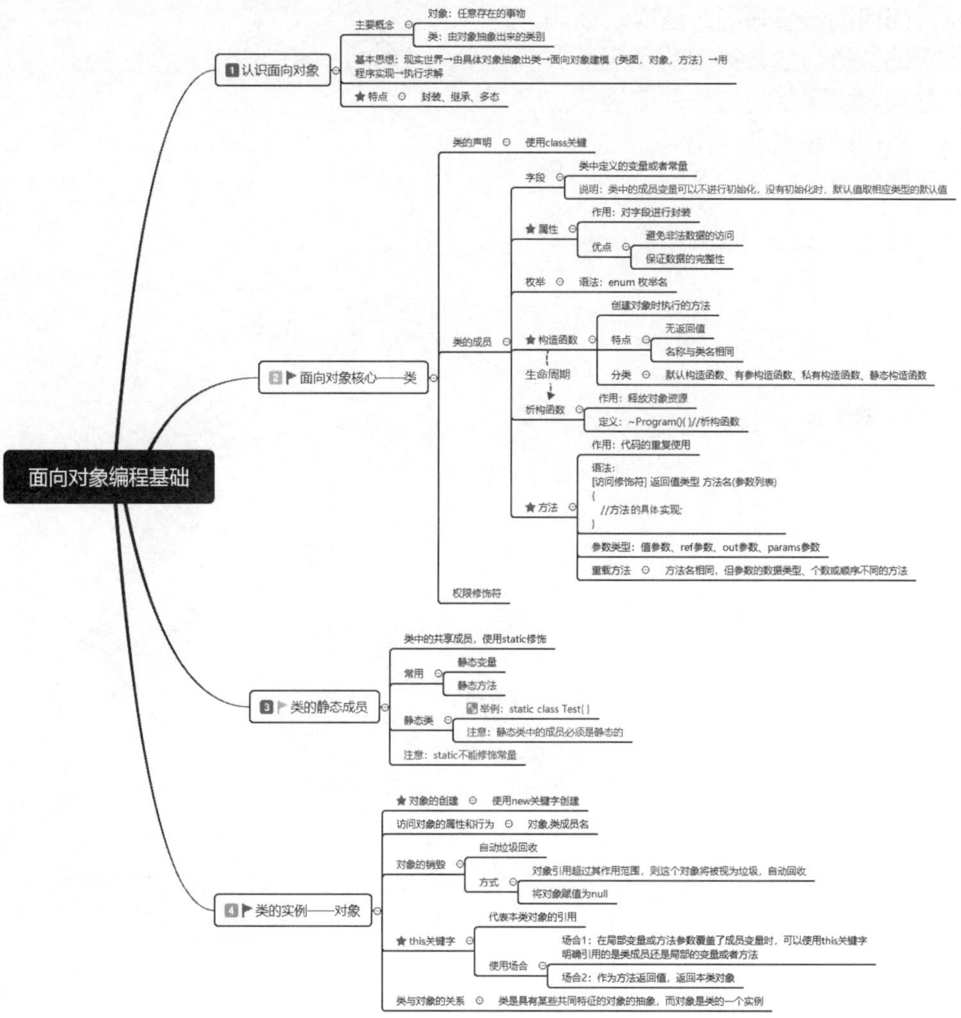

第 10 章

继承与多态

扫码领取

- 配套视频
- 配套素材
- 学习指导
- 交流社群

本章学习目标

- 熟练掌握继承的实现方法。
- 掌握 base 关键字在继承中的应用。
- 熟悉继承中构造函数和析构函数的执行顺序。
- 掌握如何通过重写虚方法实现多态。
- 掌握抽象类与抽象接口的使用。
- 熟悉密封类及密封方法的使用。
- 掌握接口的定义及使用。
- 熟悉抽象类与接口的区别。

10.1 继承

继承是面向对象编程的三大基本特征之一，例如，我们现在经常用的平板电脑，它就是从台式机发展而来的，如图 10.1 所示，在程序开发中，就可以把平板电脑和台式机的这种关系称作继承。在程序设计中实现继承，表示这个类拥有它继承的类的所有公有成员或者受保护成员，其中，被继承的类称为父类或基类，实现继承的类称为子类或派生类，这里的平板电脑就相当于子类或派生类，而台式机相当于父类或基类。

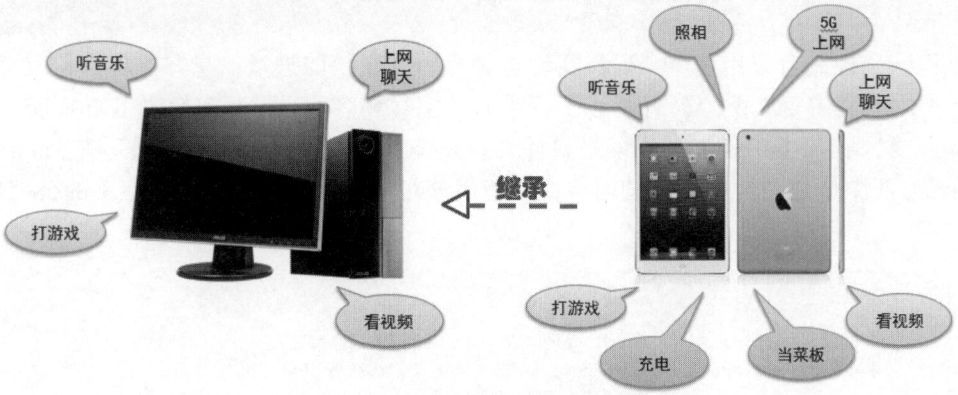

图 10.1　平板电脑与台式机的关系

10.1.1 使用继承

继承的基本思想是基于某个父类的扩展，制定出一个新的子类，子类可以继承父类原有的属性和方法，也可以增加原来父类所不具备的属性和方法，或者直接重写父类中的某些方法。

下面通过图 10.2 演示一下 C# 中的继承。例如，创建一个新类 Test，同时创建另一个新类 Test2 继承 Test 类，其中包括重写的父类成员方法以及新增成员方法等，图 10.2 描述了类 Test 与 Test2 的结构以及两者之间的关系。

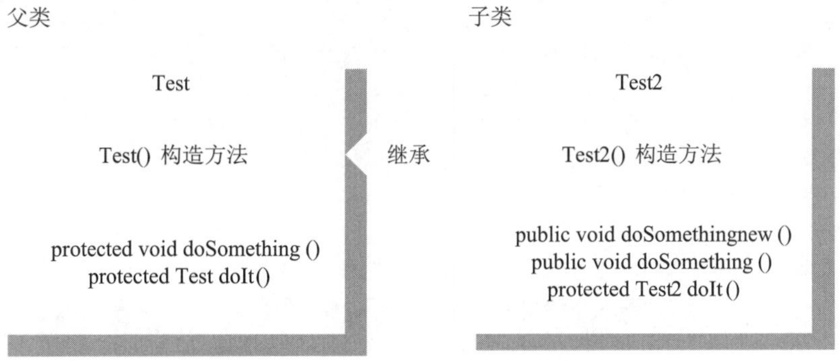

图 10.2　Test 与 Test2 类之间的继承关系

C# 中使用“:”来表示两个类的继承关系。继承一个类时，类成员的可访问性是一个重要的问题。子类不能访问父类的私有成员，但是可以访问其公共成员，即只要使用 public 声明类成员，就可以让一个类成员被父类和子类同时访问，同时也可以被外部的代码访问。

另外，为了解决父类成员的访问问题，C# 还提供了另外一种权限修饰符 protected，它表示受保护成员，只有父类和子类才能访问 protected 成员，外部代码不能访问 protected 成员。

说明：

子类不能继承父类中所定义的 private 成员。

[实例 10.1]　（源码位置：资源包 \Code\10\01）

模拟实现进销存管理系统的进货信息并输出

创建一个控制台应用程序，模拟实现进销存管理系统的进货信息并输出。自定义一个 Goods 类，该类中定义两个公有属性，表示商品编号和名称；然后自定义 JHInfo 类，继承自 Goods 类，在该类中定义进货编号属性，以及输出进货信息的方法；最后在 Pragram 类的 Main 方法中创建子类 JHInfo 的对象，并使用该对象调用父类 Goods 中定义的公有属性。代码如下：

```
class Goods
{
    public string TradeCode { get; set; }    //定义商品编号
    public string FullName { get; set; }     //定义商品名称
}
class JHInfo : Goods
{
    public string JHID { get; set; }         //定义进货编号
    public void showInfo()                   //输出进货信息
    {
        Console.WriteLine("进货编号：{0}，商品编号：{1}，商品名称：{2}", JHID, TradeCode, FullName);
    }
}
class Program
{
    static void Main(string[] args)
    {
        JHInfo jh = new JHInfo();            //创建 JHInfo 对象
        jh.TradeCode = "T100001";            //设置父类中的 TradeCode 属性
        jh.FullName = "笔记本电脑";            //设置父类中的 FullName 属性
        jh.JHID = "JH00001";                 //设置 JHID 属性
        jh.showInfo();                       //输出信息
        Console.ReadLine();
    }
}
```

程序运行结果如图 10.3 所示。

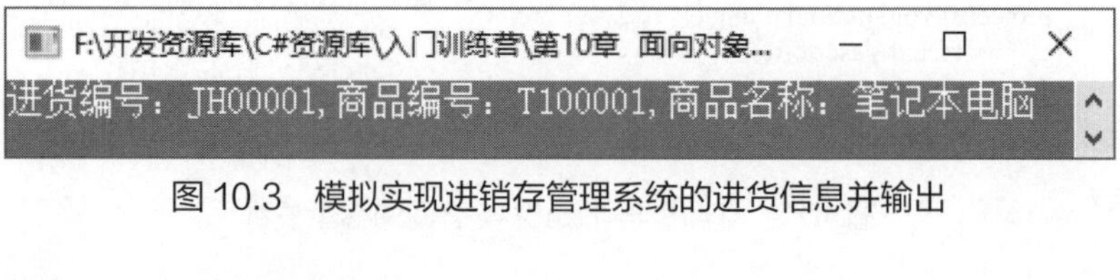

图 10.3　模拟实现进销存管理系统的进货信息并输出

常见错误：

C# 中只支持类的单继承，而不支持类的多重继承，即在 C# 中一次只允许继承一个类，不能同时继承多个类，例如，下面的代码是错误的：

```
class Goods
{
}
class JHInfo : Goods
{
}
class Program : Goods, JHInfo
{
}
```

上面代码在 Visual Studio 开发环境中将会出现如图 10.4 所示的错误提示。

图 10.4　继承多个类时出现的错误提示

说明：

在实现类的继承时，子类的可访问性必须要低于或者等于父类的可访问性，例如，下面的代码是错误的：

```
class Goods
{
}
public class JHInfo : Goods
{
}
```

因为父类 Goods 声明时没有指定访问修饰符，则其默认访问级别为 private，而子类 JHInfo 的可访问性 public 要高于父类 Goods 的可访问性，因此会出现错误，错误提示如图 10.5 所示。

图 10.5　子类可访问性高于父类时出现的错误提示

10.1.2　base 关键字

如果子类重写了父类的方法，就无法调用到父类的方法了吗？如果想在子类的方法中实现父类原有的方法怎么办？为了解决这种需求，C# 中提供了 base 关键字。

base 关键字的使用方法与 this 关键字类似。this 关键字代表本类对象，base 关键字代表父类对象，使用方法如下：

```
base.property;                                     // 调用父类的属性
base.method();                                     // 调用父类的方法
```

说明：

如果要在子类中使用 base 关键字调用父类的属性或者方法，父类的属性和方法必须定义为 public 或者 protected，而不能是 private。

[实例 10.2]　（源码位置：资源包 \Code\10\02）

使用 base 关键字调用父类方法

创建一个 Computer 类，用来作为父类，再创建一个 Pad 类，继承自 Computer 类，重写父类方法，并使用 base 关键字调用父类方法原有的逻辑，代码如下：

```
class Computer                                         // 父类：电脑
{
    public string sayHello()
    {
        return " 欢迎使用 ";
    }
}
class Pad : Computer                                   // 子类：平板电脑
{
    public new string sayHello()                       // 子类重写父类方法
    {
        return base.sayHello() + " 平板电脑 ";         // 调用父类方法，在结果后添加字符串
    }
}
class Program
{
    static void Main(string[] args)
    {
        Computer pc = new Computer();                  // 电脑类
        Console.WriteLine(" 父类 sayHello 方法结果：" + pc.sayHello());
        Pad ipad = new Pad();                          // 平板电脑类
        Console.WriteLine("\n 子类 sayHello 方法结果：" + ipad.sayHello());
        Console.ReadLine();
    }
}
```

说明：

上面代码中，在子类中定义 sayHello 方法时，用了一个 new 关键字，这是因为子类中的 sayHello 方法与父类中的 sayHello 方法同名，而且返回值、参数完全相同，这时，在该类中调用 sayHello 时会产生歧义，因此加了 new 关键字来隐藏父类的 sayHello 方法。

程序运行结果如图 10.6 所示。

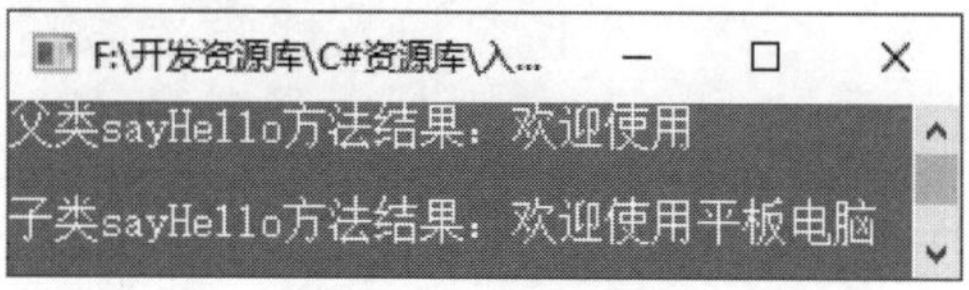

图 10.6　使用 base 关键字调用父类方法

另外，使用 base 关键字还可以指定创建子类对象时应调用的父类构造函数。例如，修改上面实例，在父类 Computer 中定义一个构造函数，用来为定义的属性赋初始值，代码如下：

```
public Computer(string name, string num)
{
    Name = name;
    Num = num;
}
```

在子类 Pad 中定义构造函数时，即可使用 base 关键字调用父类 Computer 的构造函数，代码如下：

```
public Pad(string model, string name, string num) : base(name, num)
{
    Model = model;
}
```

注意：

访问父类成员只能在构造函数、实例方法或实例属性中进行，因此，从静态方法中使用 base 关键字是错误的。

10.1.3 继承中的构造函数与析构函数

在进行类的继承时，子类的构造函数会隐式地调用父类的无参构造函数，但是，如果父类也是从其他类派生的，C# 会根据层次结构找到最顶层的父类，并调用父类的构造函数，然后再依次调用各级子类的构造函数。析构函数的执行顺序正好与构造函数相反。继承中的构造函数和析构函数执行顺序示意图如图 10.7 所示。

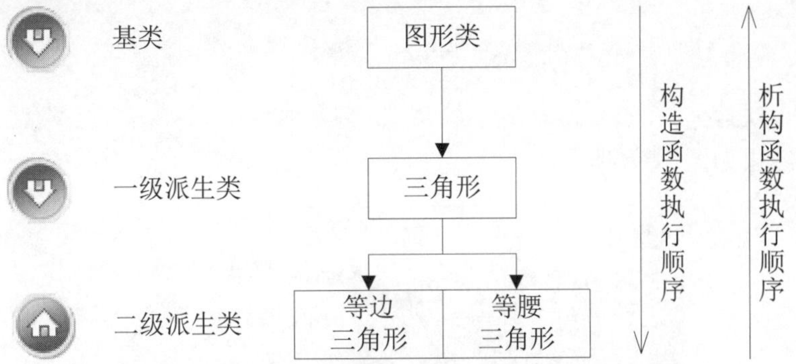

图 10.7　继承中的构造函数和析构函数执行顺序示意图

（源码位置：资源包 \Code\10\03）

[实例 10.3]

演示继承中构造函数与析构函数的执行顺序

通过代码演示图 10.7 中的继承关系，并分别在父类和子类的构造函数、析构函数中输出相应的提示信息，代码如下：

```
class Graph                                     // 父类：图形
{
     public Graph()
     {
          Console.WriteLine(" 父类构造函数 ");
     }
     ~Graph()
     {
          Console.WriteLine(" 父类析构函数 ");
     }
}
class Triangle : Graph                          // 一级子类：三角形
{
     public Triangle()
     {
          Console.WriteLine(" 一级子类构造函数 ");
     }
     ~Triangle()
     {
          Console.WriteLine(" 一级子类析构函数 ");
     }
}
class RTriangle : Triangle                      // 二级子类：等边三角形
```

```
{
    public RTriangle()
    {
        Console.WriteLine(" 二级子类构造函数 ");
    }
    ~RTriangle()
    {
        Console.WriteLine("\n 二级子类析构函数 ");
    }
}
class Program
{
    static void Main(string[] args)
    {
        RTriangle rt = new RTriangle();    // 创建二级子类对象
    }
}
```

程序运行结果如图 10.8 所示。

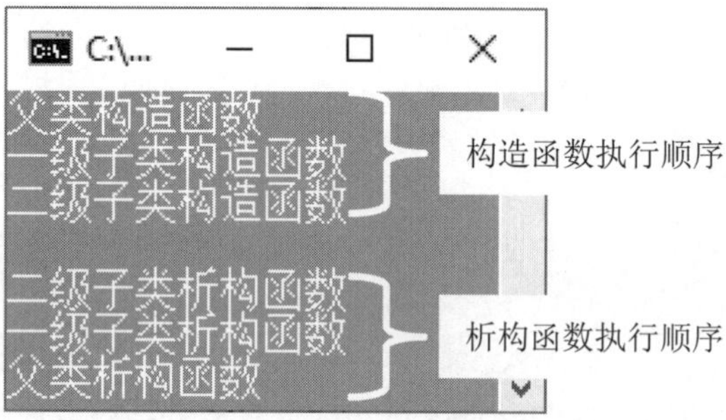

图 10.8　继承中构造函数与析构函数的执行顺序

10.2　多态

多态是面向对象编程的基本特征之一，它使得子类的实例可以直接赋予父类的对象，然后直接就可以通过这个对象调用子类的方法。本节将对多态的具体实现方法进行讲解。

10.2.1　虚方法的重写

C# 中，在方法定义时，如果前面加上关键字 virtual，则称该方法为虚方法，虚方法是实现多态常用的一种方式，通过定义虚方法，就可以在子类中对虚方法进行重写，从而使程序变得灵活，程序能够在运行时确定要调用的是虚方法的哪种实现。例如，下面代码声明一个虚方法：

```
public virtual void Move()
{
    Console.WriteLine(" 交通工具都可以移动 ");
}
```

注意：

virtual 关键字不能与 static、abstract 或者 override 同时使用，也就是类中的静态成员、抽象成员或者重写成员不能定义为 virtual，因为 virtual 只对类中的实例方法和实现属性有意义。

定义为虚方法后，可以在子类中重写虚方法，重写虚方法使用 override 关键字，这样在调用方法时，可以根据对象类型调用合适的方法。例如，使用 override 关键字重写上面的虚方法：

```
public override void Move(string name)
{
    Console.WriteLine(name+" 都可以移动 ");
}
```

说明：

虚方法必须有实现体，而且在子类中，可以对其进行重写，也可以不重写，它跟后面将会讲到的抽象方法不同，抽象方法是没有实现体，而且必须在子类中重写。

[实例 10.4]　（源码位置：资源包 \Code\10\04）

通过重写虚方法实现多态

创建一个控制台应用程序，其中自定义一个 Computer 类，用来作为父类，该类中自定义一个虚方法 Open；然后自定义 Pad 类和 Phone 类，都继承自 Computer 类，在这两个子类中重写父类中的虚方法 Open，分别输出个平板电脑和手机点击触摸屏时的操作；最后，在 Pragram 类的 Main 方法中，分别使用父类和子类的对象生成一个 Computer 类型的数组，使用数组中的每个对象调用 Open 方法，比较它们的输出信息。代码如下：

```
class Computer
{
    string name;                            // 定义字段
    public string Name                      // 定义属性为字段赋值
    {
        get { return name; }
        set { name = value; }
    }
    public virtual void Oper()              // 定义方法输出计算机的点击操作
    {
        Console.WriteLine(" 计算机能够执行单击操作 ");
    }
}
class Pad : Computer
{
    public override void Oper()             // 重写方法输出平板电脑的点击操作
    {
        Console.WriteLine("{0} 点击触摸屏可以打开图片 ", Name);
    }
}
class Phone : Computer
{
    public override void Oper()             // 重写方法输出手机的点击操作
    {
        Console.WriteLine("{0} 点击触摸屏可以拨打电话 ", Name);
    }
}
class Program
{
    static void Main(string[] args)
    {
        Computer computer = new Computer();// 创建 Computer 类的实例
        Pad pad = new Pad();                // 创建 Pad 类的实例
        Phone phone = new Phone();          // 创建 Phone 类的实例
```

```
            Computer[] computers = { computer, pad, phone };  // 使用父类和子类对象创建 Computer 类型数组
            pad.Name = " 平板电脑 ";                              // 设置平板电脑的名字
            phone.Name = " 手机 ";                                // 设置手机的名字
            for (int i = 0; i < computers.Length; i++)
                computers[i].Oper();                              // 根据子类对象，调用 Oper 方法执行不同的操作
            Console.ReadLine();
        }
    }
```

说明：

上面代码中定义了一个 Vehicle 类型的数组，该数组中的元素类型不同，但是都可以向上转型为父类对象。向上转型即可以将子类对象向上转换为父类对象。

程序运行结果如图 10.9 所示。

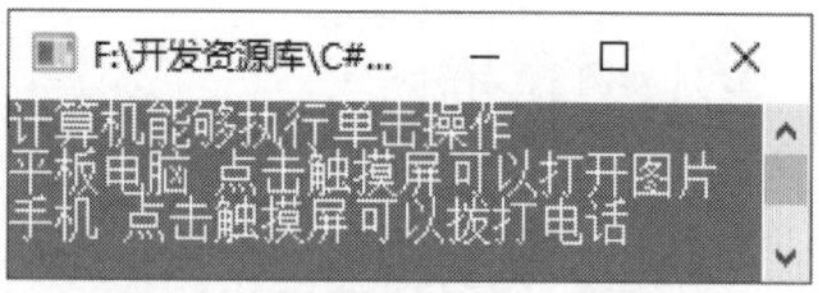

图 10.9 通过重写虚方法实现多态

10.2.2 抽象类与抽象方法

如果一个类不与具体的事物相联系，而只是表达一种抽象的概念或行为，仅仅是作为其子类的一个父类，这样的类就可以声明为抽象类。例如，去商场买衣服，这句话描述的就是一个抽象的行为。到底去哪个商场买衣服，买什么样的衣服，是短衫、裙子，还是其他的什么衣服？在“去商场买衣服”这句话中，并没有对“买衣服”这个抽象行为指明一个确定的信息。如果要将“去商场买衣服”这个动作封装为一个行为类，那么这个类就应该是一个抽象类。

C# 中声明抽象类时需要使用 abstract 关键字，具体语法格式如下：

```
访问修饰符 abstract class 类名 [: 父类或接口 ]
{
      // 类成员
}
```

说明：

声明抽象类时，除 abstract 关键字、class 关键字和类名外，其他的都是可选项。

抽象类主要用来提供多个子类可共享的父类的公共定义，它与非抽象类的主要区别如下。

- 抽象类不能直接实例化。
- 抽象类中可以包含抽象成员，但非抽象类中不可以。
- 抽象类不能被密封。

技巧：

由于抽象类本身不能直接实例化，因此很多人认为在抽象类中声明构造函数是没有意义的，其实不然，即使我们不为抽象类声明构造函数，编译器也会自动为其生成一个默认的构造函数。抽象类中的构造函数主要有两个作用：

① 初始化抽象类的成员；

② 被继承自它的子类使用，因为子类在实例化时，首先会调用父类的构造函数，而这个父类包括抽象类。

在抽象类中定义的方法，如果加上 abstract 关键字，就是一个抽象方法，抽象方法不提供具体的实现。引入抽象方法的原因在于抽象类本身是一个抽象的概念，有的方法并不需要具体的实现，而是留下让子类来重写实现。声明抽象方法时需要注意以下两点。

- 抽象方法必须声明在抽象类中。
- 声明抽象方法时，不能使用 virtual、static 和 private 修饰符。

例如，声明一个抽象类，该抽象类中声明一个抽象方法。代码如下：

```
public abstract class TestClass
{
    public abstract void AbsMethod();// 抽象方法
}
```

说明：

在 C# 中规定，类中只要有一个方法声明为抽象方法，则这个类必须被声明为抽象类。

当从抽象类派生一个非抽象类时，需要在非抽象类中重写抽象方法，以提供具体的实现，重写抽象方法时使用 override 关键字。

[实例 10.5]　（源码位置：资源包 \Code\10\05）

模拟“去商场买衣服”场景

使用抽象类模拟“去商场买衣服”的案例，然后通过子类继承确定到底去哪个商场买衣服，买什么样的衣服。代码如下：

```
public abstract class Market
{
    public string Name { get; set; }        // 商场名称
    public string Goods { get; set; }       // 商品名称
    public abstract void Shop();            // 抽象方法，用来输出信息
}
public class LNMarket : Market              // 继承抽象类
{
    public override void Shop()             // 重写抽象方法
    {
        Console.WriteLine(Name + " 购买 " + Goods);
    }
}
public class TaobaoMarket : Market          // 继承抽象类
{
    public override void Shop()             // 重写抽象方法
    {
        Console.WriteLine(Name + " 购买 " + Goods);
    }
}
class Program
{
    static void Main(string[] args)
    {
        Market market = new LNMarket();     // 使用子类对象创建抽象类对象
        market.Name = " 李宁实体店 ";
        market.Goods = " 跑步运动背心 ";
        market.Shop();
        market = new TaobaoMarket();        // 使用子类对象创建抽象类对象
        market.Name = " 淘宝 ";
        market.Goods = " 牛仔裤 ";
        market.Shop();
        Console.ReadLine();
    }
}
```

程序运行结果如图 10.10 所示。

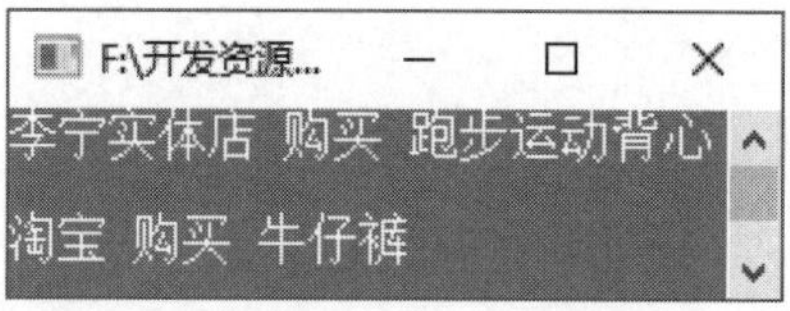

图 10.10　使用抽象类与抽象方法实现多态

10.2.3　密封类与密封方法

虽然 C# 中支持继承，但是为了避免滥用继承，C# 提出了密封类的概念。密封类可以用来限制扩展性，如果密封了某个类，则其他类不能从该类继承；如果密封了某个成员，则子类不能重写该成员的实现。定义类时添加 sealed 关键字，即可将该类定义为密封类，语法格式如下：

```
访问修饰符 sealed class 类名 [: 父类或接口 ]
{
      // 密封类的成员
}
```

例如，声明一个密封类，代码如下：

```
public sealed class SealedTest// 声明密封类
{
}
```

如果类的方法声明中包含 sealed 修饰符，则称该方法为密封方法。密封方法只能用于对父类的虚方法进行实现，因此，声明密封方法时，sealed 修饰符总是和 override 修饰符同时使用。

[实例 10.6]　（源码位置：资源包 \Code\10\06）

密封类的使用

定义一个 Information 类，其中定义一个虚方法 ShowInfo，用来输出信息；然后定义 JHInfo 类，使其继承自 Information 类，JHInfo 定义为密封类，该类中使用 sealed 和 override 关键字将父类中的方法重写为密封方法；最后在 Program 类的 Main 方法中，使用子类对象调用重写的密封方法输出进货信息。代码如下：

```
public class Information
{
    public string Code { get; set; }          // 编号属性及实现
    public string Name { get; set; }          // 名称属性及实现
    public virtual void ShowInfo() { }        // 虚方法，用来输出信息
}
public sealed class JHInfo : Information      // 定义进货类，并设置为密封类
{
    public sealed override void ShowInfo()  // 将父类的虚方法重写，并设置为密封方法
    {
        Console.WriteLine(" 进货信息：\n" + Code + " " + Name);
    }
}
class Program
{
    static void Main(string[] args)
```

```
        {
            JHInfo jhInfo = new JHInfo();          // 创建进货类对象
            jhInfo.Code = "JH0001";                // 使用进货类对象访问父类中的编号属性
            jhInfo.Name = " 笔记本电脑 ";          // 使用进货类对象访问父类中的名称属性
            jhInfo.ShowInfo();                     // 输出进货信息
            Console.ReadLine();
        }
    }
```

程序运行结果如图 10.11 所示。

图 10.11　密封类的使用

常见错误：

如果在上面实例中再定义一个类，使其继承自 JHInfo 类，将会出现如图 10.12 所示的错误提示，因为 JHInfo 类是一个密封类，密封类是不能被继承的。

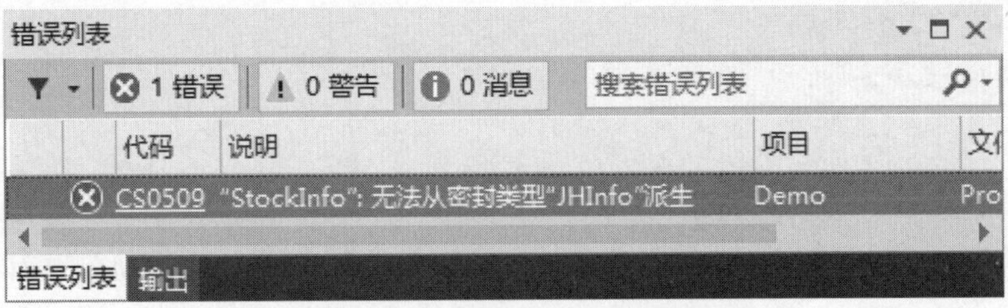

图 10.12　继承密封类时的错误提示

10.3　接口

由于 C# 中的类不支持多重继承，但是客观世界出现多重继承的情况又比较多。为了避免传统的多重继承给程序带来的复杂性等问题，同时保证多重继承带给程序员的诸多好处，C# 中提出了接口的概念，通过接口可以实现多重继承的功能。

10.3.1　接口的概念及声明

接口提出了一种契约（或者说规范），让使用接口的程序设计人员必须严格遵守接口提出的约定。例如，在组装计算机时，主板与机箱之间就存在一种事先约定，不管什么型号或品牌的机箱，什么种类或品牌的主板，都必须遵照一定的标准来设计制造，因此，计算机的零配件都可以安装在现今的大多数机箱上，接口就可以看作是这种标准，它强制性地要求子类必须实现接口约定的规范，以保证子类必须拥有某些特性。

C# 中声明接口时，使用 interface 关键字，其语法格式如下：

```
修饰符 interface 接口名称 [: 继承的接口列表 ]
{
    接口内容;
}
```

说明：

接口可以继承其他接口，类可以通过其继承的父类（或接口）多次继承同一个接口。

接口具有以下特征。

- 接口类似于抽象父类，继承接口的任何类型都必须实现接口的所有成员。
- 接口中不能包括构造函数，因此不能直接实例化接口。

- 接口可以包含属性、方法、索引器和事件。
- 接口中只能定义成员，不能实现成员。
- 接口中定义的成员不允许加访问修饰符，因为接口成员永远是公共的。
- 接口中的成员不能声明为虚拟或者静态。

例如，使用 interface 关键字定义一个 Information 接口，该接口中声明 Code 和 Name 两个属性，分别表示编号和名称；声明一个方法 ShowInfo，用来输出信息。代码如下：

```
interface Information                          //定义接口
{
        string Code { get; set; }              //编号属性及实现
        string Name { get; set; }              //名称属性及实现
        void ShowInfo();                       //用来输出信息
}
```

注意：

接口中的成员默认是公共的，因此，不允许加访问修饰符。

10.3.2 接口的实现与继承

接口通过类继承来实现，一个类虽然只能继承一个父类，但可以继承任意多个接口。声明实现接口的类时，需要在继承列表中包含所实现的接口的名称，多个接口之间用英文逗号（,）分割。

[实例 10.7]（源码位置：资源包\Code\10\07）

通过继承接口实现输出进货信息和销售信息

通过继承接口实现输出进货信息和销售信息的功能，代码如下：

```
interface Information                          //定义接口
{
        string Code { get; set; }              //编号属性
        string Name { get; set; }              //名称属性
        void ShowInfo();                       //用来输出信息
}
public class JHInfo : Information              //继承接口，定义进货类
{
        string code = "";
        string name = "";
        public string Code                     //实现编号属性
        {
              get
              {
                      return code;
              }
              set
              {
                      code = value;
              }
        }
        public string Name                     //实现名称属性
        {
              get
              {
                      return name;
              }
              set
```

```
            {
                name = value;
            }
        }
        public void ShowInfo()                                        // 实现方法，输出进货信息
        {
            Console.WriteLine("进货信息：\n" + Code + " " + Name);
        }
    }
    public class XSInfo : Information                                 // 继承接口，定义销售类
    {
        string code = "";
        string name = "";
        public string Code                                            // 实现编号属性
        {
            get
            {
                return code;
            }
            set
            {
                code = value;
            }
        }
        public string Name                                            // 实现名称属性
        {
            get
            {
                return name;
            }
            set
            {
                name = value;
            }
        }
        public void ShowInfo()                                        // 实现方法，输出销售信息
        {
            Console.WriteLine("销售信息：\n" + Code + " " + Name);
        }
    }
    class Program
    {
        static void Main(string[] args)
        {
            Information[] Infos = { new JHInfo(), new XSInfo() };  // 定义接口数组
            Infos[0].Code = "JH0001";                                 // 使用接口对象设置编号属性
            Infos[0].Name = "笔记本电脑";                              // 使用接口对象设置名称属性
            Infos[0].ShowInfo();                                      // 输出进货信息
            Infos[1].Code = "XS0001";                                 // 使用接口对象设置编号属性
            Infos[1].Name = "华为荣耀V30";                             // 使用接口对象设置名称属性
            Infos[1].ShowInfo();                                      // 输出销售信息
            Console.ReadLine();
        }
    }
```

说明：

上面代码中接口定义的属性，并不会自动实现属性，只是提供了 get 访问器和 set 访问器，因此在子类中，需要实现这两个属性，在子类中可以使用自动实现属性的方式实现这两个属性。例如，JHInfo 类中实现 Code 和 Name 属性的代码可以修改如下：

```
public string Code { get; set; }
public string Name { get; set; }
```

在 C# 中实现接口成员（显式接口成员实现除外）时，必须添加 public 修饰符，不能省略或者添加其他修饰符。

运行效果如图 10.13 所示。

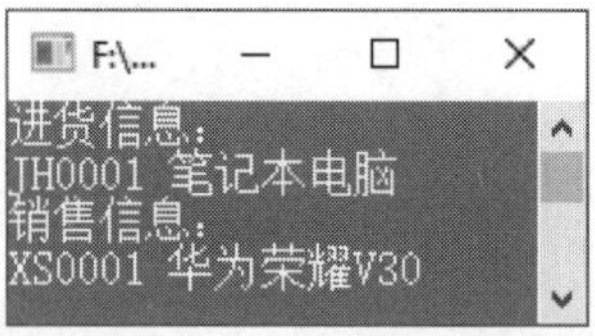

图 10.13　通过继承接口实现输出进货信息和销售信息

说明：

上面的实例中只继承了一个接口，接口还可以多重继承，使用多重继承时，要继承的接口之间用逗号（,）分割。例如，下面代码继承 3 个接口：

```
interface ITest1
{
}
interface ITest2
{
}
interface ITest3
{
}
class Test : ITest1, ITest2, ITest3// 继承 3 个接口，接口之间用逗号分隔
{
}
```

10.3.3　显式接口成员实现

如果类继承两个接口，并且这两个接口包含具有相同签名的成员，那么在类中实现该成员将导致两个接口都使用该成员作为它们的实现，然而，如果两个接口成员实现不同的功能，那么这可能会导致其中一个接口的实现不正确或两个接口的实现都不正确，这时可以显式地实现接口成员，即创建一个仅通过该接口调用并且特定于该接口的类成员。显式接口成员实现是使用接口名称和一个句点命名该成员来实现的。

[实例 10.8]　（源码位置：资源包 \Code\10\08）

显式接口成员的实现举例

创建一个控制台应用程序，其中定义两个接口 ICalculate1 和 ICalculate2，在这两个接口中声明一个同名方法 Add；然后定义一个类 Compute，该类继承自已经定义的两个接口，在 Compute 类中实现接口中的方法时，由于 ICalculate1 和 ICalculate2 接口中声明的方法名相同，这里使用了显式接口成员实现；最后在主程序类 Program 的 Main 方法中使用接口对

象调用 Add 方法执行相应的运算。代码如下：

```
interface ICalculate1
{
      int Add();                                      // 求和方法，加法运算的和
}
interface ICalculate2
{
      int Add();                                      // 求和方法，加法运算的和
}
class Compute : ICalculate1, ICalculate2             // 继承接口
{
      int ICalculate1.Add()                           // 显式接口成员实现
      {
            int x = 10;
            int y = 40;
            return x + y;
      }
      int ICalculate2.Add()                           // 显式接口成员实现
      {
            int x = 10;
            int y = 40;
            int z = 50;
            return x + y + z;
      }
}
class Program
{
      static void Main(string[] args)
      {
            Compute compute = new Compute();   // 创建接口子类的对象
            ICalculate1 Cal1 = compute;        // 使用接口子类的对象实例化接口
            Console.WriteLine(Cal1.Add());     // 使用接口对象调用方法
            ICalculate2 Cal2 = compute;        // 使用接口子类的对象实例化接口
            Console.WriteLine(Cal2.Add());     // 使用接口对象调用方法
            Console.ReadLine();
      }
}
```

程序运行结果如下：

```
50
100
```

说明：

显式接口成员实现中不能包含访问修饰符、abstract、virtual、override 或 static 修饰符。例如，将上面实例中实现 ICalculate1 接口中 Add 方法的代码修改如下：

```
public int ICalculate1.Add()
{
      int x = 10;
      int y = 40;
      return x + y;
}
```

将会出现如图 10.14 所示的错误提示。

图 10.14　使用 public 修饰符实现显式接口成员时的错误提示

10.3.4　抽象类与接口

抽象类和接口都包含可以由子类继承实现的成员，但抽象类是对根源的抽象，而接口是对动作的抽象，抽象类和接口的区别主要有以下几点。

- 子类只能继承一个抽象类，但可以继承任意多个接口。
- 抽象类中可以定义成员的实现，但接口中不可以。
- 抽象类中可以包含字段、构造函数、析构函数、静态成员或常量等，但接口中不可以。
- 抽象类中的成员可以添加访问修饰符，但接口中的成员默认是公共的，定义时不能加修饰符。

综上所述，抽象类和接口在主要成员及继承关系上的不同如表 10.1 所示。

表 10.1　抽象类与接口的区别

比较项	抽象类	接口
方法	可以有非抽象方法	所有方法都是抽象方法，但不加 abstract 关键字
属性	可以自定义属性，并且实现	只能定义，不能实现
构造方法	有构造方法	没有构造方法
继承	一个类只能继承一个父类	一个类可以同时实现多个接口
被继承	一个类只能继承一个父类	一个接口可以同时继承多个接口
可访问行	类中的成员可以添加访问修饰	不能添加访问修饰符，默认都是 public

本章知识思维导图

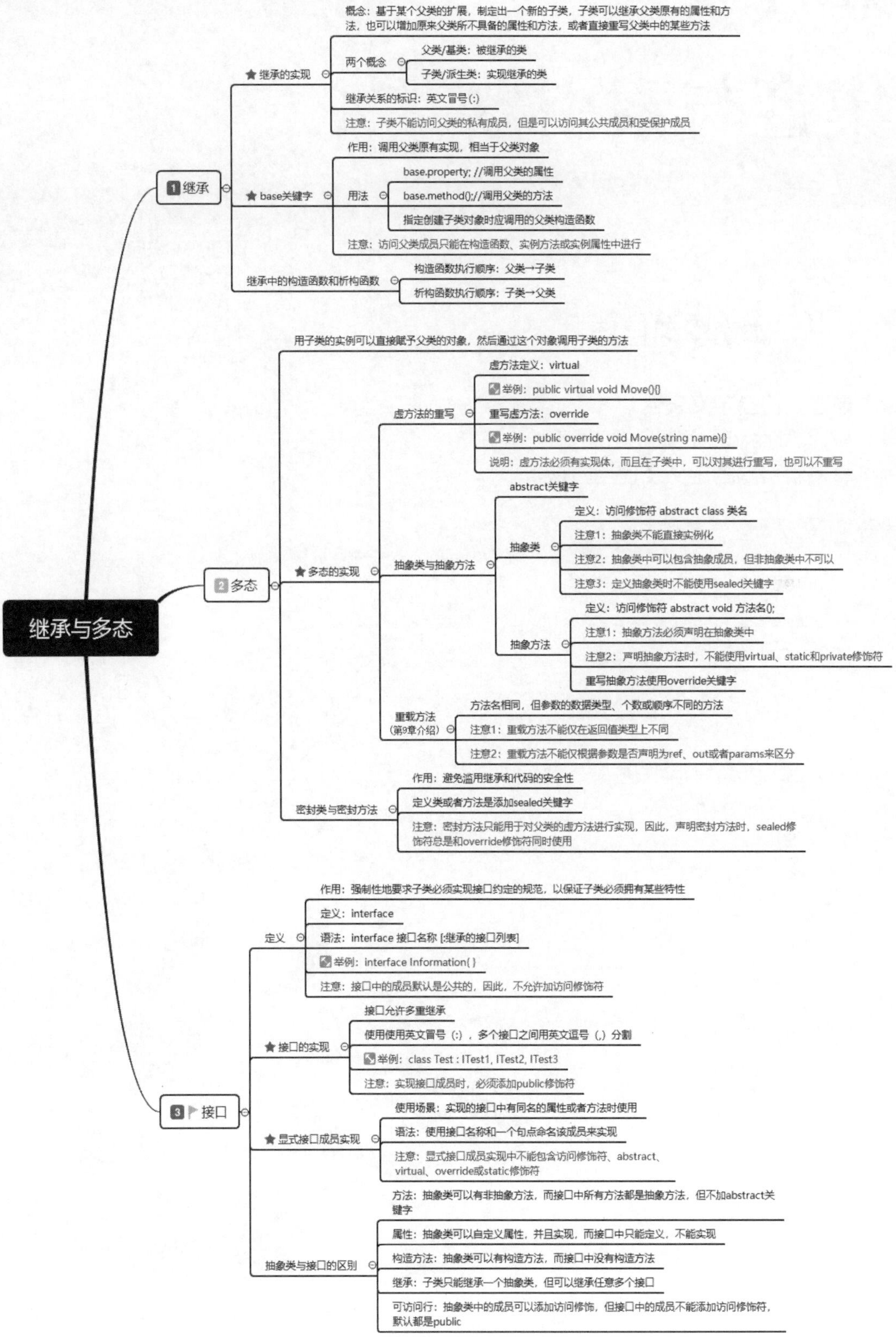
继承与多态
1 继承
继承的实现
概念：基于某个父类的扩展，制定出一个新的子类，子类可以继承父类原有的属性和方法，也可以增加原来父类所不具备的属性和方法，或者直接重写父类中的某些方法
两个概念
父类/基类：被继承的类
子类/派生类：实现继承的类
继承关系的标识：英文冒号(:)
注意：子类不能访问父类的私有成员，但是可以访问其公共成员和受保护成员
base关键字
作用：调用父类原有实现，相当于父类对象
用法
base.property; //调用父类的属性
base.method();//调用父类的方法
指定创建子类对象时应调用的父类构造函数
注意：访问父类成员只能在构造函数、实例方法或实例属性中进行
继承中的构造函数和析构函数
构造函数执行顺序：父类→子类
析构函数执行顺序：子类→父类
2 多态
用子类的实例可以直接赋予父类的对象，然后通过这个对象调用子类的方法
多态的实现
虚方法的重写
虚方法定义：virtual
举例：public virtual void Move(){}
重写虚方法：override
举例：public override void Move(string name){}
说明：虚方法必须有实现体，而且在子类中，可以对其进行重写，也可以不重写
抽象类与抽象方法
abstract关键字
抽象类
定义：访问修饰符 abstract class 类名
注意1：抽象类不能直接实例化
注意2：抽象类中可以包含抽象成员，但非抽象类中不可以
注意3：定义抽象类时不能使用sealed关键字
抽象方法
定义：访问修饰符 abstract void 方法名();
注意1：抽象方法必须声明在抽象类中
注意2：声明抽象方法时，不能使用virtual、static和private修饰符
重写抽象方法使用override关键字
重载方法（第9章介绍）
方法名相同，但参数的数据类型、个数或顺序不同的方法
注意1：重载方法不能仅在返回值类型上不同
注意2：重载方法不能仅根据参数是否声明为ref、out或者params来区分
密封类与密封方法
作用：避免滥用继承和代码的安全性
定义类或者方法是添加sealed关键字
注意：密封方法只能用于对父类的虚方法进行实现，因此，声明密封方法时，sealed修饰符总是和override修饰符同时使用
3 接口
定义
作用：强制性地要求子类必须实现接口约定的规范，以保证子类必须拥有某些特性
定义：interface
语法：interface 接口名称 [:继承的接口列表]
举例：interface Information{ }
注意：接口中的成员默认是公共的，因此，不允许加访问修饰符
接口的实现
接口允许多重继承
使用使用英文冒号（:），多个接口之间用英文逗号（,）分割
举例：class Test : ITest1, ITest2, ITest3
注意：实现接口成员时，必须添加public修饰符
显式接口成员实现
使用场景：实现的接口中有同名的属性或者方法时使用
语法：使用接口名称和一个句点命名该成员来实现
注意：显式接口成员实现中不能包含访问修饰符、abstract、virtual、override或static修饰符
抽象类与接口的区别
方法：抽象类可以有非抽象方法，而接口中所有方法都是抽象方法，但不加abstract关键字
属性：抽象类可以自定义属性，并且实现，而接口中只能定义，不能实现
构造方法：抽象类可以有构造方法，而接口中没有构造方法
继承：子类只能继承一个抽象类，但可以继承任意多个接口
可访问行：抽象类中的成员可以添加访问修饰，但接口中的成员不能添加访问修饰符，默认都是public

第 11 章
集合与索引器

本章学习目标

- 熟悉如何自定义集合。
- 掌握 ArrayList 集合类的使用。
- 掌握索引器的定义及使用方法。

11.1 集合

.NET 中提供了一种称为集合的类型，它类似于数组，是一组组合在一起的类型化对象，可以通过遍历获取其中的每个元素，但相对于数组来说，它的存储空间是动态变化的，也就是其中的数据可以进行添加、删除、修改等操作。

11.1.1 自定义集合

自定义集合需要通过实现 System.Collections 命名空间提供的集合接口实现，System.Collections 命名空间提供的常用接口及说明如表 11.1 所示。

表 11.1 System.Collections 命名空间提供的常用接口及说明

接口	说明
ICollection	定义所有非泛型集合的大小、枚举数和同步方法
IComparer	公开一种比较两个对象的方法
IDictionary	表示键/值对的非通用集合
IDictionaryEnumerator	枚举非泛型字典的元素
IEnumerable	公开枚举数，该枚举数支持在非泛型集合上进行简单迭代
IEnumerator	支持对非泛型集合的简单迭代
IList	表示可按照索引单独访问的对象的非泛型集合

下面以继承 IEnumerable 接口为例讲解如何自定义集合。

IEnumerable 接口用来公开枚举数，该枚举数支持在非泛型集合上进行简单迭代，接口的定义如下：

```
public interface IEnumerable
```

IEnumerable 接口中有一个 GetEnumerator 方法，该方法用来返回循环访问集合的枚举器，主要是迭代集合时使用，因此在实现该接口时，需要实现 GetEnumerator 方法。GetEnumerator 方法定义如下：

```
IEnumerator GetEnumerator()
```

说明：
上面提到了迭代的概念，迭代实际上就是循环遍历，它表示重复执行同一个过程。

在实现 IEnumerable 接口的同时，也需要实现 IEnumerator 接口，该接口支持对非泛型集合的简单迭代，它包含 3 个成员，分别是 Current 属性、MoveNext 方法和 Reset 方法。它们的定义及作用如下：

```
object Current { get; }                    // 获取集合中当前位置的元素
bool MoveNext()                            // 迭代集合中的下一个元素
void Reset()                               // 设置为初始位置，位置位于集合中第一个元素之前
```

[实例 11.1]

（源码位置：资源包 \Code\11\01）

自定义集合存储商品信息

创建一个控制台应用程序，通过继承 IEnumerable 和 IEnumerator 接口自定义一个集合，用来存储进销存管理系统中的商品信息，最后使用遍历的方式输出自定义集合中存储的商品信息。代码如下：

```
public class Goods                                          // 定义集合中的元素类，表示商品信息类
{
    public string Code;                                     // 编号
    public string Name;                                     // 名称
    public Goods(string code, string name)                  // 定义构造函数，赋初始值
    {
        this.Code = code;
        this.Name = name;
    }
}
public class JHClass : IEnumerable, IEnumerator             // 定义集合类
{
    private Goods[] _goods;                                 // 初始化 Goods 类型的集合
    public JHClass(Goods[] gArray)                          // 使用带参构造函数赋值
    {
        _goods = new Goods[gArray.Length];
        for (int i = 0; i < gArray.Length; i++)
        {
            _goods[i] = gArray[i];
        }
    }
    // 实现 IEnumerable 接口中的 GetEnumerator 方法
    IEnumerator IEnumerable.GetEnumerator()
    {
        return (IEnumerator)this;
    }
    int position = -1;                                      // 记录索引位置
    object IEnumerator.Current                              // 实现 IEnumerator 接口中的 Current 属性
    {
        get
        {
            return _goods[position];
        }
    }
    public bool MoveNext()                                  // 实现 IEnumerator 接口中的 MoveNext 方法
    {
        position++;
        return (position < _goods.Length);
    }
    public void Reset()                                     // 实现 IEnumerator 接口中的 Reset 方法
    {
        position = -1;                                      // 指向第一个元素
    }
}
class Program
{
    static void Main()
    {
        Goods[] goodsArray = new Goods[3]
        {
            new Goods("T0001", "HuaWei MateBook"),
            new Goods("T0002", "荣耀 V30 5G"),
            new Goods("T0003", "华为平板电脑"),
```

```
        };                                    // 初始化 Goods 类型的数组
        JHClass jhList = new JHClass(goodsArray); // 使用数组创建集合类对象
        foreach (Goods g in jhList)           // 遍历集合
            Console.WriteLine(g.Code + " " + g.Name);
        Console.ReadLine();
    }
}
```

程序运行结果如图 11.1 所示。

图 11.1 自定义集合存储商品信息

11.1.2 使用集合类

.NET Framework 中除了可以通过继承接口实现自定义集合，本身还自带很多的集合类，包括 ArrayList、Quueue、Stacke、Hashtable 等，下面以 ArrayList 类为例介绍集合类的使用。

ArrayList 类是一种非泛型集合类，它可以动态的添加、插入和删除元素。ArrayList 类相当于一种高级的动态数组，它是 Array 类的升级版本，但它并不等同于数组。

与数组相比，ArrayList 类为开发人员提供了以下功能：

- 数组的容量是固定的，而 ArrayList 的容量可以根据需要自动扩充；
- ArrayList 提供添加、删除和插入某一范围元素的方法，但在数组中，只能一次获取或设置一个元素的值；
- ArrayList 只能是一维形式，而数组可以是多维的。

ArrayList 类提供了 3 个构造器，即它的构造函数有 3 种形式，分别如下：

```
public ArrayList();
public ArrayList(ICollection arryName);
public ArrayList(int n);
```

- arryName：要添加集合的数组名。
- n：ArrayList 对象的空间大小。

例如，声明一个具有 10 个元素的 ArrayList 对象，并为其赋初始值，代码如下：

```
ArrayList List = new ArrayList(10);
```

ArrayList 集合类的常用属性及说明如表 11.2 所示。

表 11.2 ArrayList 集合类的常用属性及说明

属性	说明
Capacity	获取或设置 ArrayList 可包含的元素数
Count	获取 ArrayList 中实际包含的元素数
IsFixedSize	获取一个值，该值指示 ArrayList 是否具有固定大小
IsReadOnly	获取一个值，该值指示 ArrayList 是否为只读
IsSynchronized	获取一个值，该值指示是否同步对 ArrayList 的访问
Item	获取或设置指定索引处的元素

ArrayList 集合类的常用方法及说明如表 11.3 所示。

表 11.3　ArrayList 集合类的常用方法及说明

方法	说明
Add	将对象添加到 ArrayList 的结尾处
AddRange	将 ICollection 的元素添加到 ArrayList 的末尾
Clear	从 ArrayList 中移除所有元素
Contains	确定某元素是否在 ArrayList 中
CopyTo	将 ArrayList 或它的一部分复制到一维数组中
GetEnumerator	返回循环访问 ArrayList 的枚举数
IndexOf	返回 ArrayList 或它的一部分中某个值的第一个匹配项的从零开始的索引
Insert	将元素插入 ArrayList 的指定索引处
InsertRange	将集合中的某个元素插入 ArrayList 的指定索引处
LastIndexOf	返回 ArrayList 或它的一部分中某个值的最后一个匹配项的从零开始的索引
Remove	从 ArrayList 中移除特定对象的第一个匹配项
RemoveAt	移除 ArrayList 的指定索引处的元素
RemoveRange	从 ArrayList 中移除一定范围的元素
Reverse	将 ArrayList 或它的一部分中元素的顺序反转
Sort	对 ArrayList 或它的一部分中的元素进行排序
ToArray	将 ArrayList 的元素复制到新数组中

[实例 11.2]　（源码位置：资源包 \Code\11\02）

使用 ArrayList 集合存储商品信息

使用 ArrayList 集合实现与实例 11.1 相同的功能，即使用 ArrayList 集合存储商品名称列表，然后进行输出，代码如下：

```
static void Main(string[] args)
{
    ArrayList list = new ArrayList();        //创建 ArrayList 集合
    //向集合中添加商品列表
    list.Add("HuaWei MateBook ");
    list.Add(" 荣耀 V30 5G ");
    list.Add(" 华为平板电脑 ");
    foreach (string name in list)            //遍历集合
        Console.WriteLine(name);             //输出遍历到的集合元素
    Console.ReadLine();
}
```

11.2　索引器

C# 语言支持一种名为索引器的特殊“属性”，索引器允许一个对象可以像数组一样被索引。

索引器的声明方式与属性比较相似，这两者的一个重要区别是索引器在声明时需要使用 this 关键字定义参数，而属性则不需要定义参数。索引器的声明格式如下：

```
[ 修饰符 ] [ 类型 ] this[ 参数列表 ]
{
    get {get 访问器 }
    set {set 访问器 }
}
```

索引器与属性除在定义参数方面不同之外，它们之间的区别主要还有以下两点。

● 索引器的名称必须是关键字 this，this 后面一定要跟一对方括号（[]），在方括号之间指定索引的参数列表，其中至少必须有一个参数。

● 索引器不能被定义为静态的，即定义时不能添加 static 关键字。

定义索引器时，可用的修饰符有 new、public、protected、internal、private、virtual、sealed、override、abstract 和 extern。索引器的使用方式不同于属性的使用方式，需要使用元素访问运算符（[]），并在其中指定参数来进行引用。

说明：

当索引器声明包含 extern 修饰符时，称为外部索引器，由于外部索引器声明不提供任何实现，所以它的每个索引器声明都由一个分号组成。

（源码位置：资源包 \Code\11\03）

[实例 11.3]

使用索引器操作字符串数组

定义一个类 CollClass，在该类中声明一个用于操作字符串数组的索引器；然后在 Main 方法中创建 CollClass 类的对象，并通过索引器为数组中的元素赋值；最后使用 for 循环通过索引器获取数组中的所有元素。代码如下：

```
class CollClass
{
      public const int SIZE = 4;                    // 表示数组的长度
      private string[] arrStr;                      // 声明数组
      public CollClass()                            // 构造方法
      {
           arrStr = new string[SIZE];               // 设置数组的长度
      }
      public string this[int index]                 // 定义索引器
      {
           get
           {
                 return arrStr[index];              // 通过索引器取值
           }
           set
           {
                 arrStr[index] = value;             // 通过索引器赋值
           }
      }
}
class Program
{
      static void Main(string[] args)               // 入口方法
      {
           CollClass cc = new CollClass();          // 创建 CollClass 类的对象
           cc[0] = "CSharp";                        // 通过索引器给数组元素赋值
           cc[1] = "ASP.NET";                       // 通过索引器给数组元素赋值
           cc[2] = "Python";                        // 通过索引器给数组元素赋值
           cc[3] = "Java";                          // 通过索引器给数组元素赋值
           for (int i = 0; i < CollClass.SIZE; i++) // 遍历所有的元素
           {
                 Console.WriteLine(cc[i]);          // 通过索引器取值
           }
           Console.Read();
      }
}
```

程序运行结果如图 11.2 所示。

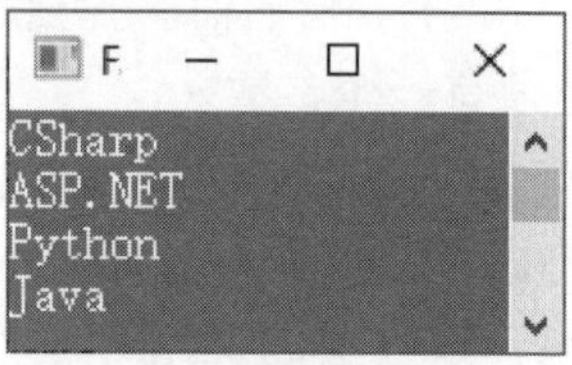
CSharp
ASP.NET
Python
Java

图 11.2　通过索引器方式操作数组

本章知识思维导图

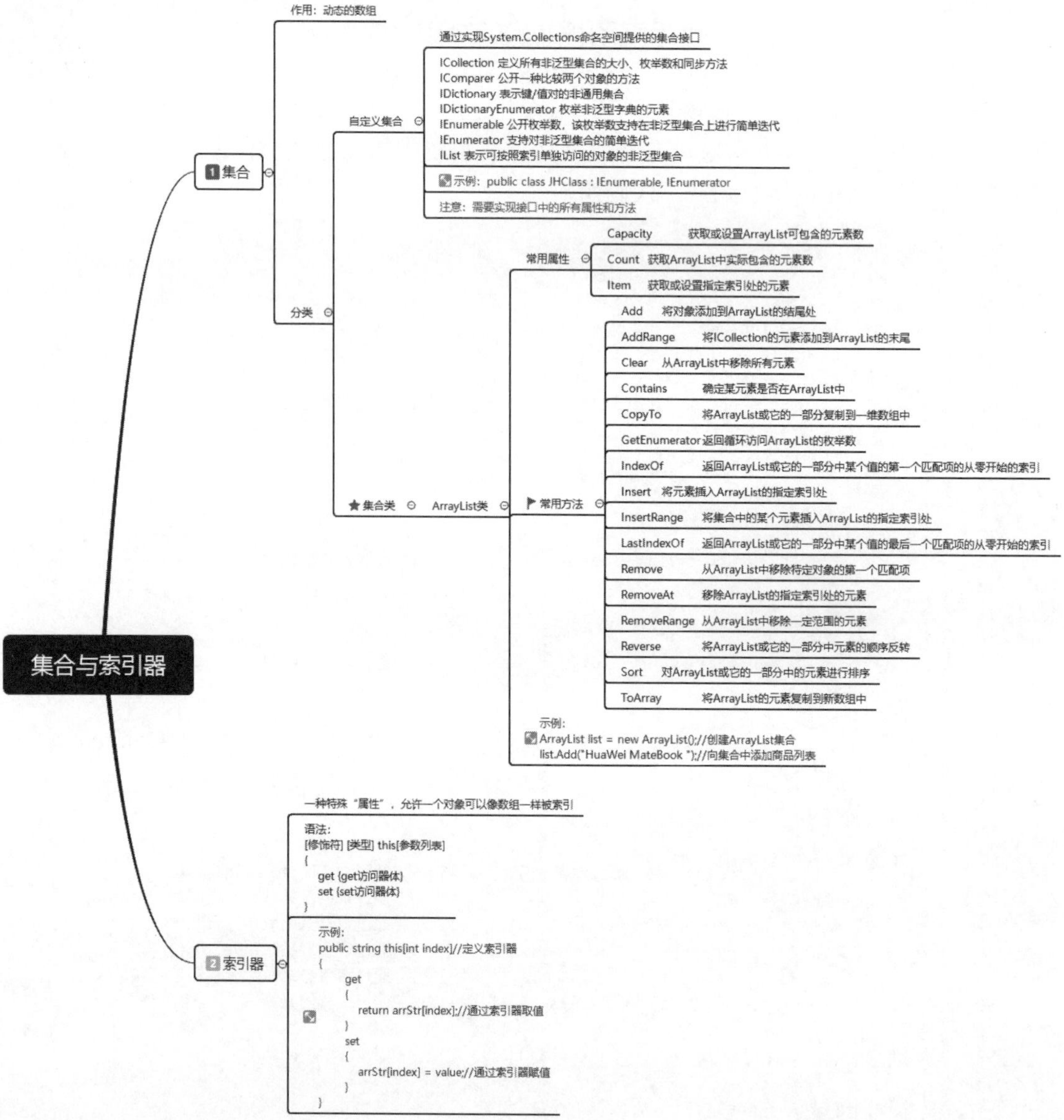
集合与索引器
1 集合
作用：动态的数组
分类
自定义集合
通过实现System.Collections命名空间提供的集合接口
ICollection 定义所有非泛型集合的大小、枚举数和同步方法
IComparer 公开一种比较两个对象的方法
IDictionary 表示键/值对的非通用集合
IDictionaryEnumerator 枚举非泛型字典的元素
IEnumerable 公开枚举数，该枚举数支持在非泛型集合上进行简单迭代
IEnumerator 支持对非泛型集合的简单迭代
IList 表示可按照索引单独访问的对象的非泛型集合
示例：public class JHClass : IEnumerable, IEnumerator
注意：需要实现接口中的所有属性和方法
集合类
ArrayList类
常用属性
Capacity 获取或设置ArrayList可包含的元素数
Count 获取ArrayList中实际包含的元素数
Item 获取或设置指定索引处的元素
常用方法
Add 将对象添加到ArrayList的结尾处
AddRange 将ICollection的元素添加到ArrayList的末尾
Clear 从ArrayList中移除所有元素
Contains 确定某元素是否在ArrayList中
CopyTo 将ArrayList或它的一部分复制到一维数组中
GetEnumerator 返回循环访问ArrayList的枚举数
IndexOf 返回ArrayList或它的一部分中某个值的第一个匹配项的从零开始的索引
Insert 将元素插入ArrayList的指定索引处
InsertRange 将集合中的某个元素插入ArrayList的指定索引处
LastIndexOf 返回ArrayList或它的一部分中某个值的最后一个匹配项的从零开始的索引
Remove 从ArrayList中移除特定对象的第一个匹配项
RemoveAt 移除ArrayList的指定索引处的元素
RemoveRange 从ArrayList中移除一定范围的元素
Reverse 将ArrayList或它的一部分中元素的顺序反转
Sort 对ArrayList或它的一部分中的元素进行排序
ToArray 将ArrayList的元素复制到新数组中
示例：
ArrayList list = new ArrayList();//创建ArrayList集合
list.Add("HuaWei MateBook ");//向集合中添加商品列表
2 索引器
一种特殊"属性"，允许一个对象可以像数组一样被索引
语法：
[修饰符] [类型] this[参数列表]
{
get {get访问器体}
set {set访问器体}
}
示例：
public string this[int index]//定义索引器
{
get
{
return arrStr[index];//通过索引器取值
}
set
{
arrStr[index] = value;//通过索引器赋值
}
}

第 12 章

委托与事件

扫码领取

- 配套视频
- 配套素材
- 学习指导
- 交流社群

本章学习目标

- 熟练掌握委托的定义及使用。
- 掌握多路广播委托的使用方法。
- 掌握匿名方法在开发中的应用。
- 熟悉委托与事件的关系。
- 掌握事件的发布和订阅过程。
- 了解 Windows 事件。

12.1 委托与多路广播委托

为了实现方法的参数化，提出了委托的概念，委托是一种引用方法的类型，即委托是方法的引用，一旦为委托分配了方法，委托将与该方法具有完全相同的行为。下面对委托的使用进行讲解。

12.1.1 委托

委托是面向对象的，相当于函数指针，但不同于函数指针的是，委托不但是类型安全的。C# 中支持在回调时或在事件处理时使用委托。

可以使用委托在委托对象的内部封装对某个方法的引用。因为委托是类型安全、可靠的托管对象，所以它既具有指针的所有优点，又避免了指针的缺点。例如，委托总是指向一个有效的对象，并且不会破坏其他对象所在的内存。

(1) 委托的声明

C# 中的委托（Delegate）是一种引用类型，该引用类型与其他引用类型有所不同，在委托对象的引用中存放的不是对数据的引用，而是存放对方法的引用，即在委托的内部包含一个指向某个方法的指针。通过使用委托把方法的引用封装在委托对象中，然后将委托对象传递给调用引用方法的代码。委托类型的声明语法格式如下:

```
【修饰符】delegate【返回类型】【委托名称】(【参数列表】)
```

其中,【修饰符】是可选项;【返回类型】、关键字 delegate 和【委托名称】是必需项;【参数列表】用来指定委托所匹配的方法的参数列表，所以是可选项。

一个与委托类型相匹配的方法必需满足以下两个条件。

- 这两者具有相同的签名，即具有相同的参数数目，并且类型相同，顺序相同，参数的修饰符也相同。
- 这两者具有相同的返回值类型。

委托是方法的类型安全的引用，之所以说委托是安全的，是因为委托和其他所有的 C# 成员一样，是一种数据类型，并且任何委托对象都是 System.Delegate 的某个子类的一个对象，委托的类结构如图 12.1 所示。

从图 12.1 的结构图中可以看出，任何自定义委托类型都直接继承自 System.MulticastDelegate 类，而 System.Delegate 类是所有委托类的父类。

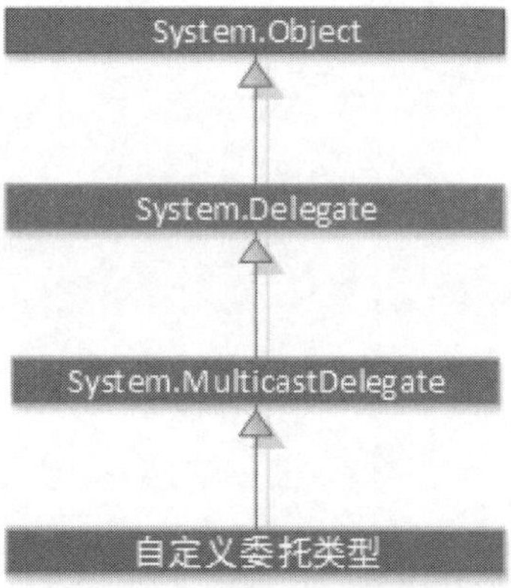

图 12.1　委托的类结构

注意:

Delegate 类和 MulticastDelegate 类都是委托类型的父类，但是，只有系统和编译器才能从 Delegate 类或 MulticastDelegate 类派生，其他自定义类无法直接继承这两个类。例如，下面的代码是不合法的:

```
public class Test : System.Delegate { }
public class Test : System.MulticastDelegate { }
```

下面示例说明如何对方法声明委托，该方法获取 string 类型的一个参数，并且该方法没

有返回类型:

```
delegate void MyDelegete(string s);
```

（2）委托的实例化

在声明委托后，就可以创建委托对象，即实例化委托，实例化委托的过程其实就是将委托与特定的方法进行关联的过程。

与所有的对象一样，委托对象也是使用 new 关键字创建的，但是，当创建委托对象时，传递给 new 表达式的参数很特殊，它的写法类似于方法调用，但是不给方法传递参数，而是直接写方法名。一旦委托被创建，它所能关联的方法便固定了，委托对象是不可变的。

当引用委托对象时，委托并不知道（也不关心）它引用的对象所属的类，只要方法签名与委托的签名相匹配，就可以引用任何对象。

委托既可以引用静态方法，也可以引用实例方法。例如，下面示例声明一个名为 MyDelegate 的委托，并实例化该委托到一个静态方法和一个实例方法，这两个方法的签名与 MyDelegate 的签名一致，并且返回值都是 void 类型，只有一个 string 类型的参数。代码如下:

```
delegate void MyDelegate(string s);
public class MyClass
{
     public static void Method1(string s) { }
     public void Method1(string s) { }
}
MyDelegate my = new MyDelegate(MyClass.Method1);// 实例化委托的静态方法

// 实例化委托的实例方法
MyClass c = new MyClass();
My my2 = new My(c.Methods);
```

（3）委托的调用

创建并实例化委托对象后，就能够把它传递给调用该委托的其他代码。

可以通过使用委托的名字来调用委托对象，名字后面的括号中是传递给委托的参数，例如，使用上面定义的两个委托 my 和 my2，下面的代码使“Hello”参数调用了 MyClass 类的静态方法 Method1 和 MyClass 类的对象 c 的实例方法 Method2。

```
my("Hello");
my2("Hello");
```

前面我们介绍过委托类型直接继承自 System.MulticastDelegate 类，而每个委托类型提供了一个 Invoke 方法，该方法具有与委托相同的签名，实质上，我们在调用委托时，编译器默认调用的就是 Invoke 方法去实现的相应功能，所以上面的委托调用完全可以写成下面的形式，这样更利于初学者理解。

```
my.Invoke("Hello");
my2.Invoke("Hello");
```

技巧:

委托的使用场景示例:

① 服务器对象可以提供一个方法，客户端对象调用该方法为特定的事件注册回调方法。当事件发生时，服务器就会调用该回调函数。通常客户端对象实例化引用回调函数的委托，并将该委托对象作为参数传递。

② 当一个窗体中的数据变化时，与其关联的另外一个窗体中相应数据需要实时改变，可以使用委托对象调用第二个窗体中的相关方法实现。

12.1.2 多路广播委托

如果改变了对象的状态，可能需要向多个对象广播这个改变，这时即可使用多路广播委托，它们可以被组合在一起，一次调用所有的方法，就像一个开关能打开或者关闭所有和它相连的灯泡一样。

（1）MulticastDelegate 类

在编译委托声明时，编译器实际上生成了一个新类，该类派生自 System.MulticastDelegate 类。

MulticastDelegate 类表示多路广播委托，即其调用列表中可以拥有多个元素的委托。所有的委托实例都有一个委托调用列表，当 Invoke 方法被调用时可以执行它们。从 MulticastDelegate 类派生的委托实例可能包含带有多个委托的调用列表。

MulticastDelegate 类包含两个静态方法，以便从调用列表中添加和移除委托对象——Combine 和 Remove。

Combine 的声明如下：

```
public static Delegate Combine(Delegate a, Delegate b);
```

该方法返回一个新的多路广播委托对象，该对象的调用列表是委托 a 和委托 b 的调用列表按一定顺序连接而成的。

Remove 的声明如下：

```
public static Delegate Remove(Delegate source, Delegate value);
```

该方法返回新的委托对象，这个委托对象的调用列表是通过获取 source 的调用列表，并删除列表中最后一个 value 而生成的（如果 source 调用列表中存在 value）。如果 value 是 null，或者没有找到 value，则直接返回 source。

另外，用户可以使用委托对象的 GetInvocationList 方法来获取调用列表，该调用列表是一个由委托引用构成的数组，其语法如下：

```
public override sealed Delegate[] GetInvocationList ();
```

返回值：Delegate[] 委托数组，这些委托的调用列表合起来与委托实例的调用列表一致。

MulticastDelegate 类还提供了两个属性 Target 和 Method 属性，可以使用它们来确定哪一个对象将接收回调，以及哪一个方法将被调用。其中，Target 属性用来获取类实例，当前委托将对其调用实例方法，其语法如下：

```
public object Target { get; }
```

属性值：如果委托引用的是实例方法，则为当前委托对其调用实例方法的对象；如果委托引用的是静态方法，则为 null。

说明：

如果委托调用一个或多个实例方法，此属性将返回调用列表中最后一个实例方法的目标。

Method 属性用来获取委托所表示的方法，其语法如下：

```
public System.Reflection.MethodInfo Method{ get; }
```

属性值：描述委托所表示的方法的 MethodInfo。

（2）多路广播委托的使用

[实例 12.1]　（源码位置：资源包 \Code\12\01）

多路广播委托操作

创建一个控制台应用程序，演示如何创建多路广播委托对象，其中分别使用 Delegate 类的 Combine 方法和 Remove 方法来添加和移除委托对象，最后分别迭代输出添加和移除后的委托，以及对应执行的操作。代码如下：

```
public delegate void MyDelegate();
public class Test
{
     public void Method1()
     {
          Console.WriteLine(" 执行操作一 ");
     }
     public void Method2()
     {
          Console.WriteLine(" 执行操作二 ");
     }
}
class Program
{
     static void Main(string[] args)
     {
          Test test1 = new Test();
          Test test2 = new Test();
          MyDelegate a, b, c, d;
          a = new MyDelegate(test1.Method1);
          b = new MyDelegate(test2.Method2);
          // 将委托 a 和 b 的组合赋值给 c
          c = (MyDelegate)Delegate.Combine(a, b);
          // 从 c 中删除 a 的结果赋值给 d
          d = (MyDelegate)Delegate.Remove(c, a);
          Console.WriteLine(" 合并后的委托列表：");
          // 迭代委托 c 的列表
          Delegate[] c1 = c.GetInvocationList();
          for (int i = 0; i < c1.Length; i++)
          {
               Console.Write(c1[i].Target+"：");
               ((MyDelegate)c1[i])();
          }
          Console.WriteLine("\n 移除后的委托列表：");
          // 迭代委托 d 的列表
          Delegate[] d1 = d.GetInvocationList();
          for (int i = 0; i < d1.Length; i++)
          {
               Console.Write(d1[i].Target + "：");
               ((MyDelegate)d1[i])();
          }
          Console.ReadLine();
     }
}
```

程序运行结果如下：

```
合并后的委托列表：
Demo.Test： 执行操作一
Demo.Test： 执行操作二

移除后的委托列表：
Demo.Test： 执行操作二
```

技巧：

在 C# 中，返回值为 void 的委托类型将导致编译器从 MulticastDelegate 类派生委托类，可以使用委托的加运算符（+）和减运算符（-）来调用 Combine 方法和 Remove 方法对委托进行组合和分解。

（3）关于委托的说明

当编译委托声明时，编译器实际上是从 System.Delegate 类派生一个新类。新的委托类包含两个成员：一个构造函数和一个 Invoke 方法。例如，下面代码定义了一个委托：

```
delegate void MyDelegate(string value);
```

当我们定义了上面的委托之后，编译器在编译这行代码时，其实相当于声明了一个继承自 System.MulticastDelegate 类的新类，它等价于下面的代码：

```
class MyDelegate : System.MulticastDelegate
{
        public MyDelegate(object obj, Method method) : base(obj, method)
        {
        }
        public void virtual Invoke(string value) { }
}
```

上面的代码中，第一个成员是构造函数，它的第一个参数是委托的目标对象，第二个参数是对方法的引用。如果委托引用静态方法，那么目标对象为 null。

MyDelegate 类的 Invoke 方法表明这个类的委托实例封装了一些方法，这些方法返回一个 void 值，只有一个 string 参数。当委托被调用的时候，本质上是用指定的参数调用了 Invoke 方法。

12.2 匿名方法

为了简化委托的可操作性，在 C# 中，提出了匿名方法的概念，它在一定程度上降低了代码量，并简化了委托引用方法的过程。

匿名方法允许一个与委托关联的代码被内联地写入使用委托的位置，匿名方法是通过使用 delegate 关键字创建委托实例来声明的，其语法格式如下：

```
delegate([ 参数列表 ])
{
      // 代码块
}
```

[实例 12.2]　（源码位置：资源包 \Code\12\02）

匿名方法和命名方法的对比

创建一个控制台应用程序，首先定义一无返回值且参数为字符串的委托类型 DelOutput，然后在控制台应用程序的默认类 Program 中定义一个静态方法 NamedMethod，使该方法与委托类型 DelOutput 相匹配，在 Main 方法中定义一个匿名方法 delegate(string j){}，并创建委托类型 DelOutput 的对象 del，最后通过委托对象 del 分别调用匿名方法和命名方法（NamedMethod）。代码如下：

```
delegate void DelOutput(string s);              // 自定义委托
class Program
{
        static void NamedMethod(string k)       // 与委托匹配的命名方法
        {
            Console.WriteLine(k);
        }
        static void Main(string[] args)
        {
            // 委托的引用指向匿名方法 delegate(string j){}
            DelOutput del = delegate (string j)
            {
                 Console.WriteLine(j);
            };
            del.Invoke(" 匿名方法被调用 ");         // 委托对象 del 调用匿名方法
            //del(" 匿名方法被调用 ");              // 委托也可使用这种方式调用匿名方法
            Console.Write("\n");
            del = NamedMethod;                    // 委托绑定到命名方法 NamedMethod
            del(" 命名方法被调用 ");                // 委托对象 del 调用命名方法
            Console.ReadLine();
       }
}
```

程序运行结果如下:

```
匿名方法被调用

命名方法被调用
```

12.3 事件

事件是由对象或者事件源在响应某种动作时引发的，这种动作是由用户或某种程序逻辑执行的，而后，事件接收器必须通过执行一系列的动作来响应被引发的事件。当发生与某个对象相关的事件时，类会使用事件将这一对象通知给用户，这种通知即称为“引发事件”。引发事件的对象称为事件的源或发送者。对象引发事件的原因很多，例如响应对象数据的更改、长时间运行的进程完成或服务中断等。

本节将从委托的发布和订阅、事件的发布和订阅、原型委托 EventHandler 类和 Windows 事件概述这 4 个方面对事件的使用进行讲解。

12.3.1 委托的发布和订阅

由于委托能够引用方法，而且能够连接和删除其他委托对象，因此可以通过委托来实现事件的“发布和订阅”这两个必要的过程，通过委托来实现事件处理的过程，通常需要以下 4 个步骤。

① 定义委托类型，并在发布者类中定义一个该类型的公有成员。

② 在订阅者类中定义委托处理方法。

③ 订阅者对象将其事件处理方法链接到发布者对象的委托成员（一个委托类型的引用）上。

④ 发布者对象在特定的情况下“引发”委托操作，从而自动调用订阅者对象的委托处理方法。

下面以学校铃声为例，通常学生会对上下课铃声做出相应的动作响应。例如：打上课铃，同学们开始学习；打下课铃，同学们开始休息，下面就通过委托的发布和订阅来实现这个功能。

（源码位置：资源包 \Code\12\03）

[实例 12.3]

通过委托来实现学生们对铃声所做出的响应

具体步骤如下。

① 定义一个委托类型 RingEvent，其整型参数 ringKind 表示铃声种类（1：表示上课铃声；2 表示下课铃声）。具体代码如下：

```
public delegate void RingEvent(int ringKind);     // 声明一个委托类型
```

② 定义委托发布者类 SchoolRing，并在该类中定义一个 RingEvent 类型的公有成员（即委托成员，用来进行委托发布），然后再定义一个成员方法 Jow，用来实现引发委托操作。代码如下：

```
public class SchoolRing                              // 定义发布者类
{
    public RingEvent OnBellSound;                    // 委托发布
    public void Jow(int ringKind)                    // 实现打铃操作
    {
        if (ringKind == 1 || ringKind == 2)// 判断打铃参数是否合法
        {
            Console.Write(ringKind == 1 ? " 上课铃声响了，" : " 下课铃声响了，");
            if (OnBellSound != null)     // 不等于空，说明它已经订阅了具体的方法
            {
                OnBellSound(ringKind);  // 回调 OnBellSound 委托所订阅的具体方法
            }
        }
        else
        {
            Console.WriteLine(" 这个铃声参数不正确！ ");
        }
    }
}
```

③ 由于学生会对铃声做出相应的动作相应，所以这里定义一个 Students 类，然后在该类中定义一个铃声事件的处理方法 SchoolJow，并在某个激发时刻或状态下链接到 SchoolRing 对象的 OnBellSound 委托上。另外，在订阅完毕之后，还可以通过 CancelSubscribe 方法删除订阅。具体代码如下：

```
public class Students                                       // 定义订阅者类
{
    public void SubscribeToRing(SchoolRing schoolRing)      // 学生们订阅铃声这个委托事件
    {
        schoolRing.OnBellSound += SchoolJow;                // 通过委托的链接操作进行订阅
    }
    public void SchoolJow(int ringKind)                     // 事件的处理方法
    {
        if (ringKind == 2)                                  // 打下课铃
        {
            Console.WriteLine(" 同学们开始课间休息！ ");
        }
        else if (ringKind == 1)                             // 打上课铃
        {
            Console.WriteLine(" 同学们开始认真学习！ ");
```

```
            }
        }
        public void CancelSubscribe(SchoolRing schoolRing)// 取消订阅铃声动作
        {
            schoolRing.OnBellSound -= SchoolJow;
        }
    }
```

④ 当发布者 SchoolRing 类的对象调用其 Jow 方法进行打铃时，就会自动调用 Students 对象的 SchoolJow 这个事件处理方法。代码如下：

```
class Program
{
    static void Main(string[] args)
    {
        SchoolRing sr = new SchoolRing();                     // 创建一个事件发布者实例
        Students student = new Students();                    // 创建一个事件订阅者实例
        student.SubscribeToRing(sr);                          // 学生订阅学校铃声
        Console.Write(" 请输入打铃参数（1：表示打上课铃；2：表示打下课铃）：");
        sr.Jow(Convert.ToInt32(Console.ReadLine()));          // 开始打铃动作
        Console.ReadLine();
    }
}
```

本例运行结果如图 12.2 所示。

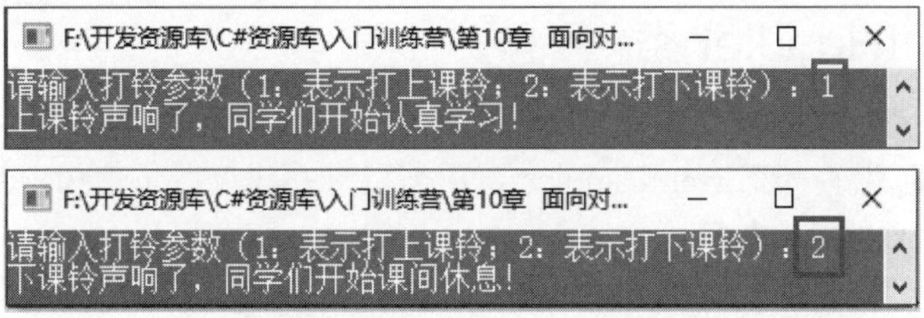

图 12.2　通过委托来实现学生们对铃声所作出的响应

12.3.2　事件的发布和订阅

委托可以进行发布和订阅，从而使不同的对象对特定的情况做出反应，但这种机制存在一个问题，即外部对象可以任意修改已发布的委托（因为这个委托仅是一个普通的类级公有成员），这也会影响其他对象对委托的订阅（使委托丢掉了其他的订阅）。例如，在进行委托订阅时，使用“=”符号，而不是“+=”，或者在订阅时，设置委托指向一个空引用，这些都对委托的安全性造成严重的威胁。

例如，使用如下代码：

```
public void SubscribeToRing(SchoolRing schoolRing) // 学生们订阅铃声这个委托事件
{
    // 通过赋值运算符进行订阅，使委托 OnBellSound 丢掉了其他的订阅
    schoolRing.OnBellSound = SchoolJow;
}
```

或

```
public void SubscribeToRing(SchoolRing schoolRing) // 学生们订阅铃声这个委托事件
{
    schoolRing.OnBellSound = null;                  // 取消委托订阅的所有内容
}
```

为了解决这个问题，C# 提供了专门的事件处理机制，以保证事件订阅的可靠性，其做法是在发布委托的定义中加上 event 关键字，其他代码不变，event 关键字允许为每个事件指定委托以供事件发生时调用。例如：

```
public event RingEvent OnBellSound;                //事件发布
```

经过这个简单的修改后，其他类型再使用 OnBellSound 委托时，就只能将其放在复合赋值运算符“+=”或“-=”的左侧，而直接使用“=”运算符，编译系统会报错。例如，下面的代码是错误的：

```
schoolRing.OnBellSound = SchoolJow;            //系统会报错的
schoolRing.OnBellSound = null;                 //系统会报错的
```

这样就解决了上面出现的安全隐患，通过这个分析，可以看出，事件是一种特殊的类型，发布者在发布一个事件之后，订阅者对它只能进行自身的订阅或取消，而不能干涉其他订阅者。

说明：

事件是类的一种特殊成员，即使是公有事件，除其所属类型之外，其他类型只能对其进行订阅或取消，别的任何操作都是不允许的，因此事件具有特殊的封装性。和一般委托成员不同，某个类型的事件只能由自身触发。例如，在 Students 的成员方法中，使用“schoolRing.OnBellSound(2)”直接调用 SchoolRing 对象的 OnBellSound 事件是不允许的，因为 OnBellSound 这个委托只能在包含其自身定义的发布者类中被调用。

12.3.3 EventHandler 类

在事件发布和订阅的过程中，定义事件的类型（即委托类型）是一件重复性的工作，为此，.NET 类库中定义了一个 EventHandler 委托类型，并建议尽量使用该类型作为事件的委托类型。该委托类型的定义如下：

```
public delegate void EventHandler(object sender, EventArgs e);
```

其中，object 类型的参数 sender 表示引发事件的对象，由于事件成员只能由类型本身（即事件的发布者）触发，因此在触发时传递给该参数的值通常为 this。例如：可将 SchoolRing 类的 OnBellSound 事件定义为 EventHandler 委托类型，那么触发该事件的代码就是“OnBellSound(this,null);”。

事件的订阅者可以通过 sender 参数来了解是哪个对象触发的事件（这里当然是事件的发布者），不过在访问对象时通常要进行强制类型转换。例如，Students 类对 OnBellSound 事件的处理方法可以修改如下：

```
public void SchoolJow(object sender, EventArgs e)
{
    if (((RingEventArgs)e).RingKind == 2)         //e 强制转化 RingEventArgs 类型
    {
        Console.WriteLine("同学们开始课间休息！");
    }
    else if (((RingEventArgs)e).RingKind == 1)    //e 强制转化 RingEventArgs 类型
    {
        Console.WriteLine("同学们开始认真学习！");
    }
}
public void CancelSubscribe(SchoolRing schoolRing) //取消订阅铃声动作
{
    schoolRing.OnBellSound -= SchoolJow;
}
```

EventHandler 委托的第二个参数 e 表示事件中包含的数据。如果发布者还要向订阅者传递额外的事件数据，那么就需要定义 EventArgs 类型的子类。例如，由于需要把打铃参数（1 或 2）传入事件中，可以定义如下的 RingEventArgs 类：

```
public class RingEventArgs : EventArgs
{
    private int ringKind;                    // 描述铃声种类的字段
    public int RingKind
    {
        get { return ringKind; }             // 获取打铃参数
    }
    public RingEventArgs(int ringKind)
    {
        this.ringKind = ringKind;            // 在构造器中初始化铃声参数
    }
}
```

而 SchoolRing 的实例在触发 OnBellSound 事件时，就可以将该类型（即 RingEventArgs）的对象作为参数传递给 EventHandler 委托。下面来看激发 OnBellSound 事件的主要代码：

```
public event EventHandler OnBellSound;       // 委托发布
public void Jow(int ringKind)                // 打铃方法
{
    if (ringKind == 1 || ringKind == 2)
    {
        Console.Write(ringKind == 1 ? "上课铃声响了，" : "下课铃声响了，");
        if (OnBellSound != null)             // 不等于空，说明它已经订阅具体的方法
        {
            // 为了安全，事件成员只能由类型本身触发（this），
            OnBellSound(this, new RingEventArgs(ringKind));// 回调委托所订阅的方法
        }
    }
    else
    {
        Console.WriteLine("这个铃声参数不正确！");
    }
}
```

由于 EventHandler 原始定义中的参数类型是 EventArgs，那么订阅者在读取参数内容时同样需要进行强制类型转换。例如：

```
public void SchoolJow(object sender, EventArgs e)
{
    if (((RingEventArgs)e).RingKind == 2)    // 打了下课铃
    {
        Console.WriteLine("同学们开始课间休息！");
    }
    else if (((RingEventArgs)e).RingKind == 1)// 打了上课铃
    {
        Console.WriteLine("同学们开始认真学习！");
    }
}
```

12.3.4 Windows 事件概述

事件在 WinForm 这样的图形界面程序中有着极其广泛的应用，事件响应是程序与用户交互的基础。用户的绝大多数操作，如移动鼠标指针、单击、改变光标位置、选择菜单命令等，都可以触发相关的控件事件。以 Button 控件为例，其成员 Click 就是一个 EventHandler 类型的事件：

```
public event EventHandler Click;
```

用户单击按钮时，Button 对象就会调用其保护成员方法 OnClick（它包含了激发 Click 事件的代码），并通过它来触发 Click 事件。

例如，在 Form1 窗体包含一个名为 button1 的按钮，那么可以在窗体的构造方法中关联事件处理方法，并在方法代码中执行所需要的功能。代码如下：

```
public Form1()
{
    InitializeComponent();
    button1.Click += new EventHandler(button1_Click);// 关联事件处理方法
}
private void button1_Click(object sender, EventArgs e)
{
    this.Close();
}
```

本章知识思维导图

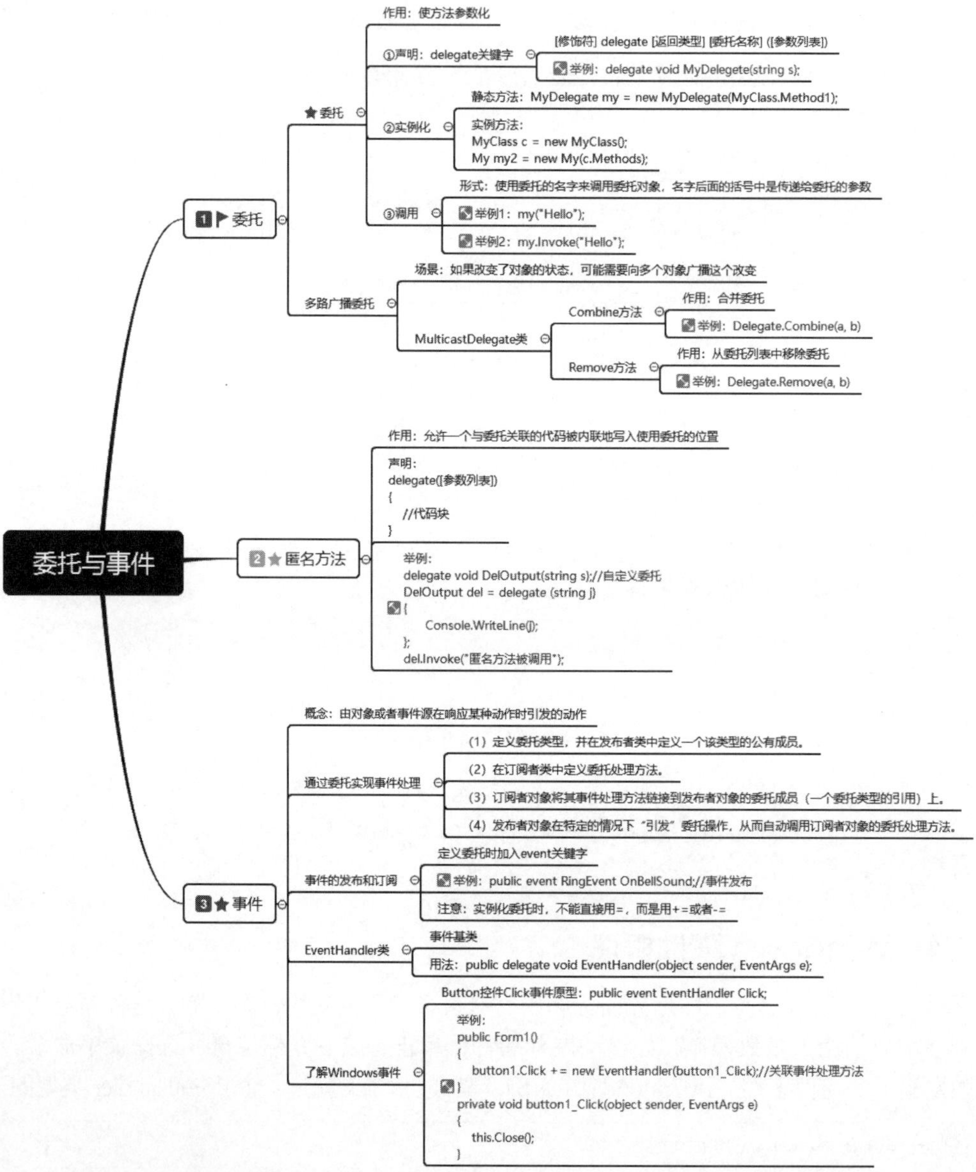

第 13 章

泛型

扫码领取
- 配套视频
- 配套素材
- 学习指导
- 交流社群

本章学习目标

- 了解为什么要使用泛型。
- 熟练掌握泛型中类型参数的意义及定义。
- 掌握泛型方法、泛型类和泛型接口的使用。
- 熟悉 C# 中的泛型约束。
- 熟悉自定义的两种泛型委托及使用场景。

13.1 为什么要使用泛型

我们在开发程序时，经常会遇到功能非常相似的模块，只是它们处理的数据不一样，但通常都是编写多个方法来处理不同的数据类型，那么有没有用同一个方法来处理传入不同类型参数的办法呢？泛型的出现就可以解决这类问题。

例如，下面代码定义了 3 个方法，分别用来获取 int、double 和 bool 类型的原始类型：

```
public void GetInt(int i)
{
     Console.WriteLine(i.GetType());
}
public void GetDouble(double i)
{
     Console.WriteLine(i.GetType());
}
public void GetBool(bool i)
{
     Console.WriteLine(i.GetType());
}
```

调用上面方法的代码如下：

```
Program p = new Program();
p.GetInt(1);
p.GetDouble(1.0);
p.GetBool(true);
```

运行结果如下：

```
System.Int32
System.Double
System.Boolean
```

观察上面的代码，除传入的参数类型不同外，其实现的功能是一样的。这时有人可能会想到 object 类型，例如，可以将上面代码优化如下：

```
public void GetType(object i)
{
     Console.WriteLine(i.GetType());
}
```

通过上面的优化，可以实现与第一段代码相同的功能，但是使用 object 会有一个装箱和拆箱的过程，这样会对程序的性能造成影响！遇到这种情况怎么办呢？泛型的出现解决了上面的问题。

泛型实质上就是使程序员定义安全的类型。在没有出现泛型之前，C# 提供了对 Object 的引用“任意化”操作，但这种任意化操作在执行某些强制类型转换时，有的错误也许不会被编译器捕捉，而在运行后出现异常，可见强制类型转换存在安全隐患，所以提供了泛型机制。本节就来讲解泛型机制。

13.2 泛型类型参数

定义泛型时，只要指定泛型的类型参数，通常用 T 表示，它可以看作是一个占位符，它不是一种类型，它仅代表了某种可能的类型。在定义泛型时，T 出现的位置可以在使用时用任何类型来代替。类型参数 T 的命名准则如下。

① 使用描述性名称命名泛型类型参数，除非单个字母名称完全可以让人了解它表示的含义，而描述性名称不会有更多的意义。例如，使用代表一定意义的单词作为类型参数 T 的名称，代码如下：

```
public interface IStudent<TStudent>
public delegate void ShowInfo<TKey, TValue>
```

② 将 T 作为描述性类型参数名的前缀。例如，使用 T 作为类型参数名的前缀，代码如下：

```
public interface IStudent<T>
{
    T Sex { get; }
}
```

[实例 13.1] （源码位置：资源包 \Code\13\01）

使用泛型解决参数类型不确定的问题

可以将 13.1 节中获取各种数据原始类型的代码优化如下：

```
public void GetType<T>(T t)
{
    Console.WriteLine(t.GetType());
}
```

调用的代码可以修改如下：

```
Program p = new Program();
p.GetType<int>(1);
p.GetType<double>(1.0);
p.GetType<bool>(true);
```

为什么可以使用泛型可以解决上面的问题呢？这是因为泛型是延迟声明的，即在定义时并不需要明确指定具体的参数类型，而是把参数类型的声明延迟到了调用时才指定，这里需要注意的是，在使用泛型时，必须指定具体类型。

13.3 泛型方法

其实上面在优化获取各种数据原始类型的代码时，已经用到了泛型方法，泛型方法就是在声明中包含了类型参数 T 的方法，其语法如下：

```
[修饰符] void [方法名]<类型型参 T>(参数列表)
{
    [方法代码]
}
```

例如，定义一个泛型方法，获取一维数组中的元素值，代码如下：

```
public void GetValue<T>(T[] ts)
{
    for (int i = 0; i < ts.Length; i++)
        Console.WriteLine(ts[i]);
}
```

13.4 泛型类

除方法可以是泛型以外，类也可以是泛型的，泛型类的声明形式如下：

```
[ 修饰符 ] class [ 类名 ]<T>
{
        [ 类代码 ]
}
```

声明泛型类时，与声明一般类的唯一区别是增加了类型参数 <T>。

例如，定义一个泛型类 Test<T>，在该类中定义一个泛型类型的变量，代码如下：

```
public class Test<T>                                // 创建一个泛型类
{
    public T _T;                                    // 公共变量
}
```

定义泛型类之后，如果要使用，则需要在创建对象时指定具体的类型。例如，下面的代码：

```
// T 是 int 类型
Test<int> testInt = new Test<int>();
testInt._T = 123;
// T 是 string 类型
Test<string> testString = new Test<string>();
testString._T = "123";
```

说明：

① 如果在泛型类中声明泛型方法，则泛型方法中可以同时引用该方法的类型参数 T 和泛型类中声明的类型参数 T。
② 定义泛型类时，如果子类也是泛型的，那么继承时可以不指定具体类型；类实现泛型接口也是这种情况。

13.5 泛型接口

除了可以有泛型类，也可以有泛型接口，泛型接口的声明形式如下：

```
interface [ 接口名 ]<T>
{
        [ 接口代码 ]
}
```

声明泛型接口时，与声明一般接口的唯一区别是增加了类型参数 <T>。一般来说，声明泛型接口与声明非泛型接口遵循相同的规则。

例如，定义一个泛型接口 ITest<T>，在该接口中声明 CreateIObject 方法，代码如下：

```
interface ITest<T>                                  // 创建一个泛型接口
{
    T CreateIObject();                              // 接口中定义 CreateIObject 方法
}
```

13.6 泛型约束

在声明泛型时，可以给泛型加上一定的约束来满足特定的条件。C# 中的泛型约束主要有以下5种。

- T: 结构：类型参数必须是值类型，可以指定除 null 以外的任何值类型。
- T: 类：类型参数必须是引用类型，包括任何类、接口、委托或数组类型。
- T:new()：类型参数必须具有无参数的公共构造函数。当与其他约束一起使用时，new() 约束必须放到最后。
- T:〈基类名〉：类型参数必须是指定的父类或派生自指定的父类。这里需要注意的是，基类不能是密封类，因为密封类不能被继承，所以用作约束就没有任何意义。
- T:〈接口名称〉：类型参数必须是指定的接口或实现指定的接口，可以指定多个接口约束，而且约束接口也可以是泛型的。

说明：
由于所有的值类型都必须具有可访问的无参数构造函数，所以 T: 结构约束不能与 T:new() 约束结合使用。

所谓的泛型约束，实际上就是约束的类型 T，使 T 必须遵循一定的规则。例如 T 必须继承自某个类，或者 T 必须实现某个接口等。那么如何给泛型指定约束？只需要使用 where 关键字加上约束的条件即可。

例如，定义一个泛型接口 ITest〈T〉，在该接口中声明 CreateIObject 方法；然后定义实现 ITest〈T〉接口的子类 Test〈T, TI〉，并在此类中实现接口的 CreateIObject 方法。代码如下：

```
interface ITest<T>                                  // 创建一个泛型接口
{
    T CreateIObject();                              // 接口中定义 CreateIObject 方法
}
// 实现上面泛型接口的泛型类
// 派生约束 where T : TI（T 要继承自 TI）
// 构造函数约束 where T : new()（T 可以实例化）
public class Test<T, TI> : ITest<TI> where T : TI, new()
{
    public TI CreateIObject()                       // 实现接口中的方法 CreateIObject
    {
        return new T();                             // 返回 T 类型的对象
    }
}
```

13.7　两种特殊的泛型委托

.NET Framework 中提供了两种特殊的泛型委托，分别是 Func 泛型委托和 Action 泛型委托，其中，Func 泛型委托表示有返回类型的委托，而 Action 泛型委托可以参数形式传递方法，而不用显式声明自定义的委托，本节对这两种特殊的泛型委托进行讲解。

（1）Func 泛型委托

Func 被定义成了一个泛型委托，它最多为 0 到 16 个输入参数，正由于它是泛型委托，所以参数由开发者确定，同时，它规定必须要有一个返回值，而返回值的类型也是由开发者确定。Func 泛型委托的常用形式如下。

- Func〈int〉：表示没有输入参数，返回值为 int 类型的委托。
- Func〈object,string,int〉：表示输入参数类型为 object 和 string，返回值为 int 类型的委托。
- Func〈object,string,string〉：表示输入参数类型为 object 和 string，返回值为 string 类型的委托。

- Func〈T1,T2,T3,int〉：表示输入参数类型为 T1、T2 和 T3（泛型），返回值为 int 类型的委托。

例如，下面代码中定义了一个委托和一个委托回调方法：

```
Func<int, int, string> calc = getCalc;
public string getCalc(int a, int b)
{
     return "结果为：" + (a + b);
}
```

从代码中可以看到，Func 泛型委托的前两个参数类型均为 int 型，所对应的是 getCalc 方法的两个参数类型，而最后一个泛型参数类型为 string 类型，它表示 getCalc 方法的返回值类型。

上面定义的委托及调用方法都是进行显式声明的，也可以使用匿名方法来定义 Func 泛型委托。

下面同样是定义 Func 泛型委托，但使用了匿名方法定义委托的回调方法，代码如下：

```
Func<int, int, string> calc =
          delegate (int a, int b)
          {
               return "结果为：" + (a + b);
          };
```

由于 Func 泛型委托是有返回值的，因此在调用时，需要定义一个与 Func 泛型委托中指定的返回值类型相匹配的变量来接收返回值。例如，上面委托的调用代码如下：

```
string result = calc(2,3);
```

（2）Action 泛型委托

Action 被定义成了一个泛型委托，它最多为 0 到 16 个输入参数，但是没有返回值。Action 泛型委托的常用形式如下。

- Action：表示无输入参数，无返回值的委托。
- Func〈int〉：表示有 1 个 int 类型输入参数，无返回值的委托。
- Func〈object,string,int〉：表示有 3 个输入参数，类型分别是 object、string 和 int，无返回值的委托。
- Func〈T1,T2,T3,int〉：表示有 4 个输入参数，类型分别是 T1（泛型）、T2（泛型）、T3（泛型）和 int，无返回值的委托。

例如，下面代码中定义了一个委托和一个委托回调方法：

```
Action<int, int> calc = getCalc;
public void getCalc(int a, int b)
{
     Console.Write("结果为：" + (a + b));
}
```

从代码中可以看到，Action 泛型委托要求的两个参数类型均为 int 型，所对应的是 getCalc 方法的两个参数类型。

上面定义的委托及调用方法都是进行显式声明的，也可以使用匿名方法来定义 Action 泛型委托。

下面同样是定义 Action 泛型委托，但使用了匿名方法定义委托的回调方法，代码如下：

```
Action<int, int> calc =
          delegate (int a, int b)
          {
               Console.Write(" 结果为: " + (a + b));
          };
```

上面委托的调用方法非常简单，例如，计算 2 和 3 的相加结果，调用代码如下:

```
calc(2,3);
```

本章知识思维导图

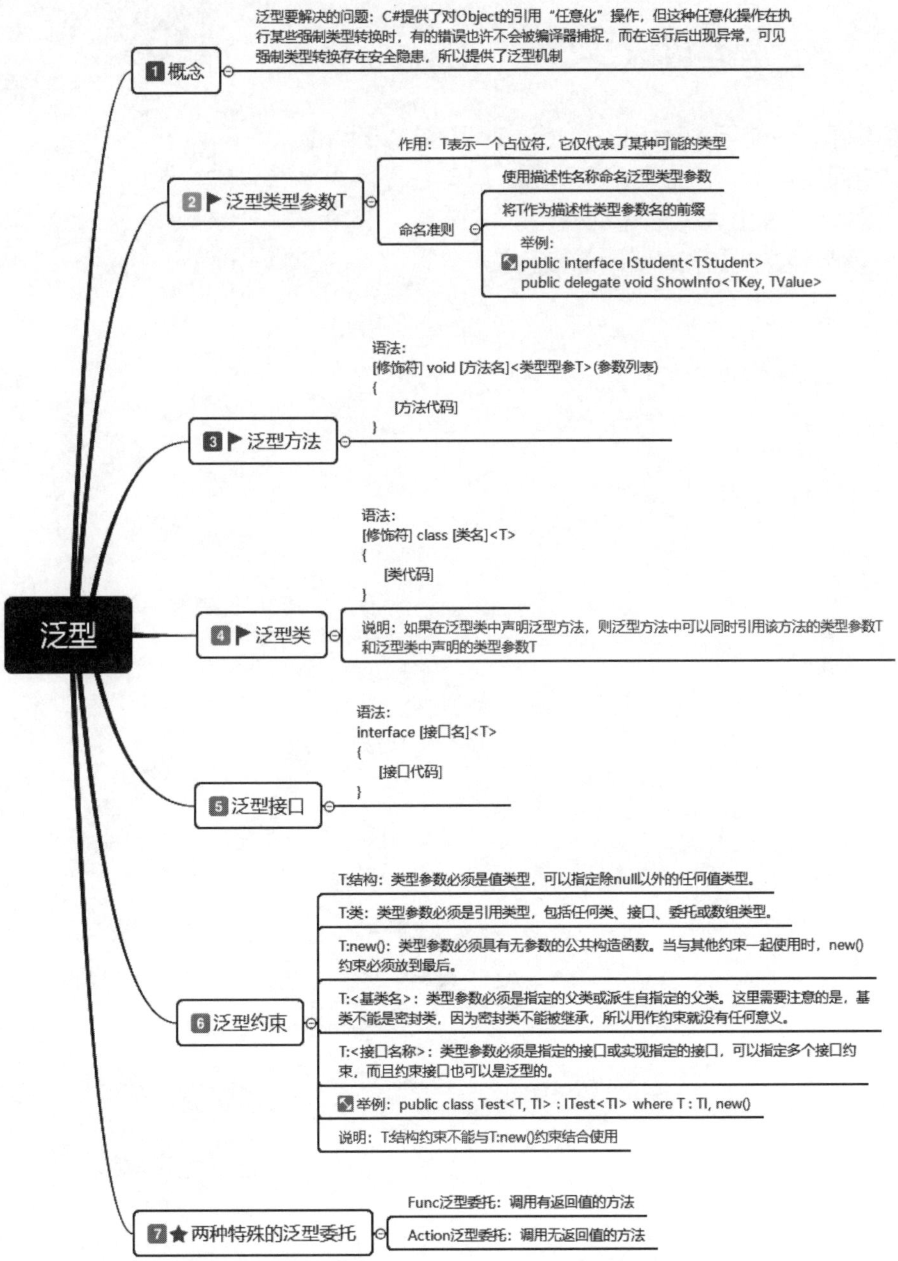

泛型
1 概念
泛型要解决的问题：C#提供了对Object的引用“任意化”操作，但这种任意化操作在执行某些强制类型转换时，有的错误也许不会被编译器捕捉，而在运行后出现异常，可见强制类型转换存在安全隐患，所以提供了泛型机制
2 泛型类型参数T
作用：T表示一个占位符，它仅代表了某种可能的类型
命名准则
使用描述性名称命名泛型类型参数
将T作为描述性类型参数名的前缀
举例：
public interface IStudent<TStudent>
public delegate void ShowInfo<TKey, TValue>
3 泛型方法
语法：
[修饰符] void [方法名]<类型型参T>(参数列表)
{
[方法代码]
}
4 泛型类
语法：
[修饰符] class [类名]<T>
{
[类代码]
}
说明：如果在泛型类中声明泛型方法，则泛型方法中可以同时引用该方法的类型参数T和泛型类中声明的类型参数T
5 泛型接口
语法：
interface [接口名]<T>
{
[接口代码]
}
6 泛型约束
T:结构：类型参数必须是值类型，可以指定除null以外的任何值类型。
T:类：类型参数必须是引用类型，包括任何类、接口、委托或数组类型。
T:new()：类型参数必须具有无参数的公共构造函数。当与其他约束一起使用时，new()约束必须放到最后。
T:<基类名>：类型参数必须是指定的父类或派生自指定的父类。这里需要注意的是，基类不能是密封类，因为密封类不能被继承，所以用作约束就没有任何意义。
T:<接口名称>：类型参数必须是指定的接口或实现指定的接口，可以指定多个接口约束，而且约束接口也可以是泛型的。
举例：public class Test<T, TI> : ITest<TI> where T : TI, new()
说明：T:结构约束不能与T:new()约束结合使用
7 两种特殊的泛型委托
Func泛型委托：调用有返回值的方法
Action泛型委托：调用无返回值的方法

第 14 章

程序调试与异常处理

扫码领取

- 配套视频
- 配套素材
- 学习指导
- 交流社群

本章学习目标

- 熟练掌握如何使用 Visual Studio 对程序进行调试。
- 掌握如何使用 try…catch…finally 语句在程序中捕获异常。
- 熟悉 throw 抛出异常语句的使用。
- 熟悉程序开发中异常的使用原则。

14.1 程序调试

我们在程序开发过程中会不断体会到程序调试的重要性。为验证 C# 的运行状况，会经常在某个方法调用的开始和结束位置分别使用 Console.WriteLine() 方法或者 MessageBox.Show() 方法输出信息，并根据这些信息判断程序执行状况，这是非常古老的程序调试方法，而且经常导致程序代码混乱。下面将介绍几种使用 Visual Studio 开发工具调试 C# 程序的方法。

14.1.1 Visual Studio 编辑器调试

在使用 Visual Studio 开发 C# 程序时，编辑器不但能够为开发者提供代码编写、辅助提示和实时编译等常用功能，而且还提供对 C# 源代码进行快捷修改、重构和语法纠错等高级操作。通过 Visual Studio，可以很方便地找到一些语法错误，并且根据提示进行快速修正。下面对 Visual Studio 提供的常用调试功能进行介绍。

（1）错误提示符

错误提示符位于出现错误的代码行的最左侧，用于指出错误所在的位置，使用鼠标右键单击该提示符，可以弹出快捷菜单，在快捷菜单中可以对其进行基本的查看操作，如图 14.1 所示。

图 14.1　对错误提示符的操作

（2）代码下方的红色波浪线

在出现错误的代码下方，会显示红色的波浪线，将鼠标指针移动到红色波浪线上，将显示具体的错误内容（例如图 14.2 所示的提示框），开发人员可根据该提示对代码进行修改。

（3）代码下方的绿色波浪线

在出现警告的代码下方，会显示绿色的波浪线，警告不会影响程序的正常运行，将鼠标指针移动到绿色波浪线上，将显示具体的警告信息（例如图 14.3 所示的提示框），开发人员可以根据该警告信息对代码进行优化。

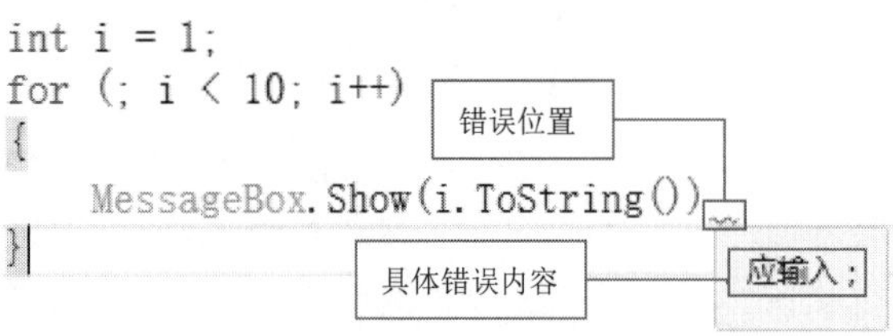

图 14.2　显示具体错误内容

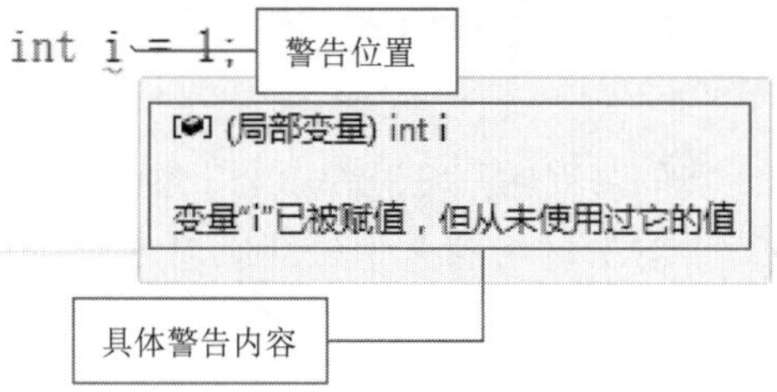

图 14.3　显示具体警告信息

14.1.2　Visual Studio 调试器调试

当代码不能正常运行时，可以通过调试定位错误。常用的程序调试操作包括设置断点，开始、中断和停止程序的执行，单步执行和逐过程执行。下面将对这几种常用的程序调试操作进行详细地介绍。

（1）断点操作

断点通知调试器，使应用程序在某点上（暂停执行）或某情况发生时中断。发生中断时，称程序和调试器处于中断模式。进入中断模式并不会终止或结束程序的执行，所有元素（如函数、变量和对象）都保留在内存中。执行可以在任何时候继续。

插入断点有 3 种方式：在要设置断点的代码行旁边的灰色空白中单击；使用鼠标右键单击要设置断点的代码行，在弹出的快捷菜单中选择“断点”→“插入断点”选项，如图 14.4 所示；单击要设置断点的代码行，选择菜单中的“调试”→“切换断点”选项，如图 14.5 所示。

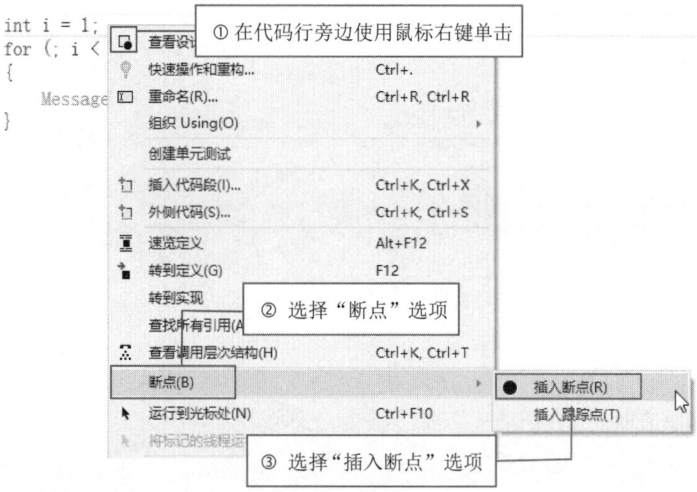

图 14.4　右键快捷菜单插入断点

插入断点后，就会在设置断点的行旁边的灰色空白处出现一个红色圆点，并且该行代码也会呈高亮显示，如图 14.6 所示。

删除断点主要有 3 种方式，分别如下。

① 单击设置了断点的代码行左侧的红色圆点。

② 在设置了断点的代码行左侧的红色圆点上使用鼠标右键单击，在弹出的快捷菜单中

选择“删除断点”选项，如图 14.7 所示。

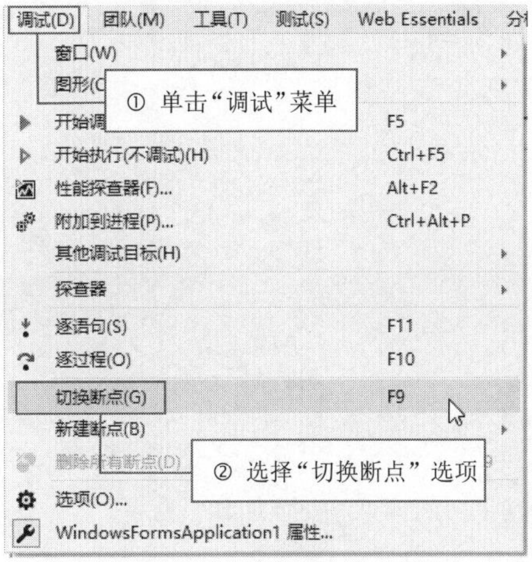

图 14.5　菜单栏插入断点

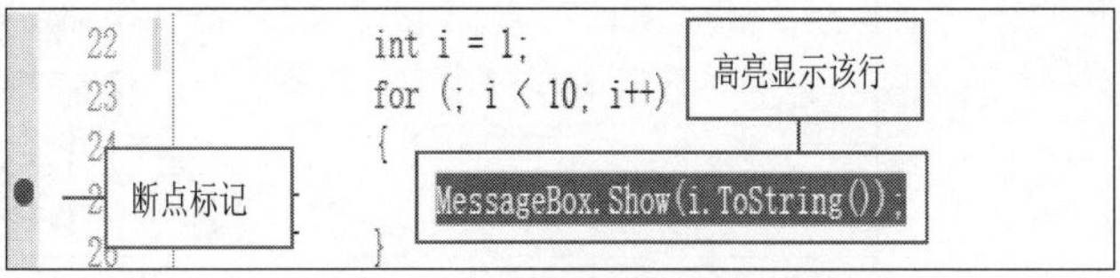

图 14.6　插入断点后效果图

③ 在设置了断点的代码行上使用鼠标右键单击，在弹出的快捷菜单中选择“断点”/“删除断点”选项。

（2）开始执行

开始执行是最基本的调试功能之一，从“调试”菜单（图 14.8）中选择“开始调试”选项，或在源代码窗口中使用鼠标右键单击可执行代码中的某行，从弹出的快捷菜单中选择“运行到光标处”选项，如图 14.9 所示。

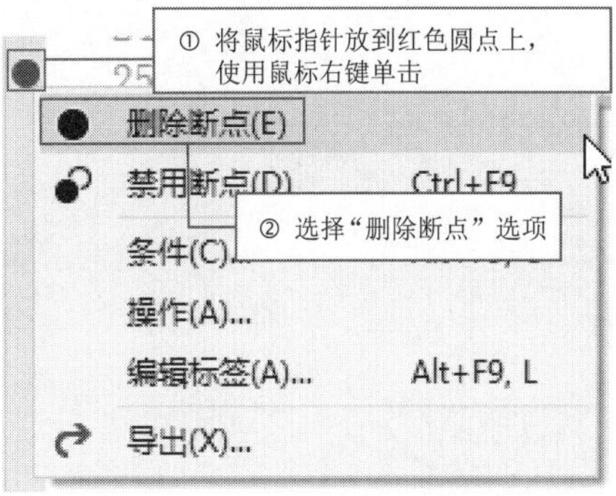

图 14.7　右键快捷菜单删除断点

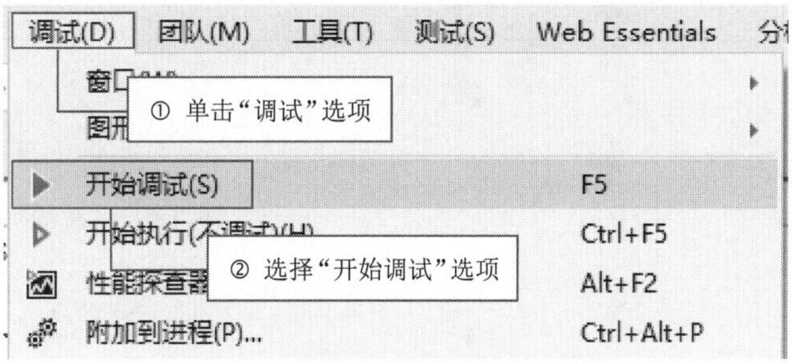

图 14.8　选择“开始调试”选项

除使用上述的方法开始执行外，还可以直接单击工具栏中的 ▶ 启动 按钮，启动调试，如图 14.10 所示。

如果选择“开始调试”选项，则应用程序启动并一直运行到断点，此时断点处的代码以黄色底色显示，如图 14.11 所示。可以在任何时刻中断执行，以查看值（将鼠标指针移动到相应的变量或对象上，即可查看其具体值，如图 14.12 所示）、修改变量或观察程序状态。

如果选择“运行到光标处”选项，则应用程序启动并一直运行到断点或光标位置，具体要看是断点在前还是光标在前，可以在源代码窗口中设置光标位置。如果光标在断点的前面，则代码首先运行到光标处，如图 14.13 所示。

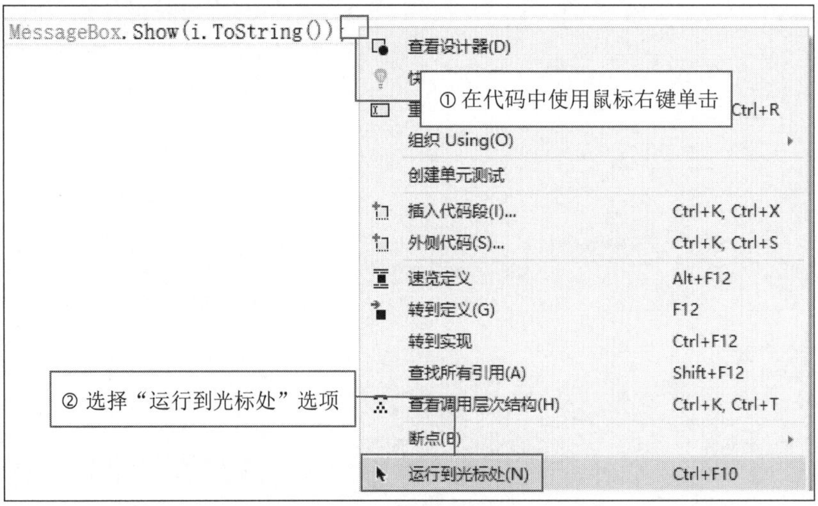

图 14.9 选择“运行到光标处”选项

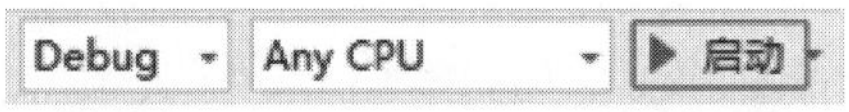

图 14.10 工具栏中的“启动”按钮

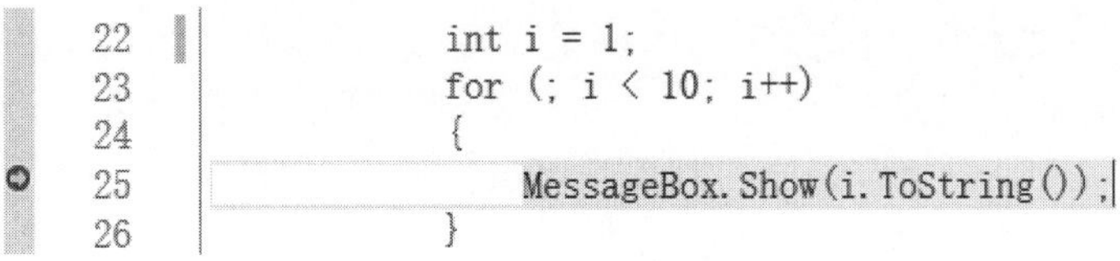

图 14.11 运行到断点

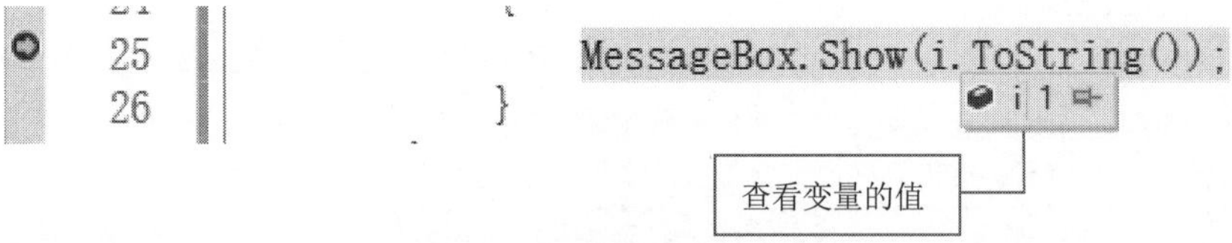

图 14.12 查看变量的值

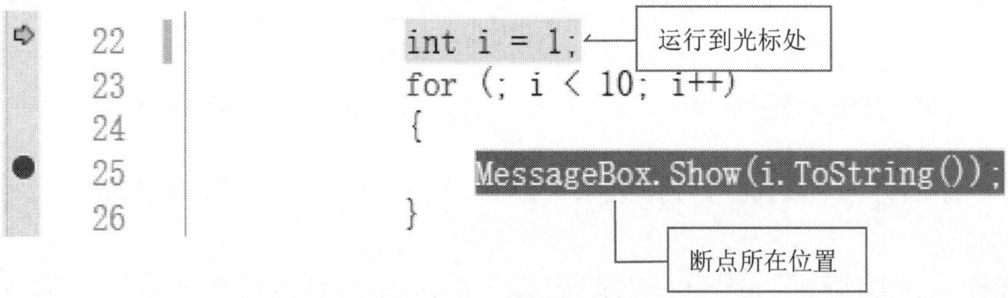

图 14.13 运行到光标处

（3）中断执行

当执行到达一个断点或发生异常时，调试器将中断程序的执行。选择“调试”→“全部中断”选项后，调试器将停止所有在调试器下运行的程序的执行。程序并没有退出，可以随时恢复执行，此时应用程序处于中断模式。“调试”菜单中“全部中断”选项如图 14.14 所示。

图 14.14 “调试”→“全部中断”选项

除通过选择“调试”→“全部中断”选项中断执行外，也可以单击工具栏中的按钮中断执行，如图 14.15 所示。

图 14.15 工具栏中的中断执行按钮

（4）停止执行

停止执行意味着终止正在调试的进程并结束调试会话，可以通过选择菜单中的“调试”→“停止调试”选项来结束运行和调试。也可以选择工具栏中的按钮停止执行。

（5）单步执行和逐过程执行

通过单步执行，调试器每次只执行一行代码，单步执行主要是通过“逐语句”“逐过程”和“跳出”这 3 个命令实现的。“逐语句”和“逐过程”的主要区别是当某一行包含函数调用时，“逐语句”仅执行调用本身，然后在函数内的第一个代码行处停止。而“逐过程”是先执行整个函数，之后在函数外的第一行代码处停止。如果位于函数调用的内部并想返回调用函数时，应使用“跳出”，“跳出”将一直执行代码，直到函数返回，然后在调用函数中的返回点处中断。

当启动调试后，可以单击工具栏中的按钮执行“逐语句”操作，单击按钮执行“逐过程”操作，单击按钮执行“跳出”操作，如图 14.16 所示。

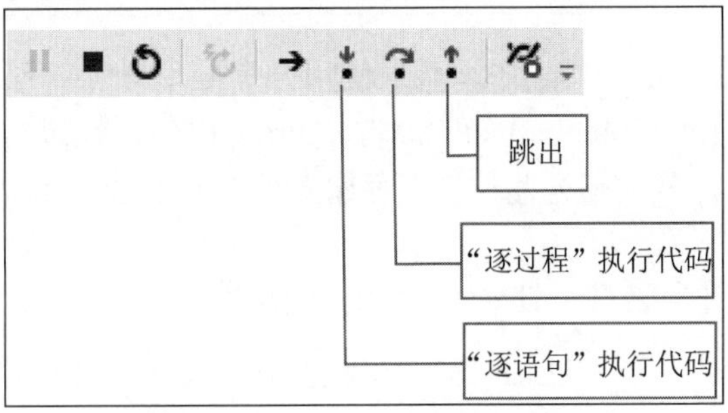

图 14.16 单步执行的 3 个命令

说明：

除在工具栏中单击这 3 个按钮外，还可以通过快捷键执行这 3 个操作，启动调试后，按下 F11 快捷键执行“逐语句”操作、F10 快捷键执行“逐过程”操作、<Shift+F10> 快捷键执行“跳出”操作。

14.2 异常处理

在编写程序时，不仅要关心程序的正常操作，还应该检查代码错误及可能发生的各类不可预期的事件。在现代编程语言中，异常处理是解决这些问题的主要方法。异常处理是一种功能强大的机制，用于处理应用程序可能产生的错误或是其他可以中断程序执行的异常情况。异常处理可以捕捉程序执行所发生的错误，通过异常处理可以有效、快速地构建各种用来处理程序异常情况的程序代码。

异常处理实际上就相当于大楼失火时（发生异常），烟雾感应器捕获到高于正常密度的烟雾（捕获异常），将自动喷水进行灭火（处理异常）。

在 .NET 类库中，提供了针对各种异常情形所设计的异常类，这些类包含了异常的相关信息。配合异常处理语句，应用程序能够轻易地避免程序执行时可能中断应用程序的各种错误。.NET 框架中公共异常类及说明如表 14.1 所示，这些异常类都是 System.Exception 的直接或间接子类。

表 14.1　公共异常类及说明

异常类	描述
System.ArithmeticException	在算术运算期间发生的异常
System.ArrayTypeMismatchException	当存储一个数组时，如果由于被存储的元素的实际类型与数组的实际类型不兼容而导致存储失败，就会引发此异常
System.DivideByZeroException	在试图用零除整数值时引发
System.IndexOutOfRangeException	在试图使用小于零或超出数组界限的下标索引数组时引发
System.InvalidCastException	当从基类型或接口到派生类型的显示转换在运行时失败，就会引发此异常
System.NullReferenceException	在需要使用引用对象的场合，如果使用null引用，就会引发此异常
System.OutOfMemoryException	在分配内存的尝试失败时引发
System.OverflowException	在选中的上下文中所进行的算术运算、类型转换或转换操作导致溢出时引发的异常
System.StackOverflowException	挂起的方法调用过多而导致执行堆栈溢出时引发的异常
System.TypeInitializationException	在静态构造函数引发异常并且没有可以捕捉到它的catch子句时引发

C# 程序中，可以使用异常处理语句处理异常。主要的异常处理语句有 try…catch 语句、try…catch…finally 语句、throw 语句，通过这 3 个异常处理语句，可以对可能产生异常的程序代码进行监控。下面将对这 3 个异常处理语句进行详细讲解。

14.2.1　try…catch 语句

try…catch 语句允许在 try 后面的大括号 {} 中放置可能发生异常情况的程序代码，对这些程序代码进行监控。在 catch 后面的大括号 {} 中则放置处理错误的程序代码，以处理程序发生的异常。try…catch 语句的基本格式如下：

```
try
{
    被监控的代码
}
catch( 异常类名  异常变量名 )
{
    异常处理
}
```

在 catch 子句中，异常类名必须为 System.Exception 或从 System.Exception 派生的类型。当 catch 子句指定了异常类名和异常变量名后，就相当于声明了一个具有给定名称和类型的异常变量，此异常变量表示当前正在处理的异常。

（源码位置：资源包 \Code\14\01）

[实例 14.1]

未将对象引用设置到对象的实例

创建一个控制台应用程序，声明一个 object 类型的变量 obj，其初始值为 null。然后将 obj 强制转换成 int 类型赋给 int 类型变量 N，使用 try…catch 语句捕获异常，代码如下：

```
static void Main(string[] args)
{
     try                                          // 使用 try...catch 语句
     {
          object obj = null;                      // 声明一个 object 变量，初始值为 null
          int i = (int)obj;                       // 将 object 类型强制转换成 int 类型
     }
     catch (Exception ex)                         // 捕获异常
     {
          Console.WriteLine(" 捕获异常：" + ex);   // 输出异常
     }
     Console.ReadLine();
}
```

程序的运行结果如图 14.17 所示。

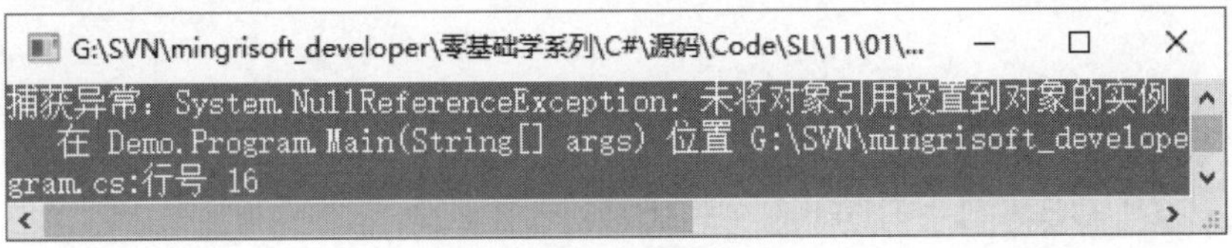

图 14.17　捕获异常

查看运行结果，抛出了异常。因为声明的 object 变量 obj 被初始化为 null，然后又将 obj 强制转换成 int 类型，这样就产生了异常，由于使用了 try…catch 语句，所以将这个异常捕获，并将异常输出。

注意：

有时为了编程简单会忽略 catch 代码块中的代码，这样 try…catch 语句就成了一种摆设，一旦程序在运行过程中出现了异常，这个异常将很难查找。因此要养成良好的编程习惯：在 catch 代码块中写入处理异常的代码。

另外，在开发程序时，如果遇到需要处理多种异常信息的情况，可以在一个 try 代码块后面跟多个 catch 代码块。这里需要注意的是，如果使用了多个 catch 代码块，则 catch 代码块中的异常类顺序是先子类后父类。

例如，先定义一个 int 类型的一维数组，并输出其中的元素，然后用 try…catch 语句捕获数组越界异常和其他可能出现的异常。如果代码编写如下：

```
try
{
     int[] arr = { 1, 2, 3, 4, 5 };
     for (int i = 0; i <= arr.Length; i++)
          Console.WriteLine(arr[i]);
}
catch(Exception ex)
{
      Console.WriteLine(ex.Message);
}
catch (IndexOutOfRangeException ex)
```

```
{
      Console.WriteLine(ex.Message);
}
```

则程序会出现如图 14.18 所示的错误提示。

图 14.18　捕捉多个异常时的顺序问题

如果要使程序正常运行，则应该将上面代码中的 catch 语句调换顺序，修改如下：

```
catch (IndexOutOfRangeException ex)
{
      Console.WriteLine(ex.Message);
}
catch (Exception ex)
{
      Console.WriteLine(ex.Message);
}
```

14.2.2　try…catch…finally 语句

完整的异常处理语句应该包含 finally 代码块，通常情况下，无论程序中有无异常产生，finally 代码块中的代码都会被执行。其基本格式如下：

```
try
{
      被监控的代码
}
catch( 异常类名　异常变量名 )
{
      异常处理
}
…
finally
{
      程序代码
}
```

对于 try…catch…finally 语句的理解并不复杂，它只是比 try…catch 语句多了一个 finally 语句，如果程序中有一些在任何情形中都必须执行的代码，那么就可以将它们放在 finally 语句的区块中。

说明：

使用 catch 子句是为了允许处理异常。无论是否引发了异常，使用 finally 子句都可以执行清理代码。如果分配了昂贵或有限的资源（如数据库连接或流），则应将释放这些资源的代码放置在 finally 块中。

[实例 14.2]　（源码位置：资源包 \Code\14\02）

捕捉将字符串转换为整型数据时的异常

创建一个控制台应用程序，先声明一个 string 类型变量 str，并初始化为“零基础学

C#”。然后声明一个 object 变量 obj，将 str 赋给 obj。最后声明一个 int 类型的变量 i，将 obj 强制转换成 int 类型后赋给变量 i，这样必然会导致转换错误，抛出异常。然后在 finally 语句中输出“程序执行完毕 ...”，这样，无论程序是否抛出异常，都会执行 finally 语句中的代码。代码如下：

```
static void Main(string[] args)
{
    string str = "零基础学 C#";                    // 声明一个 string 类型的变量 str
    object obj = str;                              // 声明一个 object 类型的变量 obj
    try                                            // 使用 try...catch 语句
    {
        int i = (int)obj;                          // 将 obj 强制转换成 int 类型
    }
    catch (Exception ex)                           // 获取异常
    {
        Console.WriteLine(ex.Message);             // 输出异常信息
    }
    finally                                        //finally 语句
    {
        Console.WriteLine("程序执行完毕 ...");      // 输出 "程序执行完毕 ..."
    }
    Console.ReadLine();
}
```

程序的运行结果如下：

```
指定的转换无效。
程序执行完毕 ...
```

14.2.3　throw 语句

throw 语句用于主动引发一个异常，使用 throw 语句可以在特定的情形下，自行抛出异常。throw 语句的基本格式如下：

```
throw  ExObject
```

ExObject：所要抛出的异常对象，这个异常对象是派生自 System.Exception 类的类对象。

说明：

通常 throw 语句与 try…catch 或 try…finally 语句一起使用。当引发异常时，程序查找处理此异常的 catch 语句。也可以用 throw 语句重新引发已捕获的异常。

[实例 14.3]　（源码位置：资源包 \Code\14\03）

抛出除数为 0 的异常

创建一个控制台应用程序，创建一个 int 类型的方法 MyInt，此方法有两个 string 类型的参数 a 和 b。在这个方法中，使 a 做被除数，b 做除数，如果除数的值是 0，则通过 throw 语句抛出 DivideByZeroException 异常，这个异常被此方法中的 catch 子句捕获并输出。代码如下：

```
static int MyInt(string a, string b)       // 创建一个 int 类型的方法，参数分别是 a 和 b
{
    int int1;                              // 定义被除数
    int int2;                              // 定义除数
```

```
        int num;                                   // 定义商
        try                                        // 使用 try…catch 语句
        {
            int1 = int.Parse(a);                   // 将参数 a 强制转换成 int 类型后赋给 int1
            int2 = int.Parse(b);                   // 将参数 b 强制转换成 int 类型后赋给 int2
            if (int2 == 0)                         // 判断 int2 是否等于 0，如果等于 0，抛出异常
            {
                throw new DivideByZeroException(); // 抛出 DivideByZeroException 类的异常
            }
            num = int1 / int2;                     // 计算 int1 除以 int2 的值
            return num;                            // 返回计算结果
        }
        catch (DivideByZeroException de)           // 捕获异常
        {
            Console.WriteLine(" 用零除整数引发异常！ ");
            Console.WriteLine(de.Message);
            return 0;
        }
    }
    static void Main(string[] args)
    {
        try                                        // 使用 try…catch 语句
        {
            Console.Write(" 请输入分子：");            // 提示输入分子
            string str1 = Console.ReadLine();      // 获取键盘输入的值
            Console.Write(" 请输入分母：");            // 提示输入分母
            string str2 = Console.ReadLine();      // 获取键盘输入的值
            // 调用 MyInt 方法，获取键盘输入的分子与分母相除得到的值
            Console.WriteLine(" 分子除以分母的值：" + MyInt(str1, str2));
        }
        catch (FormatException)                    // 捕获异常
        {
            Console.WriteLine(" 请输入数值格式数据 "); // 输出提示
        }
        Console.ReadLine();
    }
```

程序的运行结果如图 14.19 所示。

图 14.19　抛出除数为 0 的异常

14.2.4　异常的使用原则

异常处理的主要作用是捕捉并处理程序在运行时产生的异常。编写代码处理某个方法可能出现的异常时，可遵循以下原则。

① 不要过度使用异常。虽然通过异常可以增强程序的健壮性，但使用过多不必要的异常处理，可能会影响程序的执行效率。

② 不要使用过于庞大的 try…catch 块。在一个 try 块中放置大量的代码，这种写法看上去“很简单”，但是由于 try 块中的代码过于庞大，业务过于复杂，会增加 try 块中出现异常的概率，从而增加分析产生异常原因的难度。

③ 避免使用 catch(Exception e)。如果所有异常都采用相同的处理方式，那么将导致无法对不同异常分类处理。

④ 不要忽略捕捉到的异常，遇到异常一定要及时处理。

⑤ 如果父类抛出多个异常，则覆盖方法必须抛出相同的异常或其异常的子类，不能抛出新异常。

本章知识思维导图

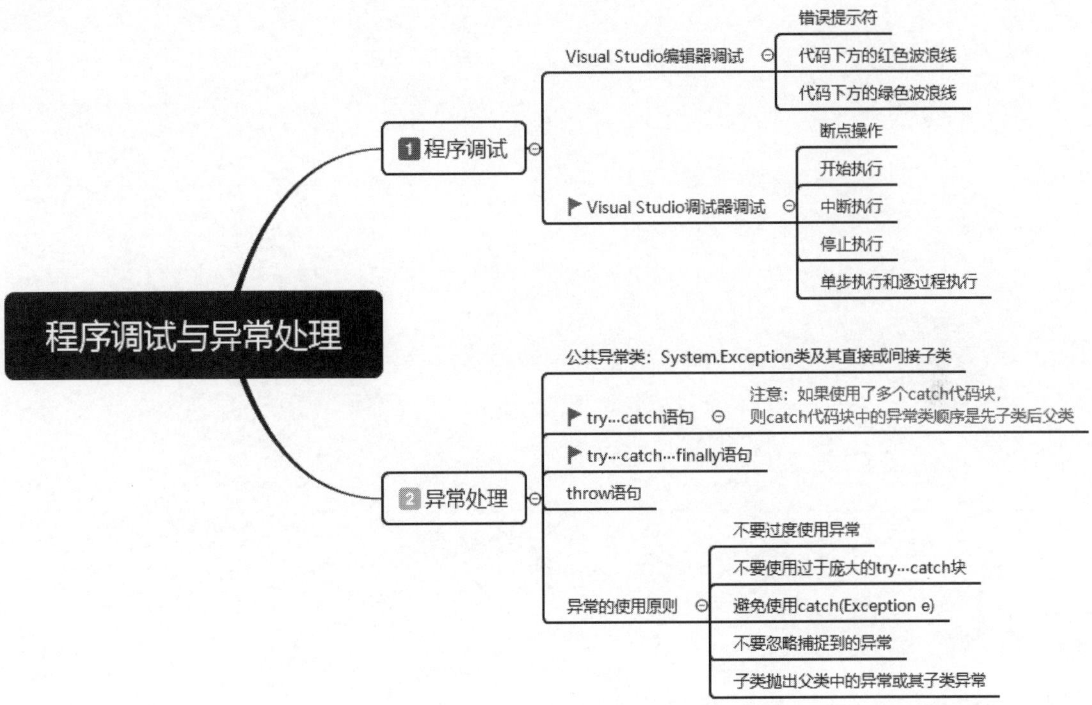

</>
C#

第3篇 Windows 窗体编程篇

第 15 章

Windows 窗体编程

扫码领取
- 配套视频
- 配套素材
- 学习指导
- 交流社群

本章学习目标

- 掌握开发 Windows 窗体程序的步骤。
- 熟练掌握 Form 窗体的各种属性设置。
- 掌握 Form 窗体的常用方法及事件。
- 熟悉 MDI 窗体的应用。

15.1 开发 Windows 窗体程序的步骤

使用 C# 开发 Windows 窗体程序时，一般包括创建项目、Windows 项目结构、界面设计、设置属性、编写程序代码、保存项目、运行程序 7 个步骤，下面讲解具体步骤。

（1）创建项目

① 选择“开始”→“所有程序”→ Visual Studio 2019，进入 Visual Studio 2019 开发环境开始页面，单击“创建新项目”选项，如图 15.1 所示。

说明：

如果是 Windows 10 操作系统，则在开始菜单列表中找到 Visual Studio 2019，单击即可打开 Visual Studio 2019 开发环境。

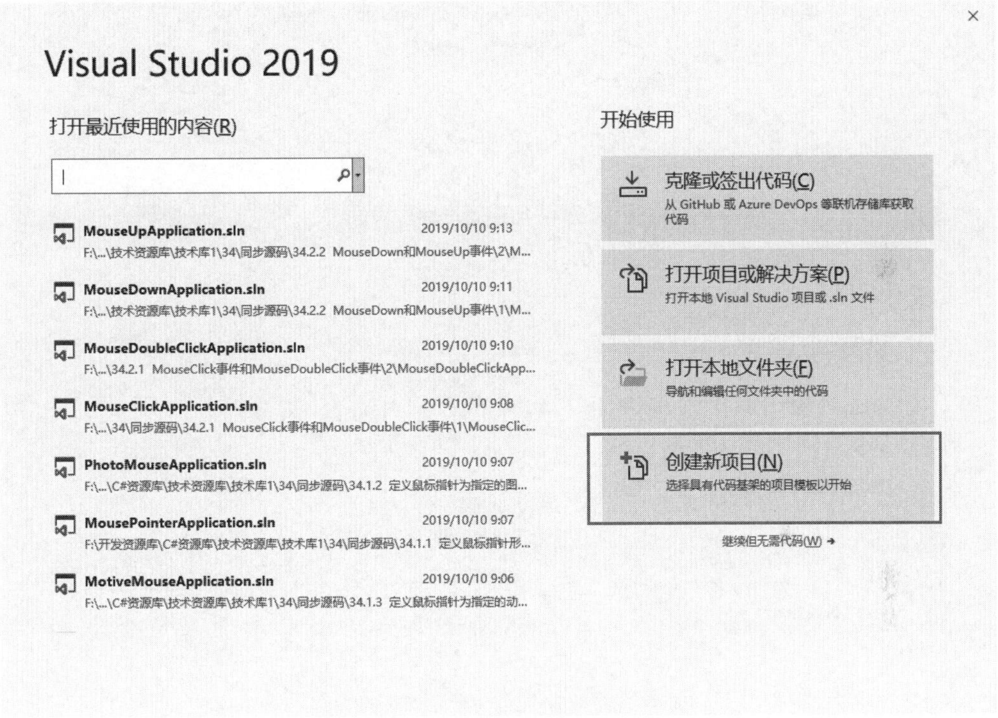

图 15.1 单击“创建新项目”选项

② 进入“创建新项目”页面，在右侧选择“Windows 窗体应用 (.NET Framework)”，单击“下一步”按钮，如图 15.2 所示。

③ 进入“配置新项目”页面，在该页面中输入程序名称，并选择保存路径和使用的 .NET Framework 版本，然后单击“创建”按钮，即可创建一个 Windows 应用程序，如图 15.3 所示。

创建完成的 Windows 项目默认会生成一个窗体，其默认效果如图 15.4 所示。

（2）Windows 项目结构

创建完的 Windows 项目，可以在解决方案资源管理器中查看其项目结构，图 15.5 是 Windows 项目的结构及主要说明。

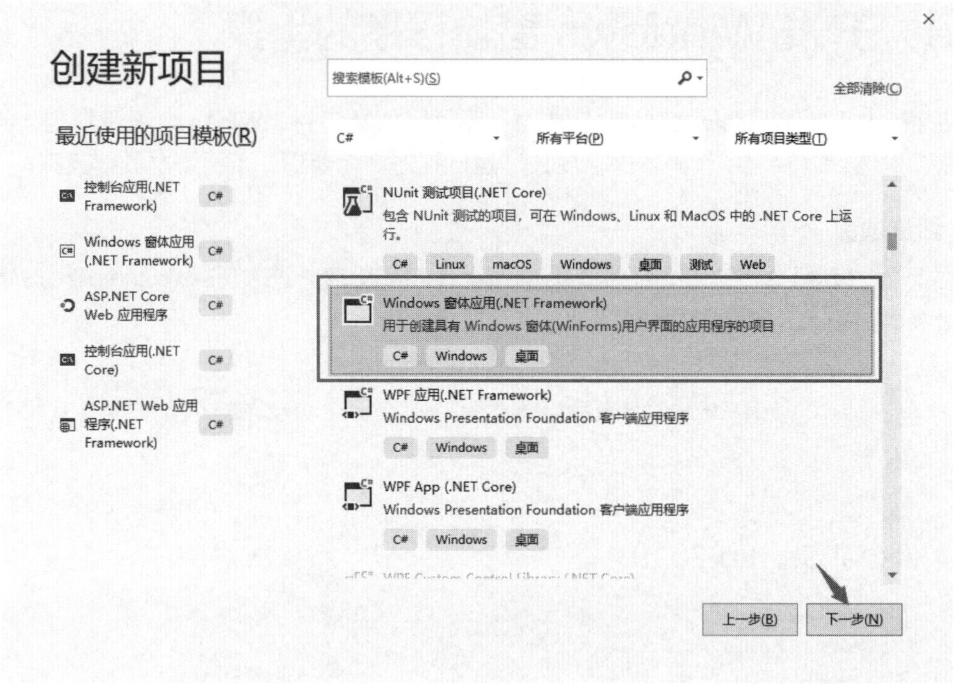

图 15.2 “创建新项目”页面

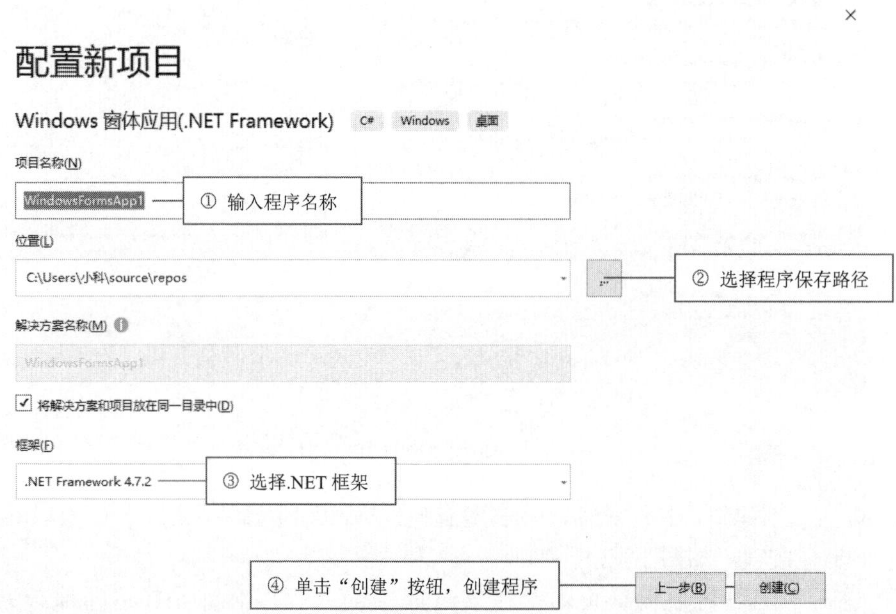

图 15.3 “配置新项目”页面

说明：

图 15.5 中的 Form1.Designer.cs 文件是窗体的设计代码文件，我们都知道 C# 窗体是可视化设计，但在我们通过拖动、双击等方式添加控件、触发控件时，这些操作都会生成对应的代码，这些代码就存储在该文件中，如果需要查看窗体的设计代码，可以双击 Form1.Designer.cs 文件进行查看。

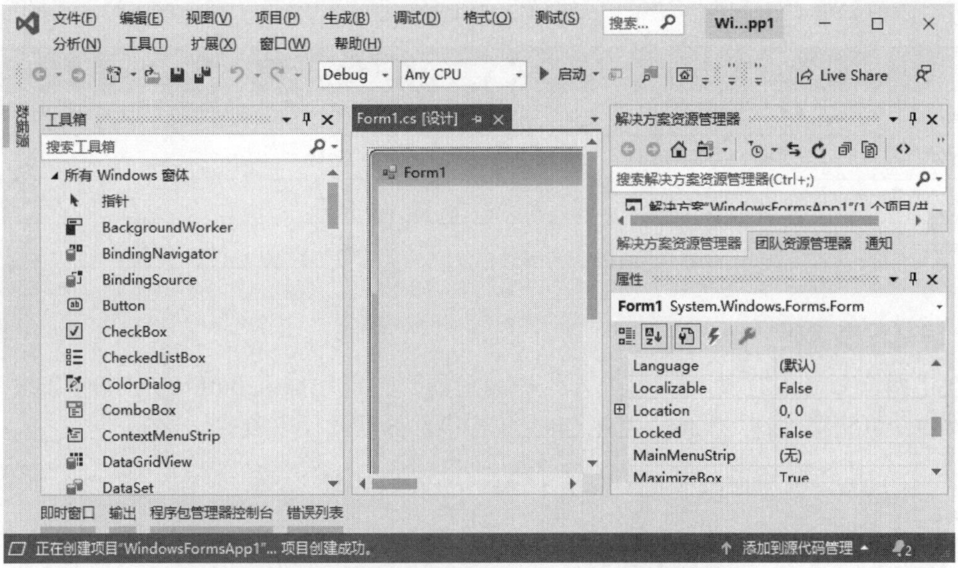

图 15.4　默认创建完的 Windows 项目效果

图 15.5　Windows 项目结构

（3）界面设计

创建完项目后，在 Visual Studio 2019 开发环境中会有一个默认的窗体，可以通过工具箱向其中添加各种控件来设计窗体界面。具体步骤是：用鼠标指针按住工具箱中要添加的控件，然后将其拖放到窗体中的指定位置即可。例如，分别向窗体中添加两个 Label 控件、两个 TextBox 控件和两个 Button 控件，设计效果如图 15.6 所示。

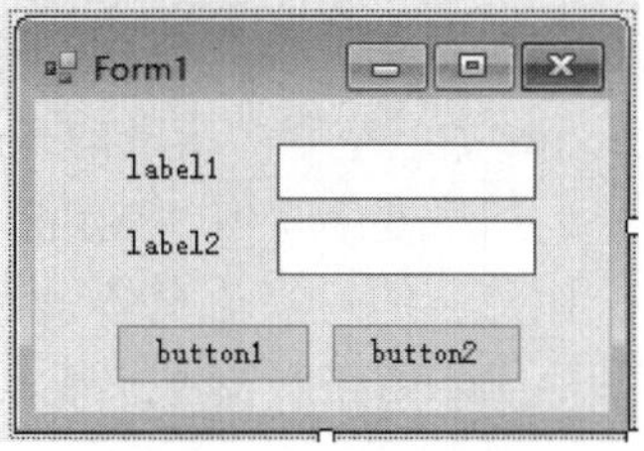

图 15.6　界面设计效果

（4）设置属性

在窗体中选择指定控件，在“属性”窗口中对控件的相应属性进行设置，如表 15.1 所示。

表 15.1　设置属性

名称	属性	设置值
label1	Text	用户名：
label2	Text	密 码：
button1	Text	登录
button2	Text	退出

（5）编写程序代码

双击两个 Button 控件，即可进入代码编辑器，并自动触发 Button 控件的 Click 事件，该事件中即可编写代码，Button 控件 Click 单击事件的默认代码如下：

```
private void button1_Click(object sender, EventArgs e)
{

}
private void button2_Click(object sender, EventArgs e)
{

}
```

（6）保存项目

单击 Visual Studio 2019 开发环境工具栏中的按钮，或者选择“文件”→“全部保存”选项，即可保存当前项目。

（7）运行程序

单击 Visual Studio 2019 开发环境工具栏中的 ▶ 启动 按钮，或者选择“调试”→“开始调试”选项，即可运行当前程序，效果如图 15.7 所示。

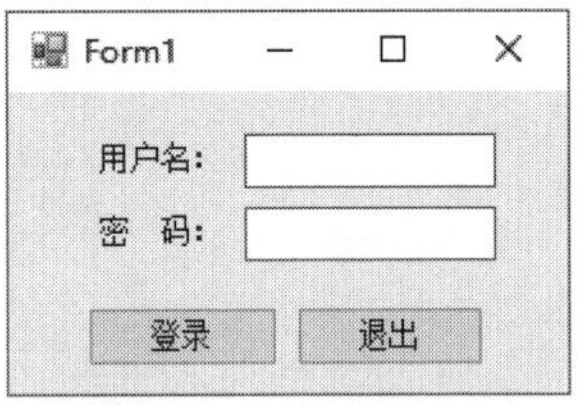

图 15.7　运行程序

15.2　Form 窗体

Form 窗体也称为窗口，它是向用户显示信息的可视界面，是 Windows 应用程序的基本单元。窗体都具有自己的特征，可以通过编程来设置。窗体也是对象，窗体类定义了生成窗体的模板，每实例化一个窗体类，就产生一个窗体。.NET 框架类库的 System.Windows.Forms 命名空间中定义的 Form 类是所有窗体类的基类。

如果要编写窗体应用程序，推荐使用 Visual Studio 2019。Visual Studio 2019 提供了一个图形化的可视化窗体设计器，可以实现所见即所得的设计效果，可以快速开发窗体应用程序。本节将对窗体的基本操作进行详细讲解。

15.2.1　添加和删除窗体

添加或删除窗体，首先要创建一个 Windows 项目，创建完 Windows 项目之后，如果要向项目中添加一个新窗体，可以在项目名称上使用鼠标右键单击，在弹出的快捷菜单中选择“添加”→“Windows 窗体”或者“添加”→“新建项”选项，如图 15.8 所示。

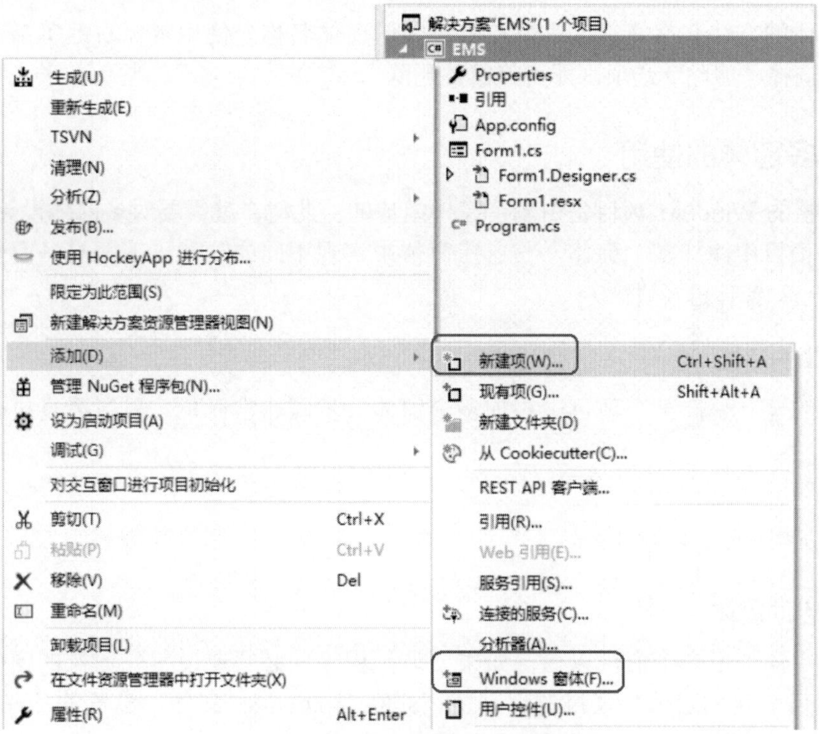

图 15.8　添加新窗体的右键菜单

选择“新建项”或者“Windows 窗体”选项后，都会打开“添加新项”对话框，如图 15.9 所示。

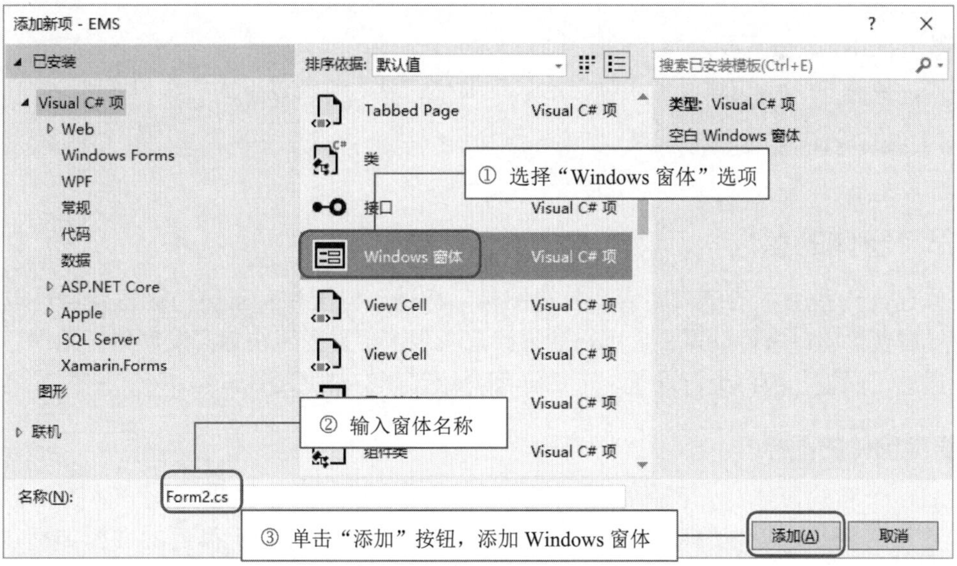

图 15.9　“添加新项”对话框

选择“Windows 窗体”选项，输入窗体名称后，单击“添加”按钮，即可向项目中添加一个新的窗体。

说明：

在设置窗体的名称时，不要用关键字进行设置。

删除窗体的方法非常简单，只需在要删除的窗体名称上使用鼠标右键单击，在弹出的快捷菜单中选择“删除”选项，即可将窗体删除。

15.2.2 多窗体的使用

一个完整的 Windows 项目是由多个窗体组成的，此时，就需要对多窗体设计有所了解。多窗体即向项目中添加多个窗体，在这些窗体中实现不同的功能。下面对多窗体的建立以及如何设置启动窗体进行讲解。

（1）多窗体的添加

多窗体的建立是向某个项目中添加多个窗体，步骤非常简单，只要重复执行添加窗体的操作即可。

说明：

在添加多个窗体时，其名称不能重名。

（2）设置启动窗体

向项目中添加了多个窗体以后，如果要调试程序，必须要设置先运行的窗体。这样就需要设置项目的启动窗体。项目的启动窗体是在 Program.cs 文件中设置的，在 Program.cs 文件中改变 Run 方法的参数，即可实现设置启动窗体。

Run 方法用于在当前线程上开始运行标准应用程序，并使指定窗体可见。

语法如下：

```
public static void Run (Form mainForm)
```

参数 mainForm 表示要设为启动窗体的对象。

例如，要将 Form1 窗体设置为项目的启动窗体，就可以通过下面的代码实现：

```
Application.Run(new Form3());
```

15.2.3 窗体的属性

窗体包含一些基本的组成要素，包括图标、标题、位置和背景等，这些要素可以通过窗体的“属性”窗口进行设置，也可以通过代码实现。但是为了快速开发窗体应用程序，通常都是通过“属性”窗口进行设置。下面详细介绍窗体的常见属性设置。

（1）更换窗体的图标

添加一个新的窗体后，窗体的图标是系统默认的图标。如果想更换窗体的图标，可以在“属性”窗口中设置窗体的 Icon 属性，窗体的默认图标和更换后的图标如图 15.10 所示。

更换窗体图标的过程非常简单，具体操作如下。

① 选中窗体，然后在窗体的“属性”窗口中选中 Icon 属性，会出现按钮，如图 15.11 所示。

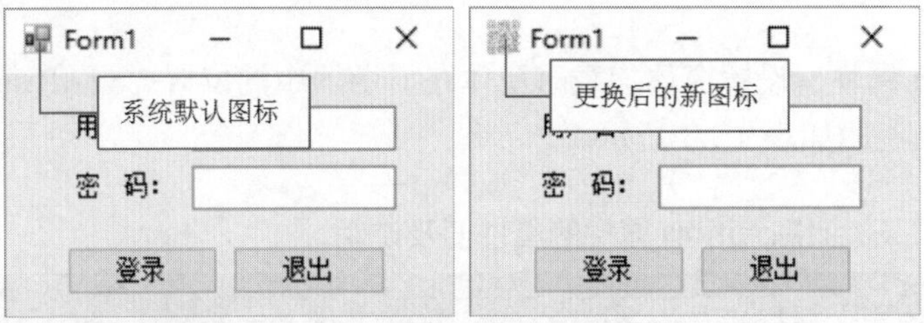

图 15.10 窗体的默认图标与更换后的图标

图 15.11 窗体的 Icon 属性

注意：

在设置窗体图标时，其图片格式只能是 ico。

② 单击 按钮，打开选择图标文件的窗体，如图 15.12 所示。

图 15.12 选择图标文件的窗体

③ 选择新的窗体图标文件之后，单击“打开”按钮，完成窗体图标的更换。

（2）隐藏窗体的标题栏

在某种情况下需要隐藏窗体的标题栏，例如，软件的加载窗体，大多数都采用无标题栏的窗体。通过设置窗体 FormBorderStyle 属性的属性值，即可隐藏窗体的标题栏。FormBorderStyle 属性有 7 个属性值，其属性值及说明如表 15.2 所示。

表 15.2 FormBorderStyle 属性的属性值及说明

属性值	说明
Fixed3D	固定的三维边框
FixedDialog	固定的对话框样式的粗边框
FixedSingle	固定的单行边框
FixedToolWindow	不可调整大小的工具窗口边框
None	无边框
Sizable	可调整大小的边框
SizableToolWindow	可调整大小的工具窗口边框

隐藏窗体的标题栏，只需将 FormBorderStyle 属性设置为 None 即可。

（3）控制窗体的显示位置

可以通过窗体的 StartPosition 属性，设置窗体加载时窗体在显示器中的位置。StartPosition 属性有 5 个属性值，其属性值及说明如表 15.3 所示。

表 15.3　StartPosition 属性的属性值及说明

属性值	说明
CenterParent	窗体在其父窗体中居中
CenterScreen	窗体在当前显示窗口中居中，其尺寸在窗体大小中指定
Manual	窗体的位置由 Location 属性确定
WindowsDefaultBounds	窗体定位在 Windows 默认位置，其边界也由 Windows 默认决定
WindowsDefaultLocation	窗体定位在 Windows 默认位置，其尺寸在窗体大小中指定

在设置窗体的显示位置时，只需根据不同的需要选择属性值即可。

（4）修改窗体的大小

在窗体的属性中，通过 Size 属性设置窗体的大小。双击窗体“属性”窗口中的 Size 属性，可以看到其下拉菜单中有 Width 和 Height 两个属性，分别用于设置窗体的宽和高。修改窗体的大小，只需更改 Width 和 Height 属性的值即可。

说明：

在设置窗体的大小时，其值是 Int32 类型（即整数）的，不能使用单精度和双精度（即小数）进行设置。

（5）设置窗体的背景图片

为使窗体设计更加美观，通常会设置窗体的背景，这主要通过设置窗体的 BackgroundImage 属性实现，具体操作如下。

① 选中窗体“属性”窗口中的 BackgroundImage 属性，会出现...按钮，如图 15.13 所示。

② 单击...按钮，打开“选择资源”对话框，如图 15.14 所示。

图 15.13　BackgroundImage 属性

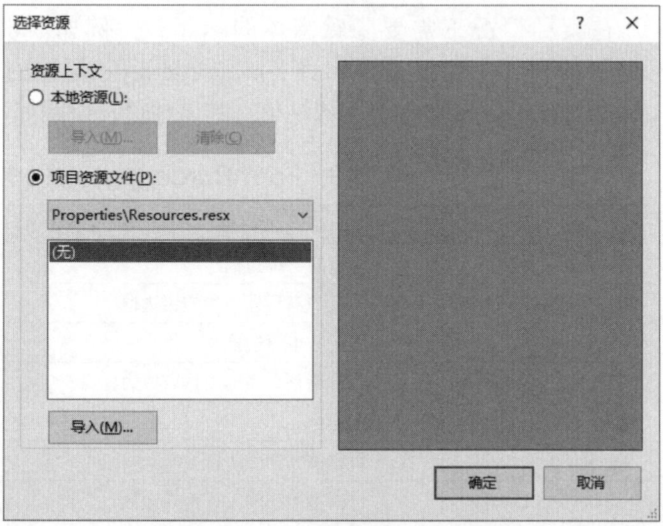

图 15.14　“选择资源”对话框

在“选择资源”对话框中，有两个单选按钮：一个是“本地资源”；另一个是“项目资源文件”，其差别是选中“本地资源”单选按钮后，直接选择图片，保存的是图片的路径。而选中“项目资源文件”单选按钮后，会将选择的图片保存到项目资源文件 Resources.resx 中。无论选择哪种方式，都需要单击“导入”按钮选择背景图片，单击“确定”按钮，完成窗体背景图片的设置。Form1 窗体背景图片设置前后对比如图 15.15 所示。

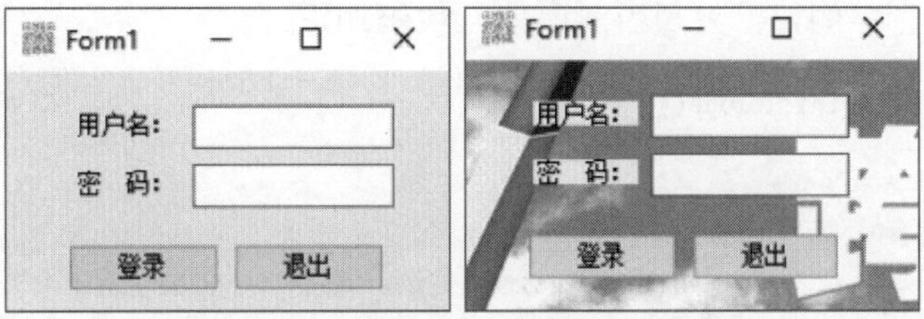

图 15.15　设置窗体背景图片前后对比

15.2.4　窗体的显示与隐藏

(1) 窗体的显示

如果要在一个窗体中通过按钮打开另一个窗体，就必须通过调用 Show 方法显示窗体。语法如下：

```
public void Show ()
```

例如，在 Form1 窗体中添加一个 Button 按钮，在按钮的 Click 事件中调用 Show 方法，打开 Form2 窗体，关键代码如下：

```
Form2 frm2 = new Form2();                    // 创建 Form2 窗体的对象
frm2.Show();                                 // 调用 Show 方法显示 Form2 窗体
```

除了使用 Show 方法，Form 对象还提供了一个 ShowDialog 方法，用来打开窗体，但用这种方式打开的窗体是以对话框的形式体现。简单点说，就是使用 Show 方法打开另一个窗体之后，你可以继续对当前窗体进行操作；而使用 ShowDialog 方法打开另一个窗体之后，你就不能再对当前窗体操作，而只能对打开的窗体进行操作。

使用 ShowDialog 方法打开窗体的实现与 Show 方法类似，示例代码如下：

```
Form2 frm2 = new Form2();                    // 创建 Form2 窗体的对象
frm2.ShowDialog();                           // 调用 ShowDialog 方法显示 Form2 窗体
```

(2) 窗体的隐藏

通过调用 Hide 方法可以隐藏窗体。语法如下：

```
public void Hide ()
```

例如，在 Form1 窗体中打开 Form2 窗体后，隐藏当前窗体，关键代码如下：

```
Form2 frm2 = new Form2();                    // 创建 Form2 窗体的对象
frm2.Show();                                 // 调用 Show 方法显示 Form2 窗体
this.Hide();                                 // 调用 Hide 方法隐藏当前窗体
```

(3) 窗体的关闭

上面的 Hide 方法可以隐藏窗体，但如果想彻底关闭窗体，则需要使用 Close 方法，语法如下：

```
public void Close ()
```

例如，关闭当前窗体，代码如下：

```
this.Close();                                   // 调用 Close 方法关闭当前窗体
```

技巧：

使用 Close 方法正常可以关闭窗体，但如果一个项目中有多个窗体，在使用 Close 方法关闭启动窗体时，有可能其他窗体会占用资源，导致程序没有退出，还在占用进程资源，这时可以使用 Application.Exit() 方法退出当前应用程序，以释放程序占用的资源。

15.2.5 窗体的事件

Windows 是事件驱动的操作系统，对 Form 类的任何交互都是基于事件来实现的。Form 类提供了大量的事件用于响应对窗体执行的各种操作。下面介绍窗体常用的 Click、Load 和 FormClosing 事件。

(1) Click（单击）事件

当单击窗体时，将会触发窗体的 Click 事件。语法如下：

```
public event EventHandler Click
```

例如，在窗体的 Click 事件中编写代码，实现当单击窗体时，弹出提示框，代码如下：

```
private void Form1_Click(object sender, EventArgs e)
{
    MessageBox.Show(" 已经单击了窗体！ ");     // 弹出提示框
}
```

代码注解：

上面代码中用到了 MessageBox 类，该类是一个消息提示框类，其 Show 方法用来显示对话框。

运行上面代码，在窗体中单击鼠标指针，弹出提示框，效果如图 15.16 所示。

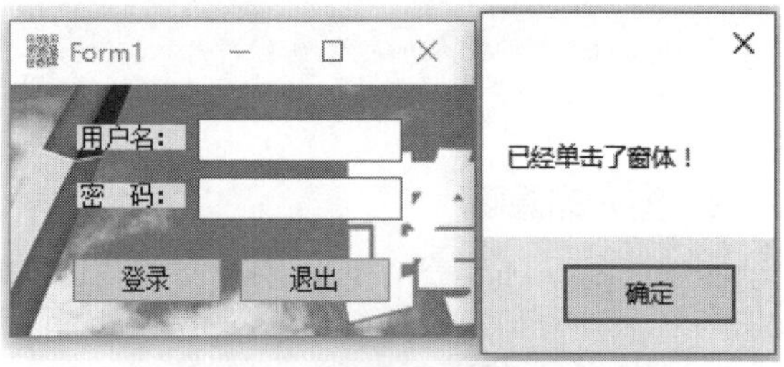

图 15.16　单击窗体触发 Click 事件

技巧：

触发窗体或者控件的相关事件时，只需要选中指定的窗体或者控件，使用鼠标右键单击，在弹出的快捷菜单中选择“属性”选项，然后在弹出的“属性”页面中单击⚡按钮，在列表中找到相应的事件名称，双击即可生成该事件的代码，步骤如图 15.17 所示。

(2) Load（加载）事件

窗体加载时，将触发窗体的 Load 事件。语法如下：

```
public event EventHandler Load
```

例如，当窗体加载时，弹出提示框，询问是否查看窗体，单击“是”按钮，查看窗体，代码如下：

```
private void Form1_Load(object sender, EventArgs e)          // 窗体的 Load 事件，加载时执行
{
    // 使用 if 语句判断是否单击了 " 是 " 按钮
    if (MessageBox.Show(" 是否查看窗体！ ", "", MessageBoxButtons.YesNo, MessageBoxIcon.
Information) == DialogResult.Yes)
    {
    }
}
```

运行上面代码，在窗体显示之前，首先弹出如图 15.18 所示的提示框。

图 15.17　触发窗体或者控件的事件

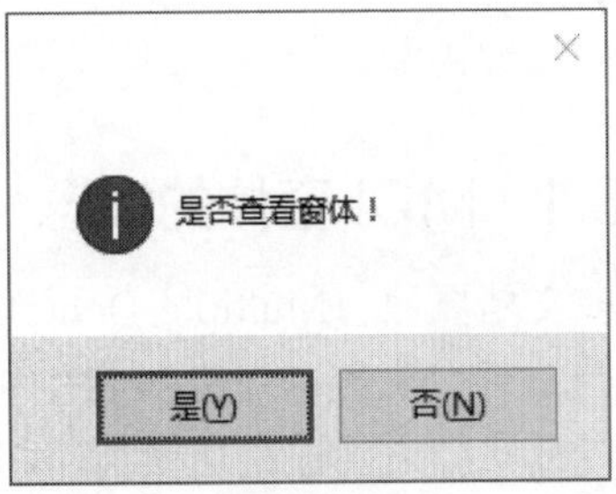

图 15.18　触发窗体的 Load 事件

（3）FormClosing（关闭）事件

窗体关闭时，触发窗体的 FormClosing 事件。语法如下：

```
public event FormClosingEventHandler FormClosing
```

例如，实现当关闭窗体之前，弹出提示框，询问是否关闭当前窗体，单击“是”按钮，关闭窗体，单击“否”按钮，不关闭窗体。代码如下：

```
private void Form1_FormClosing(object sender, FormClosingEventArgs e)
{
    DialogResult dr = MessageBox.Show(" 是否关闭窗体 ", " 提示 ", MessageBoxButtons.YesNo,
MessageBoxIcon.Warning);
    if (dr == DialogResult.Yes)                    // 使用 if 语句判断是否单击 " 是 " 按钮
    {
        e.Cancel = false;                          // 如果单击 " 是 " 按钮，则关闭窗体
    }
    else
    {
        e.Cancel = true;                           // 不执行操作
    }
}
```

运行上面代码，单击窗体上的关闭按钮，如图 15.19 所示，弹出如图 15.20 所示的提示框，该提示框中，单击“是”按钮，关闭窗体，单击“否”按钮则不执行任何操作。

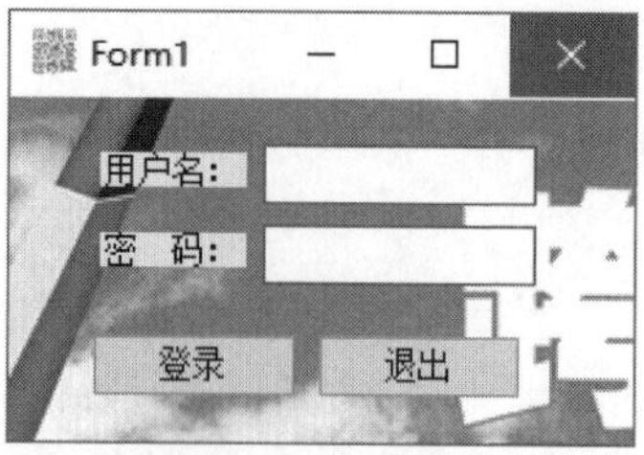

图 15.19 单击窗体上的关闭按钮

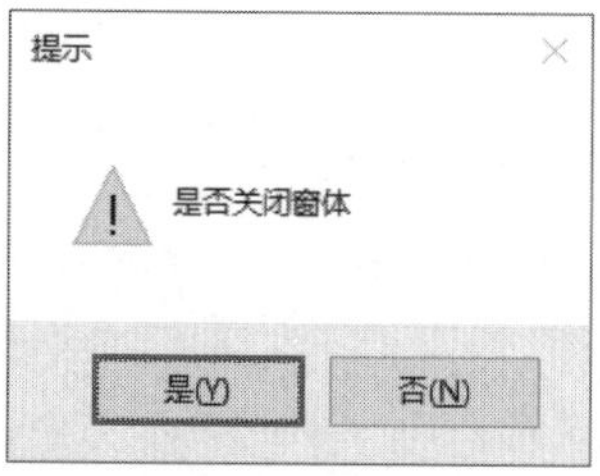

图 15.20 单击“是”或者“否”按钮

说明：

可以使用 FormClosing 事件执行一些任务，如释放窗体使用的资源，还可使用此事件保存窗体中的信息或更新其父窗体。

15.3 MDI 窗体

窗体是所有界面的基础，这就意味着为了打开多个文档，需要具有能够同时处理多个窗体的应用程序。为了适应这个需求，产生了 MDI 窗体，即多文档界面。本节将对 MDI 窗体进行详细讲解。

15.3.1 MDI 窗体的概念

多文档界面（Multiple Document Interface）简称 MDI 窗体。MDI 窗体用于同时显示多个文档，每个文档显示在各自的窗口中。MDI 窗体中通常有包含子菜单的窗口菜单，用于在窗口或文档之间进行切换。MDI 窗体十分常见。图 15.21 所示为一个 MDI 窗体。

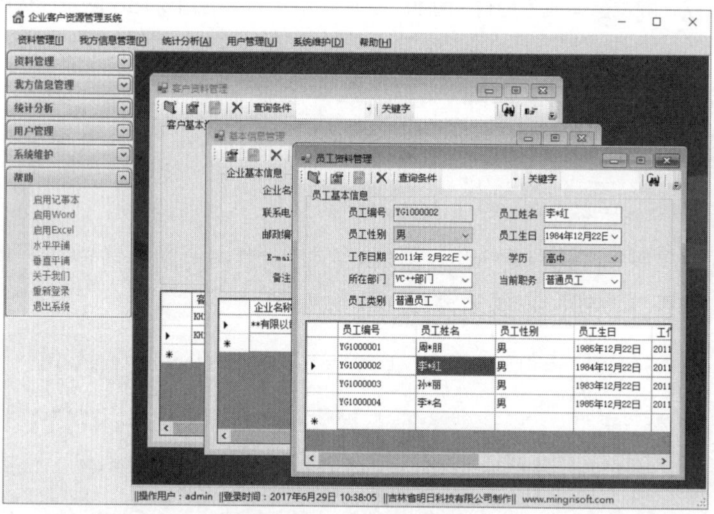

图 15.21 MDI 窗体

MDI 窗体的应用非常广泛，例如，某公司的库存系统需要实现自动化，需要使用窗体来输入客户和货物的数据、发出订单及跟踪订单。这些窗体必须链接或者从属于一个界面，并且必须能够同时处理多个文件。这样，就需要建立 MDI 窗体以解决这些需求。

15.3.2 如何设置 MDI 窗体

在 MDI 窗体中，起到容器作用的窗体被称为“父窗体”，可以放在父窗体中的其他窗体被称为“子窗体”，也称“MDI 子窗体”。当 MDI 应用程序启动时，首先会显示父窗体。所有子窗体都在父窗体中打开，在父窗体中可以在任何时候打开多个子窗体。每个应用程序只能有一个父窗体，其他子窗体不能移出父窗体的框架区域。下面介绍如何将窗体设置成父窗体或子窗体。

(1) 设置父窗体

如果要将某个窗体设置为父窗体，只要在窗体的“属性”窗口中，将IsMdiContainer属性设置为True即可，如图 15.22 所示。

图 15.22　设置父窗体

(2) 设置子窗体

设置完父窗体，通过设置某个窗体的 MdiParent 属性来确定子窗体。语法如下：

```
public Form MdiParent { get; set; }
```

属性值表示 MDI 父窗体。

例如，将 Form2、Form3 这两个窗体设置成子窗体，并且在父窗体中打开这两个子窗体，代码如下：

```
Form2 frm2 = new Form2();              // 创建 Form2 窗体的对象
frm2.MdiParent = this;                 // 设置 MdiParent 属性，将当前窗体作为父窗体
frm2.Show();                           // 使用 Show 方法打开窗体
Form3 frm3 = new Form3();              // 创建 Form3 窗体的对象
frm3.MdiParent = this;                 // 设置 MdiParent 属性，将当前窗体作为父窗体
frm3.Show();                           // 使用 Show 方法打开窗体
```

15.3.3　排列 MDI 子窗体

如果一个 MDI 窗体中有多个子窗体同时打开，假如不对其排列顺序进行调整，那么界面会非常混乱，而且不容易浏览。那么如何解决这个问题呢？可以通过使用带有 MdiLayout 枚举的 LayoutMdi 方法来排列多文档界面父窗体中的子窗体。语法如下：

```
public void LayoutMdi (MdiLayout value)
```

参数 value 用来定义 MDI 子窗体的布局，它的值是 MdiLayout 枚举值之一。MdiLayout 枚举用于指定 MDI 父窗体中子窗体的布局，其枚举成员及说明如表 15.4 所示。

表 15.4　MdiLayout 的枚举成员

枚举成员	说明
Cascade	所有MDI子窗体均层叠在MDI父窗体的工作区内
TileHorizontal	所有MDI子窗体均水平平铺在MDI父窗体的工作区内
TileVertical	所有MDI子窗体均垂直平铺在MDI父窗体的工作区内

[实例 15.1]　（源码位置：资源包 \Code\15\01）

排列 MDI 父窗体中的多个子窗体

程序开发步骤如下。

① 新建一个 Windows 窗体应用程序，命名为 Demo，默认窗体为 Form1.cs。

② 将窗体 Form1 的 IsMdiContainer 属性设置为 True，用作 MDI 父窗体，然后再添加 3 个 Windows 窗体，用作 MDI 子窗体。

③ 在 Form1 窗体中，添加一个 MenuStrip 控件，用作该父窗体的菜单项。

④ 通过 MenuStrip 控件建立 4 个菜单项，分别为“加载子窗体”“水平平铺”“垂直平铺”和“层叠排列”。运行程序时，单击“加载子窗体”菜单后，可以加载所有子窗体，代码如下：

```
private void 加载子窗体ToolStripMenuItem_Click(object sender, EventArgs e)
{
    Form2 frm2 = new Form2();                  //创建 Form2 窗体的对象
    frm2.MdiParent = this;                     //设置 MdiParent 属性，将当前窗体作为父窗体
    frm2.Show();                               //使用 Show 方法打开窗体
    Form3 frm3 = new Form3();                  //创建 Form3 窗体的对象
    frm3.MdiParent = this;                     //设置 MdiParent 属性，将当前窗体作为父窗体
    frm3.Show();                               //使用 Show 方法打开窗体
    Form4 frm4 = new Form4();                  //创建 Form4 窗体的对象
    frm4.MdiParent = this;                     //设置 MdiParent 属性，将当前窗体作为父窗体
    frm4.Show();                               //使用 Show 方法打开窗体
}
```

⑤ 加载所有子窗体之后，单击“水平平铺”菜单，使窗体中所有的子窗体水平排列，代码如下：

```
private void 水平平铺ToolStripMenuItem_Click(object sender, EventArgs e)
{
    LayoutMdi(MdiLayout.TileHorizontal);      //使用 MdiLayout 枚举实现窗体的水平平铺
}
```

⑥ 单击“垂直平铺”菜单，使窗体中所有的子窗体垂直排列，代码如下：

```
private void 垂直平铺ToolStripMenuItem_Click(object sender, EventArgs e)
{
    LayoutMdi(MdiLayout.TileVertical);        //使用 MdiLayout 枚举实现窗体的垂直平铺
}
```

⑦ 单击“层叠排列”菜单，使窗体中所有的子窗体层叠排列，代码如下：

```
private void 层叠排列ToolStripMenuItem_Click(object sender, EventArgs e)
{
    LayoutMdi(MdiLayout.Cascade);             //使用 MdiLayout 枚举实现窗体的层叠排列
}
```

运行程序，单击“加载子窗体”菜单，效果如图 15.23 所示；单击“水平平铺”菜单，效果如图 15.24 所示；单击“垂直平铺”菜单，效果如图 15.25 所示；单击“层叠排列”菜单，效果如图 15.26 所示。

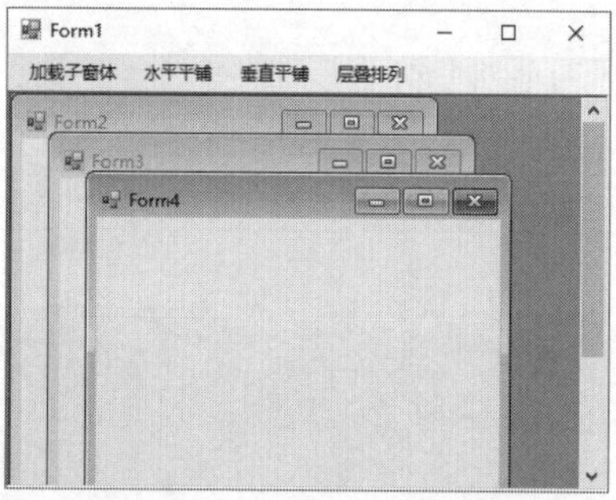

图 15.23　加载所有子窗体

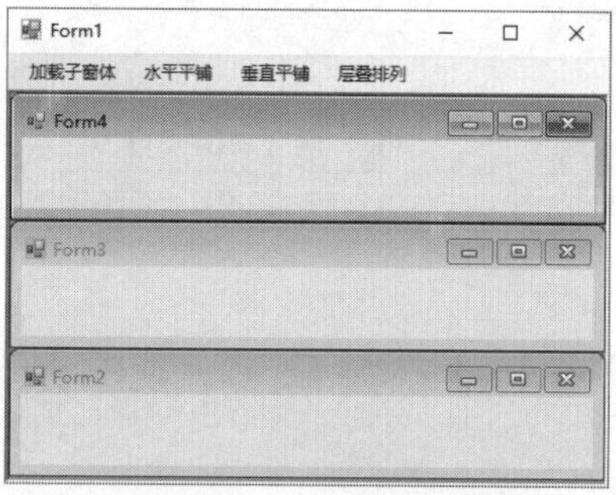

图 15.24　水平平铺子窗体

图 15.25 垂直平铺子窗体

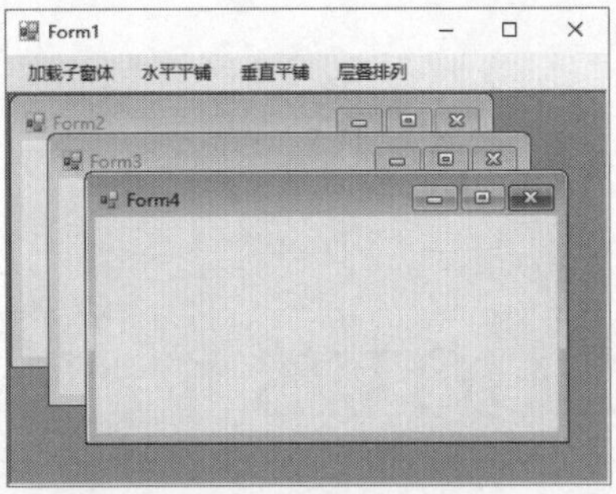

图 15.26 层叠排列子窗体

本章知识思维导图

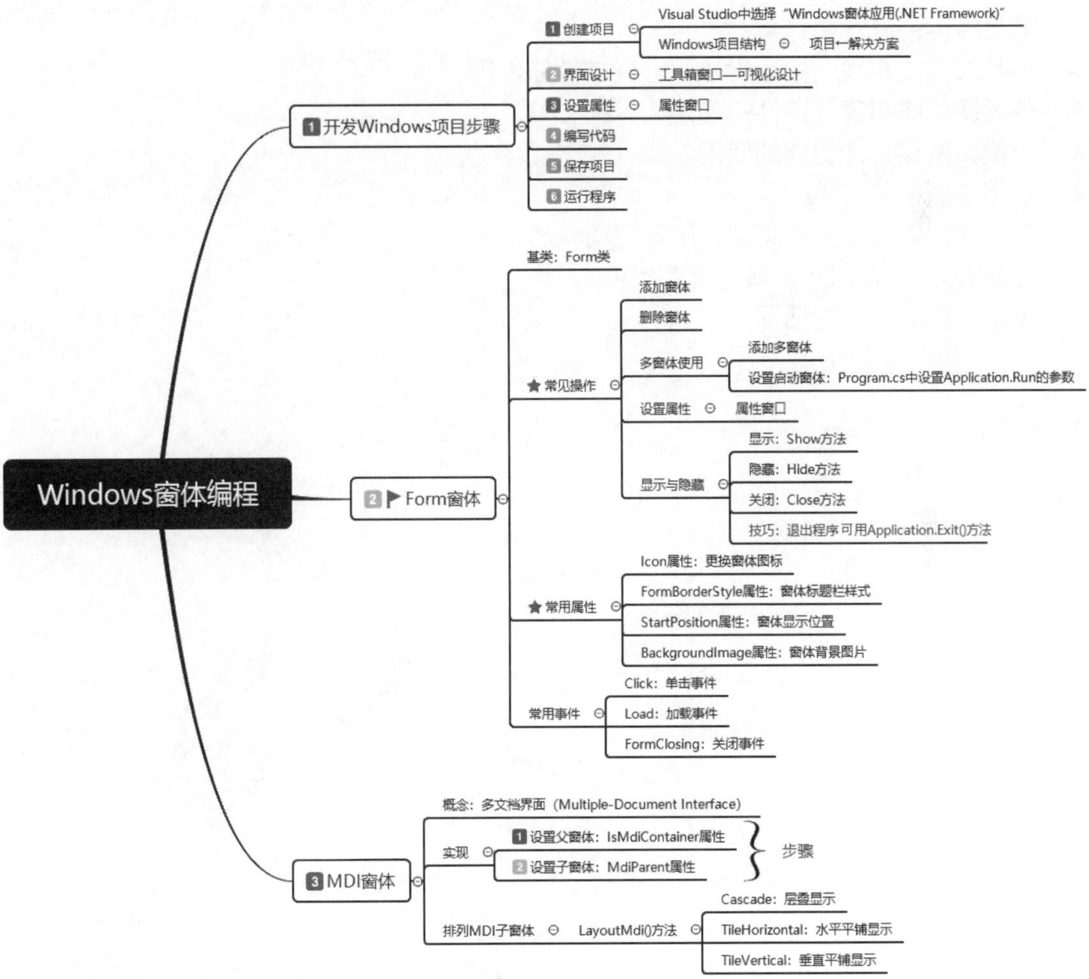

第 16 章

Windows 控件的使用

扫码领取
- 配套视频
- 配套素材
- 学习指导
- 交流社群

本章学习目标

- 熟悉控件的基本操作。
- 熟练掌握文本类、按钮类、列表类控件的使用。
- 熟悉图片类和容器控件的使用。
- 掌握树控件和计时器的使用。
- 熟悉进度条的使用。
- 掌握如何创建窗体的菜单、工具栏和状态栏。
- 熟悉 MessageBox 消息框的使用。
- 熟悉常用的几种对话框。

16.1 控件基础

16.1.1 控件概述

控件是用户可以用来输入或操作数据的对象，也就相当于汽车中的方向盘、油门、刹车、离合器等，它们都是对汽车进行操作的控件。在 C# 中，控件的基类是位于 System. Windows.Forms 命名空间下的 Control 类。Control 类定义了控件类的共同属性、方法和事件，其他的控件类都直接或间接地派生自这个基类。

在使用控件的过程中，可以通过控件默认的名称调用。如果自定义控件名称，应该遵循控件的命名规范。控件的常用命名规范如表 16.1 所示。

表 16.1 控件的常用命名规范

控件名称	常用命名简写	控件名称	常用命名简写
TextBox	txt	RadioButton	rbtn
Button	btn	GroupBox	gbox
ComboBox	cbox	ImageList	ilist
Label	lab	ListView	lv
DataGridView	dgv	TreeView	tv
ListBox	lbox	MenuStrip	menu
Timer	tmr	ToolStrip	tool
CheckBox	chbox	StatusStrip	status
RichTextBox	rtbox	……	……

16.1.2 控件的相关操作

对控件的相关操作包括添加控件、对齐控件和删除控件等，在以下内容中将会对这几种操作进行讲解。

（1）添加控件

可以通过“在窗体上绘制控件”“将控件拖曳到窗体上”和“以编程方式向窗体添加控件”这 3 种方法添加控件。

- 在窗体上绘制控件

在工具箱中单击要添加到窗体的控件，然后在该窗体上使用鼠标左键单击希望控件左上角所处的位置，然后拖动到希望该控件右下角所处位置，释放鼠标左键，控件即按指定的位置和大小添加到窗体中，如图 16.1 所示。

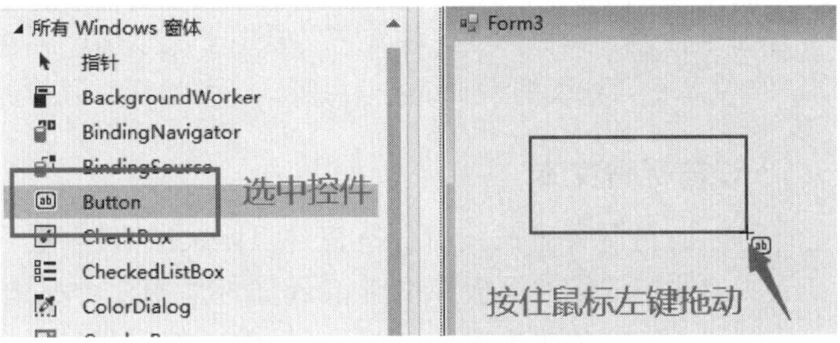

图 16.1 在窗体上绘制控件

- 将控件拖曳到窗体上

在工具箱中单击所需的控件并将其拖到窗体上，控件以其默认大小添加到窗体上的指定位置，如图 16.2 所示。

- 以编程方式向窗体添加控件

通过 new 关键字实例化要添加控件所在的类，然后将实例化的控件添加到窗体中。

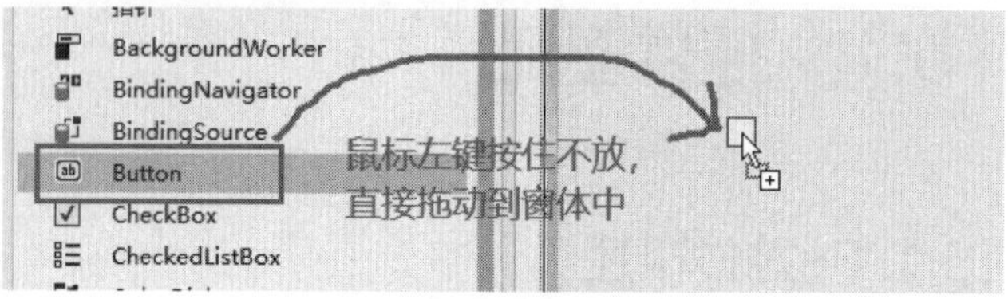

图 16.2　将控件拖曳到窗体上

例如，通过 Button 按钮的 Click 事件添加一个 TextBox 控件，代码如下：

```
private void button1_Click(object sender, System.EventArgs e)  //Button 按钮的 Click 事件
{
    TextBox myText = new TextBox();              // 实例化 TextBox 类
    myText.Location = new Point(25, 25);         // 设置 TextBox 放的位置
    this.Controls.Add(myText);                   // 将控件添加到当前窗体中
}
```

（2）对齐控件

选定一组控件，这些控件需要对齐。在执行对齐之前，首先选定主导控件（第一个被选定的控件就是主导控件），控件组的最终位置取决于主导控件的位置，再选择菜单栏中的“格式”→“对齐”菜单，然后选择对齐方式。

- 左对齐：将选定控件沿它们的左边对齐。
- 居中对齐：将选定控件沿它们的中心点水平对齐。
- 右对齐：将选定控件沿它们的右边对齐。
- 顶端对齐：将选定控件沿它们的顶边对齐。
- 中间对齐：将选定控件沿它们的中心点垂直对齐。
- 底部对齐：将选定控件沿它们的底边对齐。

（3）删除控件

删除控件的方法非常简单，可以在控件上单击鼠标右键，在弹出的快捷菜单中选择“删除”菜单进行删除；也可以选中控件，然后按下 <Delete> 键，对控件进行删除。

16.2　文本类控件

16.2.1　Label：标签

Label 控件，又称标签控件，它主要用于显示用户不能编辑的文本，标识窗体上的对象（例如，给文本框、列表框添加描述信息等），另外，也可以通过编写代码来设置要显示的文本信息。

（1）设置标签文本

可以通过两种方法设置标签控件（Label 控件）显示的文本：第一种是直接在标签控件（Label 控件）的属性面板中设置 Text 属性；第二种是通过代码设置 Text 属性。

例如，向窗体中拖曳一个 Label 控件，然后将其显示文本设置为“用户名：”，代码如下：

```
label1.Text = "用户名：";// 设置 Label 控件的 Text 属性
```

（2）显示 / 隐藏控件

通过设置 Visible 属性来设置显示 / 隐藏标签控件（Label 控件），如果 Visible 属性的值为 True，则显示控件。如果 Visible 属性的值为 False，则隐藏控件。

例如，通过代码将 Label 控件设置为可见，将其 Visible 属性设置为 true 即可，代码如下：

```
label1.Visible = true; // 设置 Label 控件的 Visible 属性
```

16.2.2 TextBox：文本框

TextBox 控件，又称文本框控件，它主要用于获取用户输入的数据或者显示文本，它通常用于可编辑文本，也可以使其成为只读控件。文本框可以显示多行，开发人员可以使文本换行以便符合控件的大小。

下面对 TextBox 控件的一些常见使用方法进行介绍。

（1）创建只读文本框

通过设置文本框控件（TextBox 控件）的 ReadOnly 属性，可以设置文本框是否为只读。如果 ReadOnly 属性为 true，那么不能编辑文本框，而只能通过文本框显示数据。

例如，将文本框设置为只读，代码如下：

```
textBox1.ReadOnly = true; // 将文本框设置为只读
```

（2）创建密码文本框

通过设置文本框的 PasswordChar 属性或者 UseSystemPasswordChar 属性可以将文本框设置成密码文本框，使用 PasswordChar 属性，可以设置输入密码时文本框中显示的字符（例如，将密码显示成“*”或“#”等）。而如果将 UseSystemPasswordChar 属性设置为 true，则输入密码时，文本框中将密码显示为“*”。

例如，在窗体中添加一个 TextBox 控件，用来输入用户密码，将其 PasswordChar 属性设置为 *，代码如下：

```
textBox2.PasswordChar = '*';// 设置文本框的 PasswordChar 属性为字符 *
```

密码文本框效果如图 16.3 所示。

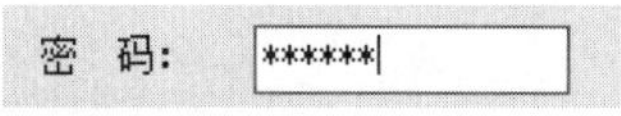

图 16.3　密码文本框效果

（3）创建多行文本框

默认情况下，文本框控件（TextBox 控件）只允许输入单行数据，如果将其 Multiline 属性设置为 true，文本框控件（TextBox 控件）中即可输入多行数据。

例如，将文本框的 Multiline 属性设置为 true，使其能够输入多行数据，代码如下：

```
textBox1.Multiline = true;     // 设置文本框的 Multiline 属性
```

多行文本框效果如图 16.4 所示。

图 16.4　多行文本框效果

（4）响应文本框的文本更改事件

当文本框中的文本发生更改时，将会引发文本框的 TextChanged 事件。

例如，在文本框的 TextChanged 事件中编写代码。实现当文本框中的文本更改时，Label 控件中显示更改后的文本，代码如下：

```
private void textBox1_TextChanged(object sender, EventArgs e)
{
    label1.Text = textBox1.Text; //label 控件显示的文字随文本框中的数据而改变
}
```

16.2.3 RichTextBox：有格式文本框

RichTextBox 控件，又称有格式文本框控件，它主要用于显示、输入和操作带有格式的文本。例如，它可以实现显示字体、颜色、链接、从文件加载文本及嵌入的图像、撤销和重复编辑操作以及查找指定的字符等功能。

下面详细介绍 RichTextBox 控件的常见用法。

（1）在 RichTextBox 控件中显示滚动条

通过设置 RichTextBox 控件的 Multiline 属性，可以控制控件中是否显示滚动条。将 Multiline 属性设置为 True，则显示滚动条；否则，不显示滚动条。默认情况下，此属性被设置为 True。滚动条分为水平滚动条和垂直滚动条，通过 ScrollBars 属性可以设置如何显示滚动条。ScrollBars 属性的属性值及说明如表 16.2 所示。

表 16.2 ScrollBars 属性的属性值及说明

属性值	说明
Both	只有当文本超过控件的宽度或长度时，才显示水平滚动条或垂直滚动条，或两个滚动条都显示
None	从不显示任何类型的滚动条
Horizontal	只有当文本超过控件的宽度时，才显示水平滚动条。必须将 WordWrap 属性设置为 false，才会出现这种情况
Vertical	只有当文本超过控件的高度时，才显示垂直滚动条
ForcedHorizontal	当 WordWrap 属性设置为 false 时，显示水平滚动条。在文本未超过控件的宽度时，该滚动条显示为浅灰色
ForcedVertical	始终显示垂直滚动条。在文本未超过控件的长度时，该滚动条显示为浅灰色
ForcedBoth	始终显示垂直滚动条。当 WordWrap 属性设置为 false 时，显示水平滚动条。在文本未超过控件的宽度或长度时，两个滚动条均显示为灰色

例如，使 RichTextBox 控件只显示垂直滚动条。首先将 Multiline 属性设置为 True，然后设置 ScrollBars 属性的值为 Vertical。代码如下：

```
//将 Multiline 属性设置为 True，实现多行显示
richTextBox1.Multiline = true;
//设置 ScrollBars 属性实现只显示垂直滚动条
richTextBox1.ScrollBars = RichTextBoxScrollBars.Vertical;
```

效果如图 16.5 所示。

（2）在 RichTextBox 控件中设置字体属性

设置 RichTextBox 控件中的字体属性时可以使用 SelectionFont 属性和 SelectionColor 属

性，其中 SelectionFont 属性用来设置字体、大小和字样，而 SelectionColor 属性用来设置字体的颜色。

例如，将 RichTextBox 控件中文本的字体设置为楷体，大小设置为 12，字样设置为粗体，文本的颜色设置为红色。代码如下：

```
// 设置 SelectionFont 属性实现控件中的文本为楷体，大小为 12，字样是粗体
richTextBox1.SelectionFont = new Font(" 楷体 ", 12, FontStyle.Bold);
// 设置 SelectionColor 属性实现控件中的文本颜色为红色
richTextBox1.SelectionColor = System.Drawing.Color.Red;
```

效果如图 16.6 所示。

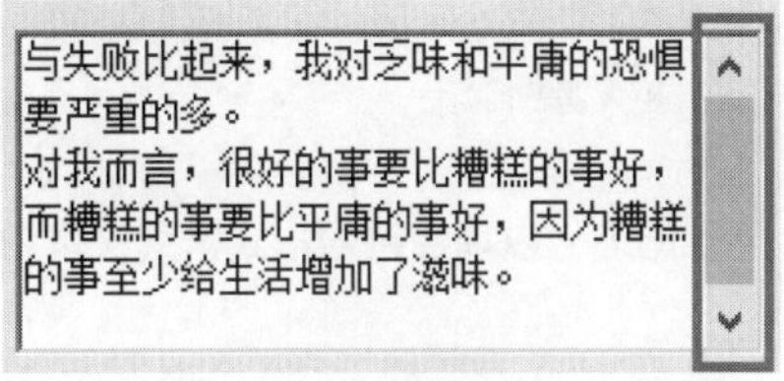

图 16.5　显示垂直滚动条的文本框

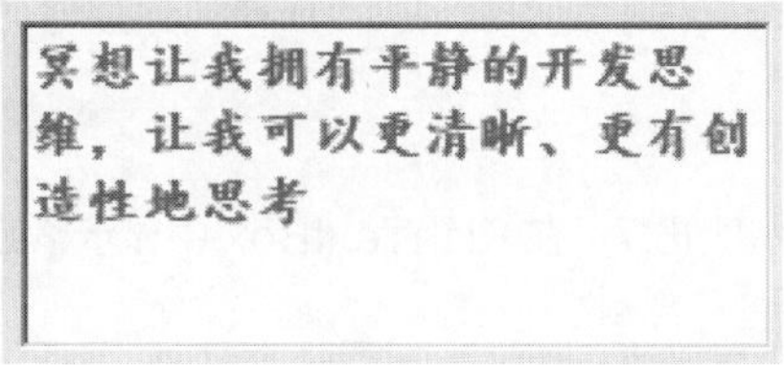

图 16.6　设置 RichTextBox 中的字体

（3）将 RichTextBox 控件显示为超链接样式

利用 RichTextBox 控件可以将 Web 链接显示为彩色或下划线形式，然后通过编写代码，在单击链接时打开浏览器窗口，显示链接文本中指定的网站。其设计思路是：首先通过 Text 属性设置控件中含有超链接的文本，然后在控件的 LinkClicked 事件中编写事件处理程序，将所需的文本发送到浏览器。

[实例 16.1]　（源码位置：资源包 \Code\16\01）

在 RichTextBox 中设置超链接

在 RichTextBox 控件的文本内容中含有超链接地址（链接地址显示为彩色并且带有下划线），单击该超链接地址将打开相应的网站。代码如下：

```
private void Form3_Load(object sender, EventArgs e)
{
    richTextBox1.Text = " 欢迎登录 https://zyk.mingrisoft.com 开发资源库，开启你的编程人生 ";
}
private void richTextBox1_LinkClicked(object sender, LinkClickedEventArgs e)
{
    // 在控件的 LinkClicked 事件中编写如下代码实现内容中的网址带下划线
    System.Diagnostics.Process.Start(e.LinkText);
}
```

说明：

上面代码中用到 Process 类的 Start 方法，Process 类是 .NET 类库中提供的一个进程类，它的 Start 方法可以使用系统默认程序打开相应文件，例如可以使用该方法打开系统的记事本、浏览器等系统软件，这里使用系统默认的浏览器打开相应的网址。

效果如图 16.7 所示。

（4）在 RichTextBox 控件中设置段落格式

RichTextBox 控件具有多个用于设置所显示文本的格式的选项，例如，可以通过设置

SelectionBullet 属性将选定的段落设置为项目符号列表的格式，也可以使用 SelectionIndent 和 SelectionHangingIndent 属性设置段落相对于控件的左右边缘的缩进位置。

例如，将 RichTextBox 控件的 SelectionBullet 属性设为 True，使控件中的内容以项目符号列表的格式排列。代码如下：

```
richTextBox1.SelectionBullet = true;
```

向 RichTextBox 控件中输入数据，效果如图 16.8 所示。

图 16.7　在 RichTextBox 中显示超链接

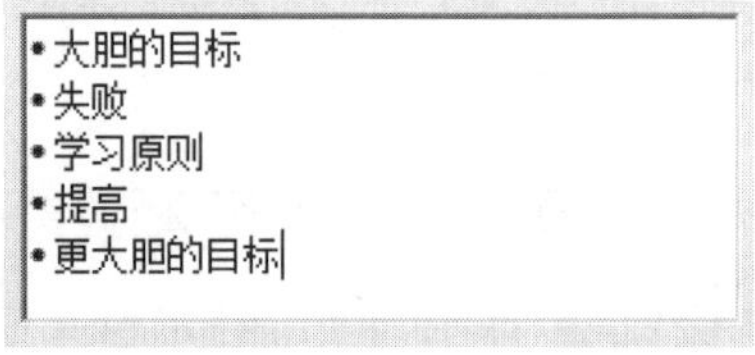

图 16.8　以项目符号形式排列文本内容

16.3　按钮类控件

16.3.1　Button：按钮

Button 控件，又称按钮控件，它允许用户通过单击来执行操作。Button 控件既可以显示文本，也可以显示图像，当该控件被单击时，它看起来像是被按下，然后被释放。Button 控件最常用的是 Text 属性和 Click 事件，其中，Text 属性用来设置 Button 控件显示的文本，Click 事件用来指定单击 Button 控件时执行的操作。

[实例 16.2]　（源码位置：资源包 \Code\16\02）

制作登录窗体中的登录和退出按钮

创建一个 Windows 应用程序，在默认窗体中添加两个 Label 控件，分别设置它们的 Text 属性为“用户名：”和“密码：”；再添加两个 Button 控件，分别设置它们的 Text 属性为“登录”和“退出”，然后触发它们的 Click 事件，执行相应的操作。代码如下：

```
private void button1_Click(object sender, EventArgs e)
{
    MessageBox.Show(" 系统登录 ");           // 输出信息提示
}
private void button2_Click(object sender, EventArgs e)
{
    Application.Exit();                      // 退出当前程序
}
```

程序运行结果如图 16.9 所示，单击“登录”按钮，弹出如图 16.10 所示的信息提示，单击图 16.9 中的“退出”按钮，退出当前的程序。

另外，为了使按钮美观漂亮，可以在属性对话框中设置按钮的背景色、显示样式、字体大小及文字颜色等，例如按照图 16.11 对按钮进行设置后，按钮即可变为图 16.12 所示的效果。

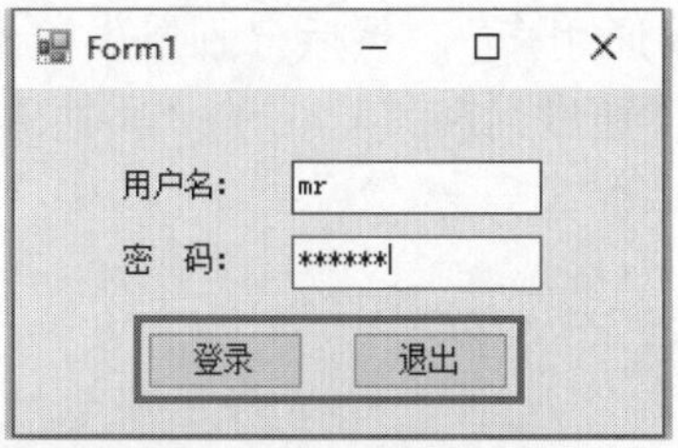

图 16.9　显示 Button 控件

图 16.10　弹出信息提示

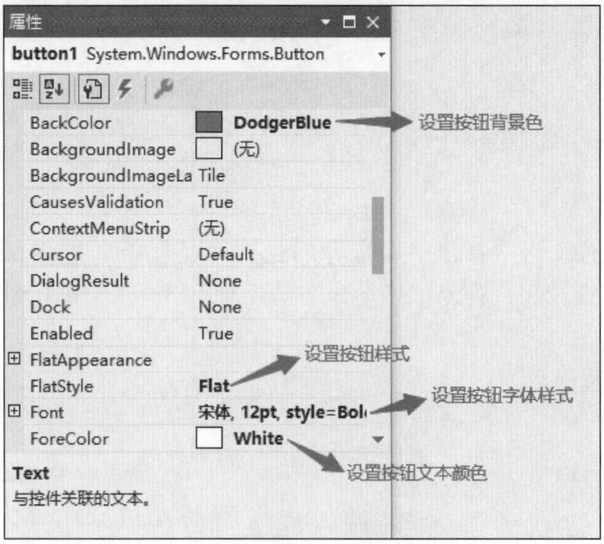

图 16.11　设置按钮的显示属性

图 16.12　美观的按钮

16.3.2　RadioButton：单选按钮

单选按钮控件（RadioButton 控件）为用户提供由两个或多个互斥选项组成的选项集。当用户选中某单选按钮时，同一组中的其他单选按钮不能同时选定。

说明：

单选按钮必须在同一组中才能实现单选效果。

下面详细介绍单选按钮控件（RadioButton 控件）的一些常见用法。

（1）判断单选按钮是否选中

通过 Checked 属性可以判断 RadioButton 控件的选中状态，如果属性值是 true，则控件被选中；属性值为 false，则控件选中状态被取消。

（2）响应单选按钮选中状态更改事件

当 RadioButton 控件的选中状态发生更改时，会引发控件的 CheckedChanged 事件。

[实例 16.3]　（源码位置：资源包 \Code\16\03）

选择用户登录身份

在登录窗体中添加两个 RadioButton 控件，用来选择管理员登录还是普通用户登录，它们的 Text 属性分别设置为“管理员”和“普通用户”，然后分别触发这两个 RadioButton 控件的 CheckedChanged 事件，在该事件中，通过判断其 Checked 属性确定是否选中。代码如下：

```
private void radioButton1_CheckedChanged(object sender, EventArgs e)
{
    if (radioButton1.Checked)                   //判断"管理员"单选按钮是否选中
    {
        MessageBox.Show("您选择的是管理员登录");
    }
}
private void radioButton2_CheckedChanged(object sender, EventArgs e)
{
    if (radioButton2.Checked)                   //判断"普通用户"单选按钮是否选中
    {
        MessageBox.Show("您选择的是普通用户登录");
    }
}
```

运行程序，选中“管理员”单选按钮，弹出“您选择的是管理员登录”提示框，如图 16.13 所示，选中“普通用户”单选按钮，弹出“您选择的是普通用户登录”提示框，如图 16.14 所示。

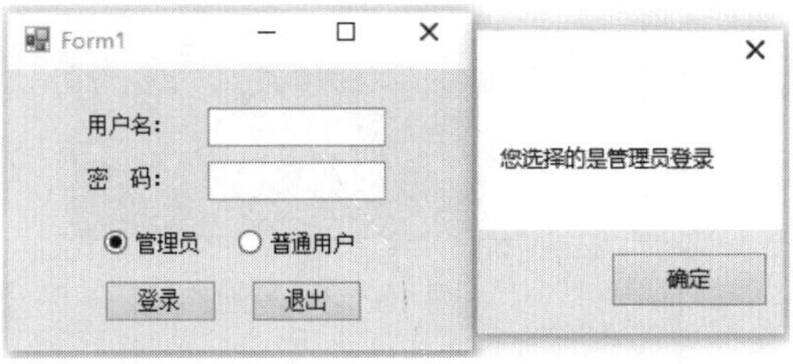

图 16.13　选中“管理员”单选按钮

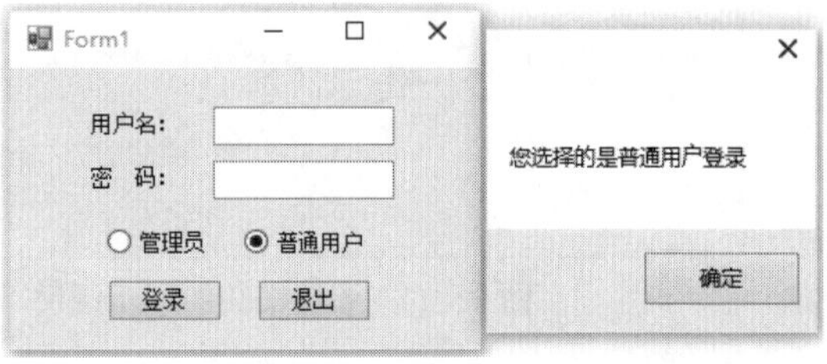

图 16.14　选中“普通用户”单选按钮

16.3.3　CheckBox：复选框

复选框控件（CheckBox 控件）用来表示是否选取了某个选项条件，常用于为用户提供具有是 / 否或真 / 假值的选项。

下面详细介绍复选框控件（CheckBox 控件）的一些常见用法。

（1）判断复选框是否选中

通过 CheckState 属性可以判断复选框是否被选中。CheckState 属性的返回值是 Checked 或 Unchecked，返回值 Checked 表示控件处在选中状态，而返回值 Unchecked 表示控件已经取消选中状态。

技巧：

可以成组使用复选框（CheckBox）控件以显示多重选项，用户可以从中选择一项或多项，例如，在实现考试的多选题，或者问卷调查的多个可选项时，都可以使用 CheckBox。

（2）响应复选框的选中状态更改事件

当 CheckBox 控件的选择状态发生改变时，将会引发控件的 CheckStateChanged 事件。

[实例 16.4]　（源码位置：资源包 \Code\16\04）

设置用户操作权限

创建一个 Windows 窗体应用程序，通过复选框的选中状态设置用户的操作权限。在默认窗体中添加 5 个 CheckBox 控件，Text 属性分别设置为“基本信息管理”“进货管理”“销售管理”“库存管理”和“系统管理”，主要用来表示要设置的权限；添加一个 Button 控件，用来显示选择的权限。代码如下：

```
private void button1_Click(object sender, EventArgs e)
{
     string strPop = " 您选择的权限如下: ";
     foreach (Control ctrl in this.Controls)       // 遍历窗体中的所有控件
     {
          if (ctrl.GetType().Name == "CheckBox")   // 判断是否为 CheckBox
          {
                CheckBox cBox = (CheckBox)ctrl;    // 创建 CheckBox 对象
                if (cBox.Checked == true)          // 判断 CheckBox 控件是否选中
                {
                      strPop += "\n" + cBox.Text;  // 获取 CheckBox 控件的文本
                }
          }
     }
     MessageBox.Show(strPop);
}
```

程序的运行结果如图 16.15 所示。

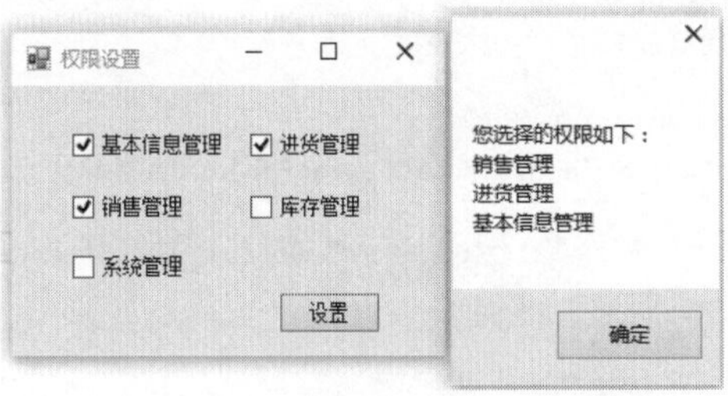

图 16.15　设置用户的操作权限

16.4　列表类控件

16.4.1　ComboBox：下拉组合框

ComboBox 控件，又称下拉组合框控件，它主要用于在下拉组合框中显示数据，该控件主要由两部分组成，其中，第一部分是一个允许用户输入列表项的文本框；第二部分是一个列表框，它显示一个选项列表，用户可以从中选择各项。

下面详细介绍 ComboBox 控件的一些常见用法。

（1）创建只可以选择的下拉组合框

通过设置 ComboBox 控件的 DropDownStyle 属性，可以将其设置成可以选择的下拉组合框。DropDownStyle 属性有 3 个属性值，这 3 个属性值对应不同的样式。

- Simple： 使得 ComboBox 控件的列表部分总是可见的。
- DropDown：DropDownStyle 属性的默认值，使得用户可以编辑 ComboBox 控件的文本框部分，只有单击右侧的箭头，才能显示列表部分。
- DropDownList：用户不能编辑 ComboBox 控件的文本框部分，呈现下拉列表的样式。

将 ComboBox 控件的 DropDownStyle 属性设置为 DropDownList，它就只能是可以选择的下拉列表，而不能编辑文本框部分的内容。

（2）响应下拉组合框的选项值更改事件

当下拉列表的选择项发生改变时，将会引发控件的 SelectedValueChanged 事件。

[实例 16.5]　（源码位置：资源包 \Code\16\05）

选择员工的职位

创建一个 Windows 应用程序，在默认窗体中添加一个 ComboBox 控件和一个 Label 控件，其中 ComboBox 控件用来显示并选择职位，Label 控件用来显示选择的职位。代码如下：

```
private void Form1_Load(object sender, EventArgs e)
{
      comboBox1.DropDownStyle = ComboBoxStyle.DropDownList; // 设置 comboBox1 的下拉组合框样式
      // 定义职位数组
      string[] str = new string[] { " 总经理 ", " 副总经理 ", " 人事部经理 ", " 财务部经理 ", " 部门经理 ", " 普通员工 " };
      comboBox1.DataSource = str;                                // 指定 comboBox1 控件的数据源
      comboBox1.SelectedIndex = 0;                               // 指定默认选择第一项
 }
 // 触发 comboBox1 控件的选择项更改事件
 private void comboBox1_SelectedIndexChanged(object sender, EventArgs e)
 {
      label2.Text = " 您选择的职位为：" + comboBox1.SelectedItem;  // 获取 comboBox1 中的选中项
}
```

程序运行结果如图 16.16 所示。

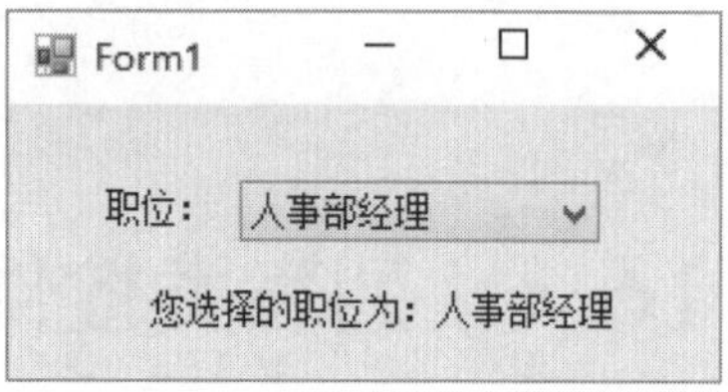

图 16.16　下拉组合框的使用

16.4.2 NumericUpDown：数值选择

数值选择控件（NumericUpDown 控件）是一个显示和输入数值的控件。该控件提供一对上下箭头，用户可以单击上下箭头选择数值，也可以直接输入。该控件的 Maximum 属性可以设置数值的最大值，如果输入的数值大于这个属性的值，则自动把数值改为设置的最大值。该控件的 Minimum 属性可以设置数值的最小值，如果输入的数值小于这个属性的值，则自动把数值改为设置的最小值。

下面详细介绍数值选择控件（NumericUpDown 控件）的常见用途。

（1）获取 NumericUpDown 控件中显示的数值

通过控件的 Value 属性，可以获取 NumericUpDown 控件中显示的数值。

语法如下：

```
public decimal Value { get; set; }
```

属性值：NumericUpDown 控件的数值。

[实例 16.6]　（源码位置：资源包 \Code\16\06）

动态显示选择的数值

创建一个 Windows 应用程序，向窗体中添加一个 NumericUpDown 控件和一个 Label 控件，在窗体的 Load 事件中，首先设置控件的 Maximum 属性为 20，Minimum 属性为 1。当控件的值发生改变时，通过 Label 控件显示更改后的控件中的数值，代码如下。

```
private void Form1_Load(object sender, EventArgs e)
{
    numericUpDown1.Maximum = 20;              // 设置控件的最大值为 20
    numericUpDown1.Minimum = 1;               // 设置控件的最小值为 1
}
private void numericUpDown1_ValueChanged(object sender, EventArgs e)
{
    // 实现当控件的值改变时，显示当前的值
    label1.Text = " 当前控件中显示的数值: " + numericUpDown1.Value;
}
```

程序的运行结果如图 16.17 所示。

图 16.17　获取数值选择控件中的值

说明：

当 UserEdit 属性（指示用户是否已输入值）设置为 true，则在验证或更新该值之前，将调用 ParseEditText 方法（将数字显示框中显示的文本转换为数值）。然后，验证该值是否在 Minimum(最小值) 和 Maximum(最大值) 两个值之间，并调用 UpdateEditText 方法（以适当的格式显示数字显示框中的当前值）。

（2）设置 NumericUpDown 控件中数值的显示方式

NumericUpDown 控件的 DecimalPlaces 属性用于确定在小数点后显示几位数，默认值为 0。ThousandsSeparator 属性用于确定是否每隔 3 个十进制数字位就插入一个分隔符，默认情况下为 false。如果将 Hexadecimal 属性设置为 true，则该控件可以用十六进制（而不是十进制格式）显示值，默认情况下为 false。

例如，下面代码可以设置 NumericUpDown 控件中数值的小数点后显示两位数：

```
numericUpDown1.DecimalPlaces = 2;
```

注意：

DecimalPlaces 属性的值不能小于 0，或大于 99，否则会出现 ArgumentOutOfRangeException 异常（当参数值超出调用的方法所定义的允许取值范围时引发的异常）。

16.4.3　ListBox：列表

列表控件（ListBox 控件）用于显示一个列表，用户可以从中选择一项或多项。如果选项总数超出可以显示的项数，则控件会自动添加滚动条。

下面详细介绍 ListBox 控件的几种常见用法。

（1）在 ListBox 控件中添加和移除项

通过 ListBox 控件的 Items 属性的 Add 方法，可以向 ListBox 控件中添加项目。通过

ListBox 控件的 Items 属性的 Remove 方法，可以将 ListBox 控件中选中的项目移除。

[实例 16.7]　（源码位置：资源包 \Code\16\07）

在 ListBox 中添加和移除项

创建一个 Windows 应用程序，通过 ListBox 控件的 Items 属性的 Add 方法和 Remove 方法，实现向控件中添加项目以及移除选中项目，代码如下：

```
private void button1_Click(object sender, EventArgs e)
{
     if (textBox1.Text == "")
     {
          MessageBox.Show(" 请输入要添加的数据 ");
      }
     else
     {
           listBox1.Items.Add(textBox1.Text);           // 使用 Add 方法向控件中添加数据
           textBox1.Text = "";
     }
}
private void button2_Click(object sender, EventArgs e)
{
     if (listBox1.SelectedItems.Count == 0)               // 判断是否选择项目
     {
           MessageBox.Show(" 请选择要删除的项目 ");
     }
     else
     {
           listBox1.Items.Remove(listBox1.SelectedItem); // 使用 Remove 方法移除选中项
     }
}
```

程序的运行结果如图 16.18 所示。

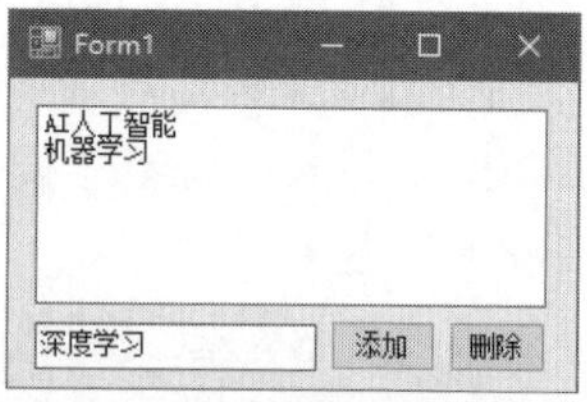

图 16.18　在 ListBox 中添加和移除项

（2）创建总显示滚动条的列表控件

通过设置控件的 HorizontalScrollbar 属性和 ScrollAlwaysVisible 属性可以使控件总显示滚动条。如果将 HorizontalScrollbar 属性设置为 true，则显示水平滚动条。如果将 ScrollAlwaysVisible 属性设置为 true，则始终显示垂直滚动条。

[实例 16.8]　（源码位置：资源包 \Code\16\08）

在 ListBox 中显示滚动条

创建一个 Windows 应用程序，向窗体中添加一个 ListBox 控件、一个 TextBox 控件和一个 Button 控件，将 ListBox 控件的 HorizontalScrollbar 属性和 ScrollAlwaysVisible 属性都设置为 true，使其能显示水平和垂直方向的滚动条。代码如下：

```
private void Form1_Load(object sender, EventArgs e)
{
     //HorizontalScrollbar 属性设置为 true，使其能显示水平方向的滚动条
     listBox1.HorizontalScrollbar = true;
     //ScrollAlwaysVisible 属性设置为 true，使其能显示垂直方向的滚动条
     listBox1.ScrollAlwaysVisible = true;
}
```

```
private void button1_Click(object sender, EventArgs e)
{
        if (textBox1.Text == "")
        {
                MessageBox.Show(" 添加项目不能为空 ");
        }
        else
        {
                listBox1.Items.Add(textBox1.Text);// 使用 Add 方法向控件中添加数据
                textBox1.Text = "";
        }
}
```

程序的运行结果如图 16.19 所示。

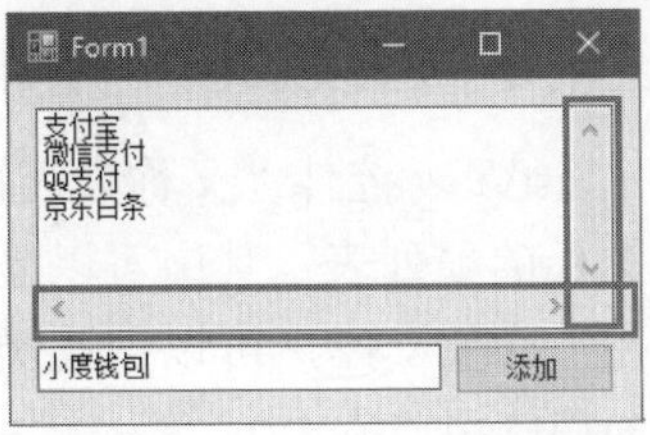

图 16.19　在 ListBox 中显示滚动条

说明：

在 ListBox 控件中可使用 MultiColumn 属性指示该控件是否支持多列，如果将其设置为 true，则支持多列显示。

（3）在 ListBox 控件中选择多项

通过设置 SelectionMode 属性的值可以实现在 ListBox 控件中选择多项。SelectionMode 属性的属性值是 SelectionMode 枚举值之一，默认为 SelectionMode.One。SelectionMode 枚举成员及说明如表 16.3 所示。

表 16.3　SelectionMode 枚举成员及说明

枚举成员	说明
MultiExtended	可以选择多项，并且用户可使用 Shift 键、Ctrl 键和箭头键来进行选择
MultiSimple	可以选择多项
None	无法选择项
One	只能选择一项

下面以 MultiExtended 为例介绍如何使用枚举成员。

[实例 16.9]　（源码位置：资源包 \Code\16\09）

在 ListBox 中选择多项

创建一个 Windows 应用程序，通过设置控件的 SelectionMode 属性值为 SelectionMode 枚举成员 MultiExtended，实现在控件中可以选择多项，并且用户可使用〈Shift〉键、〈Ctrl〉键和箭头键来进行选择。代码如下：

```
private void Form1_Load(object sender, EventArgs e)
{
        //SelectionMode 属性值为 SelectionMode 枚举成员 MultiExtended，实现在控件中可以选择多项
        listBox1.SelectionMode = SelectionMode.MultiExtended;
}
private void button2_Click(object sender, EventArgs e)
{
        if (textBox1.Text == "")
        {
                MessageBox.Show(" 添加项目不能为空 ");
        }
        else
```

```
        {
                listBox1.Items.Add(textBox1.Text);
                textBox1.Text = "";
        }
    }
    private void button1_Click(object sender, EventArgs e)
    {
        // 显示选择项目的数量
        label1.Text = "共选择了：" + listBox1.SelectedItems.Count.ToString() + "项";
    }
```

程序的运行结果如图 16.20 所示。

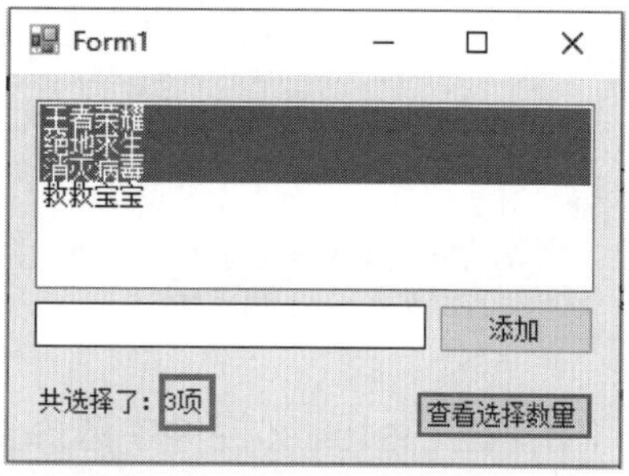

图 16.20　在 ListBox 中选择多项

16.4.4　ListView 控件：列表视图

ListView 控件，又称列表视图控件，它主要用于显示带图标的项列表，其中可以显示大图标、小图标和数据。使用 ListView 控件可以创建类似 Windows 资源管理器右边窗口的用户界面。

(1) 在 ListView 控件中添加项

向 ListView 控件中添加项时需要用到其 Items 属性的 Add 方法，该方法主要用于将项添加至项的集合中，其语法格式如下：

```
public virtual ListViewItem Add (string text)
```

- text： 项的文本。
- 返回值：已添加到集合中的 ListViewItem。

例如，通过使用 ListView 控件的 Items 属性的 Add 方法向控件中添加项。代码如下：

```
listView1.Items.Add(textBox1.Text.Trim());
```

(2) 在 ListView 控件中移除项

移除 ListView 控件中的项目时可以使用其 Items 属性的 RemoveAt 方法或 Clear 方法，其中 RemoveAt 方法用于移除指定的项，而 Clear 方法用于移除列表中的所有项。

① RemoveAt 方法用于移除集合中指定索引处的项。其语法格式如下：

```
public virtual void RemoveAt (int index)
```

- index： 从零开始的索引（属于要移除的项）。

例如，调用 ListView 控件的 Items 属性的 RemoveAt 方法移除选中的项，代码如下：

```
listView1.Items.RemoveAt(listView1.SelectedItems[0].Index);
```

② Clear 方法用于从集合中移除所有项。其语法格式如下：

```
public virtual void Clear ()
```

例如，调用 Clear 方法清空所有的项。代码如下：

```
listView1.Items.Clear();// 使用 Clear 方法移除所有项目
```

(3) 选择 ListView 控件中的项

选择 ListView 控件中的项时可以使用其 Selected 属性，该属性主要用于获取或设置一个值，该值指示是否选定此项。其语法格式如下：

```
public bool Selected { get; set; }
```

- 属性值：如果选定此项，则为 true ；否则为 false。

例如，将 ListView 控件中的第三项的 Selected 属性设为 true，即设置为选中第三项。代码如下：

```
listView1.Items[2].Selected = true; //使用 Selected 方法选中第三项
```

(4) 为 ListView 控件中的项添加图标

如果要为 ListView 控件中的项添加图标，需要使用 ImageList 控件设置 ListView 控件中项的图标。ListView 控件可显示 3 个图像列表中的图标，其中 List 视图、Details 视图和 SmallIcon 视图显示 SmallImageList 属性中指定的图像列表里的图像；LargeIcon 视图显示 LargeImageList 属性中指定的图像列表里的图像；列表视图在大图标或小图标旁显示 StateImageList 属性中设置的一组附加图标。实现的步骤如下。

- 将相应的属性（SmallImageList、LargeImageList 或 StateImageList）设置为想要使用的现有 ImageList 控件。
- 为每个具有关联图标的列表项设置 ImageIndex 属性或 StateImageIndex 属性，这些属性可以在代码中设置，也可以在“ListViewItem 集合编辑器”中进行设置。若要在“ListViewItem 集合编辑器”中进行设置，可在“属性”窗口中单击 Items 属性旁的省略号按钮。

例如，设置 ListView 控件的 LargeImageList 属性和 SmallImageList 属性为 imageList1 控件，然后设置 ListView 控件中的前两项的 ImageIndex 属性分别为 0 和 1。代码如下：

```
listView1.LargeImageList = imageList1;        //设置控件的 LargeImageList 属性
listView1.SmallImageList = imageList1;        //设置控件的 SmallImageList 属性
listView1.Items[0].ImageIndex = 0;            //控件中第一项的图标索引为 0
listView1.Items[1].ImageIndex = 1;            //控件中第二项的图标索引为 1
```

(5) 在 ListView 控件中启用平铺视图

通过启用 ListView 控件的平铺视图功能，可以在图形信息和文本信息之间提供一种视觉平衡。在 ListView 控件中，将平铺视图与分组功能或插入标记功能一起结合使用。如果要启用平铺视图，需要将 ListView 控件的 View 属性设置为 Tile ；另外，还可以通过设置 TileSize 属性来调整平铺的大小。

(6) 为 ListView 控件中的项分组

利用 ListView 控件的分组功能可以用分组形式显示相关项目组。显示时，这些组由包含组标题的水平组标头分隔。可以使用 ListView 按字母顺序、日期或任何其他逻辑组合对项进行分组，从而简化大型列表的导航。若要启用分组，首先必须在设计器中或以编程方式创建一个或多个组，然后向组中分配 ListView 项；另外，还可以用编程方式将一个组中的项移至另外一个组中。下面介绍为 ListView 控件中的项分组的步骤。

1）添加组

使用 Groups 集合的 Add 方法可以向 ListView 控件中添加组，该方法用于将指定的

ListViewGroup 添加到集合。其语法格式如下:

```
public int Add (ListViewGroup group)
```

- group： 要添加到集合中的 ListViewGroup。
- 返回值：该组在集合中的索引；如果集合中已存在该组，则为- 1。

例如，使用 Groups 集合的 Add 方法向控件 listView1 中添加一个分组，标题为“测试”，排列方式为左对齐。代码如下:

```
listView1.Groups.Add(new ListViewGroup(" 测试 ", _HorizontalAlignment.Left));
```

2）移除组

使用 Groups 集合的 RemoveAt 方法或 Clear 方法可以移除指定的组或者移除所有的组。

RemoveAt 方法：用来移除集合中指定索引位置的组。其语法格式如下:

```
public void RemoveAt (int index)
```

- index： 要移除的 ListViewGroup 在集合中的索引。

Clear 方法：用于从集合中移除所有组。其语法格式如下:

```
public void Clear ()
```

例如，使用 Groups 集合的 RemoveAt 方法移除索引为 1 的组，使用 Clear 方法移除所有的组。代码如下:

```
listView1.Groups.RemoveAt(1);                    // 移除索引为 1 的组
listView1.Groups.Clear();                        // 使用 Clear 方法移除所有的组
```

3）向组分配项或在组之间移动项

通过设置 ListView 控件中各个项的 System.Windows.Forms.ListViewItem.Group 属性，可以向组分配项或在组之间移动项。

例如，将 ListView 控件的第一项分配到第一个组中，代码如下:

```
listView1.Items[0].Group = listView1.Groups[0];
```

ListView 控件中的项分组示例效果如图 16.21 所示。

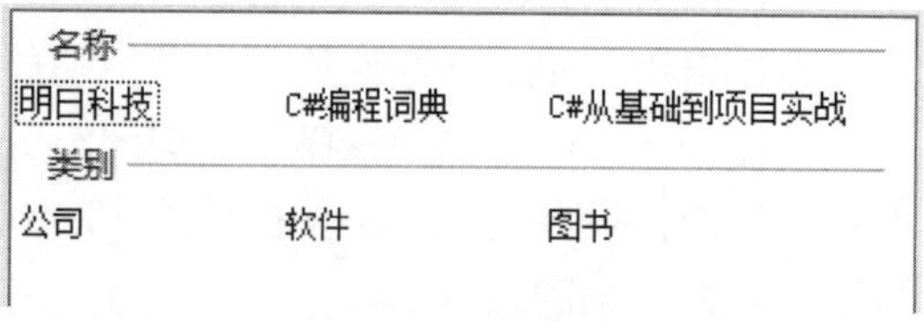

图 16.21　ListView 控件中的项分组示例效果

说明：

ListView 是一种列表控件，在实现诸如显示文件详细信息这样的功能时，推荐使用该控件；另外，由于 ListView 有多种显示样式，因此在实现类似 Windows 系统的“缩略图”“平铺”“图标”“列表”和“详细信息”等功能时，经常需要使用 ListView 控件。

16.5　图片类控件

16.5.1　PictureBox：图片

PictureBox 控件，即图片控件，该控件主要用来显示图片，当然也可以作为图片按钮，可以通过 Image 属性设置其要显示的图片，另外，还可以通过 SizeMode 属性设置图片的显示方式，SizeMode 属性的取值是 PictureBoxSizeMode 枚举值，该枚举提供的枚举值及说明如表 16.4 所示。

表 16.4 PictureBoxSizeMode 枚举值及说明

枚举值	说明
Normal	图像被置于PictureBox的左上角。如果图像比包含它的PictureBox大，则该图像将被剪裁掉
StretchImage	PictureBox中的图像被拉伸或收缩，以适合PictureBox的大小
AutoSize	调整PictureBox大小，使其等于所包含的图像大小
CenterImage	如果PictureBox比图像大，则图像将居中显示。如果图像比PictureBox大，则图片将居于PictureBox中心，而外边缘将被剪裁掉
Zoom	图像大小按其原有的大小比例被增加或减小

例如，下面代码在 PictureBox 控件中显示一张图片，并且图片设置为居中显示:

```
pictureBox1.Image = Image.FromFile("mr.png");
pictureBox1.SizeMode = PictureBoxSizeMode.CenterImage;
```

说明:

Image.FromFile 用来从指定图片文件生成 Image 对象，而为 PictureBox 指定 Image 属性时，该属性要求一个 Image 对象。另外，这里直接指定了图片的文件名，如果要正确使用，需要将该图片放到相应项目文件夹下的 Debug 文件夹中。

效果如图 16.22 所示。

图 16.22 效果图

16.5.2 ImageList：图片列表

ImageList 组件，又称图片存储组件，它主要用于存储图片资源，然后在控件上显示出来，这样就简化了对图片的管理。ImageList 组件的主要属性是 Images，它包含关联控件将要使用的图片。每个单独的图片可以通过其索引值或键值来访问；另外，ImageList 组件中的所有图片都将以同样的大小显示，该大小由其 ImageSize 属性设置，较大的图片将缩小至适当的尺寸。

下面对 ImageList 组件的常用使用方法进行介绍。

（1）在 ImageList 控件中添加图像

使用 ImageList 控件的 Images 属性的 Add 方法，可以编程的方式向 ImageList 控件中添加图像，语法如下:

```
public void Add (Image value)
```

value： 要添加到列表中的图像。

（2）在 ImageList 控件中移除图像

在 ImageList 控件中可以使用 RemoveAt 方法移除单个图像，或者可以使用 Clear 方法清除图像列表中的所有图像。

- RemoveAt 方法用于从列表中移除图像。语法如下：

```
public void RemoveAt (int index)
```

index： 要移除的图像的索引。

- Clear 方法主要用于从 ImageList 中移除所有图像。语法如下：

```
public void Clear ()
```

[实例 16.10] （源码位置：资源包 \Code\16\10）

使用 ImageList 加载和移除图像

创建一个 Windows 应用程序，设置在控件上显示的图像，使用 Images 属性的 Add 方法添加到控件中。然后运行程序，单击“加载图像”按钮显示图像，再单击“移除图像”按钮移除图像之后，重新单击“加载图像”按钮，将弹出“没有图像”的提示，代码如下：

```
private void Form1_Load(object sender, EventArgs e)
{
    pictureBox1.Width = 200;                             // 设置 pictureBox1 控件的宽
    pictureBox1.Height = 165;                            // 设置 pictureBox1 控件的高
    // 设置要加载图片的路径
    string Path = "01.jpg";
    Image img = Image.FromFile(Path, true);              // 创建 Image 对象
    imageList1.Images.Add(img);                          // 使用 Images 属性的 Add 方法向控件中添加图像
    imageList1.ImageSize = new Size(200, 165);           // 设置显示图片的大小
}
private void button1_Click(object sender, EventArgs e)
{
    if (imageList1.Images.Count == 0)                    // 判断 imageList1 中是否存在图像
    {
        MessageBox.Show(" 没有图像 ");                    // 如果没有图像弹出提示
    }
    else
    {
        // 使 pictureBox1 控件显示 imageList1 控件中索引为 0 的图像
        pictureBox1.Image = imageList1.Images[0];
    }
}
private void button2_Click(object sender, EventArgs e)
{
    imageList1.Images.RemoveAt(0);                       // 使用 RemoveAt 方法移除图像
    pictureBox1.Image = null;                            // 清除显示的图片
}
```

程序的运行结果如图 16.23 所示。

还可以使用 Clear 方法从 ImageList 中移除所有图像，代码如下：

```
imageList1.Images.Clear();// 使用 Clear 方法移除所有图像
```

说明：

对于一些经常用到图片或图标的控件，可与 ImageList 组件一起使用，例如在使用工具栏控件、树控件和列表控件时，经常使用 ImageList 组件存储它们需要用到的一些图片或图标，然后在程序中通过 ImageList 组件的索引项来方便地获取需要的图片或图标。

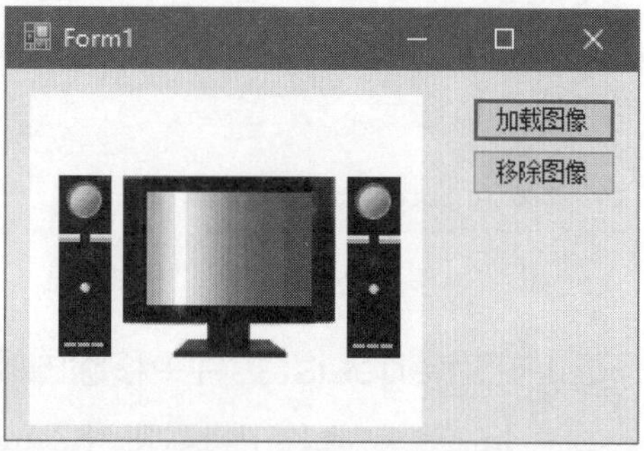

图 16.23　使用 ImageList 加载和移除图像

16.6 容器控件

16.6.1 GroupBox：分组框

GroupBox 控件，又称分组框控件，它主要为其他控件提供分组，并且按照控件的分组来细分窗体的功能，其在所包含的控件集周围总是显示边框，而且可以显示标题，但是没有滚动条。

GroupBox 控件最常用的是 Text 属性，用来设置分组框的标题。例如，下面代码用来为 GroupBox 控件设置标题“系统登录”：

```
groupBox1.Text = "系统登录";                    //设置 groupBox1 控件的标题
```

16.6.2 Panel：容器

容器控件（Panel 控件）可以使窗体的分类更详细，便于用户理解。容器控件可以有滚动条。

容器控件就好像是商场的各个楼层，如 1 楼是化妆品层、2 楼是男装层、3 楼是女装层等。当然，还可以在各层中继续划分，也就是说，可以在容器控件中嵌套放置多个容器控件。

使用 Panel 控件的 Show 方法可以显示控件，而使用 Hide 方法可以隐藏控件；另外，Panel 还提供了一个 Visible 属性，通过设置该属性也可以控制 Panel 的显示和隐藏，设置为 true，表示显示控件，而设置为 false，表示隐藏控件。

说明：
如果将 Panel 控件的 Enabled 属性（设置控件是否可以对用户交互做出响应）设置为 false，那么在该容器中的所有控件将不可用。

例如，下面代码将 panel1 控件隐藏，同时将 panel2 控件显示：

```
panel1.Visible = false;                    //等同于 panel1.Hide();
panel2.Visible = true;                     //等同于 panel2.Show();
```

16.6.3 TabControl：选项卡

选项卡控件（TabControl 控件）可以添加多个选项卡，然后在选项卡上添加子控件。这样就可以把窗体设计成多页，使窗体的功能划分为多个部分。选项卡中可包含图片或其他控件。选项卡控件还可以用来创建用于设置一组相关属性的属性页。

TabControl 控件包含选项卡页面，TabPage 控件表示选项卡，TabControl 控件的 TabPages 属性表示其中的所有 TabPage 控件的集合。TabPages 集合中 TabPage 选项卡的顺序反映了 TabControl 控件中选项卡的顺序。下面讲解 TabControl 控件的一些常用设置。

（1）改变选项卡的显示样式

通过使用 TabControl 控件和组成控件上各选项卡的 TabPage 对象的属性，可以更改 Windows 窗体中选项卡的外观。通过设置这些属性，可使用编程方式在选项卡上显示图像，或者以按钮形式显示选项卡。

例如，下面代码通过将 TabPage 的 ImageIndex 属性设置为 ImageList 图像列表中的图像索引，来为选项卡设置显示图像：

```
tabControl1.ImageList = imageList1;             // 设置控件的 ImageList 属性为 imageList1
// 第一个选项卡的图标是 imageList1 中索引为 0 的图标
tabPage1.ImageIndex = 0;
tabPage1.Text = " 选项卡 1";                    // 设置控件第一个选项卡的 Text 属性
// 第二个选项卡的图标是 imageList1 中索引为 0 的图标
tabPage2.ImageIndex = 0;
tabPage2.Text = " 选项卡 2";                    // 设置控件第二个选项卡的 Text 属性
```

效果如图 16.24 所示。

另外，通过设置 TabControl 控件的 Appearance 属性为 Buttons 或 FlatButtons，可以将选项卡显示为按钮样式。如果设置为 Buttons，则选项卡具有三维按钮的外观。如果设置为 FlatButtons，则选项卡具有平面按钮的外观。代码如下：

```
tabControl1.Appearance = TabAppearance.Buttons;
```

效果如图 16.25 所示。

图 16.24　改变选项卡显示图标

图 16.25　改变选项卡显示样式

（2）在选项卡中添加控件

如果要在选项卡中添加控件，可以通过 TabPage 的 Controls 属性集合的 Add 方法实现，语法如下：

```
public virtual void Add (Control value)
```

value：Control 控件对象，表示要添加到控件集合的控件。

例如，下面代码向 tabPage1 选项卡中添加一个按钮控件：

```
Button btn1 = new Button();                     // 实例化一个 Button 类，动态生成一个按钮
btn1.Text = " 新增按钮 ";                       // 设置按钮的 Text 属性
tabPage1.Controls.Add(btn1);                    // 使用 Add 方法，将这个按钮添加到选项卡 1 中
```

效果如图 16.26 所示。

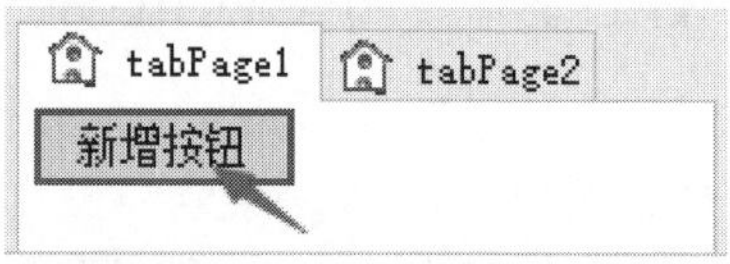

图 16.26　在选项卡中添加控件

（3）添加和移除选项卡

1）添加选项卡

控件默认情况下，TabControl 控件包含两个 TabPage 控件，可以使用 TabPages 属性的 Add 方法添加新的选项卡，语法如下：

```
public void Add (TabPage value)
```

value：要添加的 TabPage 选项卡对象。

2）移除选项卡

如果要移除控件中的某个选项卡，可以使用 TabPages 属性的 Remove 方法，语法如下：

```
public void Remove (TabPage value)
```

value： 要移除的 TabPage 选项卡。

[实例 16.11]　　（源码位置：资源包 \Code\16\11）

动态添加和删除选项卡

创建一个 Windows 应用程序，通过使用 TabPages 属性的 Add 方法添加选项卡，另外，可以调用 Remove 方法删除指定的选项卡，代码如下:

```
private void button1_Click(object sender, EventArgs e)
{
     // 声明一个字符串变量，用于生成新增选项卡的名称
     string Title = " 新增选项卡 " + (tabControl1.TabCount + 1).ToString();
     TabPage MyTabPage = new TabPage(Title);        // 实例化 TabPage
     // 使用 TabControl 控件的 TabPages 属性的 Add 方法添加新的选项卡
     tabControl1.TabPages.Add(MyTabPage);
}
private void button2_Click(object sender, EventArgs e)
{
     if (tabControl1.SelectedIndex == 0)            // 判断是否选择了要删除的选项卡
     {
          MessageBox.Show(" 请选择要删除的选项卡 "); // 如果没有选择，弹出提示
     }
     else
     {
     // 使用 TabControl 控件的 TabPages 属性的 Remove 方法删除指定的选项卡
          tabControl1.TabPages.Remove(tabControl1.SelectedTab);
     }
}
```

程序的运行结果如图 16.27 所示。

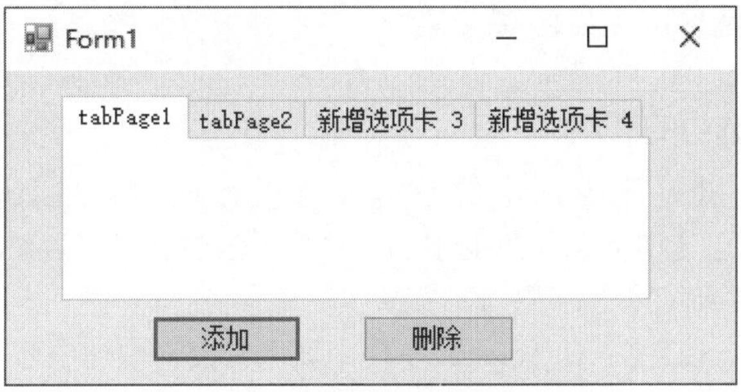

图 16.27　动态添加和删除选项卡

另外，如果要删除所有的选项卡，可以使用 TabPages 属性的 Clear 方法。

例如，删除控件中所有的选项卡，代码如下:

```
tabControl1.TabPages.Clear();// 使用 Clear 方法删除所有的选项卡
```

16.7　TreeView：树控件

TreeView 控件，又称树控件，它可以为用户显示节点层次结构，而每个节点又可以包含子节点，包含子节点的节点叫父节点，其效果就像在 Windows 操作系统的 Windows 资源管理器功能的左边窗口中显示文件和文件夹一样。

说明：
TreeView 控件经常用来设计导航菜单。

（1）添加和删除树节点

向 TreeView 控件中添加节点时，需要用到 Nodes 属性的 Add 方法，其语法格式如下：

```
public virtual int Add (TreeNode node)
```

- node ：要添加到集合中的 TreeNode。
- 返回值：添加到树节点集合中的 TreeNode 从零开始的索引值。

例如，使用 TreeView 控件的 Nodes 属性的 Add 方法向树控件中添加两个节点，代码如下：

```
treeView1.Nodes.Add("名称");
treeView1.Nodes.Add("类别");
```

从 TreeView 控件中移除指定的树节点时，需要使用 Nodes 属性的 Remove 方法，其语法格式如下：

```
public void Remove (TreeNode node)
```

- node ：要移除的 TreeNode。

例如，通过 TreeView 控件的 Nodes 属性的 Remove 方法删除选中的子节点，代码如下：

```
treeView1.Nodes.Remove(treeView1.SelectedNode); //使用 Remove 方法移除所选项
```

说明：
SelectedNode 属性用来获取 TreeView 控件的选中节点。

（2）获取树控件中选中的节点

要获取 TreeView 树控件中选中的节点，可以在该控件的 AfterSelect 事件中使用 EventArgs 对象返回对已选中节点对象的引用，其中，通过检查 TreeViewEventArgs 类（它包含与事件有关的数据）确定单击了哪个节点。

例如，在 TreeView 控件的 AfterSelect 事件中获取树控件中选中节点的文本，代码如下：

```
private void treeView1_AfterSelect(object sender, TreeViewEventArgs e)
{
    label1.Text = "当前选中的节点：" + e.Node.Text; //获取选中节点显示的文本
}
```

（3）为树控件中的节点设置图标

TreeView 控件可以在每个节点紧挨节点文本的左侧显示图标，但显示时，必须使 TreeView 控件与 ImageList 控件相关联。为 TreeView 控件中的节点设置图标的步骤如下。

① 将 TreeView 控件的 ImageList 属性设置为想要使用的现有 ImageList 控件，该属性既可以在设计器中使用“属性”窗口进行设置，也可以在代码中设置。

例如，设置 treeView1 控件的 ImageList 属性为 imageList1，代码如下：

```
treeView1.ImageList = imageList1;
```

② 设置树节点的 ImageIndex 和 SelectedImageIndex 属性，其中，ImageIndex 属性用来确定正常和展开状态下的节点显示图像，而 SelectedImageIndex 属性用来确定选定状态下的节点显示图像。

例如，设置 treeView1 控件的 ImageIndex 属性，确定正常或展开状态下的节点显示图像的索引为 0；设置 SelectedImageIndex 属性，确定选定状态下的节点显示图像的索引为 1。代码如下：

```
treeView1.ImageIndex = 0;
treeView1.SelectedImageIndex = 1;
```

[实例 16.12]　（源码位置：资源包 \Code\16\12）

使用树控件显示部门结构

创建一个 Windows 应用程序，在默认窗体中添加一个 TreeView 控件、一个 ImageList 控件和一个 ContextMenuStrip 控件，其中，TreeView 控件用来显示部门结构，ImageList 控件用来存储 TreeView 控件中用到的图片文件，ContextMenuStrip 控件用来作为 TreeView 控件的快捷菜单。代码如下：

```
private void Form1_Load(object sender, EventArgs e)
{
    treeView1.ContextMenuStrip = contextMenuStrip1;        //设置树控件的快捷菜单
    TreeNode TopNode = treeView1.Nodes.Add("公司");        //建立一个顶级节点
    //建立4个基础节点，分别表示4个大的部门
    TreeNode ParentNode1 = new TreeNode("人事部");
    TreeNode ParentNode2 = new TreeNode("财务部");
    TreeNode ParentNode3 = new TreeNode("基础部");
    TreeNode ParentNode4 = new TreeNode("软件开发部");
    //将4个基础节点添加到顶级节点中
    TopNode.Nodes.Add(ParentNode1);
    TopNode.Nodes.Add(ParentNode2);
    TopNode.Nodes.Add(ParentNode3);
    TopNode.Nodes.Add(ParentNode4);
    //建立6个子节点，分别表示6个部门
    TreeNode ChildNode1 = new TreeNode("C#部门");
    TreeNode ChildNode2 = new TreeNode("ASP.NET部门");
    TreeNode ChildNode3 = new TreeNode("VB部门");
    TreeNode ChildNode4 = new TreeNode("VC部门");
    TreeNode ChildNode5 = new TreeNode("JAVA部门");
    TreeNode ChildNode6 = new TreeNode("PHP部门");
    //将6个子节点添加到对应的基础节点中
    ParentNode4.Nodes.Add(ChildNode1);
    ParentNode4.Nodes.Add(ChildNode2);
    ParentNode4.Nodes.Add(ChildNode3);
    ParentNode4.Nodes.Add(ChildNode4);
    ParentNode4.Nodes.Add(ChildNode5);
    ParentNode4.Nodes.Add(ChildNode6);
    //设置imageList1控件中显示的图像
    imageList1.Images.Add(Image.FromFile("1.png"));
    imageList1.Images.Add(Image.FromFile("2.png"));
    //设置treeView1的ImageList属性为imageList1
    treeView1.ImageList = imageList1;
    imageList1.ImageSize = new Size(16, 16);
    //设置treeView1控件节点的图标在imageList1控件中的索引是0
    treeView1.ImageIndex = 0;
    //选择某个节点后显示的图标在imageList1控件中的索引是1
    treeView1.SelectedImageIndex = 1;
```

```
}
private void treeView1_AfterSelect(object sender, TreeViewEventArgs e)
{
    //在 AfterSelect 事件中获取控件中选中节点显示的文本
    label1.Text = "选择的部门: " + e.Node.Text;
}
private void 全部展开 ToolStripMenuItem_Click(object sender, EventArgs e)
{
    treeView1.ExpandAll();                    //展开所有树节点
}
private void 全部折叠 ToolStripMenuItem_Click(object sender, EventArgs e)
{
    treeView1.CollapseAll();                  //折叠所有树节点
}
```

程序运行结果如图 16.28 所示。

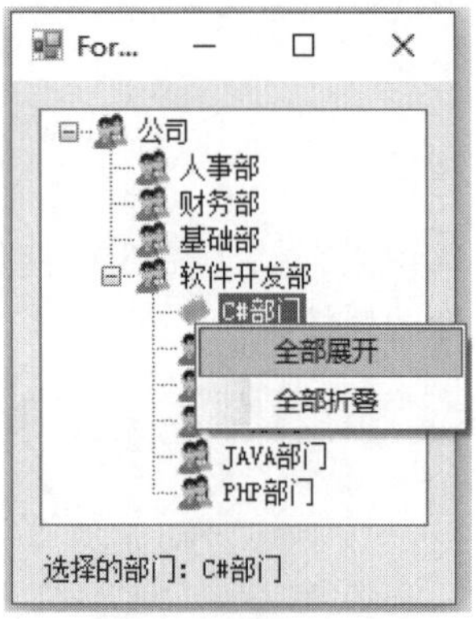

图 16.28 使用树控件显示部门结构

说明：

本实例实现时，首先需要确保项目的 Debug 文件夹中存在 1.png 和 2.png 这两个图片文件，这两个文件用来设置树控件所显示的图标。

16.8 Timer：计时器

Timer 组件又称计时器组件，它可以定期引发事件，时间间隔的长度由其 Interval 属性定义，其属性值以毫秒为单位。若启用了该组件，则每个时间间隔引发一次 Tick 事件，开发人员可以在 Tick 事件中添加要执行操作的代码。

Timer 组件的常用属性及说明如表 16.5 所示。

表 16.5 Timer 组件的常用属性及说明

属性	说明
Enabled	获取或设置计时器是否正在运行
Interval	获取或设置在相对于上一次发生的 Tick 事件引发 Tick 事件之前的时间（以毫秒为单位）

Timer 组件的常用方法及说明如表 16.6 所示。

表 16.6 Timer 组件的常用方法及说明

方法	说明
Start	启动计时器
Stop	停止计时器

Timer 组件的常用事件及说明如表 16.7 所示。

表 16.7 Timer 组件的常用事件及说明

事件	说明
Tick	当指定的计时器间隔已过去而且计时器处于启用状态时发生

[实例 16.13]

（源码位置：资源包 \Code\16\13）

模拟双色球选号

程序开发步骤如下。

① 创建一个 Windows 应用程序，命名为 Double。

② 在新建的项目的默认 Form1 窗体中，首先通过 BackgroundImage 属性设置背景图片，然后添加 7 个 Label 控件，并将它们的 BackColor 属性设置为 Transparent，以便使背景透明，这 7 个 Label 控件分别用来显示红球和蓝球数字；添加两个 Button 控件，并设置背景图片；添加一个 Timer 组件，作为计时器。

③ 在两个 Button 控件的 Click 事件中分别使用 Timer 的 Start 方法和 Stop 方法启动和停止计时器。代码如下：

```
private void button1_Click(object sender, EventArgs e)
{
    timer1.Start();                          // 启动计时器
}
private void button2_Click(object sender, EventArgs e)
{
    timer1.Stop();                           // 停止计时器
}
```

④ 触发 Timer 计时器的 Tick 事件，在该事件中通过随机生成器随机生成红球数字和蓝球数字。代码如下：

```
private void timer1_Tick(object sender, EventArgs e)
{
    Random rnd = new Random();                          // 生成随机数生成器
    label1.Text = rnd.Next(1, 33).ToString("00"); // 第 1 个红球数字
    label2.Text = rnd.Next(1, 33).ToString("00"); // 第 2 个红球数字
    label3.Text = rnd.Next(1, 33).ToString("00"); // 第 3 个红球数字
    label4.Text = rnd.Next(1, 33).ToString("00"); // 第 4 个红球数字
    label5.Text = rnd.Next(1, 33).ToString("00"); // 第 5 个红球数字
    label6.Text = rnd.Next(1, 33).ToString("00"); // 第 6 个红球数字
    label7.Text = rnd.Next(1, 16).ToString("00"); // 蓝球数字
}
```

运行程序，单击“开始”按钮，红球和蓝球同时滚动，单击“停止”按钮，则红球和蓝球停止滚动，当前显示的数字就是程序选中的号码，如图 16.29 所示。

图 16.29　使用 Timer 计时器实现双色球彩票选号器

16.9 ProgressBar：进度条

ProgressBar 控件通过水平放置的方框中显示适当数目的矩形，指示工作的进度。工作完成时，进度条被填满。进度条用于帮助用户了解等待一项工作完成的进度。

ProgressBar 控件比较重要的属性有 Value、Minimum 和 Maximum。Minimum 和 Maximum 属性主要用于设置进度条的最小值和最大值，Value 属性表示操作过程中已完成的进度。而控件的 Step 属性用于指定 Value 属性递增的值，然后调用 PerformStep 方法来递增该值。

例如，设置进度条控件的 Minimum 和 Maximum 属性分别为 0 和 500，然后设置 Step 属性，使 Value 属性递增值为 1。最后在 for 语句中调用 PerformStep 方法递增该值，使进度条不断前进，直至 for 语句中设置为最大值为止。代码如下：

```
progressBar1.Minimum = 0;                    // 设置 progressBar1 控件的 Minimum 值为 0
progressBar1.Maximum = 500;                  // 设置 progressBar1 的 Maximum 值为 500
progressBar1.Step = 1;                       // 设置 progressBar1 的增值为 1
for (int i = 0; i < 500; i++)                // 调用 for 语句循环递增
{
    progressBar1.PerformStep();              // 使用 PerformStep 方法按 Step 值递增
    textBox1.Text = " 进度值: " + progressBar1.Value.ToString();
}
```

注意：

ProgressBar 控件只能以水平方向显示，如果想改变该控件的显示样式，可以用 ProgressBarRenderer 类来实现，如纵向进度条，或在进度条上显示文本。

16.10 菜单、工具栏和状态栏

16.10.1 MenuStrip：菜单

菜单控件使用 MenuStrip 控件来表示，它主要用来设计程序的菜单栏，C# 中的 MenuStrip 控件支持多文档界面、菜单合并、工具提示和溢出等功能，开发人员可以通过添加访问键、快捷键、选中标记、图像和分隔条来增强菜单的可用性和可读性。

下面以“文件”菜单为例演示如何使用 MenuStrip 控件设计菜单栏，具体步骤如下。

① 从工具箱中将 MenuStrip 控件拖曳到窗体中，如图 16.30 所示。

② 在输入菜单名称时，系统会自动产生输入下一个菜单名称的提示，如图 16.31 所示。

③ 在图 16.31 所示的输入框中输入“新建 (&N)”后，菜单中会自动显示“新建 (N)”，在此处，“&”被识别为确认热键的字符，例如，“新建 (N)”菜单就可以通过键盘上的〈Alt+N〉组合键打开。同样，在“新建 (N)”菜单下创建“打开 (O)”“关闭 (C)”和“保存 (S)”等子菜单，如图 16.32 所示。

④ 菜单设置完成后，运行程序，效果如图 16.33 所示。

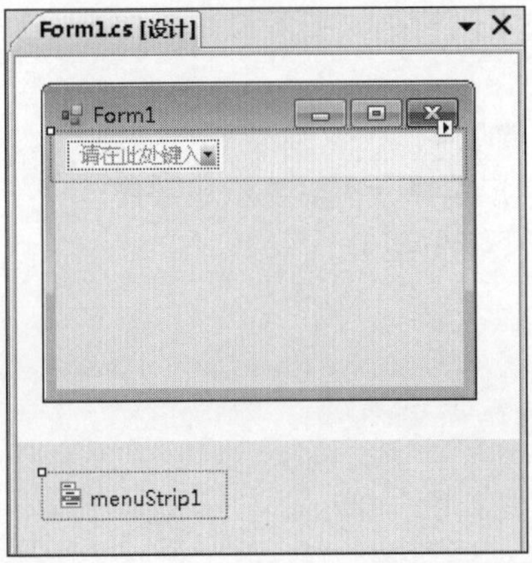

图 16.30　将 MenuStrip 控件拖曳到窗体中

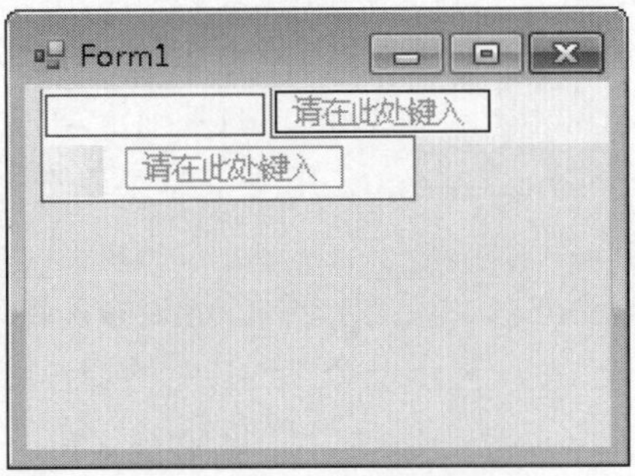

图 16.31　输入菜单名称

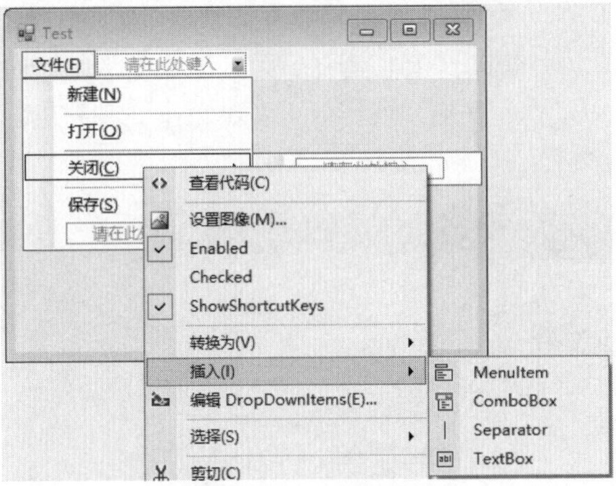

图 16.32　添加菜单

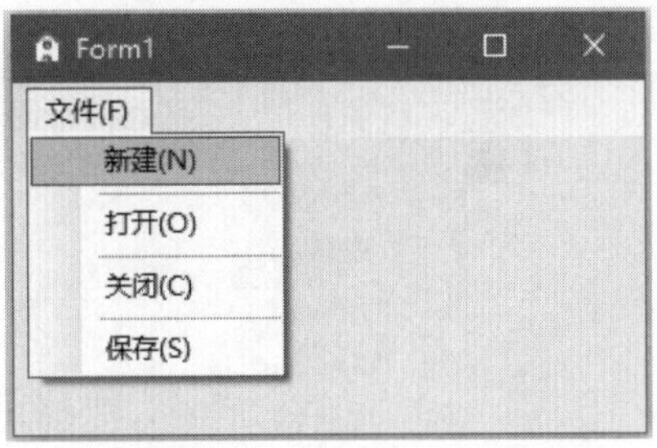

图 16.33　运行后菜单示意图

16.10.2　ToolStrip：工具栏

工具栏控件使用 ToolStrip 控件来表示，工具栏主要放置一些菜单中的常用功能。使用 ToolStrip 控件创建工具栏的具体步骤如下。

① 从工具箱中将 ToolStrip 控件拖曳到窗体中，如图 16.34 所示。

② 单击工具栏上向下箭头的提示图标，如图 16.35 所示。

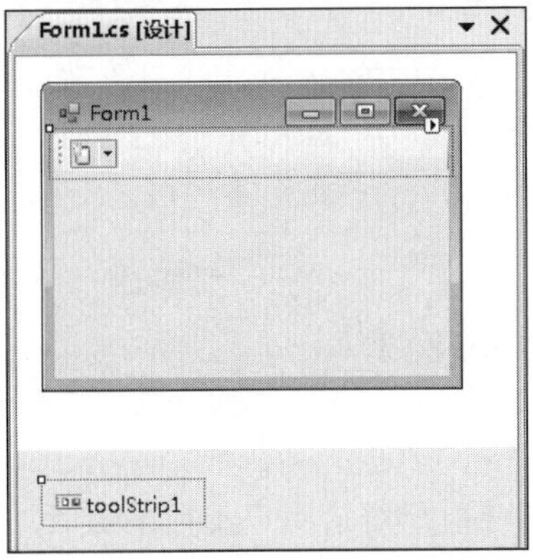

图 16.34　将 ToolStrip 控件拖曳到窗体中

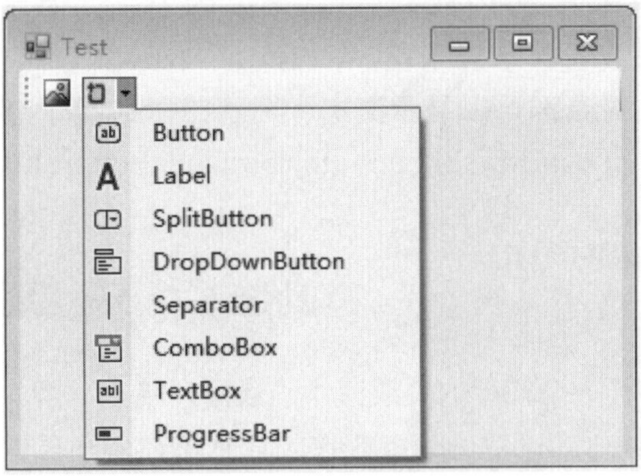

图 16.35　添加工具栏项目

从图 16.35 中可以看到，当单击工具栏中向下的箭头，在下拉菜单中有 8 种不同的类型，下面分别介绍。

- Button： 包含文本和图像中可让用户选择的项。
- Label： 包含文本和图像的项，不可以让用户选择，可以显示超链接。
- SplitButton： 在 Button 的基础上增加了一个下拉菜单。
- DropDownButton： 用于下拉菜单选择项。
- Separator： 分隔符。
- ComboBox： 显示一个 ComboBox 的项。
- TextBox： 显示一个 TextBox 的项。
- ProgressBar： 显示一个 ProgressBar 的项。

③ 添加相应的工具栏按钮后，可以设置其要显示的图像，具体方法是：选中要设置图像的工具栏按钮，使用鼠标右键单击，在弹出的快捷菜单中选择“设置图像”选项，如图 16.36 所示。

④ 工具栏中的按钮默认只显示图像，如果要以其他方式（例如只显示文本、同时显示图像和文本等）显示工具栏按钮，可以选中工具栏按钮，使用鼠标右键单击，在弹出的快捷菜单中选择“DisplayStyle”选项下面的各个子菜单，如图 16.37 所示。

图 16.36　设置按钮图像

图 16.37　设置菜单的显示方式

⑤ 工具栏设计完成后，运行程序，效果如图 16.38 所示。

图 16.38　工具栏效果

16.10.3　StatusStrip：状态栏

状态栏控件使用 StatusStrip 控件来表示，它通常放置在窗体的最底部，用于显示窗体上一些对象的相关信息，或者显示应用程序的信息。StatusStrip 控件由 ToolStripStatusLabel 对象组成，每个这样的对象都可以显示文本、图像或同时显示这两者，另外，StatusStrip 控件还可以包含 ToolStripDropDownButton、ToolStripSplitButton 和 ToolStripProgressBar 等控件。

[实例 16.14]　（源码位置：资源包 \Code\16\14）

在状态栏中显示登录用户及时间

制作一个简单的登录窗体，当用户单击“登录”按钮时，进入另外一个 Windows 窗体，该窗体中使用 StatusStrip 控件设计状态栏，并在状态栏中显示登录用户及登录时间，具体步骤如下。

① 从工具箱中将 StatusStrip 控件拖曳到窗体中，如图 16.39 所示。

② 单击状态栏上向下箭头的提示图标，选择“插入”选项，弹出子菜单，如图 16.40 所示。

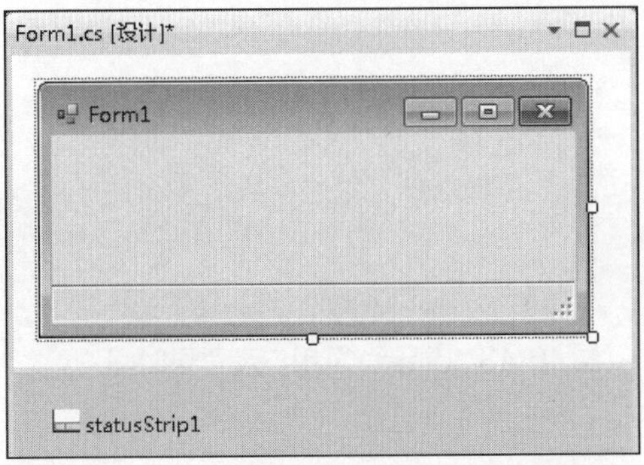

图 16.39　将 StatusStrip 控件拖曳到窗体中

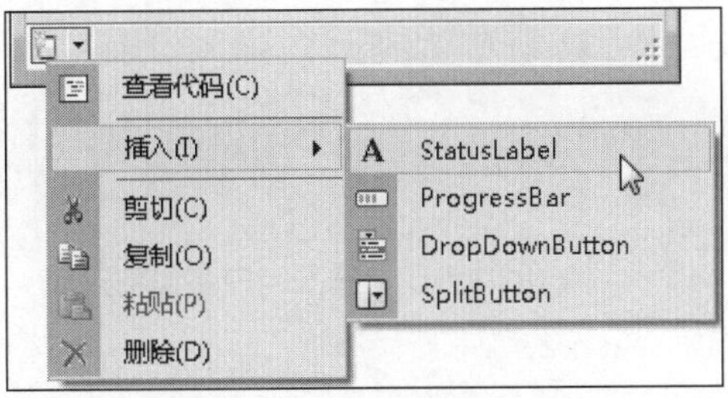

图 16.40　添加状态栏项目

从图 16.40 中可以看到，当单击“插入”选项时，在下拉子菜单中有 4 种不同的类型，下面分别介绍。

- StatusLabel：包含文本和图像的项，不可以让用户选择，可以显示超链接。
- ProgressBar：进度条显示。
- DropDownButton：用于下拉菜单选择项。
- SplitButton：在 Button 的基础上增加了一个下拉菜单。

③ 在图 16.40 中选择需要的项添加到状态栏中，这里添加两个 StatusLabel，状态栏设计效果如图 16.41 所示。

图 16.41　状态栏设计效果

④ 打开登录窗体（Form1），在其 .cs 文件中定义一个成员变量，用来记录登录用户名，代码如下：

```
public static string strName;                    // 声明成员变量，用来记录登录用户名
```

⑤ 触发登录窗体中“登录”按钮的 Click 事件，该事件中记录登录用户名，并打开主窗体，代码如下：

```
private void button1_Click(object sender, EventArgs e)
{
    strName = textBox1.Text;                     // 记录登录用户
    Form2 frm = new Form2();                     // 创建 Form2 窗体对象
    this.Hide();                                 // 隐藏当前窗体
    frm.Show();                                  // 显示 Form2 窗体
}
```

⑥ 触发 Form2 窗体的 Load 事件，该事件中，在状态栏中显示登录用户及登录时间，代码如下：

```
private void Form2_Load(object sender, EventArgs e)
{
    toolStripStatusLabel1.Text = " 登录用户: " + Form1.strName;// 显示登录用户
    // 显示登录时间
    toolStripStatusLabel2.Text = " || 登录时间: " + DateTime.Now.ToLongTimeString();
}
```

运行程序，在登录窗体中输入用户名和密码，如图 16.42 所示，单击“登录”按钮，进入主窗体，在主窗体的状态栏中会显示登录用户及登录时间，如图 16.43 所示。

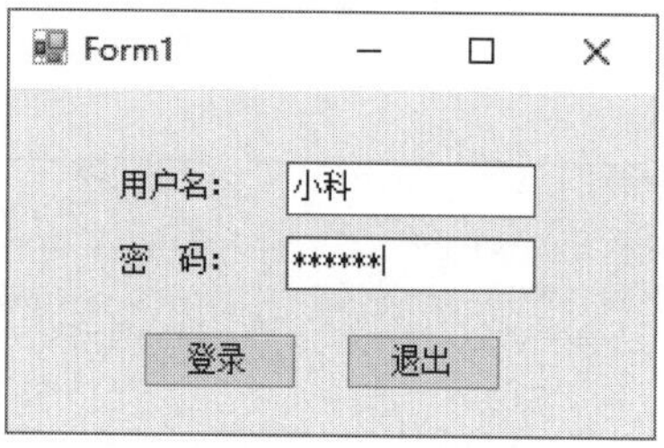

图 16.42　输入用户名和密码

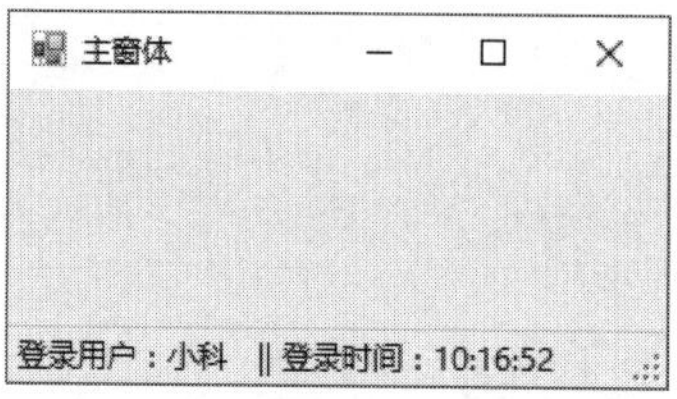

图 16.43　显示登录用户及登录时间

16.11　消息框

消息框是一个预定义对话框，主要用于向用户显示与应用程序相关的信息，以及来自用户的请求信息，在 .NET 中，使用 MessageBox 类表示消息对话框，通过调用该类的 Show 方法可以显示消息对话框，该方法有多种重载形式，其最常用的两种形式如下：

```
public static DialogResult Show(string text)
public static DialogResult Show(string text,string caption, MessageBoxButtons
buttons,MessageBoxIcon icon)
```

- text：要在消息框中显示的文本。
- caption：要在消息框的标题栏中显示的文本。
- buttons：MessageBoxButtons 枚举值之一，可指定在消息框中显示哪些按钮。MessageBoxButtons 枚举值及说明如表 16.8 所示。

表 16.8　MessageBoxButtons 枚举值及说明

枚举值	说明
OK	消息框包含“确定”按钮
OKCancel	消息框包含“确定”和“取消”按钮
AbortRetryIgnore	消息框包含“中止”“重试”和“忽略”按钮
YesNoCancel	消息框包含“是”“否”和“取消”按钮
YesNo	消息框包含“是”和“否”按钮
RetryCancel	消息框包含“重试”和“取消”按钮

- icon：MessageBoxIcon 枚举值之一，它指定在消息框中显示哪个图标。MessageBoxIcon 枚举值及说明如表 16.9 所示。

表 16.9　MessageBoxIcon 枚举值及说明

枚举值	说明
None	消息框未包含符号
Hand	消息框包含一个符号，该符号是由一个红色背景的圆圈及其中的白色X组成的

续表

枚举值	说明
Question	消息框包含一个符号，该符号是由一个圆圈和其中的一个问号组成的
Exclamation	消息框包含一个符号，该符号是由一个黄色背景的三角形及其中的一个感叹号组成的
Asterisk	消息框包含一个符号，该符号是由一个圆圈及其中的小写字母 i 组成的
Stop	消息框包含一个符号，该符号是由一个红色背景的圆圈及其中的白色 X 组成的
Error	消息框包含一个符号，该符号是由一个红色背景的圆圈及其中的白色 X 组成的
Warning	消息框包含一个符号，该符号是由一个黄色背景的三角形及其中的一个感叹号组成的
Information	消息框包含一个符号，该符号是由一个圆圈及其中的小写字母 i 组成的

- 返回值：DialogResult 枚举值之一。DialogResult 枚举值及说明如表 16.10 所示。

表 16.10　DialogResult 枚举值及说明

枚举值	说明
None	从对话框返回 Nothing。这表明有模式对话框继续运行
OK	对话框的返回值是 OK（通常从标签为“确定”的按钮发送）
Cancel	对话框的返回值是 Cancel（通常从标签为“取消”的按钮发送）
Abort	对话框的返回值是 Abort（通常从标签为“中止”的按钮发送）
Retry	对话框的返回值是 Retry（通常从标签为“重试”的按钮发送）
Ignore	对话框的返回值是 Ignore（通常从标签为“忽略”的按钮发送）
Yes	对话框的返回值是 Yes（通常从标签为“是”的按钮发送）
No	对话框的返回值是 No（通常从标签为“否”的按钮发送）

例如，使用 MessageBox 类的 Show 方法弹出一个“警告”消息框，代码如下：

```
MessageBox.Show(" 确定要退出当前系统吗？ ", " 警告 ", MessageBoxButtons.YesNo, MessageBoxIcon.Warning);
```

效果如图 16.44 所示。

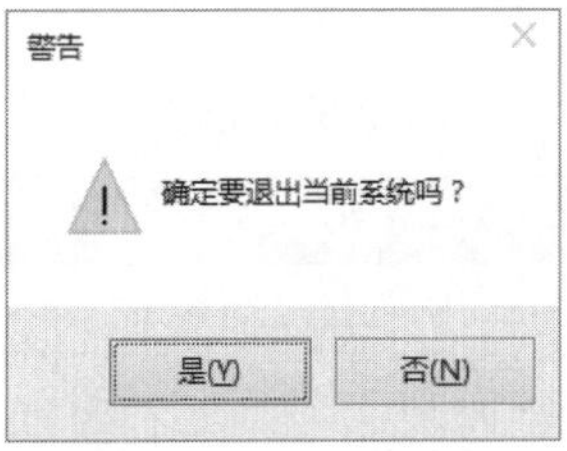

图 16.44　使用 MessageBox 类弹出消息框

16.12　对话框

16.12.1　“打开”对话框

OpenFileDialog 控件表示一个通用对话框，用户可以使用此对话框来指定一个或多个要打开的文件的文件名。“打开”对话框如图 16.45 所示。

图 16.45 “打开”对话框

OpenFileDialog 控件常用属性及说明如表 16.11 所示。

表 16.11 OpenFileDialog 控件常用属性及说明

属性	说明
AddExtension	指示如果用户省略扩展名，对话框是否自动在文件名中添加扩展名
DefaultExt	获取或设置默认文件扩展名
FileName	获取或设置一个包含在文件对话框中选定的文件名的字符串
FileNames	获取对话框中所有选定文件的文件名
Filter	获取或设置当前文件名筛选器字符串，该字符串决定对话框的“另存为文件类型”或“文件类型”框中出现的选择内容
InitialDirectory	获取或设置文件对话框显示的初始目录
Multiselect	获取或设置一个值，该值指示对话框是否允许选择多个文件
RestoreDirectory	获取或设置一个值，该值指示对话框在关闭前是否还原当前目录

OpenFileDialog 控件常用方法及说明如表 16.12 所示。

表 16.12 OpenFileDialog 控件常用方法及说明

方法	说明
OpenFile	此方法以只读模式打开用户选择的文件
ShowDialog	此方法显示 OpenFileDialog

说明：

ShowDialog 方法是对话框的通用方法，用来打开相应的对话框。

例如，使用 OpenFileDialog 打开一个“打开文件”对话框，该对话框中只能选择图片文件，代码如下：

```
openFileDialog1.InitialDirectory = "C:\\";// 设置初始目录
// 设置只能选择图片文件
openFileDialog1.Filter = "bmp 文件 (*.bmp)|*.bmp|gif 文件 (*.gif)|*.gif|jpg 文件 (*.jpg)|*.jpg";
openFileDialog1.ShowDialog();
```

16.12.2 “另存为”对话框

SaveFileDialog 控件表示一个通用对话框，用户可以使用此对话框来指定一个要将文件另存为的文件名。“另存为”对话框如图 16.46 所示。

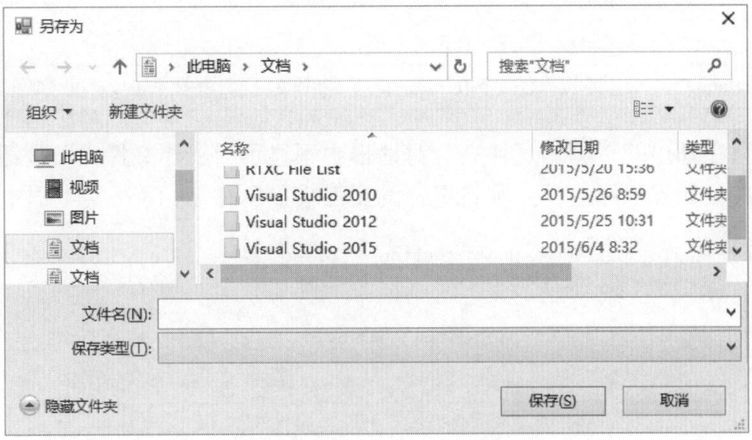

图 16.46 “另存为”对话框

SaveFileDialog 组件的常用属性及说明如表 16.13 所示。

表 16.13 SaveFileDialog 组件的常用属性及说明

属性	说明
FileName	获取或设置一个包含在文件对话框中选定的文件名的字符串
FileNames	获取对话框中所有选定文件的文件名
Filter	获取或设置当前文件名筛选器字符串，该字符串决定对话框的“另存为文件类型”或“文件类型”框中出现的选择内容

例如，使用 SaveFileDialog 控件来调用一个选择文件路径的对话框窗体，代码如下：

```
saveFileDialog1.ShowDialog();
```

例如，在“保存”对话框中设置保存文件的类型为 txt，代码如下：

```
saveFileDialog1.Filter = "文本文件（*.txt）|*.txt";
```

例如，获取在“保存”对话框中设置文件的路径全名，代码如下：

```
string strName = saveFileDialog1.FileName;
```

16.12.3 “浏览文件夹”对话框

FolderBrowserDialog 控件主要用来提示用户选择文件夹。“浏览文件夹”对话框如图 16.47 所示。

FolderBrowserDialog 控件常用属性及描述如表 16.14 所示。

图 16.47 “浏览文件夹”对话框

表 16.14　FolderBrowserDialog 控件的常用属性及描述

属性	说明
Description	获取或设置对话框中在树视图控件上显示的说明文本
RootFolder	获取或设置从其开始浏览的根文件夹
SelectedPath	获取或设置用户选定的路径
ShowNewFolderButton	获取或设置一个值，该值指示“新建文件夹”按钮是否显示在“浏览文件夹”对话框中

例如，设置在弹出的“浏览文件夹”对话框中不显示“新建文件夹”按钮，然后判断是否选择了文件夹，如果已经选择，则将选择的文件夹显示在 TextBox 文本框中。代码如下：

```
folderBrowserDialog1.ShowNewFolderButton = false;              // 不显示新建文件夹按钮
if (folderBrowserDialog1.ShowDialog() == DialogResult.OK)   // 判断是否选择了文件夹
{
        textBox1.Text = folderBrowserDialog1.SelectedPath;    // 显示选择的文件夹名称
}
```

本章知识思维导图

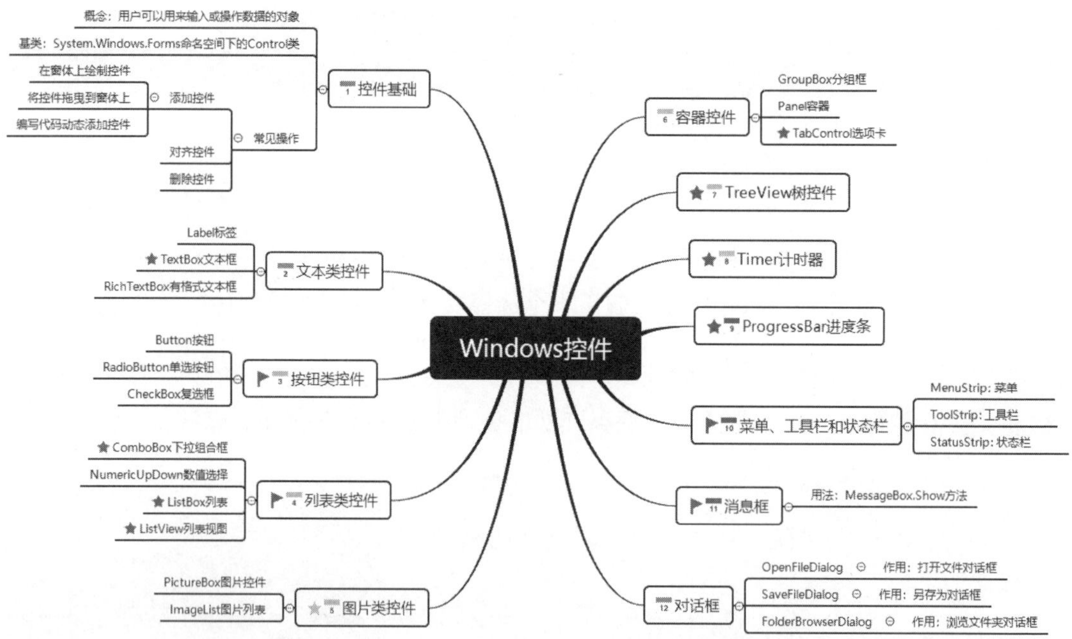

第4篇

数据库及文件篇

第 17 章

使用 C# 操作数据库

扫码领取
- 配套视频
- 配套素材
- 学习指导
- 交流社群

本章学习目标

- 熟悉基本的增删改查 SQL 语句。
- 了解 ADO.NET 的基本概念及模型。
- 熟练掌握如何使用 ADO.NET 技术操作数据库。
- 熟练掌握如何在 ADO.NET 中调用存储过程。
- 熟练掌握 DataGridView 数据表格的使用。

17.1 SQL 语句基础

17.1.1 SQL 语言简介

SQL 是一种数据库查询和程序设计语言，用于存取数据以及查询、更新和管理关系型数据库系统。SQL 的含义是“结构化查询语言（Structured Query Language）”。目前，SQL 语言有两个不同的标准，分别是美国国家标准学会（ANSI）和国际标准化组织（ISO）标准。SQL 是一种计算机语言，可以用它与数据库交互。SQL 本身不是一个数据库管理系统，也不是一个独立的产品。但 SQL 是数据库管理系统不可缺少的组成部分，它是与 DBMS 通信的一种语言和工具。由于它功能丰富，语言简洁，使用方法灵活，所以备受用户和计算机业界的青睐，被众多计算机公司和软件公司采用。经过多年的发展，SQL 语言已成为关系型数据库的标准语言。

说明：
在编写 SQL 语句时，要注意 SQL 语句中各关键字要以空格来分隔。

17.1.2 简单 SQL 语句的应用

通过 SQL 语句，可以实现对数据库进行查询、添加、更新和删除操作。使用的 SQL 语句分别是 select 语句、insert 语句、update 语句和 delete 语句，下面简单介绍这几种语句。

（1）查询数据

通常使用 select 语句查询数据，select 语句是从数据库中检索数据并查询，并将查询结果以表格的形式返回。基本语法如下：

```
select select_list from table_source [ where search_condition ]
```

语法中的参数说明如表 17.1 所示。

表 17.1 select 语句参数说明

参数	说明
select_list	指定由查询返回的列。它是一个逗号分隔的表达式列表。每个表达式同时定义格式（数据类型和大小）和结果集列的数据来源。每个选择列表表达式通常是对从中获取数据的源表或视图的列的引用，但也可能是其他表达式，例如常量或T-SQL函数。在选择列表中使用 * 表达式指定返回源表中的所有列
from table_source	指定从其中检索行的表。这些来源可能包括基表、视图和链接表。from子句还可包含连接说明，该说明定义了SQL Server用来在表之间进行导航的特定路径。from子句还用在delete和update语句中，以定义要修改的表
where search_condition	where子句指定用于限制返回的行的搜索条件。where子句还用在delete和update语句中以定义目标表中要修改的行

说明：
SQL 语句中的关键字是不区分大小写的，例如这里讲到的 select 查询语句，我们在编写 SQL 语句时，使用 select、SELECT、Select，或者 SeLeCT 等，效果是一样的，都可以正常执行。

为使读者更好地了解 select 语句的用法，下面举例说明如何使用 select 语句。

例如，数据表 tb_test 中存储了一些商品的信息，使用 select 语句查询数据表 tb_test 中商品的新旧程度为“二手”的数据，代码如下。

```
select * from tb_test where 新旧程度 =' 二手 '
```

查询结果如图 17.1 所示。

	编号	商品名称	商品价格	商品类型	商品产地	新旧程度
1	1	电动自行车	300	交通工具	国产	全新
2	2	手机	1300	家电	国产	二手
3	3	电脑	9000	家电	国产	二手
4	4	背包	350	服饰	国产	全新
5	5	MP4	299	家电	国产	全新
6	6	电视机	1350	家电	国产	全新

〈查询之前的所有商品信息〉

	编号	商品名称	商品价格	商品类型	商品产地	新旧程度
1	2	手机	1300	家电	国产	二手
2	3	电脑	9000	家电	国产	二手

〈查询新旧程度是“二手”的商品信息〉

图 17.1　select 语句查询数据

说明：

如果想要在数据库中查找空值，那么其条件必须为 where 字段名 ='' or 字段名 =null。

（2）添加数据

在 SQL 语句中，使用 insert 语句向数据表中添加数据。

语法如下：

```
insert[into] {table_name} [(column_list)] values ([,..n])
```

语法中的参数说明如表 17.2 所示。

表 17.2　insert 语句参数说明

参数	说明
into	一个可选的关键字，可以将它用在 insert 和目标表之前
table_name	将要接收数据的表或 table 变量的名称
column_list	要在其中插入数据的一列或多列的列表。必须用圆括号将 clumn_list 括起来，并且用逗号进行分隔
values	引入要插入的数据值的列表。对于 column_list（如果已指定）中或者表中的每个列，都必须有一个数据值。必须用圆括号将值列表括起来。如果 value 列表中的值、表中的值与表中列的顺序不相同，或者未包含表中所有列的值，那么必须使用 column_list 明确地指定存储每个传入值的列
[,..n]	与 column_list 对应的列的值

注意：

用户在使用 insert 语句添加数据时，必须注意以下几点：

① 插入项的顺序和数据类型必须与表或视图中列的顺序和数据类型相对应。

② 如果表中某列定义为不允许 NULL，则插入数据时，该列必须存在合法值。

③ 如果某列是字符型或日期型数据类型，则插入的数据应该加上单引号。

例如，使用 insert 语句，向数据表 tb_test 中添加一条新的商品信息，代码如下。

```
insert into tb_test(商品名称,商品价格,商品类型,商品产地,新旧程度) values('洗衣机',890,'家电','进口','全新')
```

运行结果如图 17.2 所示。

	编号	商品名称	商品价格	商品类型	商品产地	新旧程度
1	1	电动自行车	300	交通工具	国产	全新
2	2	手机	1300	家电	国产	二手
3	3	电脑	9000	家电	国产	二手
4	4	背包	350	服饰	国产	全新
5	5	MP4	299	家电	国产	全新
6	6	电视机	1350	家电	国产	全新

《添加新数据之前的商品信息》

	编号	商品名称	商品价格	商品类型	商品产地	新旧程度
1	1	电动自行车	300	交通工具	国产	全新
2	2	手机	1300	家电	国产	二手
3	3	电脑	9000	家电	国产	二手
4	4	背包	350	服饰	国产	全新
5	5	MP4	299	家电	国产	全新
6	6	电视机	1350	家电	国产	全新
7	9	洗衣机	890	家电	进口	全新

《添加新数据的商品信息》

图 17.2　insert 语句添加数据

（3）更新数据

使用 update 语句更新数据，可以修改一个列或者几个列中的值，但一次只能修改一个表。

语法如下：

```
update table_name set column_name={expression} [where <search_condition>]
```

语法中的参数说明如表 17.3 所示。

表 17.3　update 语句参数说明

参数	说明
table_name	需要更新的表的名称
set	指定要更新的列或变量名称的列表
column_name	含有要更改数据的列的名称
expression	变量、字面值、表达式
where	指定条件来限定所更新的行
<search_condition>	为要更新行指定需满足的条件

例如，使用 update 语句更新数据表 tb_test 中洗衣机的商品价格，代码如下。

```
update tb_test set 商品价格=1500 where 商品名称='洗衣机'
```

运行结果如图 17.3 所示。

	编号	商品名称	商品价格	商品类型	商品产地	新旧程度
1	1	电动自行车	300	交通工具	国产	全新
2	2	手机	1300	家电	国产	二手
3	3	电脑	9000	家电	国产	二手
4	4	背包	350	服饰	国产	全新
5	5	MP4	299	家电	国产	全新
6	6	电视机	1350	家电	国产	全新
7	9	洗衣机	890	家电	进口	全新

〈更新数据之前的商品信息〉

	编号	商品名称	商品价格	商品类型	商品产地	新旧程度
1	1	电动自行车	300	交通工具	国产	全新
2	2	手机	1300	家电	国产	二手
3	3	电脑	9000	家电	国产	二手
4	4	背包	350	服饰	国产	全新
5	5	MP4	299	家电	国产	全新
6	6	电视机	1350	家电	国产	全新
7	9	洗衣机	1500	家电	进口	全新

〈将洗衣机的商品价格更新为1500〉

图 17.3　更新商品信息

（4）删除数据

使用 delete 语句删除数据，可以使用一个单一的 delete 语句删除一行或多行。当表中没有行满足 where 子句中指定的条件时，就没有行会被删除，也没有错误产生。

语法如下：

```
delete [ from ] table_name [ where {< search_condition >]
```

语法中的参数说明如表 17.4 所示。

表 17.4　delete 语句参数说明

参数	说明
from	可选，指定从哪个表删除数据
table_name	需要从中删除数据的表的名称
where	指定条件来限定所删除的行
〈search_condition〉	为要删除行指定需满足的条件

例如，删除数据表 tb_test 中商品名称为“洗衣机”，并且商品产地是“进口”的商品信息，代码如下。

```
delete from tb_test where 商品名称 =' 洗衣机 ' and 商品产地 =' 进口 '
```

运行结果如图 17.4 所示。

	编号	商品名称	商品价格	商品类型	商品产地	新旧程度
1	1	电动自行车	300	交通工具	国产	全新
2	2	手机	1300	家电	国产	二手
3	3	电脑	9000	家电	国产	二手
4	4	背包	350	服饰	国产	全新
5	5	MP4	299	家电	国产	全新
6	6	电视机	1350	家电	国产	全新
7	8	洗衣机	890	家电	进口	全新

〈删除数据之前〉

	编号	商品名称	商品价格	商品类型	商品产地	新旧程度
1	1	电动自行车	300	交通工具	国产	全新
2	2	手机	1300	家电	国产	二手
3	3	电脑	9000	家电	国产	二手
4	4	背包	350	服饰	国产	全新
5	5	MP4	299	家电	国产	全新
6	6	电视机	1350	家电	国产	全新

〈删除数据之后〉

图 17.4　delete 语句删除数据

17.2 ADO.NET 概述

ADO.NET 是微软 .NET 数据库的访问架构，它是数据库应用程序和数据源之间沟通的桥梁，主要提供一个面向对象的数据访问架构，用来开发数据库应用程序。

图 17.5 ADO.NET 对象模型

17.2.1 ADO.NET 对象模型

为了更好地理解 ADO.NET 架构模型的各个组成部分，这里对 ADO.NET 中的相关对象进行图示理解，图 17.5 所示为 ADO.NET 对象模型。

ADO.NET 技术主要包括 Connection、Command、DataReader、DataAdapter、DataSet 和 DataTable6 个对象，下面分别进行介绍。

① Connection 对象主要提供与数据库的连接功能。

② Command 对象用于返回数据、修改数据、运行存储过程以及发送或检索参数信息的数据库命令。

③ DataReader 对象通过 Command 对象提供从数据库检索信息的功能，它以一种只读的、向前的、快速的方式访问数据库。

④ DataAdapter 对象提供连接 DataSet 对象和数据源的桥梁，它主要使用 Command 对象在数据源中执行 SQL 命令，以便将数据加载到 DataSet 数据集中，并确保 DataSet 数据集中数据的更改与数据源保持一致。

⑤ DataSet 对象是 ADO.NET 的核心概念，它是支持 ADO.NET 断开式、分布式数据方案的核心对象。DataSet 对象是一个数据库容器，可以把它当作是存在于内存中的数据库，无论数据源是什么，它都会提供一致的关系编程模型。

⑥ DataTable 对象表示内存中数据的一个表。

使用 ADO.NET 技术操作数据库的主要步骤如图 17.6 所示。

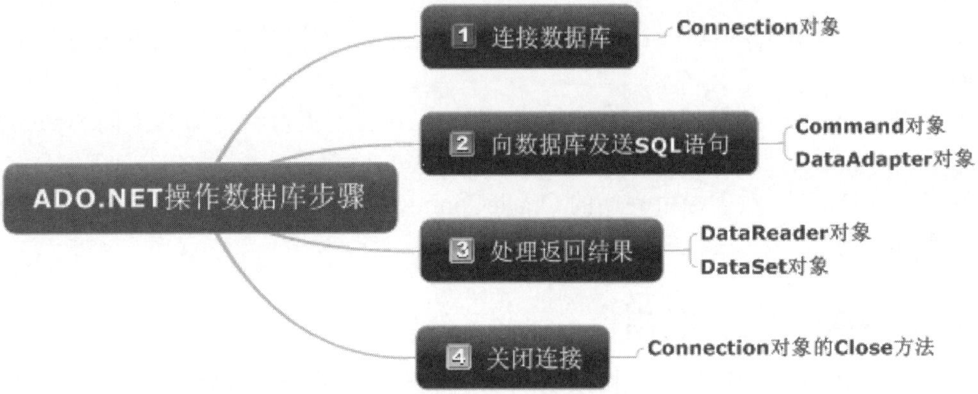

图 17.6 使用 ADO.NET 技术操作数据库的主要步骤

17.2.2 数据访问命名空间

在 .NET 中，用于数据访问的命名空间如下。

① System.Data。提供对表示 ADO.NET 结构的类的访问。通过 ADO.NET 可以生成一些组件，用于有效管理多个数据源的数据。

② System.Data.Common。包含由各种 .NET Framework 数据提供程序共享的类。

③ System.Data.Odbc。ODBC .NET Framework 数据提供程序，描述用来访问 ODBC 数据源的类集合。

④ System.Data.OleDb。OLE DB .NET Framework 数据提供程序，描述了用于访问 OLE DB 数据源的类集合。

⑤ System.Data.SqlClient。SQL Server .NET Framework 数据提供程序，描述了用于访问 SQL Server 数据库的类集合。

⑥ System.Data.SqlTypes。提供 SQL Server 中本机数据类型的类，SqlTypes 中的每个数据类型在 SQL Server 中具有其等效的数据类型。

⑦ System.Data.OracleClient。用于 Oracle 的 .NET Framework 数据提供程序，描述了用于访问 Oracle 数据源的类集合。

17.3 Connection 数据连接对象

所有对数据库的访问操作都是从建立数据库连接开始的。在打开数据库之前，必须先设置好连接字符串（ConnectionString），然后再调用 Open 方法打开连接，此时便可对数据库进行访问，最后调用 Close 方法关闭连接。

17.3.1 熟悉 Connection 对象

Connection 对象用于连接到数据库和管理对数据库的事务，以及它的一些属性描述数据源和用户身份验证。Connection 对象还提供一些方法，允许程序员与数据源建立连接或者关闭连接，并且提供了 4 种数据提供程序的连接对象。

- SQL Server .NET：数据提供程序的 SqlConnection 连接对象，命名空间 System.Data.SqlClient。
- OLE DB .NET：数据提供程序的 OleDbConnection 连接对象，命名空间 System.Data.OleDb。
- ODBC .NET：数据提供程序的 OdbcConnection 连接对象，命名空间 System.Data.Odbc。
- Oracle .NET：数据提供程序的 OracleConnection 连接对象，命名空间 System.Data.OracleClient。

17.3.2 数据库连接字符串

为了让连接对象知道将要访问的数据库文件在哪里，用户必须将这些信息用一个字符串加以描述。数据库连接字符串中，需要提供的必要信息包括服务器名、数据库名称和数据库的身份验证方式（Windows 集成身份验证或 SQL Server 身份验证），另外，还可以指定其他信息（诸如连接超时等）。

数据库连接字符串常用的参数及说明如表 17.5 所示。

表 17.5　数据库连接字符串常用的参数及说明

参数	说明
Provider	设置或返回连接提供程序的名称，仅用于 OleDbConnection 对象
Connection Timeout	在终止尝试并产生异常前，等待连接到服务器的连接时间长度（以秒为单位）。默认 15s
Initial Catalog 或 Database	数据库的名称
Data Source 或 Server	连接打开时使用的 SQL Server 服务签名，或者是 Access 数据库的文件名
Password 或 pwd	SQL Server 账户的登录密码
User ID 或 uid	SQL Server 登录账户
Integrated Security	此参数决定连接是否是安全连接。可能的值有 True、False 和 SSPI（SSPI 是 True 的同义词）

说明：

表 17.5 中列出的数据库连接字符串中的参数不区分大小写，例如 uid、UID、Uid、uID、uId 表示的都是登录账户，它们在使用上没有任何分别。

下面介绍使用 C# 连接各种数据库的代码。

- 连接 SQL Server 数据库

```
SqlConnection con = new SqlConnection("Server=XIAOKE;uid=sa;pwd=;database=db");
```

- 连接 Windows 身份验证的 SQL Server 数据库

```
SqlConnection con = new SqlConnection("Server=XIAOKE;Initial Catalog =db;Integrated
Security=SSPI;");
```

- 连接 2003 及以下版本的 Access 数据库

```
OleDbConnection oc = new OleDbConnection("Provider=Microsoft.Jet.OLEDB.4.0;Data source=
db.mdb");
```

- 连接 2007 及以上版本的 Access 数据库

```
OleDbConnection oc = new OleDbConnection("Provider= Microsoft.ACE.OLEDB.12.0;Data source=
db.accdb");
```

- 连接加密的 Access 数据库

```
OleDbConnection oc = new OleDbConnection("Provider=Microsoft.Jet.OLEDB.4.0; Jet OLEDB:DataBase
Password=123456;User Id=admin;Data source= db.mdb");
```

- 连接 2003 及以下版本的 Excel

```
OleDbConnection oc = new OleDbConnection("Provider=Microsoft.Jet.OLEDB.4.0;Data source= test.
xls;Extended Properties=Excel 8.0");
```

- 连接 2007 及以上版本的 Excel

```
OleDbConnection oc = new OleDbConnection("Provider= Microsoft.ACE.OLEDB.12.0;Data source=
    test.xlsx;Extended Properties=Excel 12.0");
```

- 连接 MySQL 数据库（需要使用 Mysql.Data.dll 组件）

```
MySqlConnection myCon = new MySqlConnection("server=localhost;user id=root;password=root;datab
ase=abc");
```

● 连接 Oracle 数据库

```
OracleConnection ocon = new OracleConnection("User ID=IFSAPP;Password=IFSAPP;Data
Source=RACE;");
```

17.3.3 应用 SqlConnection 对象连接数据库

调用 Connection 对象的 Open 方法或 Close 方法可以打开或关闭数据库连接，而且必须在设置好数据库连接字符串后才可以调用 Open 方法，否则 Connection 对象不知道要与哪一个数据库建立连接。

说明：

数据库联机资源是有限的，因此在需要的时候才打开连接，且一旦使用完就应该尽早地关闭连接，把资源归还给系统。

[实例 17.1] （源码位置：资源包 \Code\17\01）

使用 SqlConnection 对象连接 SQL Server 数据库

创建一个 Windows 应用程序，在默认窗体中添加两个 Label 控件，分别用来显示数据库连接的打开和关闭状态，然后在窗体的加载事件中，通过 SqlConnection 对象的 State 属性来判断数据库的连接状态。代码如下：

```
private void Form1_Load(object sender, EventArgs e)
{
    // 创建数据库连接字符串
    string SqlStr = "Server=XIAOKE;User Id=sa;Pwd=;DataBase=db_EMS";
    SqlConnection con = new SqlConnection(SqlStr);          // 创建数据库连接对象
    con.Open();                                             // 打开数据库连接
    if (con.State == ConnectionState.Open)                  // 判断连接是否打开
    {
        label1.Text = "SQL Server 数据库连接开启！ ";
        con.Close();                                        // 关闭数据库连接
    }
    if (con.State == ConnectionState.Closed)                // 判断连接是否关闭
    {
        label2.Text = "SQL Server 数据库连接关闭！ ";
    }
}
```

说明：

上面的程序中，由于用到了 SqlConnection 类，所以，首先需要添加 System.Data.SqlClient 命名空间。

程序运行结果如图 17.7 所示。

图 17.7　使用 SqlConnection 对象连接 SQL Server 数据库

17.4 Command 命令执行对象

17.4.1 熟悉 Command 对象

使用 Connection 对象与数据源建立连接后，可以使用 Command 对象对数据源执行查询、添加、删除和修改等各种操作，操作实现的方式可以是使用 SQL 语句，也可以是使用存储过程。根据 .NET Framework 数据提供程序的不同，Command 对象也可以分成 4 种，分别是 SqlCommand、OleDbCommand、OdbcCommand 和 OracleCommand，在实际的编程过程中应该根据访问的数据源不同，选择相对应的 Command 对象。

Command 对象的常用属性及说明如表 17.6 所示。

表 17.6　Command 对象的常用属性及说明

属性	说明
CommandType	获取或设置 Command 对象要执行命令的类型
CommandText	获取或设置要对数据源执行的 SQL 语句或存储过程名或表名
CommandTimeOut	获取或设置在终止对执行命令的尝试并生成错误之前的等待时间
Connection	获取或设置 Command 对象使用的 Connection 对象的名称
Parameters	获取 Command 对象需要使用的参数集合

例如，使用 SqlCommand 对象对 SQL Server 数据库执行查询操作，代码如下：

```
// 创建数据库连接对象
SqlConnection conn = new SqlConnection("Server=XIAOKE;User Id=sa;Pwd=;DataBase=db_EMS");
SqlCommand comm = new SqlCommand();            // 创建对象 SqlCommand
comm.Connection = conn;                        // 指定数据库连接对象
comm.CommandType = CommandType.Text;           // 设置要执行命令类型
comm.CommandText = "select * from tb_stock"; // 设置要执行的 SQL 语句
```

技巧：

除使用上面的方法外，还有一种简写方法，即在实例化 SqlCommand 对象时，直接传入 SQL 语句，上面的代码可以简写如下：

```
// 创建数据库连接对象
SqlConnection conn = new SqlConnection("Server=XIAOKE;User Id=sa;Pwd=;DataBase=db_EMS");
SqlCommand comm = new SqlCommand("select * from tb_stock", conn); // 创建对象 SqlCommand
```

Command 对象的常用方法及说明如表 17.7 所示。

表 17.7　Command 对象的常用方法及说明

方法	说明
ExecuteNonQuery	用于执行非 SELECT 命令，例如 INSERT、DELETE 或者 UPDATE 命令，并返回 3 个命令所影响的数据行数；另外也可以用来执行一些数据定义命令，例如新建、更新、删除数据库对象（如表、索引等）
ExecuteScalar	用于执行 SELECT 查询命令，返回数据中第一行第一列的值，该方法通常用来执行那些用到 COUNT 或 SUM 函数的 SELECT 命令
ExecuteReader	执行 SELECT 命令，并返回一个 DataReader 对象，这个 DataReader 对象是一个只读向前的数据集

说明：

表 17.7 中这 3 种方法非常重要，如果要使用 ADO.NET 完成某种数据库操作，一定会用到上面这些方法，这 3 种方法没有任何的优劣之分，只是使用的场合不同罢了，所以，一定要弄清楚它们的返回值类型及使用方法，以便在合适的场合使用它们。

17.4.2 应用 Command 对象操作数据

以操作 SQL Server 数据库为例，向数据库中添加记录时，首先要创建 SqlConnection 对象连接数据库，然后定义添加数据的 SQL 字符串，最后调用 SqlCommand 对象的 ExecuteNonQuery 方法执行数据的添加操作。

[实例 17.2]　（源码位置：资源包 \Code\17\02）

向数据表中添加编程词典价格信息

创建一个 Windows 应用程序，在默认窗体中添加两个 TextBox 控件、一个 Label 控件和一个 Button 控件，其中，TextBox 控件用来输入要添加的信息，Label 控件用来显示添加成功或失败信息，Button 控件用来执行数据添加操作。代码如下：

```
private void button1_Click(object sender, EventArgs e)
{
    //创建数据库连接对象
    SqlConnection conn = new SqlConnection("Server=XIAOKE;User Id=sa;Pwd=;DataBase=db_EMS");
    string strsql = "insert into tb_PDic(Name,Money) values('" + textBox1.Text + "'," +
Convert.ToDecimal(textBox2.Text) + ")";                          //定义添加数据的 SQL 语句
    SqlCommand comm = new SqlCommand(strsql, conn);              //创建 SqlCommand 对象
    if (conn.State == ConnectionState.Closed)                    //判断连接是否关闭
    {
        conn.Open();                                             //打开数据库连接
    }
    //判断 ExecuteNonQuery 方法返回的参数是否大于 0，大于 0 表示添加成功
    if (Convert.ToInt32(comm.ExecuteNonQuery()) > 0)
    {
        label3.Text = "添加成功！";
    }
    else
    {
        label3.Text = "添加失败！";
    }
    conn.Close();                                                //关闭数据库连接
}
```

程序运行结果如图 17.8 所示。

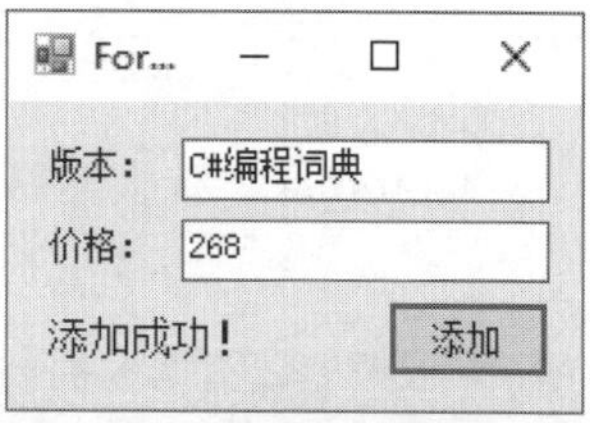

图 17.8　向数据表中添加编程词典价格信息

17.4.3 应用 Command 对象调用存储过程

存储过程可以使管理数据库和显示数据库信息等操作变得非常容易，它是 SQL 语句和可选控制流语句的预编译集合，它存储在数据库内，在程序中可以通过 Command 对象来调用，其执行速度比 SQL 语句快，同时还保证了数据的安全性和完整性。

[实例 17.3]　（源码位置：资源包 \Code\17\03）

使用存储过程向数据表中添加编程词典价格信息

创建一个 Windows 应用程序，在默认窗体中添加两个 TextBox 控件、一个 Label 控件和

一个 Button 控件，其中，TextBox 控件用来输入要添加的信息，Label 控件用来显示添加成功或失败信息，Button 控件用来调用存储过程执行数据添加操作。代码如下：

```
private void button1_Click(object sender, EventArgs e)
{
     //创建数据库连接对象
     SqlConnection sqlcon = new SqlConnection("Server=XIAOKE;User Id=sa;Pwd=;DataBase=db_EMS");
     SqlCommand sqlcmd = new SqlCommand();                          //创建 SqlCommand 对象
     sqlcmd.Connection = sqlcon;                                    //指定数据库连接对象
     sqlcmd.CommandType = CommandType.StoredProcedure;              //指定执行对象为存储过程
     sqlcmd.CommandText = "proc_AddData";                           //指定要执行的存储过程名称
     //为 @name 参数赋值
     sqlcmd.Parameters.Add("@name", SqlDbType.VarChar, 20).Value = textBox1.Text;
     sqlcmd.Parameters.Add("@money", SqlDbType.Decimal).Value = Convert.ToDecimal(textBox2.Text);    //为 @money 参数赋值
     if (sqlcon.State == ConnectionState.Closed)                    //判断连接是否关闭
     {
          sqlcon.Open();                                            //打开数据库连接
     }
     //判断 ExecuteNonQuery 方法返回的参数是否大于 0，大于 0 表示添加成功
     if (Convert.ToInt32(sqlcmd.ExecuteNonQuery()) > 0)
     {
          label3.Text = "添加成功！";
     }
     else
     {
          label3.Text = "添加失败！";
     }
     sqlcon.Close();                                                //关闭数据库连接
}
```

本实例用到的存储过程代码如下：

```
CREATE PROCEDURE [dbo].[proc_AddData]
(
     @name varchar(20),
     @money decimal
)
as
begin
     insert into tb_PDic(Name,Money) values(@name,@money)
end
GO
```

说明：

proc_AddData 存储过程中使用了以@符号开头的两个参数：@name 和 @money，对于存储过程参数名称的定义，通常会参考数据表中的列的名称（本实例用到的数据表 tb_PDic 中的列分别为 Name 和 Money），这样可以比较方便地知道这个参数是套用在哪个列的。当然，参数名称可以自定义，但一般都参考数据表中的列进行定义。

17.5 DataReader 数据读取对象

17.5.1 DataReader 对象概述

DataReader 对象是一个简单的数据集，它主要用于从数据源中读取只读的数据集，其常用于检索大量数据。根据 .NET Framework 数据提供程序的不同，DataReader 对象可以分为

SqlDataReader、OleDbDataReader、OdbcDataReader 和 OracleDataReader4 大类。

说明：

由于 DataReader 对象每次只能在内存中保留一行，所以使用它的系统开销非常小。

使用 DataReader 对象读取数据时，必须一直保持与数据库的连接，所以也被称为连线模式，其架构如图 17.9 所示（这里以 SqlDataReader 为例）。

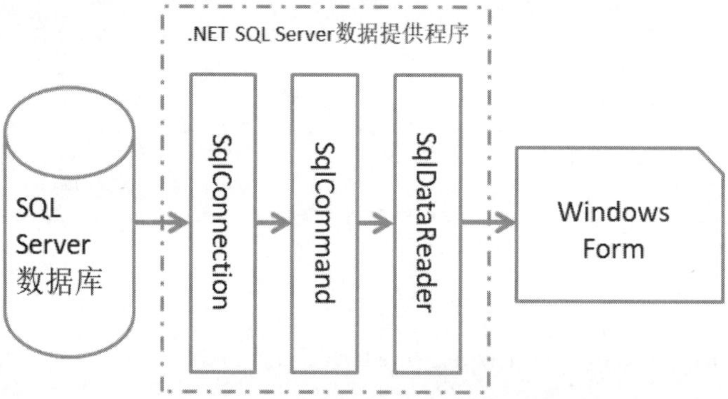

图 17.9　连线模式连接数据库

说明：

DataReader 对象是一个轻量级的数据对象，如果只需要将数据读出并显示，那么它是最合适的工具，因为它的读取速度比后面要讲解到的 DataSet 对象要快，占用的资源也更少；但是，一定要铭记：DataReader 对象在读取数据时，要求数据库一直保持在连接状态，只有在读取完数据之后，才能断开连接。

开发人员可以通过 Command 对象的 ExecuteReader 方法从数据源中检索数据来创建 DataReader 对象，DataReader 对象常用属性及说明如表 17.8 所示。

表 17.8　DataReader 对象常用属性及说明

属性	说明
HasRows	判断数据库中是否有数据
FieldCount	获取当前行的列数
RecordsAffected	获取执行 SQL 语句所更改、添加或删除的行数

DataReader 对象常用方法及说明如表 17.9 所示。

表 17.9　DataReader 对象常用方法及说明

方法	说明
Read	使 DataReader 对象前进到下一条记录
Close	关闭 DataReader 对象
Get	读取数据集的当前行的某一列的数据

17.5.2　使用 DataReader 对象检索数据

使用 DataReader 对象读取数据时，首先需要使用其 HasRows 属性判断是否有数据可供读取，如果有数据，返回 True，否则返回 False；然后再使用 DataReader 对象的 Read 方法来循环读取数据表中的数据；最后通过访问 DataReader 对象的列索引来获取读取到的值，例如，sqldr["ID"] 用来获取数据表中 ID 列的值。

[实例 17.4] （源码位置：资源包 \Code\17\04）

获取编程词典信息并分列显示

创建一个 Windows 应用程序，在默认窗体中添加一个 RichTextBox 控件，用来显示使用 SqlDataReader 对象读取到的数据表中的数据。代码如下：

```
private void Form1_Load(object sender, EventArgs e)
{
    // 创建数据库连接对象
    SqlConnection sqlcon = new SqlConnection("Server=XIAOKE;User Id=sa;Pwd=;DataBase=db_EMS");
    // 创建 SqlCommand 对象
    SqlCommand sqlcmd = new SqlCommand("select * from tb_PDic order by ID asc", sqlcon);
    if (sqlcon.State == ConnectionState.Closed)                   // 判断连接是否关闭
    {
         sqlcon.Open();                                           // 打开数据库连接
    }
    // 使用 ExecuteReader 方法的返回值创建 SqlDataReader 对象
    SqlDataReader sqldr = sqlcmd.ExecuteReader();
    richTextBox1.Text = " 编号         版本             价格 \n";       // 为文本框赋初始值
    try
    {
        if (sqldr.HasRows)                   // 判断 SqlDataReader 对象中是否有数据
        {
            while (sqldr.Read())             // 循环读取 SqlDataReader 对象中的数据
            {
                richTextBox1.Text += "" + sqldr["ID"] + "    " + sqldr["Name"] + "  " + sqldr["Money"] + "\n";          }
        }
    }
    catch (SqlException ex)                  // 捕获数据库异常
    {
        MessageBox.Show(ex.ToString());      // 输出异常信息
    }
    finally
    {
        sqldr.Close();                       // 关闭 SqlDataReader 对象
        sqlcon.Close();                      // 关闭数据库连接
    }
}
```

注意：

使用 DataReader 对象读取数据之后，务必将其关闭，否则，如果 DataReader 对象未关闭，则其所使用的 Connection 对象将无法再执行其他操作。

程序运行结果如图 17.10 所示。

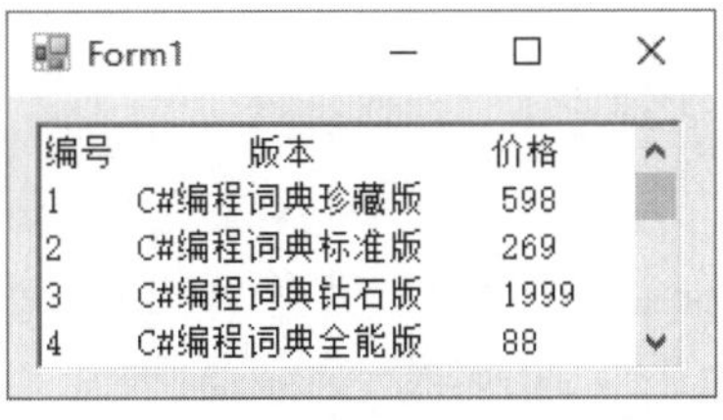

图 17.10 获取编程词典信息并分列显示

17.6 DataSet 对象和 DataAdapter 操作对象

17.6.1 DataSet 对象

DataSet 对象是 ADO.NET 的核心成员，它是支持 ADO.NET 断开式、分布式数据方案的核心对象，也是实现基于非连接的数据查询的核心组件。DataSet 对象是创建在内存中的集合对象，它可以包含任意数量的数据表以及所有表的约束、索引和关系等，它实质上相当于在内存中的一个小型关系数据库。一个 DataSet 对象包含一组 DataTable 对象和 DataRelation 对象，其中每个 DataTable 对象都由 DataColumn、DataRow 和 Constraint 集合对象组成，如图 17.11 所示。

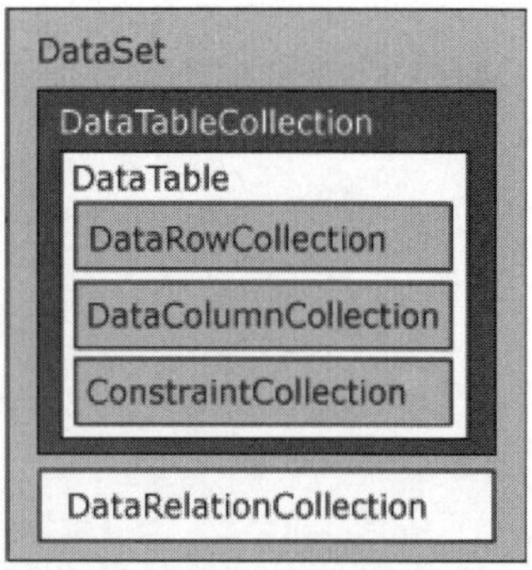

图 17.11　DataSet 对象组成

对于 DataSet 对象，可以将其看作是一个数据库容器，它将数据库中的数据复制了一份放在用户本地的内存中，供用户在不连接数据库的情况下读取数据，以便充分利用客户端资源，降低数据库服务器的压力。

如图 17.12 所示，当把 SQL Server 数据库的数据通过起“桥梁”作用的 SqlDataAdapter 对象填充到 DataSet 数据集中后，就可以对数据库进行一个断开连接、离线状态的操作。

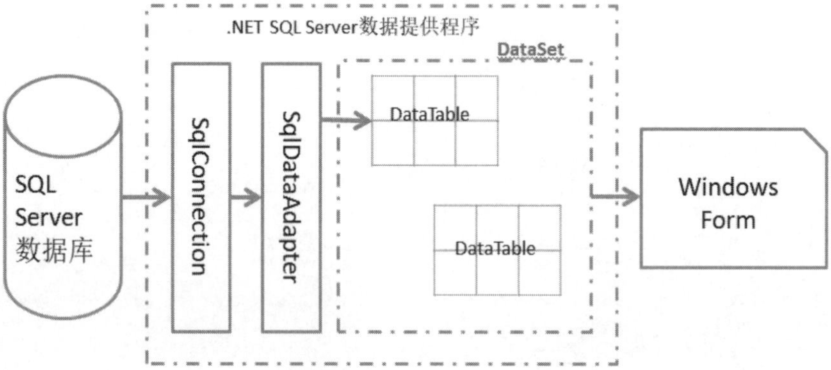

图 17.12　离线模式访问 SQL Server 数据库

DataSet 对象的用法主要有以下几种，这些用法可以单独使用，也可以综合使用。

① 以编程方式在 DataSet 中创建 DataTable、DataRelation 和 Constraint，并使用数据填充表。

② 通过 DataAdapter 对象用现有关系数据源中的数据表填充 DataSet。

③ 使用 XML 文件加载和保持 DataSet 内容。

17.6.2 DataAdapter 对象

DataAdapter 对象（即数据适配器）是一种用来充当 DataSet 对象与实际数据源之间桥梁的对象，可以说只要有 DataSet 对象的地方就有 DataAdapter 对象，它也是专门为 DataSet 对象服务的。DataAdapter 对象的工作步骤一般有两种：一种是通过 Command 对象执行 SQL 语句，从数据源中检索数据，并将检索到的结果集填充到 DataSet 对象中；另一种是把用户对 DataSet 对象做出的更改写入数据源中。

说明：

在 .NET Framework 中使用 4 种 DataAdapter 对象，即 OleDbDataAdapter、SqlDataAdapter、ODBCDataAdapter 和 OracleDataAdapter，其中，OleDbDataAdapter 对象适用于 OLEDB 数据源；SqlDataAdapter 对象适用于 SQL Server 7.0 或更高版本的数据源；ODBCDataAdapter 对象适用于 ODBC 数据源；OracleDataAdapter 对象适用于 Oracle 数据源。

DataAdapter 对象常用属性及说明如表 17.10 所示。

表 17.10　DataAdapter 对象常用属性及说明

属性	说明
SelectCommand	获取或设置用于在数据源中选择记录的命令
InsertCommand	获取或设置用于将新记录插入数据源中的命令
UpdateCommand	获取或设置用于更新数据源中记录的命令
DeleteCommand	获取或设置用于从数据集中删除记录的命令

由于 DataSet 对象是一个非连接的对象，它与数据源无关。也就是说，该对象并不能直接跟数据源产生联系，而 DataAdapter 对象则正好负责填充它并把它的数据提交给一个特定的数据源，它与 DataSet 对象配合使用来执行数据查询、添加、修改和删除等操作。

例如，对 DataAdapter 对象的 SelectCommand 属性赋值，从而实现数据的查询操作，代码如下：

```
SqlConnection con = new SqlConnection(strCon);      // 创建数据库连接对象
SqlDataAdapter ada = new SqlDataAdapter();          // 创建 SqlDataAdapter 对象
// 给 SqlDataAdapter 的 SelectCommand 赋值
ada.SelectCommand = new SqlCommand("select * from authors", con);
……// 省略后继代码
```

同样，可以使用上述方法为 DataAdapter 对象的 InsertCommand、UpdateCommand 和 DeleteCommand 属性赋值，从而实现数据的添加、修改和删除等操作。

DataAdapter 对象常用方法及说明如表 17.11 所示。

表 17.11　DataAdapter 对象常用方法及说明

方法	说明
Fill	从数据源中提取数据以填充数据集
Update	更新数据源

17.6.3　填充 DataSet 数据集

使用 DataAdapter 对象填充 DataSet 数据集时，需要用到其 Fill 方法，该方法最常用的 3 种重载形式如下。

① int Fill(DataSet dataset)。添加或更新参数所指定的 DataSet 数据集，返回值是影响的行数。

② int Fill(DataTable datatable)。将数据填充到一个数据表中。

③ int Fill(DataSet dataset，String tableName)。填充指定的 DataSet 数据集中的指定表。

[实例 17.5]　（源码位置：资源包 \Code\17\05）

填充 DataSet 数据集并显示

创建一个 Windows 应用程序，在默认窗体中添加一个 DataGridView 控件，用来显示使用 DataAdapter 对象填充后的 DataSet 数据集中的数据。代码如下：

```
private void Form1_Load(object sender, EventArgs e)
{
    string strCon = "Server=XIAOKE;User Id=sa;Pwd=;DataBase=db_EMS"; //定义数据库连接字符串
    SqlConnection sqlcon = new SqlConnection(strCon);      //创建数据库连接对象
    //执行 SQL 查询语句
    SqlDataAdapter sqlda = new SqlDataAdapter("select * from tb_PDic", sqlcon);
    DataSet myds = new DataSet();                              //创建数据集对象
    sqlda.Fill(myds, "tabName");                               //填充数据集中的指定表
    dataGridView1.DataSource = myds.Tables["tabName"];     //为 dataGridView1 指定数据源
}
```

程序运行结果如图 17.13 所示。

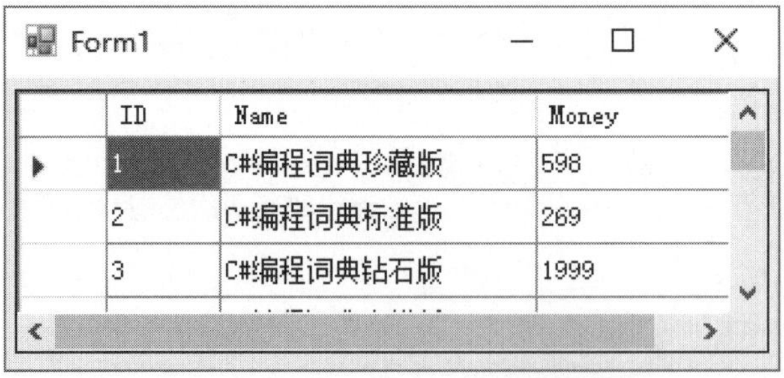

图 17.13　填充 DataSet 数据集并显示

17.6.4　DataSet 对象与 DataReader 对象的区别

ADO.NET 中提供了两个对象用于查询数据：DataSet 对象与 DataReader 对象。其中，DataSet 对象是将用户需要的数据从数据库中“复制”下来存储在内存中，用户是对内存中的数据直接操作；而 DataReader 对象则像一根管道，连接到数据库上，“抽”出用户需要的数据后，管道断开，所以用户在使用 DataReader 对象读取数据时，一定要保证数据库的连接状态是开启的，而使用 DataSet 对象时就没有这个必要。

17.7　DataGridView 控件的使用

DataGridView 控件又称数据表格控件，它提供一种强大而灵活的以表格形式显示数据的方式。将数据绑定到 DataGridView 控件非常简单和直观，在大多数情况下，只需设置 DataSource 属性即可。另外，DataGridView 控件具有极高的可配置性和可扩展性，它提供有大量的属性、方法和事件，可以用来对该控件的外观和行为进行自定义。当需要在 Windows 窗体应用程序中显示表格数据时，首先考虑使用 DataGridView 控件。

DataGridView 控件的常用属性及说明如表 17.12 所示。

表 17.12　DataGridView 控件的常用属性及说明

属性	说明
Columns	获取一个包含控件中所有列的集合
CurrentCell	获取或设置当前处于活动状态的单元格
CurrentRow	获取包含当前单元格的行
DataSource	获取或设置 DataGridView 所显示数据的数据源
RowCount	获取或设置 DataGridView 中显示的行数
Rows	获取一个集合，该集合包含 DataGridView 控件中的所有行

DataGridView 控件的常用事件及说明如表 17.13 所示。

表 17.13　DataGridView 控件的常用事件及说明

事件	说明
CellClick	在单元格的任何部分被单击时发生
CellDoubleClick	在用户双击单元格中的任何位置时发生

下面通过一个实例看一下如何使用 DataGridView 控件，该实例主要实现以下功能：禁止在 DataGridView 控件中添加 / 删除行、禁用 DataGridView 控件的自动排序、使 DataGridView 控件隔行显示不同的颜色、使 DataGridView 控件的选中行呈现不同的颜色和选中 DataGridView 控件控件中的某行时，将其详细信息显示在 TextBox 文本框中。

[实例 17.6]　（源码位置：资源包 \Code\17\06）

DataGridView 表格的使用

创建一个 Windows 应用程序，在默认窗体中添加两个 TextBox 控件和一个 DataGridView 控件，其中，TextBox 控件分别用来显示选中记录的版本和价格信息，DataGridView 控件用来显示数据表中的数据。代码如下：

```
//定义数据库连接字符串
string strCon = "Server=XIAOKE;User Id=sa;Pwd=;DataBase=db_EMS";
SqlConnection sqlcon;                                    //声明数据库连接对象
SqlDataAdapter sqlda;                                    //声明数据库桥接器对象
DataSet myds;                                            //声明数据集对象
private void Form1_Load(object sender, EventArgs e)
{
    dataGridView1.AllowUserToAddRows = false;      //禁止添加行
    dataGridView1.AllowUserToDeleteRows = false;  //禁止删除行
    sqlcon = new SqlConnection(strCon); /创建数据库连接对象
    //获取数据表中所有数据
    sqlda = new SqlDataAdapter("select * from tb_PDic", sqlcon);
    myds = new DataSet();                                //创建数据集对象
    sqlda.Fill(myds);                                    //填充数据集
    dataGridView1.DataSource = myds.Tables[0];      //为 dataGridView1 指定数据源
    //禁用 DataGridView 控件的排序功能
    for (int i = 0; i < dataGridView1.Columns.Count; i++)
        dataGridView1.Columns[i].SortMode = DataGridViewColumnSortMode.NotSortable;
    //设置 SelectionMode 属性为 FullRowSelect 使控件能够整行选择
    dataGridView1.SelectionMode = DataGridViewSelectionMode.FullRowSelect;
    //设置 DataGridView 控件中的数据以各行换色的形式显示
```

```
    foreach (DataGridViewRow dgvRow in dataGridView1.Rows) // 遍历所有行
    {
        if (dgvRow.Index % 2 == 0) // 判断是否是偶数行
        {
            // 设置偶数行颜色
            dataGridView1.Rows[dgvRow.Index].DefaultCellStyle.BackColor = Color.LightSalmon;
        }
        else// 奇数行
        {
            // 设置奇数行颜色
            dataGridView1.Rows[dgvRow.Index].DefaultCellStyle.BackColor = Color.LightPink;
        }
    }
    dataGridView1.ReadOnly = true;     // 设置 dataGridView1 控件的 ReadOnly 属性，使其为只读
    // 设置 dataGridView1 控件的 DefaultCellStyle.SelectionBackColor 属性，使选中行颜色变色
    dataGridView1.DefaultCellStyle.SelectionBackColor = Color.LightSkyBlue;
}
private void dataGridView1_CellClick(object sender, DataGridViewCellEventArgs e)
{
    if (e.RowIndex > 0) // 判断选中行的索引是否大于 0
    {
        // 记录选中的 ID 号
        int intID = (int)dataGridView1.Rows[e.RowIndex].Cells[0].Value;
        sqlcon = new SqlConnection(strCon);// 创建数据库连接对象
        // 执行 SQL 查询语句
        sqlda = new SqlDataAdapter("select * from tb_PDic where ID=" + intID + "", sqlcon);
        myds = new DataSet();// 创建数据集对象
        sqlda.Fill(myds); // 填充数据集
        if (myds.Tables[0].Rows.Count > 0) // 判断数据集中是否有记录
        {
            textBox1.Text = myds.Tables[0].Rows[0][1].ToString();// 显示版本
            textBox2.Text = myds.Tables[0].Rows[0][2].ToString();// 显示价格
        }
    }
}
```

程序运行结果如图 17.14 所示。

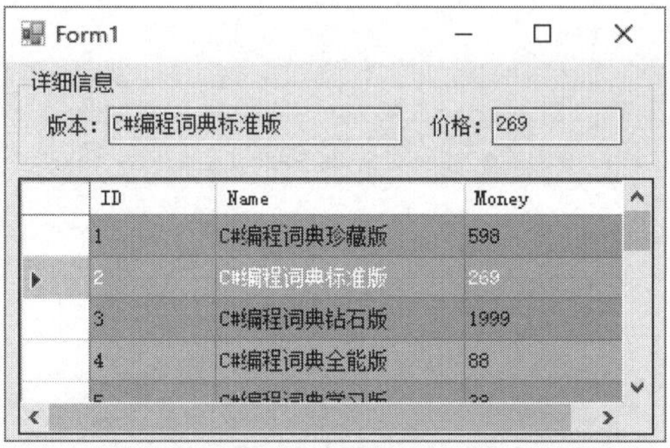

图 17.14　实例 DataGridView 表格的使用

本章知识思维导图

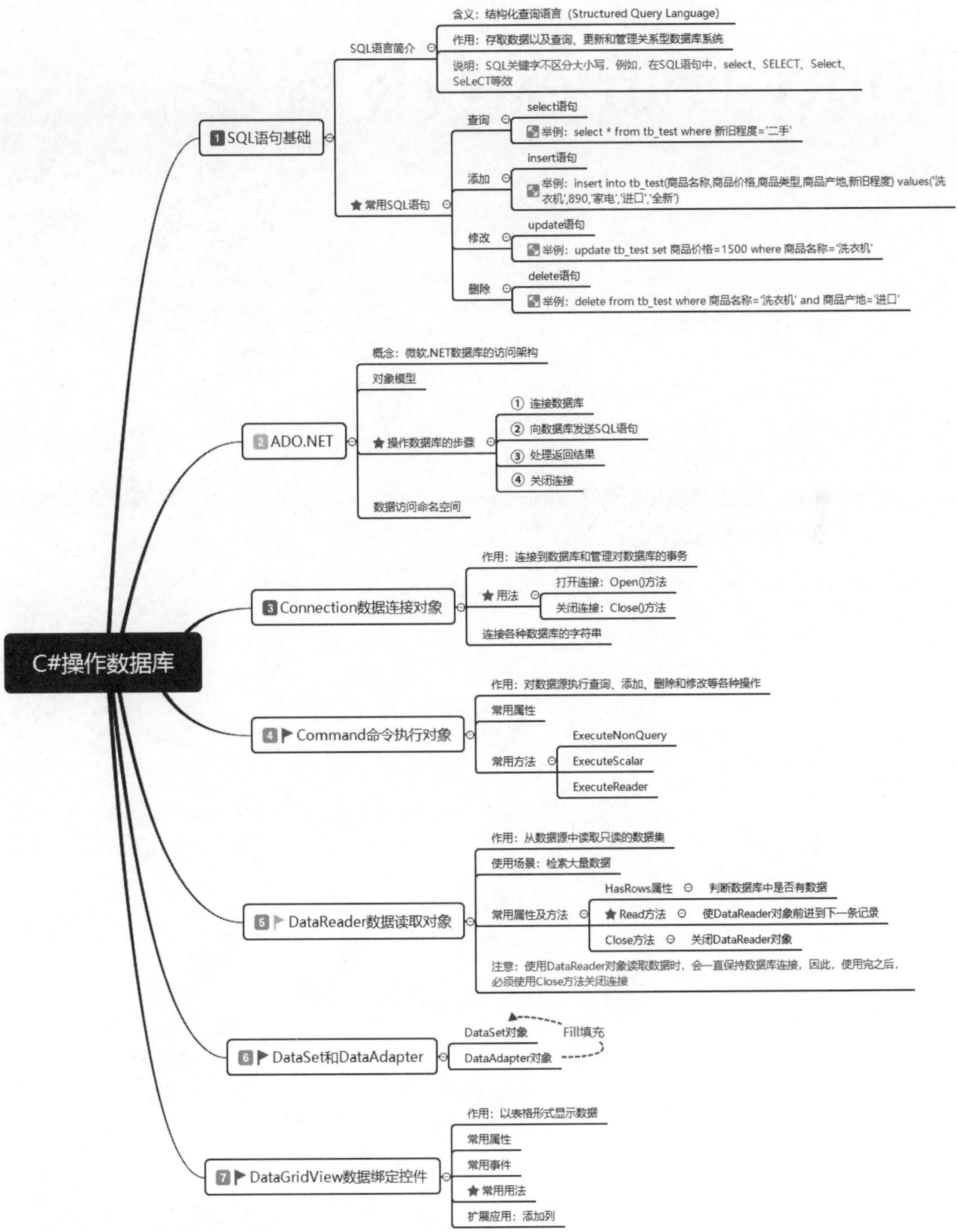
C#操作数据库
1 SQL语句基础
SQL语言简介
含义：结构化查询语言（Structured Query Language）
作用：存取数据以及查询、更新和管理关系型数据库系统
说明：SQL关键字不区分大小写，例如，在SQL语句中，select、SELECT、Select、SeLeCT等效
常用SQL语句
查询
select语句
举例：select * from tb_test where 新旧程度='二手'
添加
insert语句
举例：insert into tb_test(商品名称,商品价格,商品类型,商品产地,新旧程度) values('洗衣机',890,'家电','进口','全新')
修改
update语句
举例：update tb_test set 商品价格=1500 where 商品名称='洗衣机'
删除
delete语句
举例：delete from tb_test where 商品名称='洗衣机' and 商品产地='进口'
2 ADO.NET
概念：微软.NET数据库的访问架构
对象模型
操作数据库的步骤
① 连接数据库
② 向数据库发送SQL语句
③ 处理返回结果
④ 关闭连接
数据访问命名空间
3 Connection数据连接对象
作用：连接到数据库和管理对数据库的事务
用法
打开连接：Open()方法
关闭连接：Close()方法
连接各种数据库的字符串
4 Command命令执行对象
作用：对数据源执行查询、添加、删除和修改等各种操作
常用属性
常用方法
ExecuteNonQuery
ExecuteScalar
ExecuteReader
5 DataReader数据读取对象
作用：从数据源中读取只读的数据集
使用场景：检索大量数据
常用属性及方法
HasRows属性
判断数据库中是否有数据
Read方法
使DataReader对象前进到下一条记录
Close方法
关闭DataReader对象
注意：使用DataReader对象读取数据时，会一直保持数据库连接，因此，使用完之后，必须使用Close方法关闭连接
6 DataSet和DataAdapter
DataSet对象
DataAdapter对象
Fill填充
7 DataGridView数据绑定控件
作用：以表格形式显示数据
常用属性
常用事件
常用用法
扩展应用：添加列

第 18 章

Entity Framework 编程

扫码领取
- 配套视频
- 配套素材
- 学习指导
- 交流社群

本章学习目标

- 了解什么是 Entity Framework。
- 熟悉 Entity Framework 的实体数据模型。
- 掌握创建 Entity Framework 实体数据模型。
- 掌握如何 EF 对数据表进行增删改查操作。
- 熟悉 EF 与 ADO.NET 的区别。

18.1 什么是 Entity Framework

Entity Framework（以下简写为 EF）是微软官方发布的 ORM 框架，它是基于 ADO.NET 的，通过 EF 可以很方便地将表映射到实体对象或将实体对象转换为数据库表。

> 技巧：
> ORM 是将数据存储从域对象自动映射到关系型数据库的工具。ORM 主要包括 3 个部分：域对象、关系数据库对象、映射关系。ORM 使类提供自动化 CRUD，使开发人员从数据库 API 和 SQL 中解放出来。

EF 有 3 种使用场景。

- 从数据库生成 Class。
- 由实体类生成数据库表结构。
- 通过数据库可视化设计器设计数据库，同时生成实体类。

EF 的 3 种使用场景示意图如图 18.1 所示。

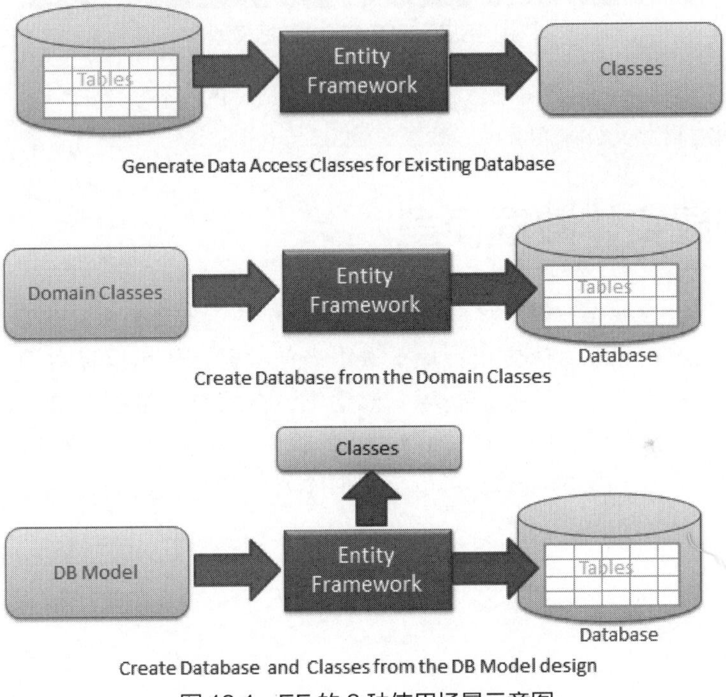

图 18.1　EF 的 3 种使用场景示意图

18.2 Entity Framework 实体数据模型

Entity Framework 的实体数据模型（EDM）包括 3 个模型：概念模型、映射和存储模型。

● 概念模型：概念模型由概念架构定义语言文件（.csdl）来定义，包含模型类和它们之间的关系，独立于数据库表的设计。

● 映射：映射由映射规范语言文件（.msl）来定义，它包含有关如何将概念模型映射到存储模型的信息。

● 存储模型：存储模型由存储架构定义语言文件（.ssdl）来定义，它是数据库设计模型，包括表、视图、存储的过程和它们的关系和键。

EDM 实体数据模型示意图如图 18.2 所示。

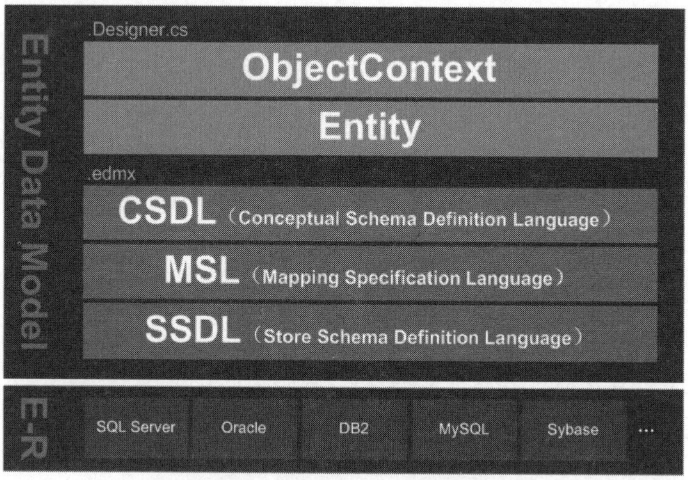

图 18.2　EDM 实体数据模型

EDM 模式在项目中的表现形式就是扩展名为 .edmx 的文件，这个文件本质是一个 xml 文件，可以手动编辑此文件来自定义 CSDL、MSL 与 SSDL 这 3 个部分。

18.3　创建实体数据模型

下面以 db_EMS 数据库为例，将已有的数据库表映射为实体数据，步骤如下。

① 创建一个 Windows 窗体应用程序，选中当前项目，使用鼠标右键单击，依次选择“添加→新建项”选项，弹出“添加新项”对话框，在该对话框的左侧“已安装”下选择“Visual C#”选项，右侧列表中找到“ADO.NET 实体数据模型”选项并选中，在“名称”文本框中输入实体数据模型的名称，可以与数据库名相同，如图 18.3 所示，然后单击“添加”按钮。

图 18.3　选择 ADO.NET 实体数据模型

② 弹出“实体数据模型向导”对话框，在该对话框中选择“来自数据库的 EF 设计器”图标，如图 18.4 所示。

③ 单击“下一步”按钮，在弹出的对话框中单击“新建连接”按钮，弹出“选择数据源”对话框，如图 18.5 所示，在该对话框中选择“Microsoft SQL Server”选项。

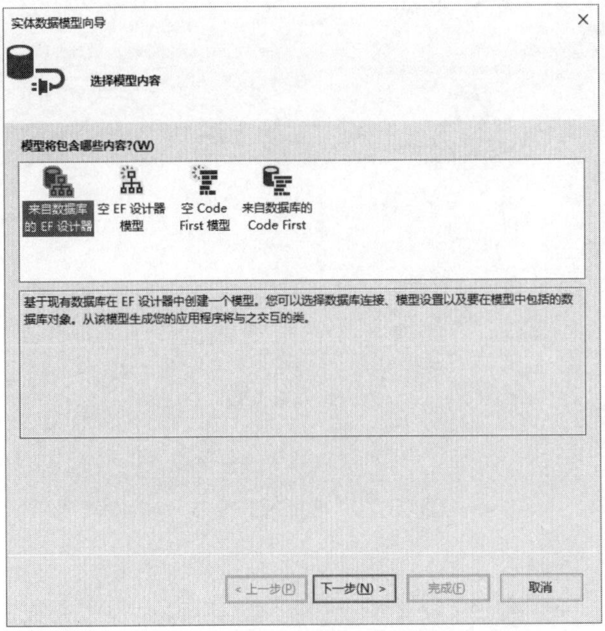

图 18.4　选择“来自数据库的 EF 设计器”图标

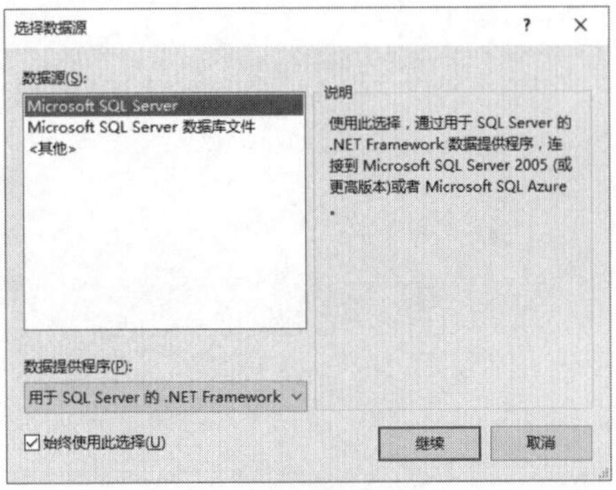

图 18.5　“选择数据源”对话框

④ 单击“继续”按钮，弹出“连接属性”对话框，如图 18.6 所示，在该对话框中进行以下设置。

● 数据源：单击“更改”按钮，选择“Microsoft SQL Server (SqlClient)”选项，如果默认为该项，请忽略。

● 服务器名：单击下拉列表会自动寻找本机器名称，如果数据库在本地，那么选择自己的机器名即可。

● 身份验证：选择 SQL Server 身份验证，填写用户名和密码（数据库登录名和密码）。

● 在“选择或输入数据库名称”处单击下拉列表，找到想要映射的数据库名称，本例为 db_EMS。

⑤ 以上信息配置完毕后，单击“确定”按钮，返回“实体数据模型向导”对话框。单击“下一步”按钮，跳转到“选择您的版本”对话框，如图 18.7 所示，在该对话框中可以根据自己的实际需要进行选择，这里选择“实体框架 6.x”单选按钮。

⑥ 单击“下一步”按钮，跳转到“选择您的数据库对象和设置”窗口，这里暂时用不到视图或存储过程，所以只选择“表”即可，如图 18.8 所示，单击“完成”按钮。

等待生成完成后，编辑器自动打开模型图页面以展示关联性，这里直接关闭即可。打开“解决方案资源管理器”，发现当前项目中多了一个“db_EMS.edmx”文件，这就是模型实体和数据库上下文类，图 18.9 所示为整个架构情况。

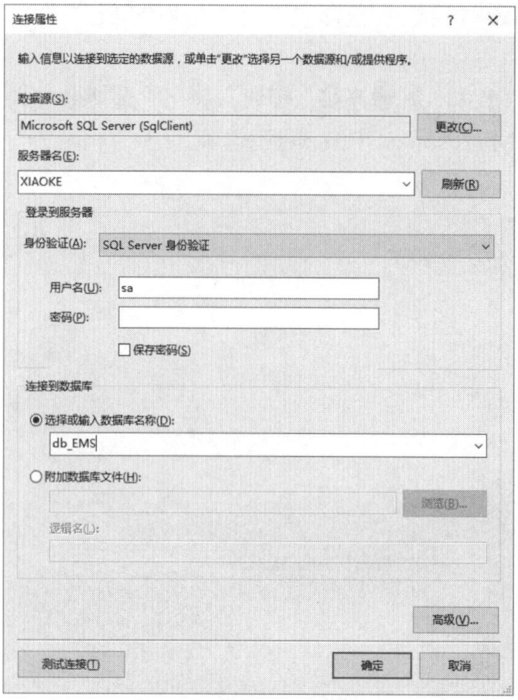

图 18.6　配置连接数据库

图 18.7　“选择您的版本”对话框

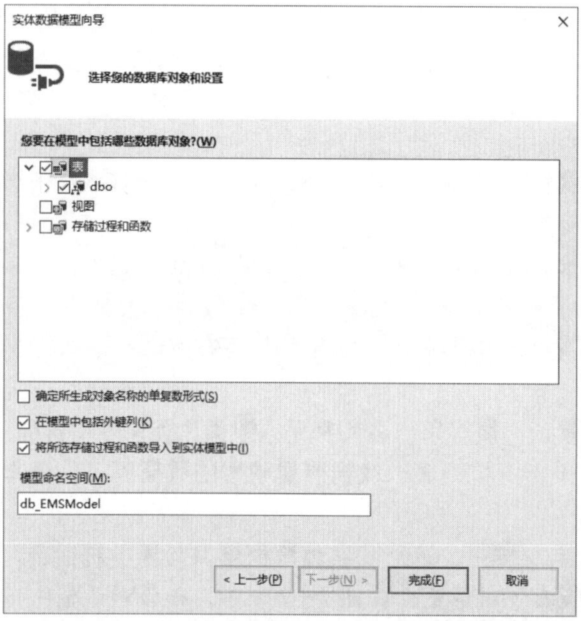

图 18.8　选择要映射的内容（此处选择“表”）

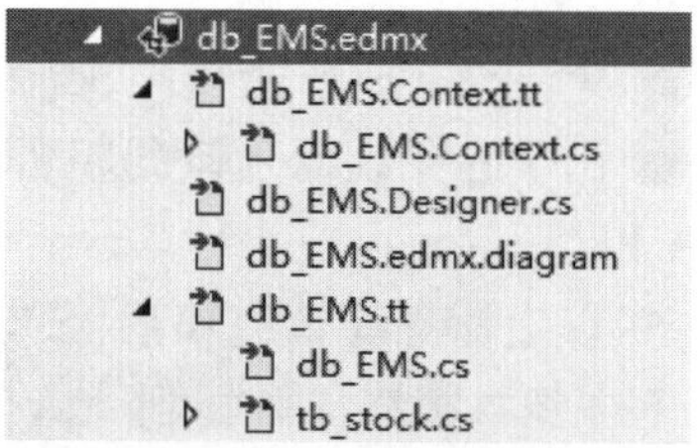

图 18.9　EF 生成实体架构

18.4　通过 EF 对数据表进行增删改查操作

创建完 EF 中的实体数据模型后，下面通过一个实例讲解如何通过 EF 对数据表进行增删改查操作。

[实例 18.1] （源码位置：资源包 \Code\18\01）

通过 EF 对数据表进行增删改查操作

在默认窗体中添加 7 个 TextBox 控件，分别用来输入或者编辑商品信息；添加一个 ComboBox 控件，用来显示商品的单位；添加两个 Button 控件，分别用来实现添加和修改商品信息的功能；添加一个 DataGridView 控件，用来实时显示数据表中的所有商品信息。代码如下：

```
string strID = "";                                              // 记录选中的商品编号
private void Form1_Load(object sender, EventArgs e)
{
     using (db_EMSEntities db = new db_EMSEntities())
     {
          dgvInfo.DataSource = db.tb_stock.ToList();            // 显示数据表中所有信息
     }
}
private void btnAdd_Click(object sender, EventArgs e)
{
     using (db_EMSEntities db = new db_EMSEntities())
     {
          tb_stock stock = new tb_stock
          {
               // 为 tb_stock 类中的商品实体赋值
               tradecode = txtID.Text,
               fullname = txtName.Text,
               unit = cbox.Text,
               type = txtType.Text,
               standard = txtISBN.Text,
               produce = txtAddress.Text,
               qty = Convert.ToInt32(txtNum.Text),
               price = Convert.ToDouble(txtPrice.Text)
          };
          db.tb_stock.Add(stock);                               // 构造添加 SQL 语句
          db.SaveChanges();                                     // 进行数据库添加操作
          dgvInfo.DataSource = db.tb_stock.ToList();            // 重新绑定数据源
     }
}
private void btnEdit_Click(object sender, EventArgs e)
{
     using (db_EMSEntities db = new db_EMSEntities())
     {
          tb_stock stock = new tb_stock { tradecode = txtID.Text, fullname = txtName.Text } ;
          db.tb_stock.Attach(stock);                            // 构造修改 SQL 语句
          // 重新为各个字段复制
          stock.unit = cbox.Text;
          stock.type = txtType.Text;
          stock.standard = txtISBN.Text;
          stock.produce = txtAddress.Text;
          stock.qty = Convert.ToInt32(txtNum.Text);
          stock.price = Convert.ToDouble(txtPrice.Text);
          db.SaveChanges();                                     // 进行数据库修改操作
          dgvInfo.DataSource = db.tb_stock.ToList();            // 重新绑定数据源
     }
}
private void 删除ToolStripMenuItem_Click(object sender, EventArgs e)
{
     using (db_EMSEntities db = new db_EMSEntities())
     {
          // 查找要删除的记录
```

```
        tb_stock stock = db.tb_stock.Where(W => W.tradecode == strID).FirstOrDefault();
        if (stock != null)                                  // 判断要删除的记录是否存在
        {
            db.tb_stock.Remove(stock);                      // 构造删除 SQL 语句
            db.SaveChanges();                               // 执行删除操作
            dgvInfo.DataSource = db.tb_stock.ToList();      // 重新绑定数据源
            MessageBox.Show(" 商品信息删除成功 ");
        }
        else
            MessageBox.Show(" 请选择要删除的商品！ ");
    }
}
private void dgvInfo_CellClick(object sender, DataGridViewCellEventArgs e)
{
    if (e.RowIndex > 0)                                     // 判断是否选择了行
    {
        // 获取选中的商品编号
        strID = Convert.ToString(dgvInfo[0, e.RowIndex].Value).Trim();
        using (db_EMSEntities db = new db_EMSEntities())
        {
            // 获取指定编号的商品信息
            tb_stock stock = db.tb_stock.Where(W => W.tradecode == strID).FirstOrDefault();
            if (stock != null)                                        // 判断查询结果是否为空
            {
                txtID.Text = stock.tradecode;                         // 显示商品编号
                txtName.Text = stock.fullname;                        // 显示商品全称
                cbox.Text = stock.unit;                               // 显示商品单位
                txtType.Text = stock.type;                            // 显示商品类型
                txtISBN.Text = stock.standard;                        // 显示商品规格
                txtAddress.Text = stock.produce;                      // 显示商品产地
                txtNum.Text = stock.qty.ToString();                   // 显示商品数量
                txtPrice.Text = stock.price.ToString();               // 显示商品价格
            }
        }
    }
}
```

程序运行结果如图 18.10 所示。

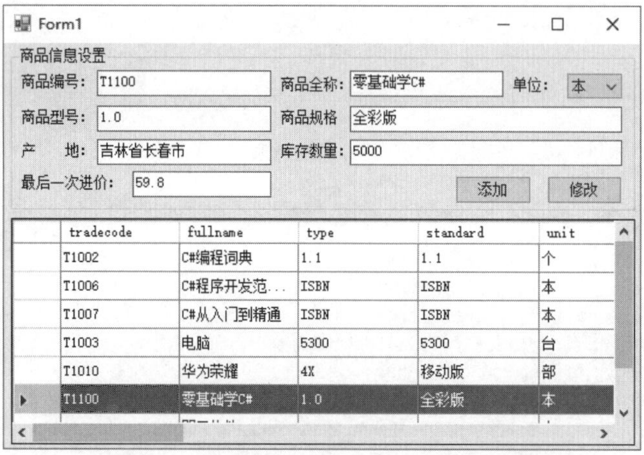

图 18.10　通过 EF 对数据表进行增删改查操作

18.5　EF 相对于 ADO.NET 的优势

EF 是微软官方发布的 ORM 框架，它是基于 ADO.NET 的，既然两者类似，那么 EF 相对于 ADO.NET 有哪些优势呢？具体如下：

① 开发效率高，开发人员完全可以根据面向对象的思维进行软件的开发；

② 可以使用三种设计模式中的 ModelFirst（模型优先）来设计数据库，而且比较直观；

③ 可以跨数据库，只需要在配置文件中修改连接字符串；

④ 与 Visual Studio 开发工具结合比较好。

当然，既然有优点，肯定也会存在缺点，它的主要缺点是，性能上不如 ADO.NET，因为中间有一个生成 SQL 脚本的过程。

本章知识思维导图

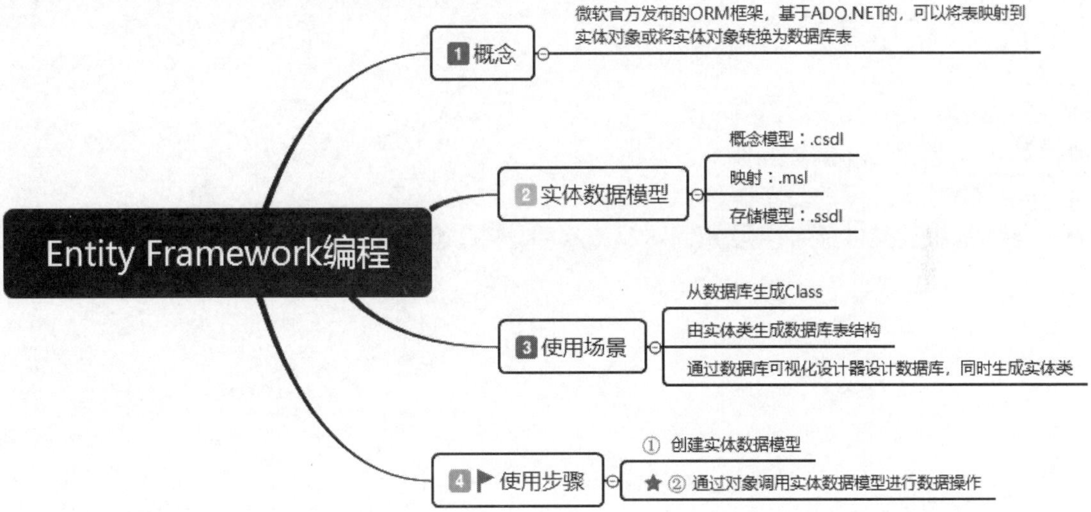

第 19 章
文件及文件夹操作

扫码领取
- 配套视频
- 配套素材
- 学习指导
- 交流社群

本章学习目标

- 熟悉 System.IO 命名空间。
- 熟练掌握文件的基本操作。
- 熟练掌握文件夹的基本操作。
- 熟悉基本的文件流，以及如何对文本文件进行读写。

19.1 System.IO 命名空间

System.IO 命名空间是 C# 中对文件和流进行操作时必须要引用的一个命名空间，该命名空间中有很多的类和枚举，用于进行数据文件和流的读写操作，这些操作可以同步进行也可以异步进行。System.IO 命名空间中常用的类及说明如表 19.1 所示。

表 19.1 System.IO 命名空间中常用的类及说明

类	说明
BinaryReader	用特定的编码将基元数据类型读作二进制值
BinaryWriter	以二进制形式将基元类型写入流，并支持用特定的编码写入字符串
BufferedStream	给另一流上的读写操作添加一个缓冲层。无法继承此类
Directory	公开用于创建、移动和枚举通过目录和子目录的静态方法。无法继承此类
DirectoryInfo	公开用于创建、移动和枚举目录和子目录的实例方法。无法继承此类
DriveInfo	提供对有关驱动器的信息的访问
File	提供用于创建、复制、删除、移动和打开文件的静态方法，并协助创建Filestream对象
FileInfo	提供创建、复制、删除、移动和打开文件的实例方法，并且帮助创建FileStream对象
FileStream	公开以文件为主的Stream，既支持同步读写操作，也支持异步读写操作
IOException	发生I/O错误时引发的异常
MemoryStream	创建其支持存储区为内存的流
Path	对包含文件或目录路径信息的String实例执行操作，这些操作是以跨平台的方式执行的
Stream	提供字节序列的一般视图
StreamReader	实现一个TextReader，使其以一种特定的编码从字节流中读取字符
StreamWriter	实现一个TextWriter，使其以一种特定的编码向流中写入字符
StringReader	实现从字符串进行读取的TextReader
StringWriter	实现一个用于将信息写入字符串的TextWriter。该信息存储在基础StringBuilder中
TextReader	表示可读取连续字符系列的读取器
TextWriter	表示可以编写一个有序字符系列的编写器。该类为抽象类

System.IO 命名空间中常用的枚举及说明如表 19.2 所示。

表 19.2 System.IO 命名空间中常用的枚举及说明

枚举	说明
DriveType	定义驱动器类型常数，包括CDRom、Fixed、Network、NoRootDirectory、Ram、Removable和Unknown
FileAccess	定义用于文件读取、写入或读取/写入访问权限的常数
FileAttributes	提供文件和目录的属性
FileMode	指定操作系统打开文件的方式
FileOptions	创建FileStream对象的高级选项
FileShare	包含用于控制其他FileStream对象对同一文件可以具有的访问类型的常数
NotifyFilters	指定要在文件或文件夹中监视的更改
SearchOption	指定是搜索当前目录，还是搜索当前目录及其所有子目录
SeekOrigin	指定在流中的位置为查找使用
WatcherChangeTypes	可能会发生的文件或目录更改

19.2 文件基本操作

对文件的基本操作大体可以分为判断文件是否存在、创建文件、复制或移动文件、删除文件及获取文件基本信息，本节将对文件的基本操作进行详细讲解。

19.2.1 File 类

File 类支持对文件的基本操作，它包括用于创建、复制、删除、移动和打开文件的静态方法，并协助创建 FileStream 对象。File 类中一共包含 40 多个方法，这里只列出其常用的几种方法，如表 19.3 所示。

表 19.3 File 类的常用方法及说明

方法	说明
Copy	将现有文件复制到新文件
Create	在指定路径中创建文件
Delete	删除指定的文件。如果指定的文件不存在，则不引发异常
Exists	确定指定的文件是否存在
Move	将指定文件移到新位置，并提供指定新文件名的选项
Open	打开指定路径上的 FileStream
CreateText	创建或打开一个文件用于写入 UTF-8 编码的文本
GetCreationTime	返回指定文件或目录的创建日期和时间
GetLastAccessTime	返回上次访问指定文件或目录的日期和时间
GetLastWriteTime	返回上次写入指定文件或目录的日期和时间
OpenRead	打开现有文件以进行读取
OpenText	打开现有 UTF-8 编码文本文件以进行读取
OpenWrite	打开现有文件以进行写入
ReadAllLines	打开一个文本文件，将文件的所有行都读入一个字符串数组，然后关闭该文件
ReadAllText	打开一个文本文件，将文件的所有内容读入一个字符串，然后关闭该文件
Replace	使用其他文件的内容替换指定文件的内容，这一过程将删除原始文件，并创建被替换文件的备份
SetCreationTime	设置创建该文件的日期和时间
SetLastAccessTime	设置上次访问指定文件的日期和时间
SetLastWriteTime	设置上次写入指定文件的日期和时间
WriteAllLines	创建一个新文件，在其中写入指定的字符串，然后关闭该文件。如果目标文件已存在，则改写该文件
WriteAllText	创建一个新文件，在其中写入内容，然后关闭该文件。如果目标文件已存在，则改写该文件

注意：

使用与文件、文件夹及流相关的类时，首先需要添加 System.IO 命名空间。

19.2.2 FileInfo 类

FileInfo 类和 File 类之间许多方法调用都是相同的，但是 FileInfo 类没有静态方法，该类中的方法仅可以用于实例化的对象。File 类是静态类，其调用需要字符串参数为每一个方法调用规定文件位置，因此如果要在对象上进行单一方法调用，则可以使用静态 File 类。在这种情况下，静态调用速度要快一些，因为 .NET 框架不必执行实例化新对象并调用其方法。如果要在文件上执行几种操作，则实例化 FileInfo 对象并调用其方法更好一些，这样会提高效率，因为对象将在文件系统上引用正确的文件，而静态类却必须每次都要寻找文件。

FileInfo 类的常用属性及说明如表 19.4 所示。

表 19.4　FileInfo 类的常用属性及说明

属性	说明
CreationTime	获取或设置当前 FileSystemInfo 对象的创建时间
Directory	获取父目录的实例
DirectoryName	获取表示目录的完整路径的字符串
Exists	获取指示文件是否存在的值
Extension	获取表示文件扩展名部分的字符串
FullName	获取目录或文件的完整目录
IsReadOnly	获取或设置确定当前文件是否为只读的值
LastAccessTime	获取或设置上次访问当前文件或目录的时间
LastWriteTime	获取或设置上次写入当前文件或目录的时间
Length	获取当前文件的大小
Name	获取文件名

说明：

① 由于 File 类中的所有方法都是静态的，所以如果只想执行一个操作，那么使用 File 类中方法的效率比使用相应的 FileInfo 类中的方法可能更高。

② File 类中的方法都是静态方法，在使用时需要对所有方法都执行安全检查，因此如果打算多次重用某个对象，可考虑改用 FileInfo 类中的相应方法，因为并不总是需要安全检查。

19.2.3 判断文件是否存在

判断文件是否存在时，可以使用 File 类的 Exists 方法或者 FileInfo 类的 Exists 属性来实现，下面分别介绍。

（1）File 类的 Exists 方法

File 类的 Exists 方法主要用于确定指定的文件是否存在，其语法格式如下：

```
public static bool Exists (string path)
```

- path： 要检查的文件。
- 返回值：如果调用方具有要求的权限并且 path 包含现有文件的名称，则为 true；否则为 false。如果 path 为空引用或零长度字符串，则此方法也返回 false。如果调用方不具有读取指定文件所需的足够权限，则不引发异常并且该方法返回 false，这与 path 是否存在无关。

例如，使用 File 类的 Exists 方法判断 C 盘根目录下是否存在 Test.txt 文件，代码如下：

```
File.Exists("C:\\Test.txt");
```

（2）FileInfo 类的 Exists 属性

FileInfo 类的 Exists 属性用于获取指示文件是否存在的值，其语法格式如下：

```
public override bool Exists { get; }
```

属性值：如果该文件存在，则为 true；如果该文件不存在或如果该文件是目录，则为 false。

例如，首先实例化一个 FileInfo 对象，然后使用该对象调用 FileInfo 类中的 Exists 属性判断 C 盘根目录下是否存在 Test.txt 文件。代码如下：

```
FileInfo finfo = new FileInfo("C:\\Test.txt");// 创建文件对象
if (finfo.Exists)                             // 判断文件是否存在
{
}
```

19.2.4 创建文件

创建文件可以使用 File 类的 Create 方法或者 FileInfo 类的 Create 方法来实现，下面分别介绍。

（1）File 类的 Create 方法

该方法为可重载方法，具有以下 4 种重载形式。

```
public static FileStream Create (string path)
public static FileStream Create (string path,int bufferSize)
public static FileStream Create (string path,int bufferSize,FileOptions options)
public static FileStream Create (string path,int bufferSize,FileOptions options,FileSecurity
fileSecurity)
```

参数说明如表 19.5 所示。

表 19.5 File 类的 Create 方法参数说明

参数	说明
path	文件名
bufferSize	用于读取和写入文件的已放入缓冲区的字节数
options	FileOptions 值之一，用于描述如何创建或改写该文件
fileSecurity	FileSecurity 值之一，用于确定文件的访问控制和审核安全性

例如，调用 File 类的 Create 方法在 C 盘根目录下创建一个 Test.txt 文本文件，代码如下：

```
File.Create("C:\\Test.txt");
```

（2）FileInfo 类的 Create 方法

该方法语法格式如下：

```
public FileStream Create ()
```

返回值：新文件。默认情况下，该方法将向所有用户授予对新文件的完全读写访问权限。

例如，首先实例化一个 FileInfo 对象，然后使用该对象调用 FileInfo 类的 Create 方法在 C 盘根目录下创建一个 Test.txt 文本文件。代码如下：

```
FileInfo finfo = new FileInfo("C:\\Test.txt");// 创建文件对象
finfo.Create();                                // 创建文件
```

技巧：

使用 File 类和 FileInfo 类创建文本文件时，其默认的字符编码为 UTF-8，而在 Windows 环境中手动创建文本文件时，其字符编码为 ANSI。

19.2.5 复制文件

复制文件时，可以使用 File 类的 Copy 方法或者 FileInfo 类的 CopyTo 方法来实现，下面分别介绍。

（1）File 类的 Copy 方法

该方法为可重载方法，具有以下两种重载形式。

```
public static void Copy (string sourceFileName,string destFileName)
public static void Copy (string sourceFileName,string destFileName,bool overwrite)
```

- sourceFileName：要复制的文件。
- destFileName：目标文件的名称。不能是目录；如果是第一种重载形式，该参数不能是现有文件。
- overwrite：如果可以改写目标文件，则为 true；否则为 false。

例如，调用 File 类的 Copy 方法将 C 盘根目录下的 Test.txt 文本文件复制到 D 盘根目录下，代码如下：

```
File.Copy("C:\\Test.txt", "D:\\Test.txt");
```

（2）FileInfo 类的 CopyTo 方法

该方法为可重载方法，具有以下两种重载形式。

```
public FileInfo CopyTo (string destFileName)
public FileInfo CopyTo (string destFileName,bool overwrite)
```

- destFileName：要复制到的新文件的名称。
- overwrite：若为 true，则允许改写现有文件；否则为 false。
- 返回值：第一种重载形式的返回值为带有完全限定路径的新文件；第二种重载形式的返回值为新文件，或者如果 overwrite 为 true，则为现有文件的改写，如果文件存在，且 overwrite 为 false，则会产生 IOException 异常。

例如，首先实例化一个 FileInfo 对象，然后使用该对象调用 FileInfo 类的 CopyTo 方法将 C 盘根目录下的 Test.txt 文本文件复制到 D 盘根目录下，如果 D 盘根目录下已经存在 Test.txt 文本文件，则将其替换。代码如下：

```
FileInfo finfo = new FileInfo("C:\\Test.txt");// 创建文件对象
finfo.CopyTo("D:\\Test.txt", true);            // 将文件复制到 D 盘
```

19.2.6 移动文件

移动文件时，可以使用 File 类的 Move 方法或者 FileInfo 类的 MoveTo 方法来实现，下面分别介绍。

（1）File 类的 Move 方法

该方法用于将指定文件移到新位置，并提供指定新文件名的选项。其语法格式如下：

```
public static void Move (string sourceFileName,string destFileName)
```

- sourceFileName：要移动的文件的名称。
- destFileName：文件的新路径。

例如，调用 File 类的 Move 方法将 C 盘根目录下的 Test.txt 文本文件移动到 D 盘根目录下，代码如下：

```
File.Move("C:\\Test.txt", "D:\\Test.txt");
```

（2）FileInfo 类的 MoveTo 方法

该方法将指定文件移到新位置，并提供指定新文件名的选项，其语法格式如下：

```
public void MoveTo (string destFileName)
```

destFileName：将文件移动到路径，可以指定另一个文件名。

例如，下面代码首先实例化了一个 FileInfo 对象，然后使用该对象调用 FileInfo 类的 MoveTo 方法将 C 盘根目录下的 Test.txt 文本文件移动到 D 盘根目录下。

```
FileInfo finfo = new FileInfo("C:\\Test.txt");// 创建文件对象
finfo.MoveTo("D:\\Test.txt");                  // 将文件移动（剪切）到 D 盘
```

注意：

使用 Move/MoveTo 方法移动现有文件时，如果原文件和目的文件是同一个文件，将产生 IOException 异常。

19.2.7 删除文件

删除文件可以使用 File 类的 Delete 方法或者 FileInfo 类的 Delete 方法来实现，下面分别介绍。

（1）File 类的 Delete 方法

该方法用于删除指定的文件，其语法格式如下：

```
public static void Delete (string path)
```

参数 path 表示要删除的文件名称。

例如，调用 File 类的 Delete 方法删除 C 盘根目录下的 Test.txt 文本文件，代码如下：

```
File.Delete("C:\\Test.txt");
```

（2）FileInfo 类的 Delete 方法

该方法用于永久删除文件，其语法格式如下：

```
public override void Delete ()
```

例如，首先实例化一个 FileInfo 对象，然后使用该对象调用 FileInfo 类的 Delete 方法删除 C 盘根目录下的 Test.txt 文本文件。代码如下：

```
FileInfo finfo = new FileInfo("C:\\Test.txt");// 创建文件对象
finfo.Delete();                              // 删除文件
```

19.2.8　获取文件基本信息

获取文件的基本信息时，主要用到了 FileInfo 类中的各种属性，下面通过一个实例说明如何获取文件的基本信息。

[实例 19.1]　（源码位置：资源包 \Code\19\01）

获取选定文件的详细信息

程序开发步骤如下。

① 新建一个 Windows 应用程序，在默认的 Form1 窗体中，添加一个 OpenFileDialog 控件、一个 TextBox 控件和一个 Button 控件。其中，OpenFileDialog 控件用来显示“打开”对话框，TextBox 控件用来显示选择的文件名，Button 控件用来打开“打开”对话框并获取所选文件的基本信息。

② 双击触发 Button 控件的 Click 事件，该事件中，使用 FileInfo 对象的属性获取文件的详细信息，并显示，代码如下：

```
private void button1_Click(object sender, EventArgs e)
{
    if (openFileDialog1.ShowDialog() == DialogResult.OK)
    {
        textBox1.Text = openFileDialog1.FileName;          // 显示打开的文件
        FileInfo finfo = new FileInfo(textBox1.Text);      // 创建 FileInfo 对象
        string strCTime = finfo.CreationTime.ToShortDateString(); // 获取文件创建时间
        // 获取上次访问该文件的时间
        string strLATime = finfo.LastAccessTime.ToShortDateString();
        string strLWTime = finfo.LastWriteTime.ToShortDateString(); // 获取上次写入文件的时间
        string strName = finfo.Name;                       // 获取文件名称
        string strFName = finfo.FullName;                  // 获取文件的完整目录
        string strDName = finfo.DirectoryName;             // 获取文件的完整路径
        string strISRead = finfo.IsReadOnly.ToString();    // 获取文件是否只读
        long lgLength = finfo.Length;                      // 获取文件长度
        MessageBox.Show(" 文件信息：\n 创建时间：" + strCTime + " 上次访问时间：" + strLATime
+ "\n 上次写入时间：" + strLWTime + " 文件名称：" + strName + "\n 完整目录：" + strFName + "\n 完整路径：
" + strDName + "\n 是否只读：" + strISRead + " 文件长度：" + lgLength);
    }
}
```

运行程序，单击“浏览”按钮，弹出“打开”对话框；选择文件，单击“打开”按钮，在弹出的对话框中将显示所选文件的基本信息。程序运行结果如图 19.1 所示。

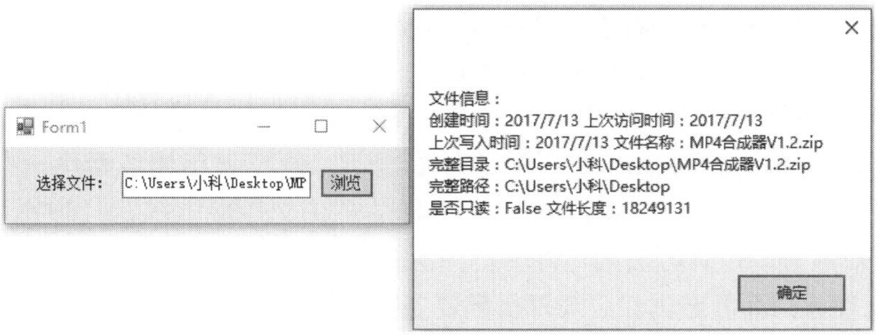

图 19.1　获取文件基本信息

19.3 文件夹基本操作

对文件夹的基本操作大体可以分为判断文件夹是否存在、创建文件夹、移动文件夹、删除文件夹及遍历文件夹中的文件，本节将对文件夹的基本操作进行详细讲解。

19.3.1 Directory 类

Directory 类公开了用于创建、移动、枚举、删除目录和子目录的静态方法，这里介绍一些该类中的常用方法，如表 19.6 所示。

表 19.6 Directory 类的常用方法及说明

方法	说明
CreateDirectory	创建指定路径中的所有目录
Delete	删除指定的目录
Exists	确定指定路径是否引用磁盘上的现有目录
GetCreationTime	获取目录的创建日期和时间
GetDirectories	获取指定目录中子目录的名称
GetDirectoryRoot	返回指定路径的卷信息、根信息或两者同时返回
GetFiles	返回指定目录中的文件名称
GetFileSystemEntries	返回指定目录中所有文件和子目录的名称
GetLastAccessTime	返回上次访问指定文件或目录的日期和时间
GetLastWriteTime	返回上次写入指定文件或目录的日期和时间
GetParent	检索指定路径的父目录，包括绝对路径和相对路径
Move	将文件或目录及其内容移到新位置
SetCreationTime	为指定的文件或目录设置创建日期和时间
SetCurrentDirectory	将应用程序的当前工作目录设置为指定的目录
SetLastAccessTime	设置上次访问指定文件或目录的日期和时间
SetLastWriteTime	设置上次写入目录的日期和时间

19.3.2 DirectoryInfo 类

DirectoryInfo 类和 Directory 类之间许多方法调用都是相同的，但是 DirectoryInfo 类没有静态方法，该类中的方法仅可以用于实例化的对象。Directory 类是静态类，其调用时，需要字符串参数为每一个方法调用规定文件夹路径，因此，如果要在对象上进行单一方法调用，则可以使用静态 Directory 类。在这种情况下，静态调用速度要快一些，因为 .NET 框架不必执行实例化新对象并调用其方法。如果要在文件夹上执行几种操作，则实例化 DirectoryInfo 对象并调用其方法则更好一些，这样会提高效率，因为对象将在文件夹系统上引用正确的文件夹，而静态类却必须每次都要寻找文件夹。

DirectoryInfo 类的常用属性及说明如表 19.7 所示。

表 19.7 DirectoryInfo 类的常用属性及说明

属性	说明
CreationTime	获取或设置当前 FileSystemInfo 对象的创建时间
Exists	获取指示目录是否存在的值
Extension	获取表示文件扩展名部分的字符串
FullName	获取目录或文件的完整目录
LastAccessTime	获取或设置上次访问当前文件或目录的时间
LastWriteTime	获取或设置上次写入当前文件或目录的时间
Name	获取 DirectoryInfo 实例的名称
Parent	获取指定子目录的父目录
Root	获取路径的根部分

19.3.3 判断文件夹是否存在

判断文件夹是否存在时，可以使用 Directory 类的 Exists 方法或者 DirectoryInfo 类的 Exists 属性来实现，下面分别介绍。

（1）Directory 类的 Exists 方法

该方法用于确定指定路径是否引用磁盘上的现有目录，其语法格式如下：

```
public static bool Exists (string path)
```

- path：要测试的路径。
- 返回值：如果 path 引用现有目录，则为 true；否则为 false。

例如，使用 Directory 类的 Exists 方法判断 C 盘根目录下是否存在 Test 文件夹，代码如下：

```
Directory.Exists("C:\\Test ");
```

（2）DirectoryInfo 类的 Exists 属性

该属性用于获取指示目录是否存在的值，其语法格式如下：

```
public override bool Exists { get; }
```

属性值：如果目录存在，则为 true；否则为 false。

例如，首先实例化一个 DirectoryInfo 对象，然后使用该对象调用 DirectoryInfo 类中的 Exists 属性判断 C 盘根目录下是否存在 Test 文件夹。代码如下：

```
DirectoryInfo dinfo = new DirectoryInfo("C:\\Test");        //创建文件夹对象
if (dinfo.Exists)                                           //判断文件夹是否存在
{
}
```

19.3.4 创建文件夹

创建文件夹可以使用 Directory 类的 CreateDirectory 方法或者 DirectoryInfo 类的 Create 方法来实现，下面分别介绍。

（1）Directory 类的 CreateDirectory 方法

该方法为可重载方法，具有以下两种重载形式。

```
public static DirectoryInfo CreateDirectory (string path)
public static DirectoryInfo CreateDirectory (string path,DirectorySecurity directorySecurity)
```

- path： 要创建的目录路径。
- directorySecurity： 要应用于此目录的访问控制。
- 返回值：第一种重载形式的返回值为由 path 指定的 DirectoryInfo；第二种重载形式的返回值为新创建的目录的 DirectoryInfo 对象。

例如，调用 Directory 类的 CreateDirectory 方法在 C 盘根目录下创建一个 Test 文件夹，代码如下：

```
Directory.CreateDirectory("C:\\Test ");
```

（2）DirectoryInfo 类的 Create 方法

该方法为可重载方法，具有以下两种重载形式。

```
public void Create ()
public void Create (DirectorySecurity directorySecurity)
```

directorySecurity： 要应用于此目录的访问控制。

例如，首先实例化一个 DirectoryInfo 对象，然后使用该对象调用 DirectoryInfo 类的 Create 方法在 C 盘根目录下创建一个 Test 文件夹。代码如下：

```
DirectoryInfo dinfo = new DirectoryInfo("C:\\Test");          // 创建文件夹对象
dinfo.Create();                                               // 创建文件夹
```

19.3.5 移动文件夹

移动文件夹时，可以使用 Directory 类的 Move 方法或者 DirectoryInfo 类的 MoveTo 方法来实现，下面分别介绍。

（1）Directory 类的 Move 方法

该方法用于将文件或目录及其内容移到新位置，其语法格式如下：

```
public static void Move (string sourceDirName,string destDirName)
```

- sourceDirName： 要移动的文件或目录的路径。
- destDirName： 指向 sourceDirName 的新位置的路径。

例如，调用 Directory 类的 Move 方法将 C 盘根目录下的 Test 文件夹移动到 C 盘根目录下的“新建文件夹”文件夹中，代码如下：

```
Directory.Move("C:\\Test ", "C:\\ 新建文件夹 \\Test");
```

注意：

使用 Move 方法移动文件夹时，需要统一磁盘根目录，如 C 盘下的文件夹只能移动到 C 盘中的某个文件夹下；使用 MoveTo 方法移动文件夹时也是如此。

（2）DirectoryInfo 类的 MoveTo 方法

该方法用于将 DirectoryInfo 对象及其内容移动到新路径，其语法格式如下：

```
public void MoveTo (string destDirName)
```

destDirName：要将此目录移动到的目标位置的名称和路径。目标不能是另一个具有相同名称的磁盘卷或目录，它可以是要将此目录作为子目录添加到其中的一个现有目录。

例如，首先实例化一个 DirectoryInfo 对象，然后使用该对象调用 DirectoryInfo 类的 MoveTo 方法将 C 盘根目录下的 Test 文件夹移动到 C 盘根目录下的“新建文件夹”文件夹中。代码如下：

```
DirectoryInfo dinfo = new DirectoryInfo("C:\\Test");        //创建文件夹对象
dinfo.MoveTo("C:\\新建文件夹\\Test");                        //移动（剪切）文件夹
```

19.3.6 删除文件夹

删除文件夹可以使用 Directory 类的 Delete 方法或者 DirectoryInfo 类的 Delete 方法来实现，下面分别介绍。

（1）Directory 类的 Delete 方法

该方法为可重载方法，具有以下两种重载形式。

```
public static void Delete (string path)
public static void Delete (string path,bool recursive)
```

- path：要移除的空目录 / 目录的名称。
- recursive：若要移除 path 中的目录、子目录和文件，则为 true；否则为 false。

例如，调用 Directory 类的 Delete 方法删除 C 盘根目录下的 Test 文件夹，代码如下：

```
Directory.Delete("C:\\Test");
```

（2）DirectoryInfo 类的 Delete 方法

该方法用于永久删除文件夹，具有以下两种重载形式。

```
public override void Delete ()
public void Delete (bool recursive)
```

recursive：若为 true，则删除此目录、其子目录及所有文件；否则为 false。

说明：

第一种重载形式，如果 DirectoryInfo 为空，则删除它；第二种重载形式，删除 DirectoryInfo 对象并指定是否要删除子目录和文件。

例如，首先实例化一个 DirectoryInfo 对象，然后使用该对象调用 DirectoryInfo 类的 Delete 方法删除 C 盘根目录下的 Test 文件夹。代码如下：

```
DirectoryInfo dinfo = new DirectoryInfo("C:\\Test");        //创建文件夹对象
dinfo.Delete();                                              //删除文件夹
```

19.3.7 遍历文件夹

遍历文件夹时，可以分别使用 DirectoryInfo 类提供的 GetDirectories 方法、GetFiles 方

法和 GetFileSystemInfos 方法，下面对这 3 个方法进行详细讲解。

（1）GetDirectories 方法

用来返回当前目录的子目录。该方法为可重载方法，具有以下 3 种重载形式。

```
public DirectoryInfo[] GetDirectories ()
public DirectoryInfo[] GetDirectories (string searchPattern)
public DirectoryInfo[] GetDirectories (string searchPattern,SearchOption searchOption)
```

- searchPattern：搜索字符串，如用于搜索所有以单词 System 开头的目录的“System*”。
- searchOption：SearchOption 枚举的一个值，指定搜索操作是应仅包含当前目录还是应包含所有子目录。
- 返回值：第一种重载形式的返回值为 DirectoryInfo 对象的数组；第二种和第三种重载形式的返回值为与 searchPattern 匹配的 DirectoryInfo 类型的数组。

（2）GetFiles 方法

返回当前目录的文件列表。该方法为可重载方法，具有以下 3 种重载形式。

```
public FileInfo[] GetFiles ()
public FileInfo[] GetFiles (string searchPattern)
public FileInfo[] GetFiles (string searchPattern,SearchOption searchOption)
```

- searchPattern：搜索字符串（如“*.txt”）。
- searchOption：SearchOption 枚举的一个值，指定搜索操作是应仅包含当前目录还是应包含所有子目录。
- 返回值：FileInfo 类型数组。

（3）GetFileSystemInfos 方法

检索表示当前目录的文件和子目录的强类型 FileSystemInfo 对象的数组。该方法为可重载方法，具有以下两种重载形式。

```
public FileSystemInfo[] GetFileSystemInfos ()
public FileSystemInfo[] GetFileSystemInfos (string searchPattern)
```

- searchPattern：搜索字符串。
- 返回值：第一种重载形式的返回值为强类型 FileSystemInfo 项的数组；第二种重载形式的返回值为与搜索条件匹配的强类型 FileSystemInfo 对象的数组。

说明：

一般遍历文件夹时都会使用 GetFileSystemInfos 方法，因为 GetDirectories 方法只遍历文件夹中的子文件夹，GetFiles 方法只遍历文件夹中的文件，而 GetFileSystemInfos 方法遍历文件夹中的所有子文件夹及文件。

[实例 19.2]　（源码位置：资源包 \Code\19\02）

获取文件夹中的所有子文件夹及文件信息

程序开发步骤如下。

① 新建一个 Windows 应用程序，默认窗体为 Form1.cs。

② 在 Form1 窗体中，添加一个 FolderBrowserDialog 控件、一个 TextBox 控件、一个

Button 控件和一个 ListView 控件。其中，FolderBrowserDialog 控件用来显示“浏览文件夹”对话框，TextBox 控件用来显示选择的文件夹路径及名称，Button 控件用来打开“浏览文件夹”对话框并获取所选文件夹中的子文件夹及文件，ListView 控件用来显示选择的文件夹中的子文件夹及文件信息。

③ 双击触发 Button 控件的 Click 事件，该事件中，使用 DirectoryInfo 对象的 GetFileSystemInfos 方法获取指定文件夹下的所有子文件夹及文件，然后将获取到的信息显示在 ListView 列表中。代码如下：

```
private void button1_Click(object sender, EventArgs e)
{
     listView1.Items.Clear();
     if (folderBrowserDialog1.ShowDialog() == DialogResult.OK)
     {
           textBox1.Text = folderBrowserDialog1.SelectedPath;
           // 创建 DirectoryInfo 对象
           DirectoryInfo dinfo = new DirectoryInfo(textBox1.Text);
           // 获取指定目录下的所有子目录及文件类型
           FileSystemInfo[] fsinfos = dinfo.GetFileSystemInfos();
           foreach (FileSystemInfo fsinfo in fsinfos)
           {
                if (fsinfo is DirectoryInfo)// 判断是否文件夹
                {
                      // 使用获取的文件夹名称实例化 DirectoryInfo 对象
                      DirectoryInfo dirinfo = new DirectoryInfo(fsinfo.FullName);
                      // 为 ListView 控件添加文件夹信息
                      listView1.Items.Add(dirinfo.Name);
                      listView1.Items[listView1.Items.Count - 1].SubItems.Add(dirinfo.FullName);
                      listView1.Items[listView1.Items.Count - 1].SubItems.Add("");
                      listView1.Items[listView1.Items.Count - 1].SubItems.Add(dirinfo.CreationTime.ToShortDateString());
                }
                else
                {
                      // 使用获取的文件名称实例化 FileInfo 对象
                      FileInfo finfo = new FileInfo(fsinfo.FullName);
                      // 为 ListView 控件添加文件信息
                      listView1.Items.Add(finfo.Name);
                      listView1.Items[listView1.Items.Count - 1].SubItems.Add(finfo.FullName);
                      listView1.Items[listView1.Items.Count - 1].SubItems.Add(finfo.Length.ToString());
                      listView1.Items[listView1.Items.Count - 1].SubItems.Add(finfo.CreationTime.ToShortDateString());
                }
           }
     }
}
```

运行程序，单击“浏览”按钮，弹出“浏览文件夹”对话框；选择文件夹，单击“确定”按钮，将选择的文件夹中所包含的子文件夹及文件信息显示在 ListView 控件中。程序运行结果如图 19.2 所示。

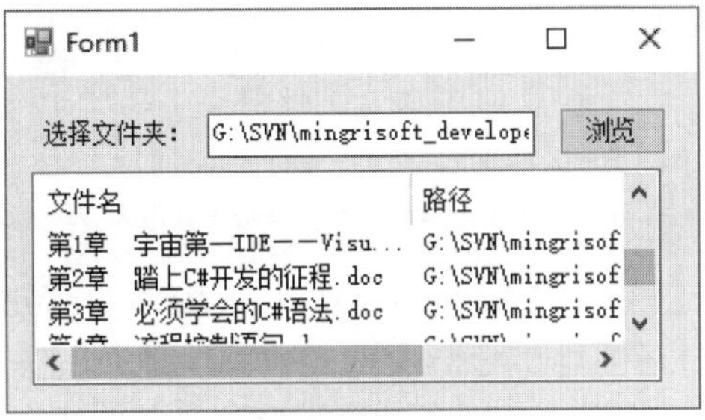

图 19.2 遍历文件夹

19.4 I/O 数据流基础

作为在 .NET Framework 中执行读写文件操作时的一种非常重要的介质，I/O 数据流提供了一种向后备存储写入字节和从后备存储读取字节的方式，下面对 I/O 数据流进行详细讲解。

19.4.1 流概述

在程序开发过程中，将输入与输出设备之间的数据传递抽象为流，例如键盘可以输入数据，显示器可以显示键盘输入的数据等。按照不同的分类方式，可以将流分为不同的类型：根据操作流的数据单元，可以将流分为字节流（操作的数据单元是一个字节）和字符流（操作的数据单元是两个字节或一个字符，因为一个字符占两个字节）；根据流的流向，可以将流分为输入流和输出流。

以内存的角度出发，输入是指数据从数据源（如文件、压缩包或者视频等）流入内存的过程，输入示意图如图 19.3 所示；输出流是指数据从内存流出到数据源的过程，输出示意图如图 19.4 所示。

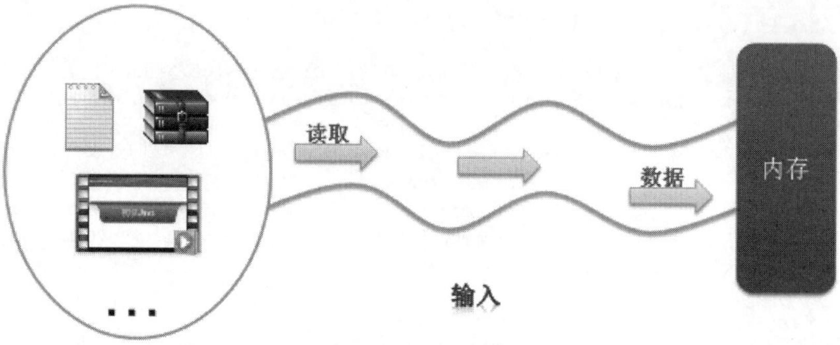

图 19.3　输入示意图

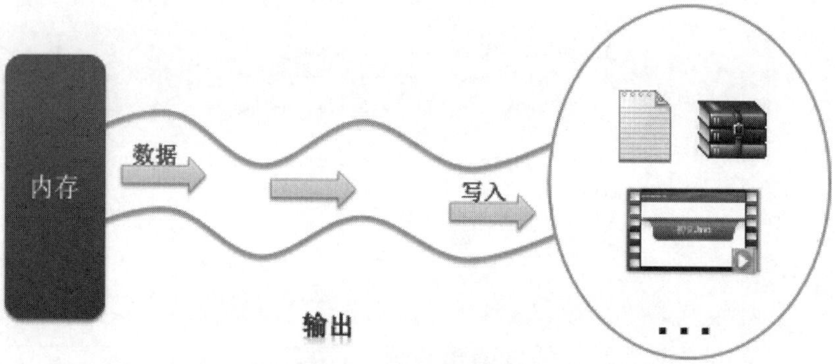

图 19.4　输出示意图

说明：
输入流被用来读取数据，输出流被用来写入数据。

在 .NET Framework 中，流由 Stream 类来表示，该类构成了所有其他流的抽象类。不能直接创建 Stream 类的实例，但是必须使用它实现某个 I/O 流类。

C# 中有许多类型的流，但在处理文件输入 / 输出（I/O）时，最重要的类型为 FileStream 类，它提供了读取和写入文件的方式。可在处理文件 I/O 时使用的其他流主要包括

BufferedStream、CryptoStream、MemoryStream 和 NetworkStream 等。

19.4.2 文件流

C# 中，文件流类使用 FileStream 类表示，该类公开以文件为主的 Stream，它表示在磁盘或网络路径上指向文件的流。一个 FileStream 类的实例实际上代表一个磁盘文件，它通过 Seek 方法进行对文件的随机访问，也同时包含了流的标准输入、标准输出和标准错误等。FileStream 默认对文件的打开方式是同步的，但它同样很好地支持异步操作。

说明：

对文件流的操作，实际上可以将文件看作是电视信号发送塔要发送的一个电视节目（文件），将电视节目转换成模拟数字信号（文件的二进制流），按指定的发送序列发送到指定的接收地点（文件的接收地址）。

（1）FileStream 类的常用属性

FileStream 类的常用属性及说明如表 19.8 所示。

表 19.8　FileStream 类的常用属性及说明

属性	说明
CanRead	获取一个值，该值指示当前流是否支持读取
CanSeek	获取一个值，该值指示当前流是否支持查找
CanTimeout	获取一个值，该值确定当前流是否可以超时
CanWrite	获取一个值，该值指示当前流是否支持写入
IsAsync	获取一个值，该值指示 FileStream 是异步还是同步打开的
Length	获取用字节表示的流长度
Name	获取传递给构造函数的 FileStream 的名称
Position	获取或设置此流的当前位置
ReadTimeout	获取或设置一个值，该值确定流在超时前尝试读取多长时间
WriteTimeout	获取或设置一个值，该值确定流在超时前尝试写入多长时间

（2）FileStream 类的常用方法

FileStream 类的常用方法及说明如表 19.9 所示。

表 19.9　FileStream 类的常用方法及说明

方法	说明
BeginRead	开始异步读操作
BeginWrite	开始异步写操作
Close	关闭当前流并释放与之关联的所有资源
EndRead	等待挂起的异步读取完成
EndWrite	结束异步写入，在 I/O 操作完成之前一直阻止
Lock	允许读取访问的同时防止其他进程更改 FileStream
Read	从流中读取字节块并将该数据写入指定缓冲区中

续表

方法	说明
ReadByte	从文件中读取一个字节，并将读取位置提升一个字节
Seek	将该流的当前位置设置为指定值
SetLength	将该流的长度设置为指定值
Unlock	允许其他进程访问以前锁定的某个文件的全部或部分
Write	使用从缓冲区读取的数据将字节块写入该流
WriteByte	将一个字节写入文件流的当前位置

（3）使用 FileStream 类操作文件

要用 FileStream 类操作文件，就要先实例化一个 FileStream 对象。FileStream 类的构造函数具有许多不同的重载形式，其中包括了一个最重要的参数，即 FileMode 枚举。

FileMode 枚举规定了如何打开或创建文件，其包括的枚举成员及说明如表 19.10 所示。

表 19.10　FileMode 类的枚举成员及说明

枚举成员	说明
Append	打开现有文件并查找到文件尾，或创建新文件。FileMode.Append 只能同 FileAccess.Write 一起使用。任何读尝试都将失败并引发 ArgumentException
Create	指定操作系统应创建新文件。如果文件已存在，它将被改写。此操作需要 FileIOPermissionAccess.Write。System.IO.FileMode.Create 等效于这样的请求：如果文件不存在，则使用 CreateNew；否则使用 Truncate
CreateNew	指定操作系统应创建新文件。此操作需要 FileIOPermissionAccess.Write。如果文件已存在，则将引发 IOException
Open	指定操作系统应打开现有文件。打开文件的能力取决于 FileAccess 所指定的值。如果该文件不存在，则引发 System.IO.FileNotFoundException
OpenOrCreate	指定操作系统应打开文件（如果文件存在）；否则，应创建新文件。如果用 FileAccess.Read 打开文件，则需要 FileIOPermissionAccess.Read。如果文件访问为 FileAccess.Write 或 FileAccess.ReadWrite，则需要 FileIOPermissionAccess.Write；如果文件访问为 FileAccess.Append，则需要 FileIOPermissionAccess.Append
Truncate	指定操作系统应打开现有文件。文件一旦打开，就将被截断为零字节大小。此操作需要 FileIOPermissionAccess.Write。试图从使用 Truncate 打开的文件中进行读取将导致异常

[实例 19.3]　（源码位置：资源包 \Code\19\03）

使用不同的方式打开文件

创建一个 Windows 应用程序，使用不同的方式打开文件，其中包含“读写方式打开”“追加方式打开”“清空后打开”和“覆盖方式打开”，然后对其进行写入和读取操作。在默认窗体中添加两个 TextBox 控件、4 个 RadioButton 控件和一个 Button 控件，其中，TextBox 控件用来输入文件路径和要添加的内容，RadionButton 控件用来选择文件的打开方式，Button 控件用来执行文件读写操作。代码如下：

```
FileMode fileM = FileMode.Open;// 声明一个 FileMode 对象，用来记录要打开的方式
// 执行读写操作
private void button1_Click(object sender, EventArgs e)
{
```

```
        string path = textBox1.Text;                           // 获取打开文件的路径
        try
        {
            using (FileStream fs = File.Open(path, fileM))     // 以指定的方式打开文件
            {
                if (fileM != FileMode.Truncate)                // 如果在打开文件后不清空文件
                {
                    Byte[] info = new UTF8Encoding(true).GetBytes(textBox2.Text);// 将添加内容转换字节
                    fs.Write(info, 0, info.Length);            // 向文件中写入内容
                }
            }
            using (FileStream fs = File.Open(path, FileMode.Open))// 以读 / 写方式打开文件
            {
                byte[] b = new byte[1024];                     // 定义一个字节数组
                UTF8Encoding temp = new UTF8Encoding(true);  // 实现 UTF-8 编码
                string pp = "";
                while (fs.Read(b, 0, b.Length) > 0)            // 读取文本中的内容
                {
                    pp += temp.GetString(b);                   // 累加读取的结果
                }
                MessageBox.Show(pp);                           // 显示文本中的内容
            }
        }
        catch// 如果文件不存在，则发生异常
        {
            if (MessageBox.Show(" 该文件不存在，是否创建文件。", " 提示 ", MessageBoxButtons.
YesNo) == DialogResult.Yes)                                    // 显示提示框，判断是否创建文件
            {
                FileStream fs = File.Open(path, FileMode.CreateNew);// 在指定的路径下创建文件
                fs.Dispose();                                  // 释放流
            }
        }
    }
    // 选择打开方式
    private void radioButton1_CheckedChanged(object sender, EventArgs e)
    {
        if (((RadioButton)sender).Checked == true)             // 如果单选按钮被选中
        {
            switch (Convert.ToInt32(((RadioButton)sender).Tag.ToString()))// 判断单选按钮的选中情况
            {
                // 记录文件的打开方式
                case 0: fileM = FileMode.Open; break;          // 以读 / 写方式打开文件
                case 1: fileM = FileMode.Append; break;        // 以追加方式打开文件
                case 2: fileM = FileMode.Truncate; break;      // 打开文件后清空文件内容
                case 3: fileM = FileMode.Create; break;        // 以覆盖方式打开文件
            }
        }
    }
```

程序运行结果如图 19.5 所示。

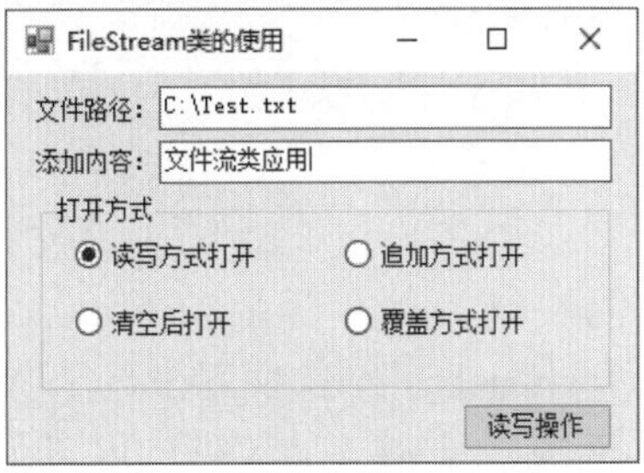

图 19.5　使用不同的方式打开文件

19.4.3　文本文件的读写

使用 I/O 流操作文本文件时主要用到 StreamWriter 类和 StreamReader 类，下面对这两个类进行详细讲解。

(1) StreamWriter 类

StreamWriter 类是专门用来处理文本文件的类，可以方便地向文本文件中写入字符串，同时它也负责重要的转换和处理向 FileStream 对象写入的工作。

StreamWriter 类的常用属性及说明如表 19.11 所示。

表 19.11　StreamWriter 类的常用属性及说明

属性	说明
Encoding	获取将输出写入到其中的 Encoding
Formatprovider	获取控制格式设置的对象
NewLine	获取或设置由当前流使用的行结束符字符串

StreamWriter 类的常用方法及说明如表 19.12 所示。

表 19.12　StreamWriter 类的常用方法及说明

方法	说明
Close	关闭当前的流
Write	写入到流的实例中
WriteLine	写入重载参数指定的某些数据，后跟行结束符

(2) StreamReader 类

StreamReader 类是专门用来读取文本文件的类。StreamReader 可以从底层 Stream 对象创建 StreamReader 对象的实例，而且还能指定编码规范参数。创建 StreamReader 对象后，它提供了许多用于读取和浏览字符数据的方法。

StreamReader 类的常用方法及说明如表 19.13 所示。

表 19.13　StreamReader 类的常用方法及说明

方法	说明
Close	关闭流
Read	读取输入字符串中的下一个字符或下一组字符
ReadBlock	从当前流中读取最大 count 的字符，并从 index 开始将该数据写入 Buffer
ReadLine	从基础字符串中读取一行
ReadToEnd	将整个流或从流的当前位置到流的结尾作为字符串读取

[实例 19.4]　（源码位置：资源包\Code\19\04）

文本文件中写入和读取名人名言

程序开发步骤如下。

① 新建一个 Windows 应用程序，默认窗体为 Form1.cs。

② 在 Form1 窗体中，添加一个 SaveFileDialog 控件、一个 OpenFileDialog 控件、一个 TextBox 控件和两个 Button 控件。其中，SaveFileDialog 控件用来显示“另存为”对话框，OpenFileDialog 控件用来显示“打开”对话框，TextBox 控件用来输入要写入文本文件的内容和显示选中文本文件的内容，Button 控件分别用来打开“另存为”对话框并执行文本文件写入操作和打开“打开”对话框并执行文本文件读取操作。

③ 分别双击“写入”和“读取”按钮，触发它们的 Click 事件，在这两个事件中，分别使用 StreamWriter 类和 StreamReader 类向文本文件中写入和读取内容。代码如下：

```
private void button1_Click(object sender, EventArgs e)
{
     if (textBox1.Text == string.Empty)
     {
          MessageBox.Show(" 要写入的文件内容不能为空 ");
     }
     else
     {
          saveFileDialog1.Filter = " 文本文件 (*.txt)|*.txt";          // 设置保存文件的格式
          if (saveFileDialog1.ShowDialog() == DialogResult.OK)
          {
               StreamWriter sw = new StreamWriter(saveFileDialog1.FileName, true);
               sw.WriteLine(textBox1.Text);                            // 向创建的文件中写入内容
               sw.Close();                                             // 关闭当前文件写入流
          }
     }
}
private void button2_Click(object sender, EventArgs e)
{
     openFileDialog1.Filter = " 文本文件 (*.txt)|*.txt";               // 设置打开文件的格式
     if (openFileDialog1.ShowDialog() == DialogResult.OK)
     {
          textBox1.Text = string.Empty;
          StreamReader sr = new StreamReader(openFileDialog1.FileName);
          textBox1.Text = sr.ReadToEnd();     // 调用 ReadToEnd 方法读取选中文件的全部内容
          sr.Close();                         // 关闭当前文件读取流
     }
}
```

运行程序，单击“写入”按钮，弹出“另存为”对话框，输入要保存的文件名，单击“保存”按钮，将文本框中的内容写入文件中；单击“读取”按钮，弹出“打开”对话框，选择要读取的文件，单击“打开”按钮，将选择的文件中的内容显示在文本框中。程序运行结果如图 19.6 和图 19.7 所示。

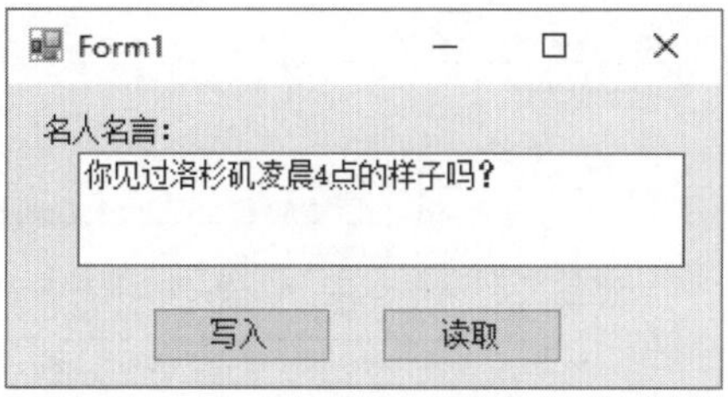

图 19.6　向文本文件中写入和读取名人名言

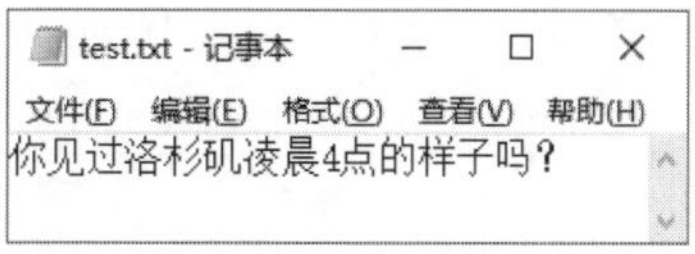

图 19.7　写入的文本文件中的内容

说明：

使用 File 类和 FileInfo 类创建文本文件时，其默认的字符编码为 UTF-8，而在 Windows 环境中手动创建文本文件时，其字符编码为 ANSI，因此在使用 StreamWriter 类和 StreamReader 写入和读取文本文件时，需要注意其编码格式（可以在相应类的构造函数中通过 Encoding 类来指定字符编码）。Encoding 类中常用的编码格式及说明如表 19.14 所示。

表 19.14　Encoding 类中常用的编码格式及说明

编码格式	说明
Default	操作系统的当前 ANSI 代码页的编码
BigEndianUnicode	使用 Big-Endian 字节顺序的 UTF-16 格式的编码
Unicode	使用 Little-Endian 字节顺序的 UTF-16 格式的编码
UTF8	UTF-8 格式的编码

技巧：

除表 19.14 所列举的几种常用编码方式外，还有一种 BASE64 编码，它在网络系统中应用非常广泛，它的设计致力于混淆那些 8 位字节的数据流，它经常用在邮件系统或者网络服务系统中。在这里需要说明的是，BASE64 编码并不是一种加密机制，但它确实需要将明码变成一种很难识别的形式。

本章知识思维导图

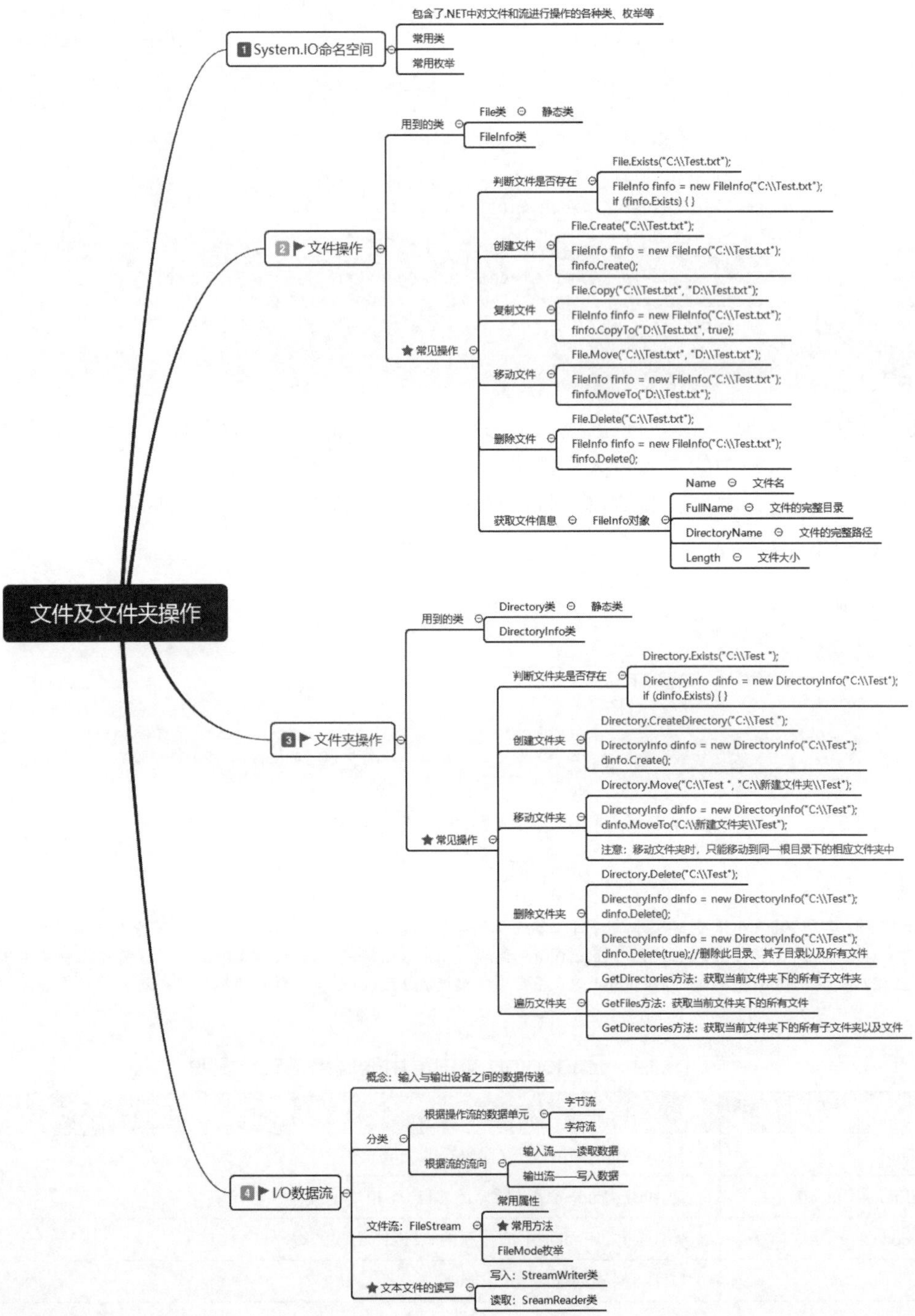

第5篇 项目开发篇

第 20 章

贪吃蛇大作战

扫码领取
- 配套视频
- 配套素材
- 学习指导
- 交流社群

本章学习目标

- 熟悉贪吃蛇大作战游戏的基本规则。
- 掌握如何利用提供的资源文件开发贪吃蛇大作战游戏。
- 熟悉 C# 开发简单游戏项目的基本流程。

20.1 游戏描述

贪吃蛇是一款特别流行的小游戏，深受大家的喜爱，已经出现过很多不同平台上的版本，手机、计算机、平板电脑等。本章介绍如何在计算机上设计一款好玩的贪吃蛇大作战游戏。

贪吃蛇大作战的游戏规则很简单：一条蛇出现在封闭的空间中，同时此空间里会随机出现一个食物，通过键盘上下左右方向键来控制蛇的前进方向。蛇头撞到食物，则食物消失，表示被蛇吃掉了。蛇身增加一节，累计得分，接着又出现食物，等待蛇来吃。如果蛇在前进过程中，撞到墙或蛇头撞到自己的身体，那么游戏结束。游戏效果如图 20.1 所示，游戏结束效果如图 20.2 所示。

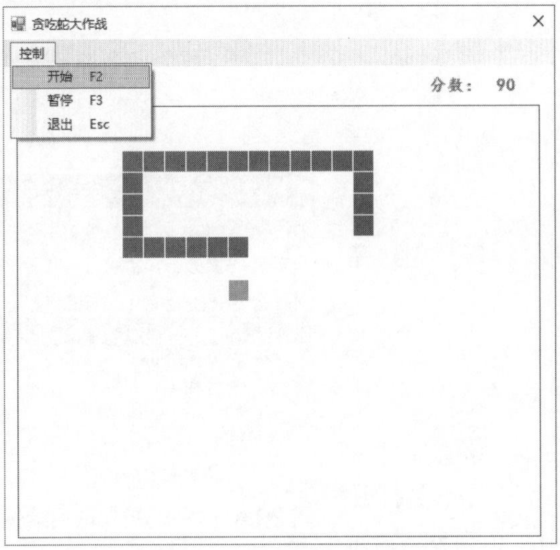

图 20.1 贪吃蛇大作战游戏

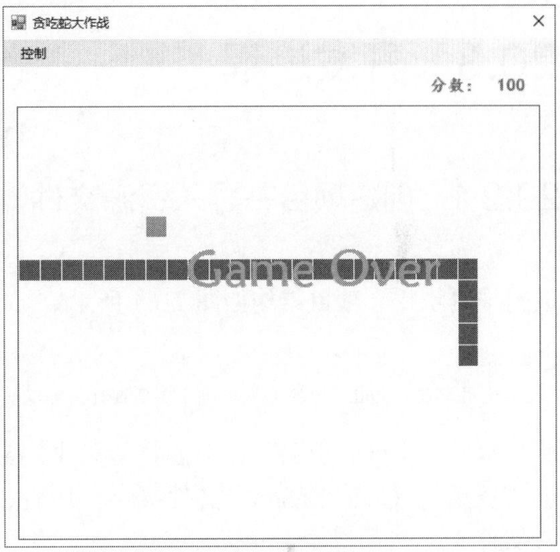

图 20.2 游戏结束

20.2 设计思路

使用 C# 实现贪吃蛇大作战的设计思路如下。

① 明确贪吃蛇的游戏规则，例如，蛇头不能碰到场地的四周；蛇身不能重叠；当吃到食物后，应在新的位置重新生成食物，且食物不能在蛇身内出现。

② 将 Panel 控件设为游戏背景。

③ 场地、贪吃蛇及食物都是在 Panel 控件的重绘事件中绘制。

④ 蛇身中的各个骨节都是在场景中单元格内绘制的，这样绘制蛇身的好处是在贪吃蛇进行移动时，不需要重新绘制背景。

⑤ 用 Timer 组件来实现贪吃蛇的移动，并用该组件的 Interval 属性来控制移动速度。

贪吃蛇大作战游戏的实现流程如图 20.3 所示。

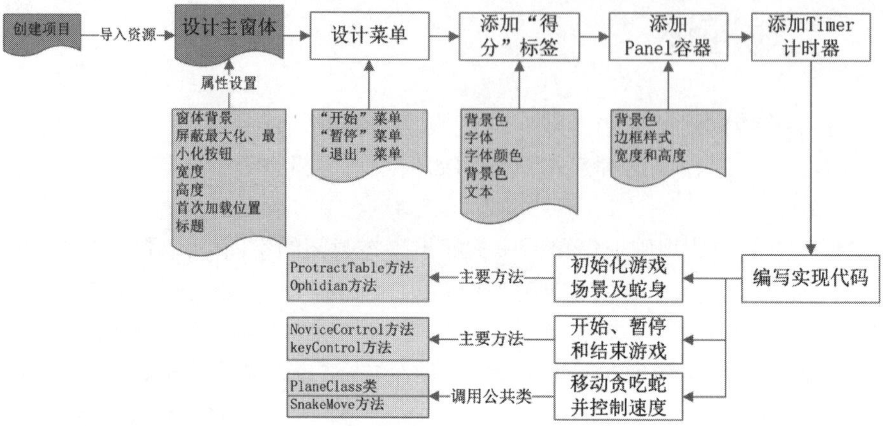

图 20.3　贪吃蛇大作战游戏的实现流程图

20.3　开发过程

20.3.1　创建项目并导入资源文件

创建一个名称为“贪吃蛇”的 Windows 窗体程序，创建完成的“贪吃蛇”项目结构如图 20.4 所示。

图 20.4　“贪吃蛇”项目结构

说明：

使用 Visual Studio 2019 开发环境开发项目时，可以使用中文命名项目。

本项目实现时用到了一个公共类文件 Snake.cs，该类文件位于“资源包\Code\20\Src\”文件夹中，因此，用户只需要打开该文件夹，然后选中“Snake.cs”选项，并复制，切换到 Visual Studio 开发环境中，在“解决方案资源管理器”中选中“贪吃蛇”项目，按下〈Ctrl+V〉快捷键，即可将 Snake.cs 类文件复制到“贪吃蛇”项目中，具体步骤如图 20.5 所示。

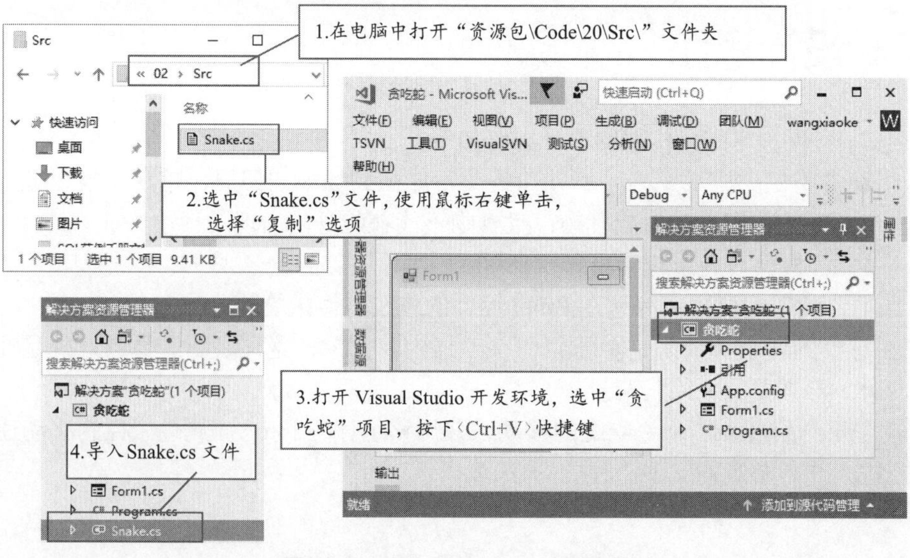

图 20.5　导入 Snake.cs 类文件

Snake.cs 类文件中定义的主要方法及作用如表 20.1 所示。

表 20.1　Snake.cs 类文件中定义的主要方法及作用

方法	说明
Ophidian(Control Con, int condyle)	初始化场地及贪吃蛇的信息
SnakeMove(int n)	移动贪吃蛇
EatFood()	贪吃蛇碰到食物时吃掉
GameAborted(Point GameP)	判断游戏是否失败
EstimateMove(Point Ep)	判断蛇是否向相反的方向移动
ProtractSnake(Point Ep)	重新绘制蛇身
BuildFood()	生成食物
RectFood()	随机生成食物的节点

20.3.2　设计主窗体

主窗体的设计主要分为两个步骤：设计窗体、填充窗体，下面分别介绍。

（1）设计窗体

创建项目时，自动生成了一个 Form1 窗体，该窗体就是贪吃蛇大作战游戏的主窗体，该窗体的属性设置如表 20.2 所示。

表 20.2　Form1 窗体的属性值列表

属性	值	说明
BackColor	White	设置窗体的背景为白色
MaximizeBox	False	设置窗体不可以最大化
MinimizeBox	False	设置窗体不可以最小化
Width	543	设置窗体的宽度
Height	508	设置窗体的高度
StartPosition	CenterScreen	设置窗体首次出现时的位置为屏幕中心
Text	贪吃蛇大作战	设置窗体的标题

（2）填充窗体

填充主窗体主要分为 3 步：①设计菜单；②添加控件；③添加 Timer 组件。下面分别进行介绍。

1）设计菜单

向窗体中添加一个 MenuStrip 控件，然后添加一个“控制”菜单，在控制菜单下添加“开始”“暂停”和“退出”3 个子菜单，然后分别设置它们的属性，对应菜单的属性设置如表 20.3 所示。

表 20.3　菜单的属性设置

菜单	属性	值	说明
“开始”子菜单	Text	开始　&F2	设置“开始”菜单的文本
	Tag	1	设置“开始”菜单的标识
“暂停”子菜单	Text	暂停　&F3	设置“暂停”菜单的文本
	Tag	2	设置“暂停”菜单的标识
“退出”子菜单	Text	退出　&Esc	设置“退出”菜单的文本
	Tag	3	设置“退出”菜单的标识

菜单设计完成的效果如图 20.6 所示。

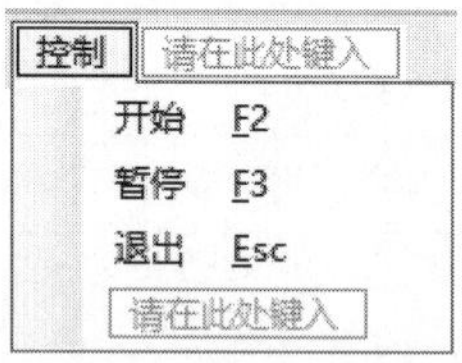

图 20.6　菜单设计完成的效果

2）添加控件

Form1 窗体中用到的控件及其对应属性设置如表 20.4 所示。

表 20.4　Form1 窗体中用到的控件及对应属性设置

控件类型	属性	值	说明
Label	BackColor	White	设置分数标识控件的背景色为白色
	Font	楷体, 12pt, style=Bold	设置分数标识控件的字体及字体大小
	ForeColor	Fuchsia	设置分数标识控件的字体颜色
	X	404	设置分数标识控件的 X 坐标
	Y	35	设置分数标识控件的 Y 坐标
	Text	分数：	设置分数标识控件的文本
Label	BackColor	White	设置分数控件的背景色为白色
	Font	楷体, 12pt, style=Bold	设置分数控件的字体及字体大小
	ForeColor	Fuchsia	设置分数控件的字体颜色
	X	469	设置分数控件的 X 坐标
	Y	35	设置分数控件的 Y 坐标
	Text	0000	设置分数控件的文本
Panel	BackColor	White	设置容器控件的背景色为白色
	BorderStyle	FixedSingle	设置容器控件的边框样式
	X	12	设置容器控件的 X 坐标
	Y	62	设置容器控件的 Y 坐标
	Width	501	设置容器控件的宽带
	Height	401	设置容器控件的高度

3）添加 Timer 组件

向窗体中添加一个 Timer 组件，并将其 Interval 属性设置 400，用来控制贪吃蛇的移动速度。

20.3.3 初始化游戏场景及蛇身

在 Form1 窗体的设计界面，使用鼠标右键单击，选择“查看代码”菜单项，切换到 Form1 窗体的代码页面，首先在 Form1 窗体类的内部声明公共的变量及对象，代码如下：

```
public static bool ifStart = false;            // 判断是否开始
public static int career = 400;                // 移动的速度
Snake snake = new Snake();                     // 实例化 Snake 类
int snake_W = 20;                              // 骨节的宽度
int snake_H = 20;                              // 骨节的高度
public static bool pause = false;              // 是否暂停游戏
```

在 Form1 窗体类的内部，定义一个无返回值类型的 ProtractTable 方法，用来绘制游戏场景，该方法有一个 Graphics 类型的参数，用来指定绘图对象。ProtractTable 方法代码如下：

```
/// <summary>
/// 绘制游戏场景
/// </summary>
/// <param g="Graphics">封装一个 GDI+ 绘图图面 </param>
public void ProtractTable(Graphics g)
{
     for (int i = 0; i <= panel1.Width / snake_W; i++)       // 绘制单元格的纵向线
     {
          g.DrawLine(new Pen(Color.White, 1), new Point(i * snake_W, 0), new Point(i * snake_W, panel1.Height));
     }
     for (int i = 0; i <= panel1.Height / snake_H; i++)      // 绘制单元格的横向线
     {
          g.DrawLine(new Pen(Color.White, 1), new Point(0, i * snake_H), new Point(panel1.Width, i * snake_H));
     }
}
```

切换到 Form1 窗体的设计界面，双击 panel1 容器控件，自动触发其 Paint 事件，该事件中，首先调用 ProtractTable 方法绘制游戏场景，然后调用 Snake 公共类中的 Ophidian 方法初始化场地及贪吃蛇信息，最后使用 Graphics 对象的 FillRectangle 方法绘制蛇身及食物，如果游戏结束，则使用 Graphics 对象的 DrawString 方法绘制“Game Over”的游戏结束提醒。代码如下：

```
private void panel1_Paint(object sender, PaintEventArgs e)
{
     Graphics g = panel1.CreateGraphics();                   // 创建 panel1 控件的 Graphics 类
     ProtractTable(g);                                       // 绘制游戏场景
     if (!ifStart)                                           // 如是没有开始游戏
     {
          Snake.timer = timer1;
          Snake.label = label2;
          snake.Ophidian(panel1, snake_W);                   // 初始化场地及贪吃蛇信息
     }
     else
     {
          for (int i = 0; i < Snake.List.Count; i++)         // 绘制蛇身
          {
```

```
                e.Graphics.FillRectangle(Snake.SolidB, ((Point)Snake.List[i]).X + 1, ((Point)Snake.List[i]).Y + 1, snake_W - 1, snake_H - 1);
            }
            e.Graphics.FillRectangle(Snake.SolidF, Snake.Food.X + 1, Snake.Food.Y + 1, snake_W - 1, snake_H - 1);                              //绘制食物
            if (Snake.ifGame)                                         //如果游戏结束
                e.Graphics.DrawString("Game Over", new Font("华文新魏", 35, FontStyle.Bold), new SolidBrush(Color.Orange), new PointF(150, 130));      //绘制提示文本
        }
    }
```

20.3.4 控制游戏的开始、暂停和结束

切换到 Form1 窗体的代码页面，在 Form1 窗体类的内部，定义一个无返回值类型的 NoviceCortrol 方法，用来通过标识控制游戏的开始、暂停和结束，该方法有一个 int 类型的参数，用来作为标识。NoviceCortrol 方法代码如下：

```
/// <summary>
/// 控制游戏的开始、暂停和结束
/// </summary>
/// <param n="int">标识</param>
public void NoviceCortrol(int n)
{
     switch (n)
     {
          case 1:                                                     //开始游戏
               {
                    ifStart = false;
                    Graphics g = panel1.CreateGraphics();     //创建panel1控件的Graphics类
                    //刷新游戏场地
                    g.FillRectangle(Snake.SolidD, 0, 0, panel1.Width, panel1.Height);
                    ProtractTable(g);                                 //绘制游戏场地
                    ifStart = true;                                   //开始游戏
                    snake.Ophidian(panel1, snake_W);                  //初始化场地及贪吃蛇信息
                    timer1.Interval = career;                         //设置贪吃蛇移动的速度
                    timer1.Start();                                   //启动计时器
                    pause = true;                                     //是否暂停游戏
                    label2.Text = "0";                                //显示当前分数
                    break;
               }
          case 2:                                                     //暂停游戏
               {
                    if (pause)                                        //如果游戏正在运行
                    {
                         ifStart = true;                              //游戏正在开始
                         timer1.Stop();                               //停止计时器
                         pause = false;                               //当前已暂停游戏
                    }
                    else
                    {
                         ifStart = true;                              //游戏正在开始
                         timer1.Start();                              //启动计时器
                         pause = true;                                //开始游戏
                    }
                    break;
               }
          case 3:                                                               //退出游戏
               {
                    timer1.Stop();                                    //停止计时器
                    Application.Exit();                               //关闭工程
```

```
                        break;
                    }
            }
    }
```

切换到 Form1 窗体的设计界面，选中“开始”菜单项，双击，自动触发其 Click 事件，该事件中，首先调用自定义的 NoviceCortrol 方法控制游戏的状态，然后调用 Snake 公共类中的 BuildFood 方法生成食物。代码如下：

```
private void 开始 ToolStripMenuItem_Click(object sender, EventArgs e)
{
        NoviceCortrol(Convert.ToInt32(((ToolStripMenuItem)sender).Tag.ToString()));
        snake.BuildFood();
}
```

注意：

切换到 Form1 窗体的设计界面，分别选中“暂停”菜单项和“退出”菜单项，在其“属性”对话框中单击⚡按钮，分别将它们的 Click 事件设置为“开始 ToolStripMenuItem_Click”。

20.3.5 移动贪吃蛇并控制其速度

切换到 Form1 窗体的设计界面，选中窗体，在其“属性”对话框中单击⚡按钮，在列表中找到 KeyDown，然后双击，触发其 KeyDown 事件，该事件中，首先使用键盘控制贪吃蛇的上下左右移动，以及游戏的开始、暂停和结束的功能，然后根据移动方向来移动贪吃蛇。代码如下：

```
private void Form1_KeyDown(object sender, KeyEventArgs e)
{
        int tem_n = -1;                                     // 记录移动键值
        if (e.KeyCode == Keys.Right)                        // 如果按→键
              tem_n = 0;                                    // 向右移
        if (e.KeyCode == Keys.Left)                         // 如果按←键
              tem_n = 1;                                    // 向左移
        if (e.KeyCode == Keys.Up)                           // 如果按↑键
              tem_n = 2;                                    // 向上移
        if (e.KeyCode == Keys.Down)                         // 如果按↓键
              tem_n = 3;                                    // 向下移
        if (tem_n != -1 && tem_n != Snake.Aspect)           // 如果移动的方向不是相同方向
        {
              if (Snake.ifGame == false)
              {
                   // 如果移动的方向不是相反的方向
                   if (!((tem_n == 0 && Snake.Aspect == 1 || tem_n == 1 && Snake.Aspect == 0)
|| (tem_n == 2 && Snake.Aspect == 3 || tem_n == 3 && Snake.Aspect == 2)))
                   {
                        Snake.Aspect = tem_n;               // 记录移动的方向
                        snake.SnakeMove(tem_n);             // 移动贪吃蛇
                   }
              }
        }
        int tem_p = -1;                                     // 记录控制键值
        if (e.KeyCode == Keys.F2)                           // 如果按 F2 快捷键
              tem_p = 1;                                    // 开始游戏
        if (e.KeyCode == Keys.F3)                           // 如果按 F3 快捷键
              tem_p = 2;                                    // 暂停或继续游戏
        if (e.KeyCode == Keys.Escape)                       // 如果按 Esc 键
```

```
            tem_p = 3;                                  // 关闭游戏
    if (tem_p != -1)                                    // 如果当前是操作标识
            NoviceCortrol(tem_p);                       // 控制游戏的开始、暂止和关闭
}
```

切换到 Form1 窗体的设计界面，双击 timer1 组件，会自动触发其 Tick 事件，该事件中，调用 Snake 公共类中的 SnakeMove 方法来移动贪吃蛇，代码如下：

```
private void timer1_Tick(object sender, EventArgs e)
{
    snake.SnakeMove(Snake.Aspect);                      // 移动贪吃蛇
}
```

完成以上操作后，单击 Visual Studio 2019 开发环境工具栏中 **▶ 启动** 按钮，即可运行该程序。

本章知识思维导图

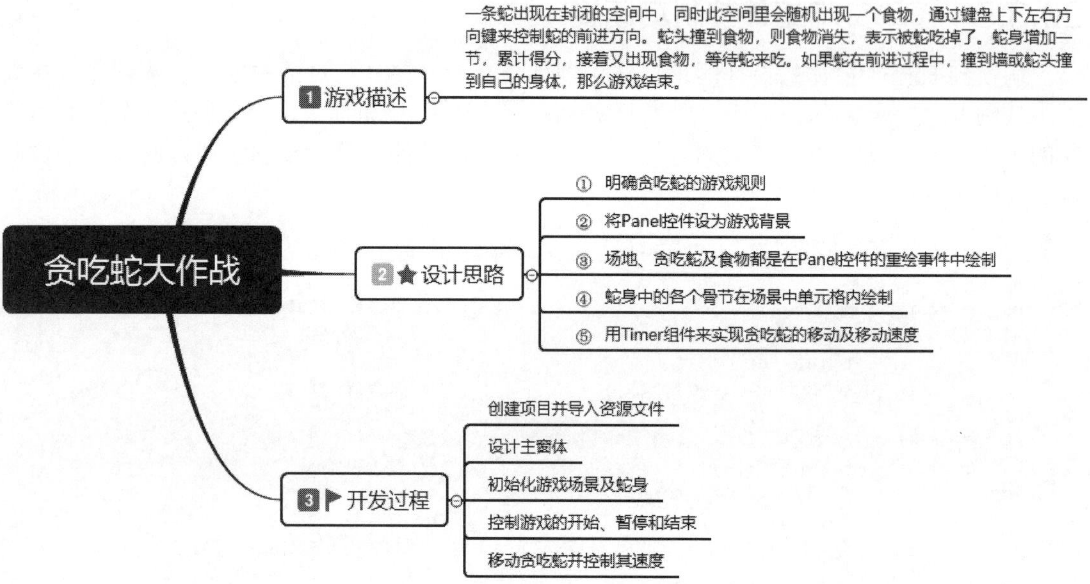
贪吃蛇大作战
1 游戏描述
一条蛇出现在封闭的空间中，同时此空间里会随机出现一个食物，通过键盘上下左右方向键来控制蛇的前进方向。蛇头撞到食物，则食物消失，表示被蛇吃掉了。蛇身增加一节，累计得分，接着又出现食物，等待蛇来吃。如果蛇在前进过程中，撞到墙或蛇头撞到自己的身体，那么游戏结束。
2 设计思路
① 明确贪吃蛇的游戏规则
② 将Panel控件设为游戏背景
③ 场地、贪吃蛇及食物都是在Panel控件的重绘事件中绘制
④ 蛇身中的各个骨节在场景中单元格内绘制
⑤ 用Timer组件来实现贪吃蛇的移动及移动速度
3 开发过程
创建项目并导入资源文件
设计主窗体
初始化游戏场景及蛇身
控制游戏的开始、暂停和结束
移动贪吃蛇并控制其速度

第 21 章

人事工资管理系统

扫码领取
- 配套视频
- 配套素材
- 学习指导
- 交流社群

本章学习目标

- 掌握基本 SQL 语句的应用。
- 掌握如何在项目中设计公共类。
- 熟悉 MDI 窗体技术在实际开发中的应用。
- 熟悉如何将图片存入数据库中。
- 熟练掌握如何在 C# 中实现数据的增删改查。

21.1 需求分析

企业在发展中不断地壮大，员工人数也随之增加。对于人事管理部门来说，迫切地需要一个操作方便、功能简单实用、可以满足企业对员工的档案及工资信息进行管理的系统。

通过实际调查，要求本系统具有以下功能。

- 良好的人机界面。
- 方便的添加和修改数据功能。
- 方便的数据查询。
- 方便的数据打印功能。
- 在相应的窗体中，可方便地删除数据。
- 数据计算自动完成，尽量减少人工干预。

21.2 系统设计

21.2.1 系统功能结构

人事工资管理系统的功能结构如图 21.1 所示。

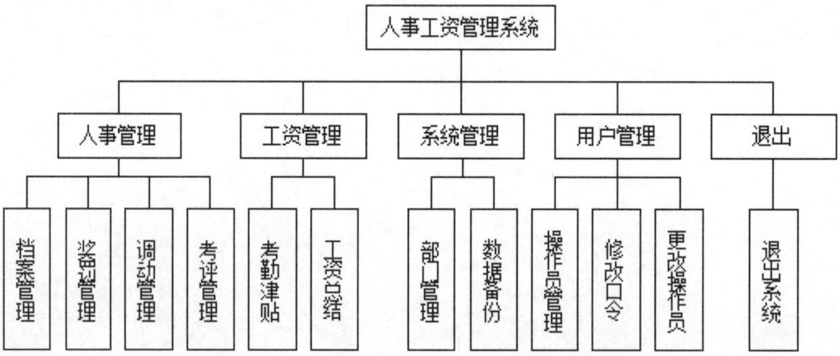

图 21.1 人事工资管理系统的功能结构图

21.2.2 业务流程图

人事工资管理系统的业务流程图如图 21.2 所示。

21.2.3 编码规则

在开发应用程序前，编码规则（这里所讲的编码规则是对控件 ID 的命名）的设计是十分重要的，通过它可以快速了解相关控件的作用，良好的编码规则有助于程序的开发。下面对本系统中比较重要的编码规则进行说明。

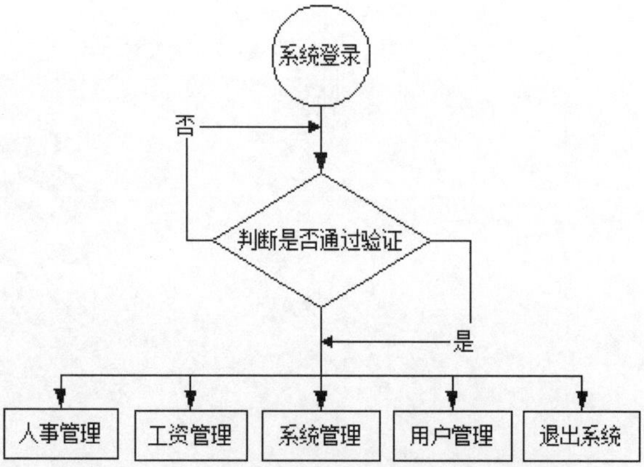

图 21.2 人事工资管理系统的业务流程图

（1）窗体命名规则

在创建一个窗体时，首先要对窗体的 ID 进行命名，其编码规则为“frm+ 窗体名称”，其中窗体名称最好是英文形式的窗体说明，便于开发者通过窗体 ID 就能知道其窗体的作用。例如，登录窗体，ID 名为 frmLogin。

（2）数据库命名规则

数据库命名以小写字母“db”开头，后面加下划线“_”及数据库相关英文单词缩写，如表 21.1 所示。

表 21.1　数据库命名

数据库名称	描述
db_PMS	人事工资管理系统数据库

（3）数据表命名规则

数据表命名以小写字母“tb”开头，后面加下划线“_”及数据表相关英文单词缩写，如表 21.2 所示。

表 21.2　数据表命名

数据表名称	描述
tb_User	登录用户信息表

21.2.4　程序运行环境

本系统的程序运行环境具体如下。

- 系统开发平台：Microsoft Visual Studio 2019。
- 系统开发语言：C#。
- 数据库管理系统软件：Microsoft SQL Server 数据库。
- 运行平台：Windows 7（SP1）/Windows 8/Windows 10。
- 运行环境：Microsoft.NET Framework SDK v4.0 以上。

21.2.5　系统预览

人事工资管理系统由多个窗体组合而成，下面仅列出几个典型窗体，其他窗体参见资源包中的源程序。

当打开应用程序时，首先会出现登录窗体，主要用来验证操作员的用户名和密码，如图 21.3 所示。

主窗体页面如图 21.4 所示，该窗体用于档案管理、奖罚管理、调动管理、考评管理、考勤管理、工资总结、部门管理、数据备份、操作员管理、修改口令和更改操作员等。

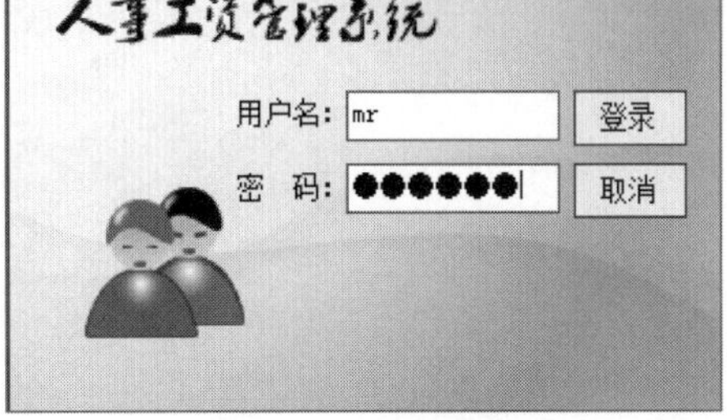

图 21.3　登录窗体

图 21.4 “人事工资管理系统”主窗体

“档案管理”窗体如图 21.5 所示，用来管理员工的档案信息，包括添加员工、删除员工和查询员工。当双击 DataGridView 控件中的员工信息时，将会弹出如图 21.6 所示的修改员工信息窗体。

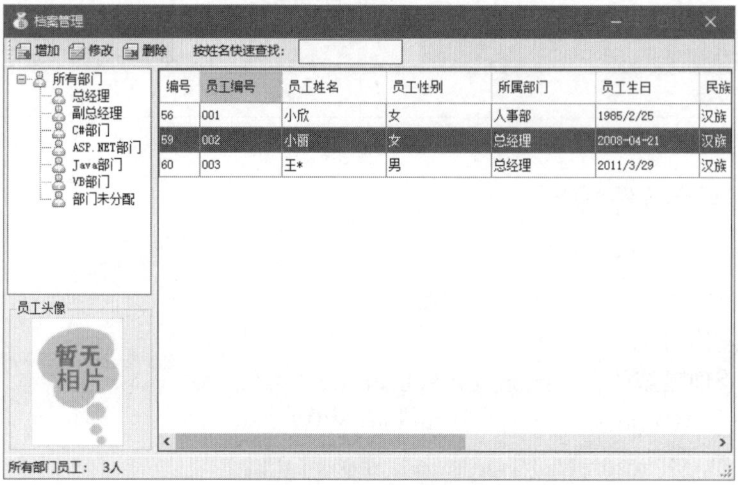

图 21.5 “档案管理”窗体

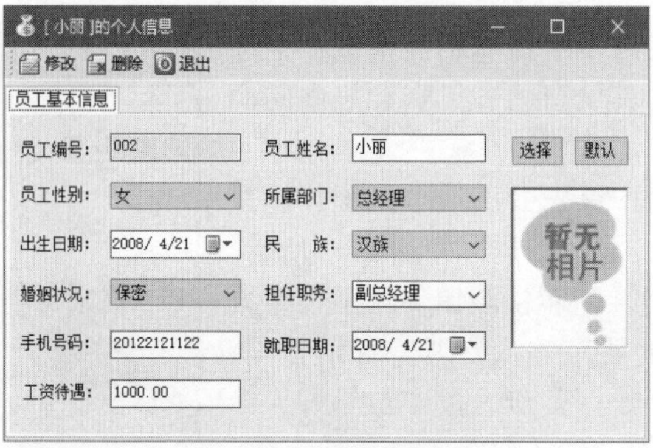

图 21.6 修改员工信息窗体

21.3 数据库设计

应用程序开发过程中，对数据库的操作是必不可少的，数据库设计是根据程序的需求及其实现功能所制定，数据库设计的合理性将直接影响程序的开发过程。

21.3.1 数据库分析

人事工资管理系统主要用来管理企业员工的档案信息，以及对员工进行部门调动、考评管理、奖罚记录、计算每个员工的工资等，数据量是根据企业员工信息量的多少来决定的，本系统使用 SQL Server 作为后台数据库。数据库命名为 db_PMS，其中包含了 8 张数据表，用于存储不同的信息，详细信息如图 21.7 所示。

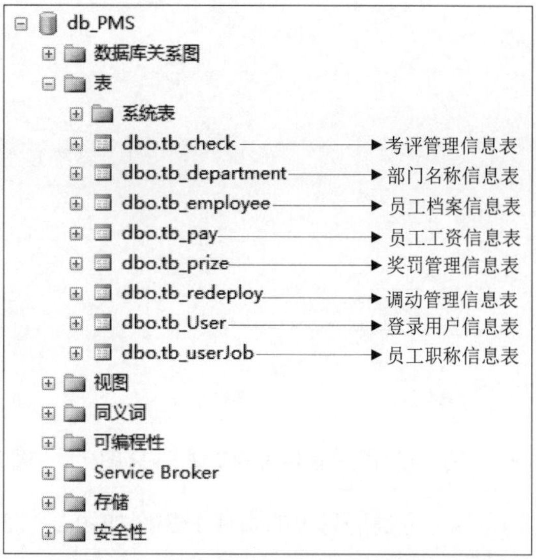

图 21.7 人事工资管理系统中用到的数据表

21.3.2 数据库概念设计

数据库设计在系统开发中占有很重要的比重，它是通过管理系统的整体需求而制定，数据库设计的好坏直接影响系统的后期开发。下面对本系统中具有代表性的数据库设计做详细说明。

在本系统中，为了提高系统的安全性，每个用户都要使用正确的用户名和密码才能进入主窗体，而且还需要根据指定的用户名提供相应的权限，为了能够验证正确的用户名、密码以及得到相应的权限，应在数据库中创建登录表。登录用户信息表的实体 E-R 图如图 21.8 所示。

在开发人事工资管理系统时，最重要的数据表是考评管理信息表、部门名称信息表、员工档案信息表、员工工资信息表、奖罚管理信息表、调动管理信息表和员工职称信息表等。考评管理信息表的实体 E-R 图如图 21.9 所示。

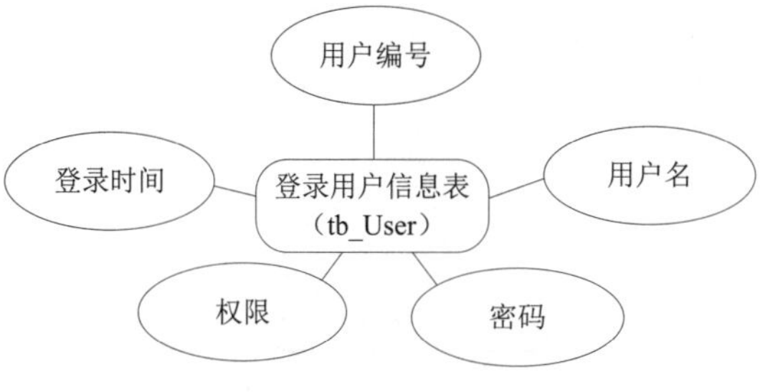

图 21.8 登录用户信息表的实体 E-R 图

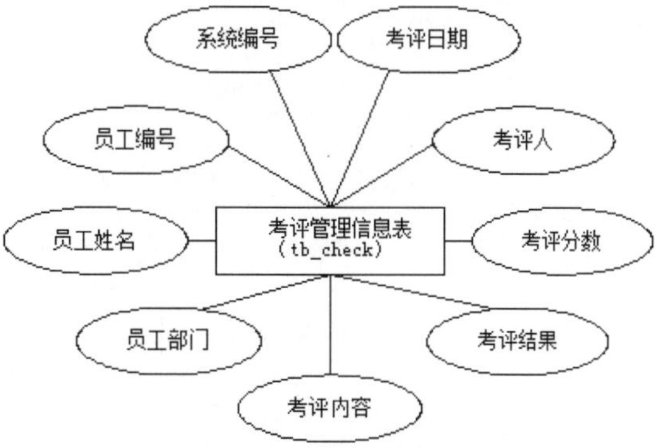

图 21.9 考评管理信息表的实体 E-R 图

部门名称信息表的实体 E-R 图如图 21.10 所示。员工档案信息表的实体 E-R 图如图 21.11 所示。

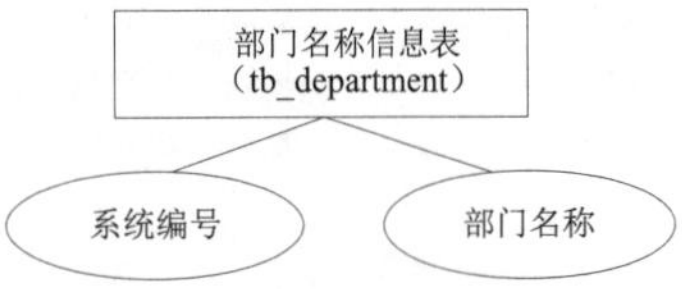

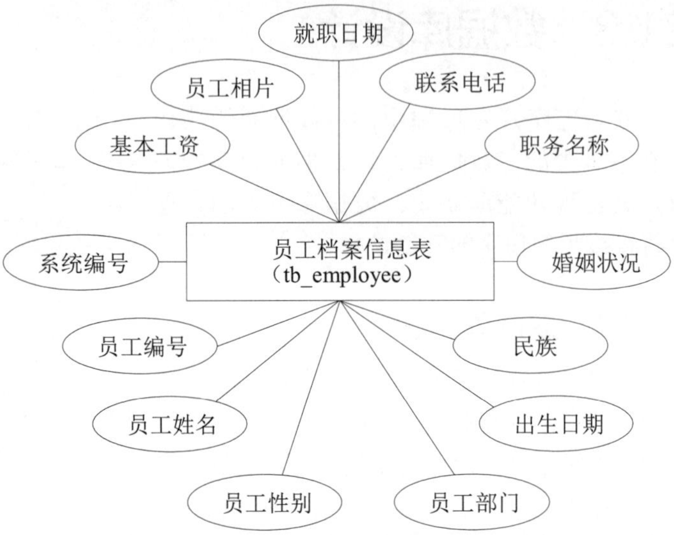

图 21.10　部门名称信息表的实体 E-R 图　　图 21.11　员工档案信息表的实体 E-R 图

员工工资信息表的实体 E-R 图如图 21.12 所示。奖罚管理信息表的实体 E-R 图如图 21.13 所示。

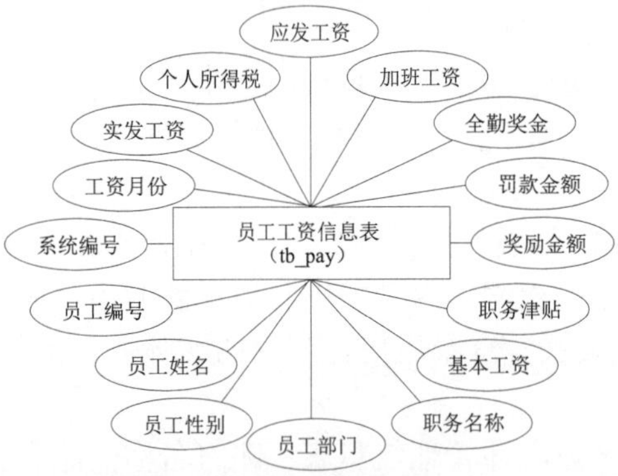

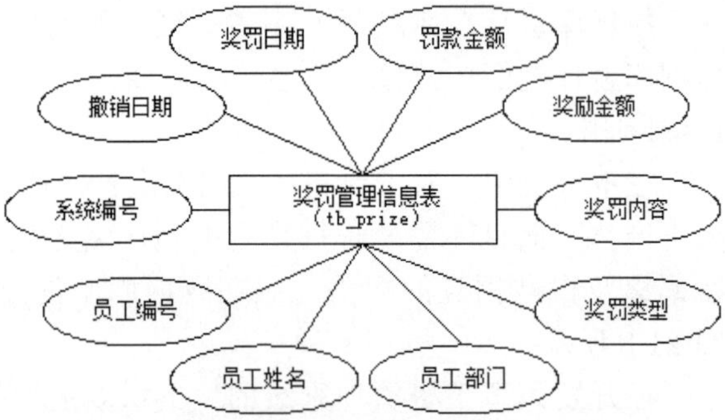

图 21.12　员工工资信息表的实体 E-R 图　　图 21.13　奖罚管理信息表的实体 E-R 图

调动管理信息表的实体 E-R 图如图 21.14 所示。员工职称信息表的实体 E-R 图如图 21.15 所示。

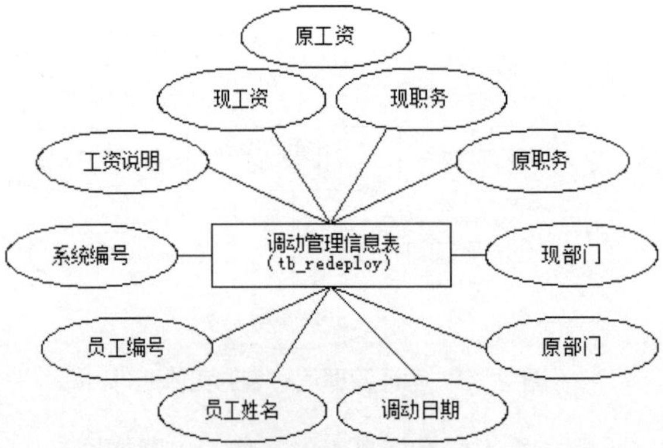

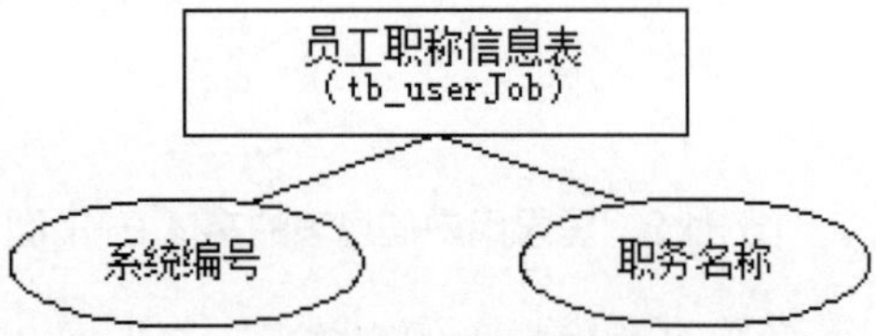

图 21.14　调动管理信息表的实体 E-R 图　　图 21.15　员工职称信息表的实体 E-R 图

21.3.3 数据库逻辑结构设计

根据上面设计好的 E-R 图，可以在数据库中创建相应的数据表，由于篇幅所限，下面对人事工资管理系统中比较重要的数据表的结构进行介绍。

(1) tb_check (考评管理信息表)

tb_check 表用于保存员工考评管理基本信息，其结构如表 21.3 所示。

表 21.3 考评管理信息表

字段名	数据类型	长度	主键	描述
ID	int	4	是	系统编号
PID	varchar	50	否	员工编号
Pname	varchar	50	否	员工姓名
Pdep	varchar	50	否	员工部门
PKpcontent	varchar	50	否	考评内容
PKpResult	varchar	50	否	考评结果
PKpscore	int	4	否	考评分数
PKpPeople	varchar	50	否	考评人
PKpDate	varchar	50	否	考评日期

(2) tb_employee (员工档案信息表)

tb_employee 表用于保存员工档案的详细信息，其结构如表 21.4 所示。

表 21.4 员工档案信息表

字段名	数据类型	长度	主键	描述
ID	int	4	是	系统编号
employeeID	varchar	50	否	员工编号
employeeName	varchar	50	否	员工姓名
employeeSex	varchar	50	否	员工性别
employeeDept	varchar	50	否	员工部门
employeeBirthday	varchar	50	否	出生日期
employeeNation	varchar	50	否	民族
employeeMarriage	varchar	50	否	婚姻状况
employeeDuty	varchar	50	否	职务名称
employeePhone	varchar	50	否	联系电话
employeeAccession	varchar	50	否	就职日期
employeePhoto	image	16	否	员工相片
employeePay	decimal	9	否	基本工资

(3) tb_pay (员工工资信息表)

tb_pay 表用于保存员工工资的详细信息，其结构如表 21.5 所示。

表 21.5　员工工资信息表

字段名	数据类型	长度	主键	描述
ID	int	4	是	系统编号
YID	varchar	50	否	员工编号
YName	varchar	50	否	员工姓名
YSex	varchar	50	否	员工性别
Ydep	varchar	50	否	员工部门
YZhiwu	varchar	50	否	职务名称
YBasePay	decimal	9	否	基本工资
YJintie	decimal	9	否	职务津贴
Yjiangli	decimal	9	否	奖励金额
YFK	decimal	9	否	罚款金额
Yquanqin	decimal	9	否	全勤奖金
Yjiaban	decimal	9	否	加班工资
Yyingfa	decimal	9	否	应发工资
Ygeren	decimal	9	否	个人所得税
Ypay	decimal	9	否	实发工资
YMonth	varchar	50	否	工资月份

（4）tb_prize（奖罚管理信息表）

tb_prize 表用于保存奖罚管理信息，其结构如表 21.6 所示。

表 21.6　奖罚管理信息表

字段名	数据类型	长度	主键	描述
ID	int	4	是	系统编号
UserID	varchar	50	否	员工编号
UserName	varchar	50	否	员工姓名
UserDep	varchar	50	否	员工部门
UserJF	varchar	50	否	奖罚类型
UserJFcontent	varchar	50	否	奖罚内容
UserJLMoney	decimal	9	否	奖励金额
UserFKMoney	decimal	9	否	罚款金额
UserJFDate	varchar	50	否	奖罚日期
UserCXDate	varchar	50	否	撤销日期

21.4　文件夹组织结构

每个项目都会有相应的文件夹组织结构，在开发人事工资管理系统之前，设计了文件夹组织结构图和程序文件组织结构图。

21.4.1 文件夹组织结构图

文件夹组织结构图如图 21.16 所示。

图 21.16 文件夹组织结构图

21.4.2 程序文件组织结构图

主文件组织结构图如图 21.17 所示。

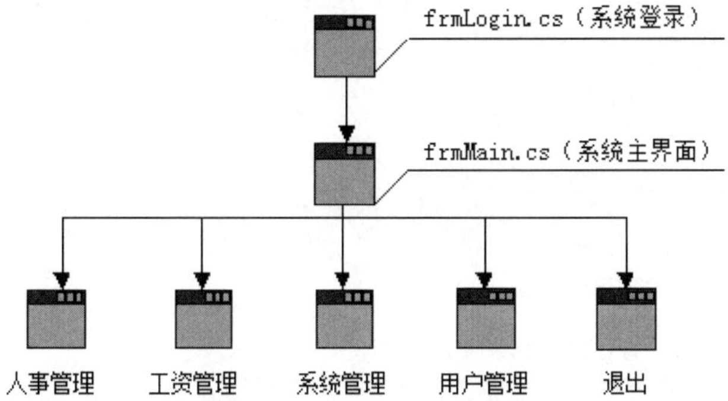

图 21.17 主文件组织结构图

人事管理和工资管理文件组织结构图分别如图 21.18 和图 21.19 所示。

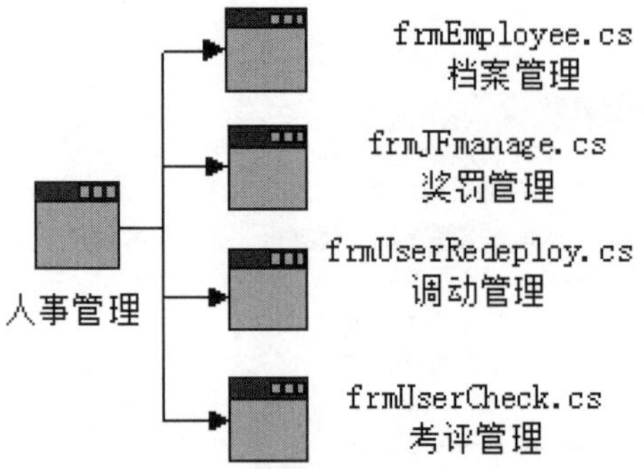

图 21.18 人事管理文件组织结构图

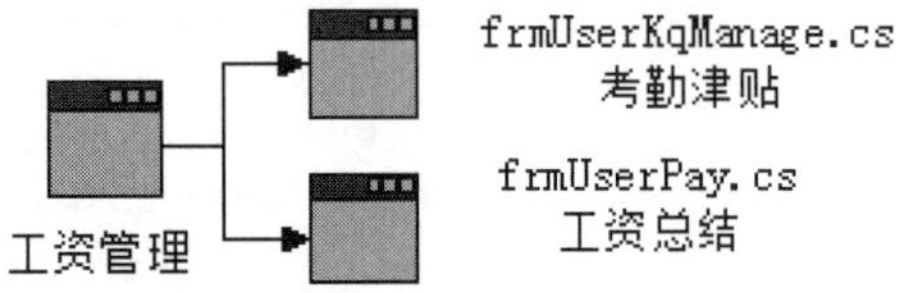

图 21.19 工资管理文件组织结构图

系统管理和用户管理文件组织结构图分别如图 21.20 和图 21.21 所示。

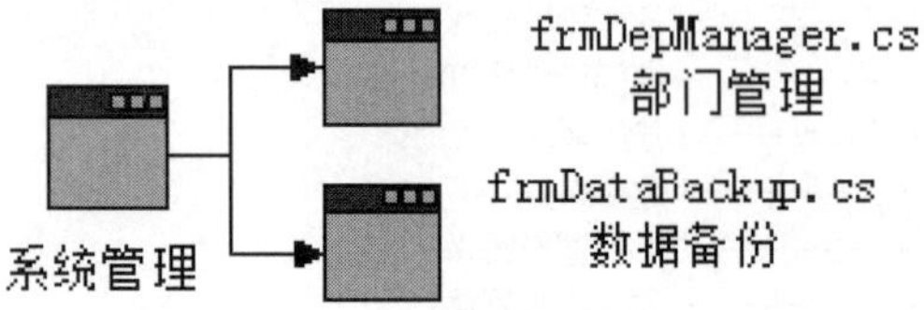

图 21.20 系统管理文件组织结构图

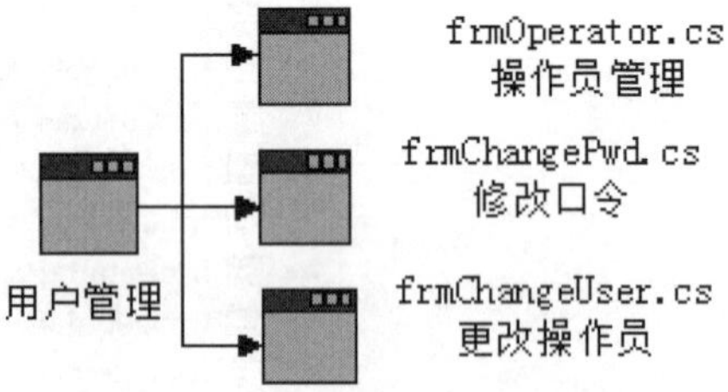

图 21.21 用户管理文件组织结构图

21.5 公共类设计

项目开发过程中，通常会以类的形式来组织、封装一些常用的方法和事件，这样做不仅可以提高代码的重用率，也大大方便了代码的管理。在本系统中，主要建立了两个公共类，即 DBConnection 类和 DBOperate 类。DBConnection 类主要用于连接数据库；DBOperate 类中则定义了一些操作数据库的公共方法，分别用于实现各种功能。下面将详细介绍这两个类。

21.5.1 DBConnection 公共类

DBConnection 类是一个数据库连接类，此类主要用于连接 SQL Server 数据库，在连接数据库时，只需调用此类中的 MyConnection() 方法即可，其实现代码如下：

```
using System;
using System.Collections.Generic;
using System.Text;
using System.Data.SqlClient;                                          // 引用 SQL 命名空间
namespace PMS.PMSClass
{
    class DBConnection                                                // 定义类型
    {
        ///<summary>
        /// 返回数据库连接的静态方法
        ///</summary>
        ///<returns> 方法返回数据库连接对象 </returns>
        public static SqlConnection MyConnection()
        {
```

```
            return new SqlConnection(                    // 创建数据库连接对象
@"server=.\EXPRESS;database=db_PMS;uid=sa;pwd=");        // 数据库连接字符串
        }
    }
}
```

MyConnection() 方法是用 static 定义的静态方法，其功能是建立与数据库的连接，然后通过 SqlConnection 对象的 Open() 方法打开与数据库的连接，并返回 SqlConnection 对象的信息。代码如下：

```
public static SqlConnection MyConnection()
{
     return new SqlConnection(                           // 创建数据库连接对象
  @"server=.\EXPRESS;database=db_PMS;uid=sa;pwd=");       // 数据库连接字符串
}
```

21.5.2 DBOperate 公共类

DBOperate 类中建立了多个方法用于执行不同的 SQL 语句，下面对该类中的方法进行详细讲解。

(1) OperateData() 方法

OperateData() 方法用于对数据库执行 SQL 语句。在开发程序时，可能会反复地执行 SQL 语句，为了增加代码的重复使用，在公共类中建立了一个 OperateData() 方法，其参数是 SQL 语句，调用时，只需将要执行的 SQL 语句传递给此方法执行即可。代码如下：

```
public int OperateData(string strSql)
{
     conn.Open();                                        // 打开数据库连接
     SqlCommand cmd = new SqlCommand(strSql, conn);      // 创建命令对象
     int i = (int)cmd.ExecuteNonQuery();                 // 执行 SQL 命令
     conn.Close();                                       // 关闭数据库连接
     return i;                                           // 返回数值
}
```

(2) BindDataGridView() 方法

BindDataGridView() 方法用于将数据库中的数据绑定到 DataGridView 控件。代码如下：

```
public void BindDataGridView(DataGridView dgv, string sql)
{
     SqlDataAdapter sda = new SqlDataAdapter(sql, conn);  // 创建数据适配器对象
     DataSet ds = new DataSet();                          // 创建数据集对象
     sda.Fill(ds);                                        // 填充数据集
     dgv.DataSource = ds.Tables[0];                       // 绑定到数据表
     ds.Dispose();                                        // 释放资源
}
```

(3) HumanNum() 方法

HumanNum() 方法用于查找指定数据表的返回数。例如，根据指定的用户名和密码作为检索条件，检查用户名和密码是否正确，便可以通过调用 HumanNum() 方法实现。代码如下：

```
public int HumanNum(string strsql)
{
```

```
    conn.Open();                                        // 打开数据库连接
    SqlCommand cmd = new SqlCommand(strsql, conn);      // 创建命令对象
    int i = (int)cmd.ExecuteScalar();                   // 执行 SQL 命令
    conn.Close();                                       // 关闭数据库连接
    return i;                                           // 返回数值
}
```

（4）Read_Image() 方法

Read_Image() 方法用于在 PictureBox 控件中显示选择的图片，代码如下：

```
public void Read_Image(OpenFileDialog openF, PictureBox MyImage)
{
    openF.Filter = "*.jpg|*.jpg|*.bmp|*.bmp";                // 筛选打开文件的格式
    if (openF.ShowDialog() == DialogResult.OK)               // 如果打开了图片文件
     {
          try
          {
               MyImage.Image = System.Drawing.Image.         // 设置控件的 Image 属性
                   FromFile(openF.FileName);
          }
          catch
          {
              MessageBox.Show(" 您选择的图片不能被读取或文件类型不对！ ",     // 弹出消息对话框
                  " 错误 ", MessageBoxButtons.OK, MessageBoxIcon.Warning);
          }
     }
}
```

（5）SaveImage() 方法

SaveImage() 方法用于将图片以二进制存入数据库中，代码如下：

```
public void SaveImage(string MID, OpenFileDialog openF)
{
     string P_str = openF.FileName();                               // 得到图片的所在路径
   FileStream fs = new FileStream(P_str, FileMode.Open, FileAccess.Read); // 创建文件流对象
   BinaryReader br = new BinaryReader(fs);                          // 创建二进制读取器
     byte[] imgBytesIn = br.ReadBytes((int)fs.Length);              // 将流读入字节数组中
     conn.Open();                                                   // 打开数据库连接
     StringBuilder strSql = new StringBuilder();                    // 创建字符串构造器
   strSql.Append(                                                   // 附加字符串
         "update tb_employee Set employeePhoto=@Photo where employeeID=" + MID);
     SqlCommand cmd = new SqlCommand(strSql.ToString(), conn);      // 创建命令对象
     cmd.Parameters.Add("@Photo", SqlDbType.Binary).Value = imgBytesIn; // 添加参数
     cmd.ExecuteNonQuery();                                         // 执行 SQL 命令
   conn.Close();                                                    // 关闭数据库连接
}
```

注意：

适当地使用 StringBuilder 对象操作字符串，可以减少字符串操作中产生的垃圾对象，从而减轻 GC 垃圾收集器的压力。

（6）Get_Image() 方法

Get_Image() 方法用于将图片从数据库中取出，并显示在 PictureBox 控件中，代码如下：

```
public void Get_Image(string ygname, PictureBox pb)
{
```

```
        byte[] imagebytes = null;                          // 声明字节数组变量
        conn.Open();                                       // 打开数据库连接
        SqlCommand com = new SqlCommand(                   // 创建命令对象
            "select * from tb_employee where employeeID='" + ygname + "'", conn);
         SqlDataReader dr = com.ExecuteReader();           // 执行 SQL 命令
         while (dr.Read())                                 // 读取数据库中的数据
        {
            imagebytes = (byte[])dr.GetValue(11);          // 得到图像的字节数据
        }
        dr.Close();                                        // 关闭数据读取器
        conn.Close();                                      // 关闭数据库连接
        MemoryStream ms = new MemoryStream(imagebytes);    // 创建内存流对象
        Bitmap bmpt = new Bitmap(ms);                      // 得到 BMP 对象
        pb.Image = bmpt;                                   // 显示图像信息
    }
```

注意：

当使用 SqlConnection 对象的 Open() 方法打开数据库，并进行相关操作后，不要忘记调用 SqlConnection 对象的 Close() 方法，释放数据库资源。

（7）GetTable() 方法

GetTable() 方法用于根据指定 SQL 查询语句，返回相应的 DataSet 对象，代码如下：

```
public DataSet GetTable(string sql)
{
     SqlDataAdapter sda = new SqlDataAdapter(sql, conn);   // 创建数据适配器对象
     DataSet ds = new DataSet();                           // 创建数据集
     sda.Fill(ds);                                         // 填充数据集
     ds.Dispose();                                         // 释放资源
     return ds;                                            // 返回数据集
}
```

（8）BindDropdownlist() 方法

BindDropdownlist() 方法用于对指定的 ComboBox 控件进行数据绑定，代码如下：

```
public void BindDropdownlist(string strTable, ComboBox cb, int i)
{
     conn.Open();                                            // 打开数据库连接
     SqlCommand cmd = new SqlCommand("select * from " + strTable, conn);// 创建命令对象
     SqlDataReader sdr = cmd.ExecuteReader();                // 得到数据读取器
     while (sdr.Read())
     {
         cb.Items.Add(sdr[i].ToString());                    // 添加信息
     }
     conn.Close();                                           // 关闭数据库连接
}
```

（9）GYSD() 方法

GYSD() 方法用于计算不同工资应该缴纳的个人所得税，代码如下：

```
public decimal GYSD(int pay)                    // 个人所得税计算
{
     decimal tax=0;                             // 个人所得税
     int Y = pay - 5000;                        // 计税工资 = 每月工资 -5000
     if (pay <= 5000)
     {
          tax = 0;
```

```
        }
        else
        {
            if (Y >= 0 || Y <= 300)
            {
                tax = (decimal)(Y * 0.03);
            }
            else
            {
                if (Y > 3000 || Y <= 12000)
                {
                    tax = (decimal)(Y * 0.1 - 2520);
                }
                else
                {
                    if (Y > 12000 || Y <= 25000)
                    {
                        tax = (decimal)(Y * 0.20 - 16920);
                    }
                    else
                    {
                        if (Y > 25000 || Y <= 35000)
                        {
                            tax = (decimal)(Y * 0.25 - 31920);
                        }
                        else
                        {
                            if (Y > 35000 || Y <= 55000)
                            {
                                tax = (decimal)(Y * 0.3 - 52920);
                            }
                            else
                            {
                                if (Y > 55000 || Y <= 80000)
                                {
                                    tax = (decimal)(Y * 0.35 - 85920);
                                }
                                else
                                {
                                    tax = (decimal)(Y * 0.45 - 181920);
                                }
                            }
                        }
                    }
                }
            }
        }
        return tax;
}
```

21.6 登录模块设计

21.6.1 登录模块概述

系统登录主要用于对进入人事工资管理系统的用户进行安全性检查，以防止非法用户进入系统。在登录时，只有合法的用户才可以进入系统。系统登录窗体运行结果如图 21.22 所示。

图 21.22 登录窗体

21.6.2 登录模块实现过程

本模块使用的数据表：tb_User

① 新建一个 Windows 窗体，命名为 frmLogin.cs，主要用于实现系统登录功能，该窗体用到的控件及属性设置如表 21.7 所示。

表 21.7 登录窗体用到的主要控件及属性设置

控件类型	控件 ID	主要属性设置	用途
A Label	label1	将其 AutoSize 属性设置为 true	登录用户姓名
	label2	将其 AutoSize 属性设置为 true	登录用户密码
abl TextBox	txtUserName	无	选择登录用户名
	txtUserPwd	将 UseSystemPasswordChar 属性设置为 true	将登录用户密码转换为掩码
ab Button	btnLogin	无	登录
	btnCancel	无	退出

②在登录窗体中，单击“登录”按钮，程序调用 DBConnection 类的 MyConnection() 方法连接数据库，然后通过 SqlDataReader 对象的 HasRows 属性判断用户输入的用户名和密码是否正确，如果正确，则登录人事工资管理系统，并将用户名传到主窗体中。否则，弹出“用户名或密码错误”信息提示。“登录”按钮的 Click 事件代码如下：

```
private void btnLogin_Click(object sender, EventArgs e)
{
    try
    {
        if (txtUserName.Text == "" || txtUserPwd.Text == "") // 判断用户名和密码是否为空
        {
            MessageBox.Show(" 用户名或密码不能为空！ ",        // 弹出消息对话框
                " 提示 ", MessageBoxButtons.OK, MessageBoxIcon.Information);
            return;                                          // 退出事件
        }
        else
        {
            string name = txtUserName.Text.Trim();           // 移除用户名前部和后部的空格
            string pwd = txtUserPwd.Text.Trim();             // 移除密码前部和后部的空格
            SqlConnection conn = PMSClass.DBConnection.MyConnection(); // 创建数据库连接对象
            conn.Open();                                     // 连接到 SQL 数据库
            SqlCommand cmd = new SqlCommand(                 // 创建数据库命令对象
                "select * from tb_User where UserName='" +
                name + "' and UserPwd='" + pwd + "'", conn);
            SqlDataReader sdr = cmd.ExecuteReader();         // 得到数据读取器对象
            sdr.Read();                                      // 读取一条记录
```

```
            if (sdr.HasRows)                                        // 判断是否包含数据
            {
                string time = DateTime.Now.ToString();              // 得到系统时间字符串
                string sql = "update tb_User set LoginTime='"       // 设置更新数据库的 SQL 语句
                    + time + "' where UserName='" + name + "'";
                operate.OperateData(sql);                           // 更新数据库内容
                conn.Close();                                       // 关闭数据库连接
                this.Hide();                                        // 隐藏窗体
                frmMain Main = new frmMain();                       // 创建主窗体对象
                Main.User = name;                                   // 为主窗体字段赋值
                Main.Logintime = time;                              // 为主窗体字段赋值
                Main.Show();                                        // 显示主窗体
            }
            else
            {
                txtUserName.Text = "";                              // 清空用户名
                txtUserPwd.Text = "";                               // 清空密码
                MessageBox.Show("用户名或密码错误！", "提示",       // 弹出消息对话框
                    MessageBoxButtons.OK, MessageBoxIcon.Information);
            }
        }
    }
    catch (Exception ex)                                            // 捕获异常
    {
        MessageBox.Show(ex.Message);                                // 弹出消息对话框
    }
}
```

注意：

事件的执行过程中，可以使用 return 关键字退出事件。在本系统的登录事件中，首先判断用户输入的用户名或密码是否为空，如果为空，则弹出消息对话框，提示“用户名或密码不能为空！”，然后使用 return 关键字退出事件。

21.7 主窗体设计

21.7.1 主窗体概述

主窗体是程序操作过程中必不可少的，它是人机交互中的重要环节。通过主窗体，用户可以调用系统相关的各子模块，快速掌握本系统的实现功能及操作方法。当成功通过登录窗体验证后，用户将进入主窗体。主窗体运行结果如图 21.23 所示。

图 21.23 主窗体运行结果

21.7.2 主窗体实现过程

本模块使用的数据表：tb_User

① 新建一个 Windows 窗体，命名为 frmMain.cs，主要用于实现系统主窗体的设计。该窗体主要用到的控件及属性设置如表 21.8 所示。

表 21.8 主窗体用到的主要控件及属性设置

控件类型	控件名称	主要属性设置	用途
MenuStrip	menuStrip1	添加 6 个 ToolStripMenuItem	实现系统的功能按钮
StatusStrip	statusStrip1	添加 5 个 toolStripStatusLabel	显示系统的状态信息

②首先定义两个公共字段，用于获取登录用户名和登录时间，然后声明公共类 DBOperate 的一个实例对象，以便调用其中的方法。代码如下：

```
public string User;                                   // 声明用户名字段
public string Logintime;                              // 声明登录时间字段
DBOperate operate = new DBOperate();                  // 创建数据库操作对象
```

③ 当主窗体加载时，在主窗体的状态栏中显示登录用户名和登录时间，并且根据登录用户的权限设置其操作权限。代码如下：

```
private void frmMain_Load(object sender, EventArgs e)
{
    toolStripStatusLabel2.Text = User;                                    // 显示用户名
    toolStripStatusLabel5.Text = Logintime;                               // 显示登录时间
    toolStripMenuItem1.Text = DateTime.Now.ToLongTimeString();            // 显示系统时间
    string sql = "select * from tb_User where UserName='"+User+"'";       // 设置数据库查询字符串
    DataSet ds = operate.GetTable(sql);                                   // 得到数据集
    string power=ds.Tables[0].Rows[0][3].ToString();                      // 得到用户权限字符串
    if (power == " 一般用户 ")                                             // 判断用户权限
    {
        系统管理 ToolStripMenuItem.Enabled = false;                        // 停用 " 系统管理 " 菜单
        操作员管理 ToolStripMenuItem.Enabled = false;                      // 停用 " 操作员管理 " 菜单
    }
}
```

④ 选择菜单栏中的“人事管理”→“档案管理”选项，打开档案管理窗体。代码如下：

```
private void 档案管理 ToolStripMenuItem_Click(object sender, EventArgs e)
{
    frmEmployee employee = new frmEmployee();      // 创建档案管理窗体对象
    employee.ShowDialog();                         // 显示模式窗体
}
```

⑤ 选择菜单栏中的“用户管理”→“修改口令”选项，打开修改口令窗体。代码如下：

```
private void 修改口令 ToolStripMenuItem_Click(object sender, EventArgs e)
{
    frmChangePwd changepwd = new frmChangePwd();  // 创建修改口令窗体对象
    changepwd.MdiParent = this;                   // 设置窗体对象的父窗体
    changepwd.name = User;                        // 为窗体的字符赋值
    changepwd.Show();                             // 显示窗体
}
```

⑥ 选择菜单栏中的“用户管理”→“更改操作员”选项，打开更改操作员窗体。代码如下：

```
private void 更改操作员ToolStripMenuItem_Click(object sender, EventArgs e)
{
    frmChangeUser changeuser = new frmChangeUser();          //创建更改操作员窗体对象
    changeuser.MdiParent = this;                             //设置窗体对象的父窗体
    changeuser.Show();                                       //显示窗体
}
```

⑦ 单击菜单栏中的“退出”按钮，会弹出询问用户是否退出系统的提示信息。代码如下:

```
private void 退出ToolStripMenuItem_Click(object sender, EventArgs e)
{
    if (MessageBox.Show("确定退出本系统吗? ", "提示",           //弹出消息对话框
        MessageBoxButtons.OKCancel,
        MessageBoxIcon.Exclamation) == DialogResult.OK)
    {
        Application.Exit();                                  //退出应用程序
    }
}
```

21.8 档案管理模块设计

21.8.1 档案管理模块概述

“档案管理”窗体用于管理所有员工的档案信息，在该窗体中可以添加、修改、删除和查找员工信息，双击某条员工信息，可以打开修改员工档案的窗体，在此窗体中可以对信息进行修改并显示员工的详细信息。“档案管理”窗体运行结果如图 21.24 所示。

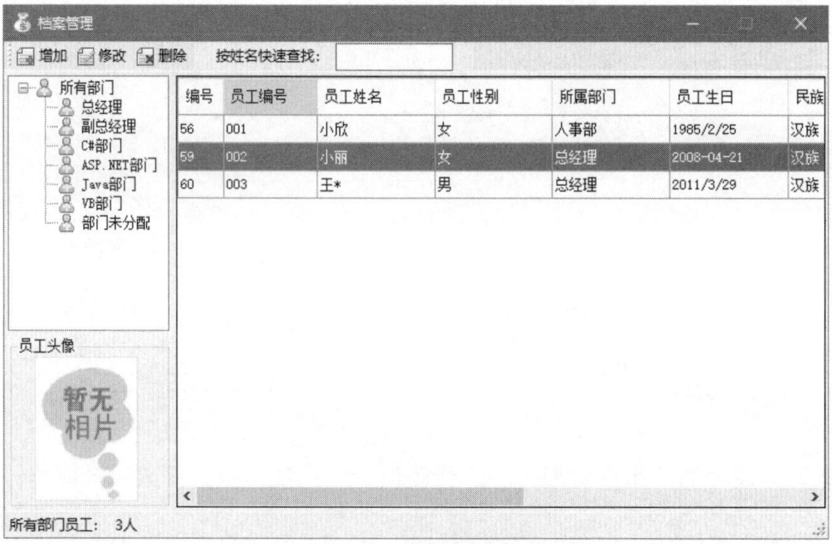

图 21.24 “档案管理”窗体

21.8.2 档案管理模块实现过程

本模块使用的数据表: tb_employee、tb_department

① 新建一个 Windows 窗体，命名为 frmEmployee.cs，主要用于实现员工档案的添加、

修改、删除和查找功能，该窗体主要用到的控件及属性设置如表 21.9 所示。

表 21.9　窗体主要用到的控件及属性设置

控件类型	控件名称	主要属性设置	用途
MenuStrip	toolStripLabel1	Text 属性设置为“增加”	打开添加档案窗体
	toolStripLabel2	Text 属性设置为“修改”	打开修改档案窗体
	toolStripLabel3	Text 属性设置为“删除”	用来删除指定的信息
	toolStripTextBox1	无	输出查询关键字
DataGridView	dgvEmployee	AllowUserToAddRows、AllowUserToDeleteRows、Allow UserToResizeColumns、AllowUserToResizeRows 属性设置为 false，ReadOnly 属性设置为 true，SelectionMode 属性设置为 FullRowSelect	禁止添加行、禁止删除行、禁止调整列大小、禁止调节行大小，将控件设置为只读，并且数据可以进行多行选择
StatusStrip	statusStrip1	添加 toolStripStatusLabel	用于显示员工信息数量
ImageList	imageList1	Images 中添加一张图片	用于向 TreeView 控件中添加图标
PictureBox	pictureBox1	SizeMode 属性设置为 StretchImage	控件自动调节图片大小
TreeView	treeView1	无	显示部门结构

②档案管理窗体加载时，会检索出员工档案表 tb_employee 中的所有信息，并将其绑定到 DataGridView 控件上，同时设置 TreeView 控件的节点图标以及选择后的节点图标，并且动态地将所有的部门名称添加到 TreeView 控件中。代码如下：

```
private void frmEmployee_Load(object sender, EventArgs e)
{
    string str =                                        // 创建查询字符串
        "select ID as '编号',employeeID as '员工编号',employeeName as '员工姓
名',employeeSex as '员工性别', employeeDept as '所属部门',employeeBirthday as '员工生
日',employeeNation as '民族',employeeMarriage as '婚姻状况',employeeDuty as '担任职
务',employeePhone as '联系电话',employeeAccession as '就职日期' from tb_employee";
    operate.BindDataGridView(dgvEmployee,str);          // 将查询信息绑定到 DataGridView 控件
    dgvEmployee.Columns[0].Width = 40;                  // 定义数据列宽度
    dgvEmployee.Columns[1].Width = 80;                  // 定义数据列宽度
    treeView1.ImageList = imageList1;                   // 设置控件的 ImageList 属性
    treeView1.ImageIndex = 0;                           // 设置图像列表的索引
    treeView1.SelectedImageIndex =0;                    // 设置选中节点时显示的图像列表索引
    string sql = "select count(*) from tb_employee";                  // 定义 SQL 字符串
    toolStripStatusLabel2.Text=operate.HumanNum(sql).ToString()+"人"; // 显示员工人数
    TreeNode tn = treeView1.Nodes.Add("所有部门");                     // 添加节点
    SqlConnection conn = DBConnection.MyConnection(); // 创建数据库连接对象
    conn.Open();                                        // 打开数据库连接
    SqlCommand cmd = new SqlCommand("select * from tb_department", conn);// 创建命令对象
    SqlDataReader sdr = cmd.ExecuteReader();            // 创建数据读取器
    while (sdr.Read())                                  // 读取数据
    {
        tn.Nodes.Add(sdr["DepName"].ToString());        // 添加节点
    }
    sdr.Close();                                        // 关闭数据读取器
    conn.Close();                                       // 关闭数据库连接
    treeView1.ExpandAll();                              // 展开所有节点
}
```

③ 如果要按姓名查找员工档案，可以在 toolStripTextBox1 控件的 TextChanged 事件中编写代码，实现当控件中输入关键字后，立刻就能检索出相应的数据。代码如下：

```
private void toolStripTextBox1_TextChanged(object sender, EventArgs e)
{
    string str =                                            //创建查询字符串
        "select ID as '编号',employeeID as '员工编号',employeeName as '员工姓名',employeeSex as '员工性别', employeeDept as '所属部门',employeeBirthday as '员工生日',employeeNation as '民族',employeeMarriage as '婚姻状况',employeeDuty as '担任职务',employeePhone as '联系电话',employeeAccession as '就职日期' from tb_employee where employeeName like '%"+toolStripTextBox1.Text.Trim()+"%'";
   operate.BindDataGridView(dgvEmployee, str);   //将查询信息绑定到DataGridView控件
    dgvEmployee.Columns[0].Width = 40;              //定义数据列宽度
    dgvEmployee.Columns[1].Width = 80;              //定义数据列宽度
}
```

④ 当双击某条员工档案后，会弹出相应的窗体用于显示其详细信息，并且可以对详细信息进行修改，该功能是在 DataGridView 控件的 CellDoubleClick 事件下实现的。代码如下：

```
private void dgvEmployee_CellDoubleClick(object sender, DataGridViewCellEventArgs e)
{
    if (dgvEmployee.SelectedCells.Count == -1)
    {
        MessageBox.Show("请选择要修改的数据", "提示",               //弹出消息对话框
            MessageBoxButtons.OK, MessageBoxIcon.Information);
        return;                                                  //退出事件
    }
    else
    {
        string YGName = dgvEmployee.SelectedCells[2].Value.ToString();   //获取员工名称
        frmEmployeeInfo info = new frmEmployeeInfo();            //创建员工信息窗体对象
        info.YGName = YGName;                                    //为字段赋值
        info.YGID = dgvEmployee.SelectedCells[1].Value.ToString();//为字段赋值
        info.ShowDialog();                                       //显示模式对话框
    }
}
```

⑤ 单击某条员工的档案，在档案管理窗体中会通过 PictureBox 控件显示员工的照片，该功能主要是通过调用 DBOperate 公共类中的 Get_Image() 方法从数据库中读取指定的图片来实现。代码如下：

```
private void dgvEmployee_Click(object sender, EventArgs e)
{
    if (dgvEmployee.SelectedCells.Count > 0)
    {
        string YGName = dgvEmployee.SelectedCells[1].Value.ToString();  //得到员工编号
        operate.Get_Image(YGName, pictureBox1);                         //显示图片信息
    }
}
```

⑥ 单击“增加”按钮，打开“添加员工信息”窗体，在该窗体中可以向数据库中添加新的员工信息，如图 21.25 所示。

在“添加员工信息”窗体中，单击“退出”按钮可以退出当前窗体，代码如下：

```
private void toolStripLabel4_Click(object sender, EventArgs e)
{
   this.Close();                                             //关闭窗体
}
```

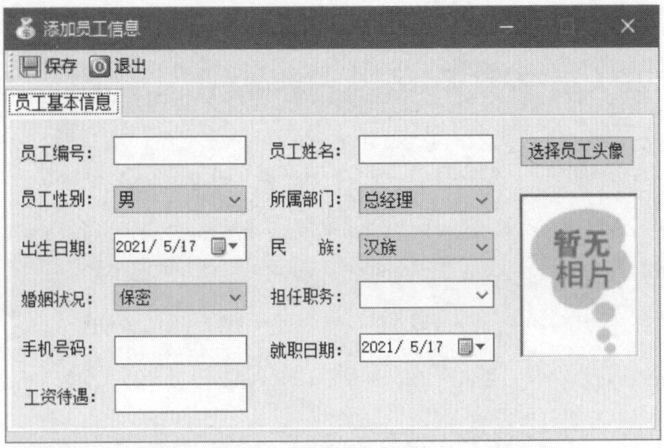

图 21.25 “添加员工信息”窗体

⑦ 为了使员工档案信息更加生动和形象，在录入员工档案时，需要指定员工的头像，这样当查找某个员工时，可以看到该名员工的相片。因此在录入员工档案时，提供了“选择员工头像”按钮，单击该按钮后，会将选择的头像显示出来。代码如下：

```
private void button1_Click(object sender, EventArgs e)
{
        try
        {
                operate.Read_Image(openFileDialog1, pictureBox1);// 加载员工头像
        }
        catch                                                   // 捕获异常
        {
                MessageBox.Show(" 加载图片出错 ");              // 弹出消息对话框
        }
}
```

⑧ 当“添加员工信息”窗体加载时，使用公共类中的 BindDropdownlist() 方法绑定 ComboBox 控件，分别用于显示婚姻状况、性别、部门、民族和担任的职务等。代码如下：

```
private void frmAddEmployee_Load(object sender, EventArgs e)
{
        try
        {
                operate.BindDropdownlist("tb_department",cbbYGBumen,1);    // 绑定下拉列表
                cbbYGHunyin.SelectedIndex = 0;                             // 设置默认选项
                cbbYGSex.SelectedIndex = 0;                                // 设置默认选项
                cbbYGBumen.SelectedIndex = 0;                              // 设置默认选项
                txtYGminzu.SelectedIndex = 0;                              // 设置默认选项
                string strg = Application.StartupPath.ToString();          // 得到应用程序路径
                strg = strg.Substring(0, strg.LastIndexOf("\\"));          // 截取路径信息
                strg = strg.Substring(0, strg.LastIndexOf("\\"));          // 截取路径信息
                strg += @"\PMSImage";                                      // 添加路径信息
                strg += @"\default.jpg";                                   // 添加文件名称
                openFileDialog1.FileName = strg;                           // 设置打开文件路径信息
                operate.BindDropdownlist("tb_userJob",txtYGZhiwu, 1);      // 绑定所有的职务列表
        }
        catch (Exception ex)                                               // 捕获异常
        {
                MessageBox.Show(ex.Message);                               // 弹出消息对话框
        }
}
```

⑨ 当员工档案信息填写完整后，单击“保存”按钮，首先对输入的数据进行检查验证，

如果符合条件，就将输入的员工档案信息添加到数据库中。代码如下：

```
private void toolStripLabel1_Click(object sender, EventArgs e)
{
     if (txtYGBirthday.Text.Trim() == "" ||
           txtYGJiuzhi.Text.Trim() == "" || txtYGminzu.Text.Trim() == "" ||
           txtYGName.Text.Trim() == "" || txtYGNum.Text.Trim() == "" ||
           txtYGPhone.Text.Trim() == "" || txtYGZhiwu.Text.Trim() == ""||txtYGPay.Text.Trim()=="")
     {
           MessageBox.Show(" 请将信息填写完整 ", " 警告 ",                 // 弹出消息对话框
               MessageBoxButtons.OK, MessageBoxIcon.Information);
           return;                                                   // 退出事件
     }
     else
     {
           if (txtYGPhone.Text.Length != 11)
           {
                 MessageBox.Show(" 手机号码为 11 位 ");                 // 弹出消息对话框
                 return;                                             // 退出事件
           }
           else
           {
                 string str =                                        // 创建 SQL 字符串
                     "select count(*) from tb_employee where employeeID='" + txtYGNum.Text + "'";
                 int i = operate.HumanNum(str);                      // 得到记录数量
                 if (i > 0)
                 {
                       MessageBox.Show(" 该员工编号已经存在 ", " 提示 ",// 弹出消息对话框
                           MessageBoxButtons.OK, MessageBoxIcon.Information);
                       return;                                       // 退出事件
                 }
                 else
                 {
                       string strSql =                               // 创建 SQL 字符串
                              "insert into tb_employee(employeeID,employeeName,employeeSex,employeeDept, employeeBirthday, employeeNation,employeeMarriage,employeeDuty,employeePhone,employeeAccession,employeePay) values ('" + txtYGNum. Text.Trim() + "','" + txtYGName.Text.Trim() + "','" + cbbYGSex.Text + "','" + cbbYGBumen.Text + "', '" + txtYGBirthday.Text + "','" + txtYGminzu.Text.Trim() + "','" + cbbYGHunyin.Text + "','" + txtYGZhiwu.Text.Trim() + "','" + txtYGPhone.Text.Trim() + "','" + txtYGJiuzhi.Text + "','" + txtYGPay.Text.Trim() + "')";
                       int num = operate.OperateData(strSql);
                       operate.SaveImage(                            // 将图像存储到数据库中
                           this.txtYGNum.Text.Trim(), openFileDialog1);
                       if (num > 0)
                       {
                           MessageBox.Show(" 员工信息添加成功 ", " 提示 ",// 弹出消息对话框
                               MessageBoxButtons.OK, MessageBoxIcon.Information);
                       }
                  }
            }
      }
}
```

⑩ 当为新增的员工选择员工编号时，首先要判断指定的编号在数据库中是否已经存在。此功能是在输入员工编号文本框的 TextChanged 事件中实现的，代码如下：

```
private void txtYGNum_TextChanged(object sender, EventArgs e)
{
     string str =                                                    // 创建 SQL 字符串
          "select count(*) from tb_employee where employeeID='" + this.txtYGNum.Text.Trim() + "'";
     int m = operate.HumanNum(str);                                  // 得到记录数量
```

```
        if (m > 0)
        {
            MessageBox.Show(" 员工编号存在 ", " 提示 ",                    // 弹出消息对话框
                MessageBoxButtons.OK, MessageBoxIcon.Information);
            return;                                                     // 退出事件
        }
    }
```

⑪ 在“档案管理”窗体中单击“修改”按钮，打开修改员工信息窗体，在该窗体中可以对员工信息进行修改，如图 21.26 所示。

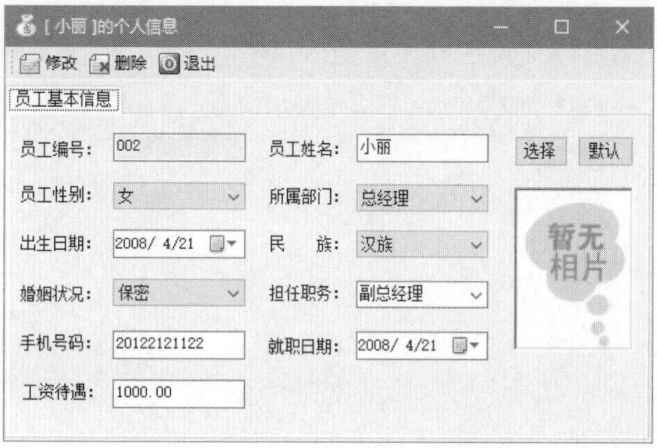

图 21.26　修改员工个人信息

当双击某条员工信息或者选中信息后，单击“修改”按钮会打开修改员工信息的窗体，当打开此窗体时，会触发窗体的 Load 事件，首先绑定 ComboBox 控件用于显示员工的部门信息和员工的职务信息，然后根据员工编号检索数据，将员工的各项信息检索出来并显示在相应的控件上。代码如下：

```
private void frmEmployeeInfo_Load(object sender, EventArgs e)
{
    operate.BindDropdownlist("tb_department", cbbYGBumen, 1);       // 绑定下拉列表
    operate.BindDropdownlist("tb_userJob", txtYGZhiwu, 1);          // 绑定所有的职务列表
    this.Text = "[ "+YGName+" ] 的个人信息 ";                        // 设置窗体标题
    string sql =                                                    // 创建 SQL 字符串
        "select * from tb_employee where employeeID='" + YGID + "'";
    DataSet ds = operate.GetTable(sql);                             // 得到数据集
    ds.Dispose();                                                   // 释放资源
    txtYGNum.Text = ds.Tables[0].Rows[0][1].ToString();             // 获取员工编号信息
    txtYGName.Text = ds.Tables[0].Rows[0][2].ToString();            // 获取员工姓名信息
    cbbYGSex.SelectedItem = ds.Tables[0].Rows[0][3].ToString();     // 获取性别信息
    cbbYGBumen.SelectedItem = ds.Tables[0].Rows[0][4].ToString();   // 获取部门信息
    txtYGBirthday.Text = ds.Tables[0].Rows[0][5].ToString();        // 获取生日信息
    txtYGminzu.SelectedItem = ds.Tables[0].Rows[0][6].ToString();   // 获取民族信息
    cbbYGHunyin.SelectedItem = ds.Tables[0].Rows[0][7].ToString(); // 获取婚姻信息
    txtYGZhiwu.SelectedItem = ds.Tables[0].Rows[0][8].ToString();   // 获取职务信息
    txtYGPhone.Text = ds.Tables[0].Rows[0][9].ToString();           // 获取电话信息
    txtYGJiuzhi.Text = ds.Tables[0].Rows[0][10].ToString();         // 获取就职日期
    txtYGPay.Text = ds.Tables[0].Rows[0][12].ToString();            // 获取工资信息
    operate.Get_Image(YGID, pictureBox1);                           // 获取图像信息
}
```

⑫ 如果想修改某条员工信息，只需更改员工的某些数据，然后单击“修改”按钮即可。在“修改”按钮的 Click 事件中，首先判断修改的数据是否符合条件，如果符合条件，则声

明一个 update 语句将修改后的数据更新到数据库中。代码如下：

```
private void toolStripLabel1_Click(object sender, EventArgs e)
{
    try
    {
        if (txtYGBirthday.Text.Trim() == "" ||
              txtYGJiuzhi.Text.Trim() == "" ||
              txtYGminzu.Text.Trim() == "" ||
              txtYGName.Text.Trim() == "" ||
              txtYGNum.Text.Trim() == "" ||
              txtYGPhone.Text.Trim() == "" ||
              txtYGZhiwu.Text.Trim() == ""||
              txtYGPay.Text.Trim()=="")
        {
              MessageBox.Show(" 请将信息填写完整 ", " 警告 ",          // 弹出消息对话框
                  MessageBoxButtons.OK, MessageBoxIcon.Information);
              return;                                              // 退出事件
        }
        else
        {
              if (txtYGPhone.Text.Length != 11)                    // 判断手机号码位数
              {
                  MessageBox.Show(" 手机号码为 11 位 ");              // 弹出消息对话框
                  return;                                          // 退出事件
              }
              else
              {
                  string strUpdateSql =                            // 创建 SQL 字符串
                      "update tb_employee set employeeName='" + txtYGName.Text.
Trim() + "', employeeSex ='" + cbbYGSex.Text + "',employeeDept='" + cbbYGBumen.Text +
"',employeeBirthday='" + txtYGBirthday.Text + "', employeeNation='" + txtYGminzu.Text.Trim()
+ "',employeeMarriage='" + cbbYGHunyin.Text + "',employeeDuty ='"+ txtYGZhiwu.Text.Trim() +
"',employeePhone='" + txtYGPhone.Text.Trim() + "',employeeAccession='" + txtYGJiuzhi. Text +
"',employeePay='"+txtYGPay.Text.Trim()+"' where employeeID='" + YGID + "'";
                  int num = operate.OperateData(strUpdateSql);    // 更新数据库信息
                  if (openFileDialog1.FileName == "openFileDialog1")
                  { }
                  else
                  {
                      operate.SaveImage(this.txtYGNum.Text.Trim(), openFileDialog1); // 保存图像信息
                  }
                  if (num > 0)
                  {
                      string update1 =                             // 创建 SQL 字符串
                          "update tb_redeploy set UName='" + txtYGName.Text +
"',UOldDep='" + cbbYGBumen. Text + "',UOldJob='" + txtYGZhiwu.Text + "',UOldPay='"+txtYGPay.
Text+"' where UID='" + txtYGNum.Text + "'";
                      string update2 =                             // 创建 SQL 字符串
                          "update tb_prize set UserName='" + txtYGName.Text +
"',UserDep= '"+cbbYGBumen. Text+"' where UserID='" + txtYGNum.Text + "'";
                      string update3 =                             // 创建 SQL 字符串
                          "update tb_pay set YName='" + txtYGName.Text + "',YSex='"
+ cbbYGSex.Text + "',Ydep='" + cbbYGBumen.Text + "',YZhiwu='" + txtYGZhiwu.Text +
"',YBasePay='"+txtYGPay.Text+"' where YID='" + txtYGNum.Text + "'";
                      string update4 =                             // 创建 SQL 字符串
                          "update tb_check set Pname='" + txtYGName.Text + "',Pdep='"+
cbbYGBumen.Text+"' where PID='" + txtYGNum.Text + "'";
                      operate.OperateData(update1);                // 更新数据库
                      operate.OperateData(update2);                // 更新数据库
                      operate.OperateData(update3);                // 更新数据库
                      operate.OperateData(update4);                // 更新数据库
```

```
                    MessageBox.Show(" 员工信息修改成功 ", " 提示 ", // 弹出消息对话框
                        MessageBoxButtons.OK, MessageBoxIcon.Information);
                    this.Close();                                  // 关闭窗体
                }
            }
        }
    }
    catch (Exception EX)                                           // 捕获异常
    {
        MessageBox.Show(EX.Message, " 提示 ",MessageBoxButtons.OK, MessageBoxIcon.
Information);
    }
}
```

⑬ 如果对员工头像的设置有误，可以单击“默认”按钮，将员工头像恢复成默认的图片，代码如下：

```
private void button2_Click(object sender, EventArgs e)
{
    string strg = Application.StartupPath.ToString();              // 得到应用程序路径信息
    strg = strg.Substring(0, strg.LastIndexOf("\\"));              // 截取路径信息
    strg = strg.Substring(0, strg.LastIndexOf("\\"));              // 截取路径信息
    strg += @"\PMSImage";                                          // 添加路径信息
    strg += @"\default.jpg";                                       // 添加文件名称
    openFileDialog1.FileName = strg;                               // 设置打开文件路径信息
    pictureBox1.Image=System.Drawing.Image. FromFile(openFileDialog1.FileName); // 显示图像信息
}
```

⑭ 单击“删除”按钮，可以删除选中的员工信息，代码如下：

```
private void toolStripLabel2_Click(object sender, EventArgs e)
{
    try
    {
        string DelSql =                                            // 创建数据库连接字符串
            "delete from tb_employee where employeeID='" + YGID + "'";
        operate.OperateData(DelSql);                               // 删除数据
        operate.DeleUserInfo(YGID);                                // 删除数据
        MessageBox.Show(                                           // 弹出消息对话框
            " 删除成功 "," 提示 ",MessageBoxButtons.OK,MessageBoxIcon.Information);
        this.Close();                                              // 关闭窗体
    }
    catch
    {
        MessageBox.Show(" 删除操作失败 "," 提示 ",                  // 弹出消息对话框
            MessageBoxButtons.OK,MessageBoxIcon.Information);
    }
}
```

21.9 奖罚管理模块设计

21.9.1 奖罚管理模块概述

公司的发展离不开完善的奖罚制度，奖罚制度可以提高员工的工作热情，同时，也可以对员工有所制约。本系统中，制作了一个奖罚管理窗体，用于添加、修改或者删除奖罚信息，方便在发放工资时进行工资统计。奖罚管理窗体运行结果如图 21.27 所示。

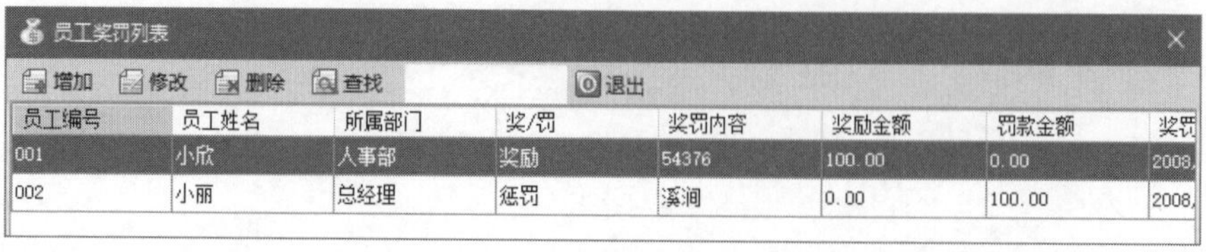

图 21.27 奖罚管理窗体运行结果

21.9.2 奖罚管理模块实现过程

本模块使用的数据表：tb_prize、tb_employee

① 新建一个 Windows 窗体，命名为 frmUserPrize.cs，主要用于实现员工奖罚档案的录入、修改、删除和查询功能，该窗体主要用到的控件及属性设置如表 21.10 所示。

表 21.10 窗体主要用到的控件及属性设置

控件类型	控件名称	主要属性设置	用途
MenuStrip	ToolStripMenuItem1	将其 Text 属性设置成“增加”	打开添加奖罚信息窗体
	ToolStripMenuItem2	将其 Text 属性设置成“修改”	打开修改奖罚信息窗体
	ToolStripMenuItem3	将其 Text 属性设置成“删除”	删除指定的奖罚信息
	ToolStripMenuItem4	将其 Text 属性设置成“打印”	打印奖罚信息
	ToolStripMenuItem5	将其 Text 属性设置成“退出”	退出奖罚管理窗体
	toolStripTextBox1	无	输入查询关键字
DataGridView	dataGridView1	AllowUserToAddRows、AllowUserToDeleteRows、AllowUserToResizeColumns、AllowUserToResizeRows 属性设置为 false，ReadOnly 属性设置为 true，SelectionMode 属性设置为 FullRowSelect	显示所有的奖罚信息

② 当奖罚管理窗体加载时，首先要将数据库中所有的奖罚信息检索出来并绑定到 DataGridView 控件上。

③ 单击“删除”按钮，删除指定的奖罚信息，其实现的原理是：首先编写一条根据指定员工编号进行删除操作的 SQL 语句，然后调用公共类中的 OperateData() 方法执行删除操作。代码如下：

```
private void 删除 ToolStripMenuItem_Click(object sender, EventArgs e)
{
    if (dataGridView1.SelectedCells.Count == 0)
    {
        MessageBox.Show(" 请选择要删除的信息 ", " 提示 ",                 // 弹出消息对话框
            MessageBoxButtons.OK, MessageBoxIcon.Information);
        return;                                                           // 退出事件
    }
    else
    {
        string id = dataGridView1.SelectedCells[0].Value.ToString();     // 获取员工编号
        string sql =                                                      // 创建 SQL 字符串
            "delete from tb_prize where UserID='"+id+"'";
        operate.OperateData(sql);                                         // 删除奖罚信息
        MessageBox.Show(" 删除成功 ", " 提示 ",                           // 弹出消息对话框
            MessageBoxButtons.OK, MessageBoxIcon.Information);
    }
}
```

④ 当双击某条奖罚信息后，会打开修改奖罚信息的窗体，同时还可以显示某个员工的详细奖罚信息，主要是在 DataGridView 控件的 CellDoubleClick 事件中实现的，当双击控件中的某条信息时会触发该事件中的代码。代码如下：

```
private void dataGridView1_CellDoubleClick(object sender, DataGridViewCellEventArgs e)
{
    string id = dataGridView1.SelectedCells[0].Value.ToString();   // 得到 ID
    string name = dataGridView1.SelectedCells[1].Value.ToString(); // 得到名称
    frmChangePrize prize = new frmChangePrize();                   // 创建更改奖罚窗体对象
    prize.Uid = id;                                                // 为字段赋值
    prize.Uname = name;                                            // 为字段赋值
    prize.ShowDialog();                                            // 弹出模式窗体
}
```

⑤ 单击“增加”按钮，打开添加奖罚信息窗体。在此窗体中可以添加奖罚内容、奖励金额或罚款金额，这样便可以在统计工资时加入奖励或者罚款的金额，其运行结果如图 21.28 所示。

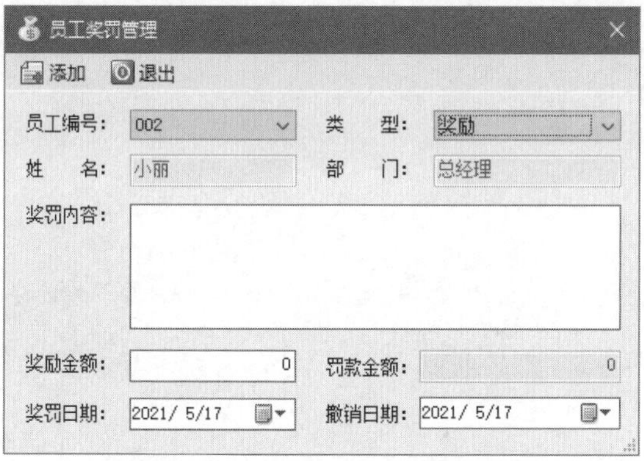

图 21.28　添加员工奖罚信息

在添加奖罚信息的窗体中可以输入新的员工奖罚信息。当该窗体加载时，首先要将所有的员工编号检索出来并绑定到 ComboBox 控件中。代码如下：

```
private void frmJFmanage_Load(object sender, EventArgs e)
{
    SqlConnection conn = DBConnection.MyConnection();                      // 创建数据库连接对象
    conn.Open();                                                           // 打开数据库连接
    SqlCommand cmd = new SqlCommand("select * from tb_employee", conn); // 创建数据库命令对象
    SqlDataReader sdr = cmd.ExecuteReader();                               // 得到数据读取器
    while (sdr.Read())                                                     // 读取数据
    {
        cbbUserNum.Items.Add(sdr["employeeID"].ToString());               // 添加数据项
    }
    sdr.Close();                                                           // 关闭数据读取器
    conn.Close();                                                          // 关闭数据库连接
}
```

⑥ 当选择某个员工编号后，系统会根据选择的员工编号检索出相应的员工姓名和员工所属部门，该功能是在员工编号下拉列表的 SelectedIndexChanged 事件中实现。代码如下：

```
private void cbbUserNum_SelectedIndexChanged(object sender, EventArgs e)
{
  string str =                                                             // 创建 SQL 字符串
      "select * from tb_employee where employeeID='" + cbbUserNum.Text + "'";
```

```
    DataSet ds = operate.GetTable(str);                          //得到数据集
    ds.Dispose();                                                //释放资源
    txtname.Text = ds.Tables[0].Rows[0][2].ToString();           //得到用户名
    txtdep.Text = ds.Tables[0].Rows[0][4].ToString();            //得到部门信息
}
```

⑦ 当添加员工奖罚信息后，单击“添加”按钮，首先检查添加的员工奖罚信息是否符合条件，如果符合条件，则将这些信息添加到数据库中，否则弹出相应的提示信息。代码如下：

```
private void 添加ToolStripMenuItem_Click(object sender, EventArgs e)
{
    if (cbbUserNum.Text == "" || cbbUserJFType.Text == "" ||
        txtJFcontent.Text == "" || txtJFdate.Text == "" ||
        txtCXDate.Text == "")
    {
        MessageBox.Show("请将信息填写完整！", "提示",                     //弹出消息对话框
            MessageBoxButtons.OK, MessageBoxIcon.Information);
        return;                                                        //退出事件
    }
    else
    {
        if (cbbUserJFType.Text == "奖励")
        {
            if (txtJL.Text == "")
            {
                MessageBox.Show("请输入奖励金额！",                      //弹出消息对话框
                    "提示", MessageBoxButtons.OK, MessageBoxIcon.Information);
                return;                                                //退出事件
            }
            else
            {
                string sql =                                           //创建SQL字符串
                    "select count(*) from tb_prize where UserID='" + cbbUserNum.Text + "'";
                int i = operate.HumanNum(sql);                         //得到记录数量
                if (i > 0)
                {
                    MessageBox.Show("员工编号已经存在！", "提示",  //弹出消息对话框
                        MessageBoxButtons.OK, MessageBoxIcon.Information);
                    return;                                            //退出事件
                }
                else
                {
                    string str =                                       //创建SQL字符串
                        "insert into tb_prize(UserID,UserName,UserDep,UserJF,UserJ
Fcontent,UserJLMoney, UserFKMoney,UserJFDate,UserCXDate) values('" + cbbUserNum.Text + "','" +
txtname.Text + "','" + txtdep.Text + "','" + cbbUserJFType.Text + "','" + txtJFcontent.Text +
"','" + txtJL.Text + "','" + txtFK.Text + "','" + txtJFdate.Text + "','" + txtCXDate.Text + "')";
                    operate.OperateData(str);                          //向数据库插入数据
                    MessageBox.Show("添加成功！", "提示",              //弹出消息对话框
                        MessageBoxButtons.OK, MessageBoxIcon.Information);
                }
            }
        }
        else
        {
            try
            {
                if (txtFK.Text == "")
                {
```

```
                        MessageBox.Show(" 罚款金额不为空 ");            // 弹出消息对话框
                    }
                    else
                    {
                        string sql =                                    // 创建 SQL 字符串
                            "select count(*) from tb_prize where UserID='" + cbbUserNum.Text + "'";
                        int i = operate.HumanNum(sql);                  // 得到记录数量
                        if (i > 0)
                        {
                            MessageBox.Show(" 员工编号已经存在！ ", " 提示 ", // 弹出消息对话框
                                MessageBoxButtons.OK, MessageBoxIcon.Information);
                            return;                                     // 退出事件
                        }
                        else
                        {
                            string str =                                // 创建 SQL 字符串
                                "insert into tb_prize(UserID,UserName,UserDep,UserJF,User
JFcontent, UserJLMoney,UserFKMoney, UserJFDate,UserCXDate) values('" + cbbUserNum.Text + "','" +
txtname.Text + "','" + txtdep.Text + "','" + cbbUserJFType.Text + "','" + txtJFcontent.Text + "','"
+ txtJL.Text + "','" + txtFK.Text + "','" + txtJFdate.Text + "','" + txtCXDate.Text + "')";
                            operate.OperateData(str);                   // 向数据库插入数据
                            MessageBox.Show(" 添加成功！ ", " 提示 ",
                                MessageBoxButtons.OK, MessageBoxIcon.Information);
                        }
                    }
                }
                catch(Exception ex)                                     // 捕获异常
                {
                    MessageBox.Show(ex.Message);                        // 弹出消息对话框
                }
            }
        }
}
```

⑧ 通过奖罚下拉列表，判断添加的奖罚信息的类型。选择“奖励”时，禁用“罚款金额”文本框，否则禁用“奖励金额”文本框。代码如下：

```
private void cbbUserJFType_SelectedIndexChanged(object sender, EventArgs e)
{
    if (cbbUserJFType.Text == " 奖励 ")
    {
        txtFK.Enabled = false;              // 停用罚款文本框
        txtFK.Text = "0";                   // 清空罚款文本框
        txtJL.Enabled = true;               // 启用奖励文本框
    }
    else
    {
        txtJL.Enabled = false;              // 停用奖励文本框
        txtJL.Text = "0";                   // 清空奖励文本框
        txtFK.Enabled = true;               // 启用罚款文本框
    }
}
```

本章知识思维导图

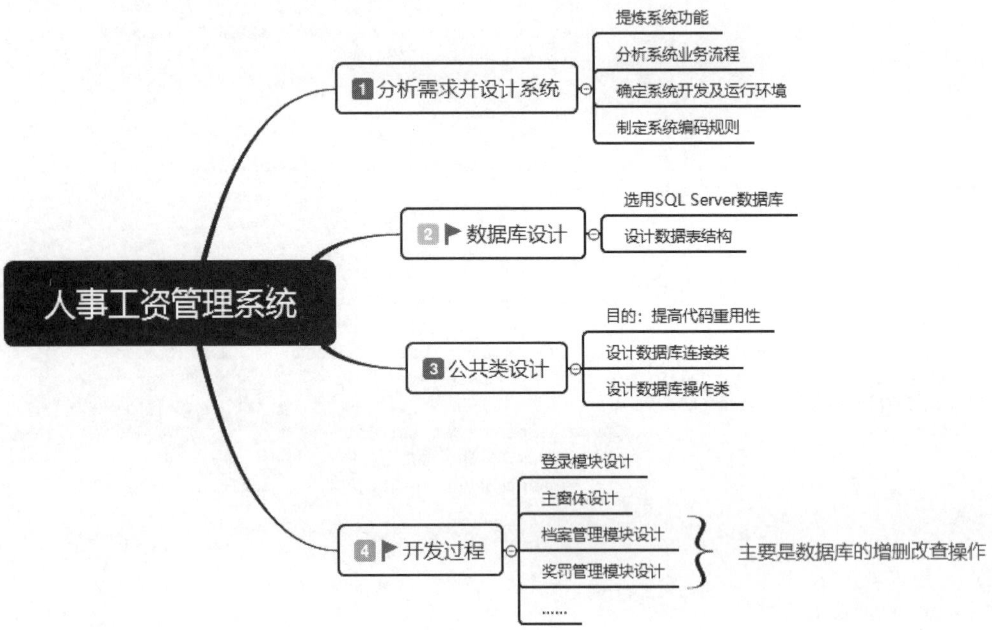
人事工资管理系统
1 分析需求并设计系统
提炼系统功能
分析系统业务流程
确定系统开发及运行环境
制定系统编码规则
2 数据库设计
选用SQL Server数据库
设计数据表结构
3 公共类设计
目的：提高代码重用性
设计数据库连接类
设计数据库操作类
4 开发过程
登录模块设计
主窗体设计
档案管理模块设计
奖罚管理模块设计
......
主要是数据库的增删改查操作

附录
数据库基础

1 SQL Server 数据库的下载与安装

1.1 数据库简介

数据库是按照数据结构来组织、存储和管理数据的仓库，是存储在一起的相关数据的集合。使用数据库可以减少数据的冗余度，节省数据的存储空间。其具有较高的数据独立性和易扩充性，实现了数据资源的充分共享。计算机系统中只能存储二进制的数据，而数据存在的形式却是多种多样的。数据库可以将多样化的数据转换成二进制的形式，使其能够被计算机识别。同时，可以将存储在数据库中的二进制数据以合理的方式转化为人们可以识别的逻辑数据。

随着数据库技术的发展，为了进一步提高数据库存储数据的高效性和安全性，产生了关系型数据库。关系型数据库是由许多数据表组成的，数据表又是由许多条记录组成的，而记录又是由许多的字段组成的，每个字段对应一个对象。根据实际的要求，设置字段的长度、数据类型、是否必须存储数据。

常用的数据库有 SQL Server、MySQL、Oracle、SQLite 等，而 SQL Server 与 C# 由于同属于微软系，因此结合使用的性能更好、更方便。

1.2 SQL Server 数据库概述

SQL Server 是由微软公司开发的一个大型的关系数据库系统，它为用户提供了一个安全、可靠、易管理和高端的客户 / 服务器数据库平台。

SQL Server 数据库的中心数据驻留在一个中心计算机上，该计算机被称为服务器。用户通过客户机的应用程序来访问服务器上的数据库，在被允许访问数据库之前，SQL Server 首先对来访问的用户请求做安全验证，只有验证通过后，才能够进行处理请求，并将处理的结果返回给客户机应用程序。

SQL Server 是微软推出的数据库服务器工具，从最初的 SQL Server 2000，逐渐发展到如今的 SQL Server 2019，深受广大开发者的喜欢。从 SQL Server 2005 版本开始，SQL Server 数据库的安装与配置过程是基本类似的。本书以目前最新的 SQL Server 2019 版本为例讲解 SQL Server 数据库的安装与配置过程。

1.3 SQL Server 2019 安装必备

安装 SQL Server 2019 之前，首先要了解安装所需的必备条件。检查计算机的软硬件配置是否满足 SQL Server 2019 的安装要求，具体要求如表 1 所示。

表 1　安装 SQL Server 2019 所需的必备条件

参数	说明
操作系统	Windows 10 TH1 1507 或更高版本、Windows Server 2016 或更高版本
软件	SQL Server 安装程序需要使用 Microsoft Windows Installer 4.6 或更高版本
处理器	x64 处理器：1.4 GHz，建议使用 2.0 GHz 或速度更快的处理器
RAM	最小 2 GB，建议使用 4 GB 或更大的内存
可用硬盘空间	至少 6 GB 的可用磁盘空间

注意：

SQL Server 2019 数据库只支持在 x64 处理器上安装，不支持 x86 处理器。它既可以安装在 32 位操作系统中，也可以安装在 64 位操作系统中，唯一的区别是在 32 位操作系统中有部分功能不支持。建议在 64 位操作系统中安装 SQL Server 2019 数据库。

1.4 下载 SQL Server 2019 安装引导文件

安装 SQL Server 2019 数据库，首先需要下载其安装文件。微软官方网站提供了 SQL Server 2019 的安装引导文件，下载步骤如下。

说明：

微软官方网站只提供最新版本的 SQL Server 下载，当前最新版本为 SQL Server 2019，如果后期版本进行更新，可以直接下载使用；另外，本书适用于SQL Server 2005 及之后的所有版本，包括 2008、2012、2014、2016、2017 等，如果想要下载安装以前版本的 SQL Server 数据库，可以在 https://msdn.itellyou.cn/ 网站中的“服务器”菜单下进行下载。

① 在浏览器中输入 https://www.microsoft.com/zh-cn/sql-server/sql-server-downloads，进入网页后，单击“Developer 版”下面的“立即下载”按钮，下载安装引导文件，如附图 1 所示。

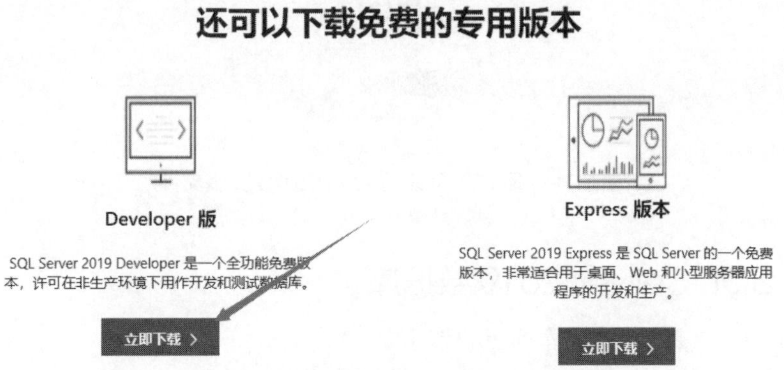
还可以下载免费的专用版本
Developer 版
SQL Server 2019 Developer 是一个全功能免费版本，许可在非生产环境下用作开发和测试数据库。
立即下载 >
Express 版本
SQL Server 2019 Express 是 SQL Server 的一个免费版本，非常适合用于桌面、Web 和小型服务器应用程序的开发和生产。
立即下载 >

附图 1　单击“Developer 版”下面的“立即下载”按钮

② 下载完成的 SQL Server 2019 安装引导文件是一个名称为 SQL2019-SSEI-Dev.exe 的可执行文件。

1.5 下载 SQL Server 2019 安装文件

通过安装引导文件下载 SQL Server 2019 的安装文件的步骤如下。

① 双击 SQL2019-SSEI-Dev.exe 文件，进入 SQL Server 2019 的安装界面。该界面中有 3 种安装类型，其中，“基本”和“自定义”都可以直接安装 SQL Server 2019，但这里选择的是第 3 种方式“下载介质”。为什么呢？因为通过这种方式可以将 SQL Server 2019 的安装文件下载到本地，这样，在以后有特殊情况（例如重装系统、SQL Server 2019 数据库损坏等）需要再次安装 SQL Server 2019 时，可直接使用本地存储的安装文件进行安装，如附图 2 所示。

② 进入指定下载位置窗口，该窗口中，可以选择要下载的安装文件语言，这里选择“中文 (简体)”，并选中“ISO”单选按钮，单击“浏览”按钮，选择要保存的位置，然后单击“下载”按钮，如附图 3 所示。

③ 进入下载窗口，该窗口中显示 SQL Server 2019 安装文件的下载进度，下载进度完成后，即表示 SQL Server 2019 安装文件下载完成了。在设置的路径下可查看下载的安装文件，如附图 4 所示。

附图 2　单击“下载介质”按钮

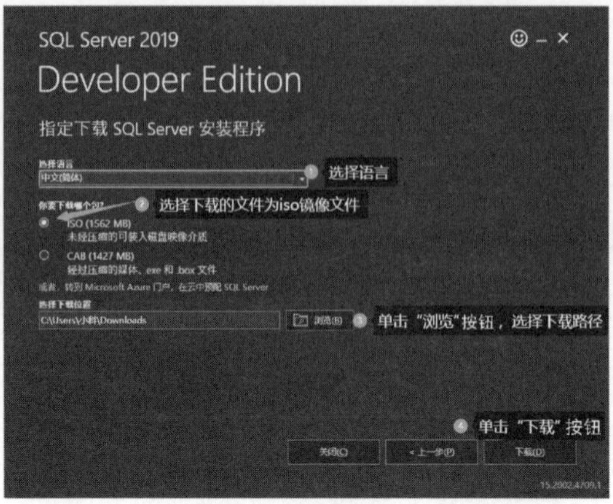

附图 3　设置安装文件的语言、格式和位置

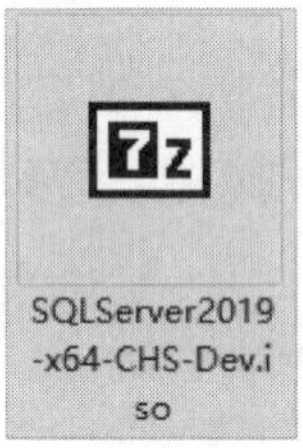

附图 4　下载的 SQL Server2019 安装文件

1.6　安装 SQL Server 2019 数据库

安装 SQL Server 2019 数据库的步骤如下。

① 使用虚拟光驱软件或者 Windows 10 系统的资源管理器打开 SQL Server 2019 的安装镜像文件（.iso 文件），在“SQL Server 安装中心”窗口中选择左侧的“安装”选项，再单击“全新 SQL Server 独立安装或向现有安装添加功能”超链接，如附图 5 所示。

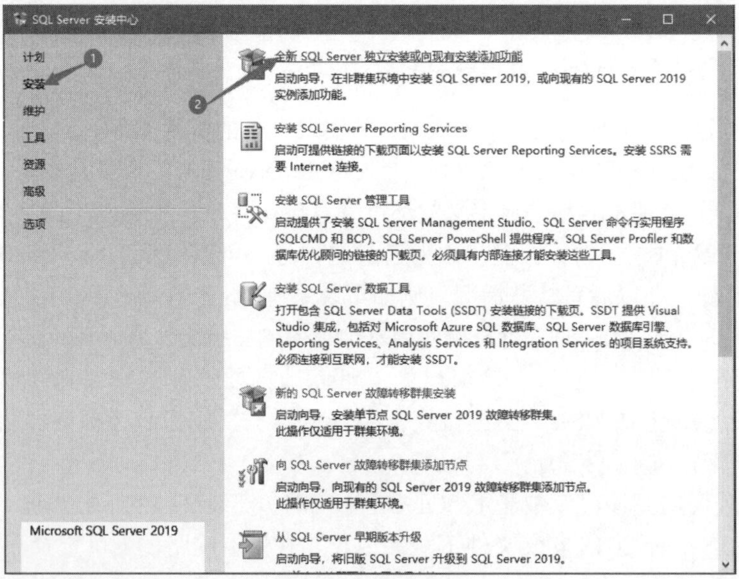

附图 5　选择安装方式

② 打开“产品密钥”窗口，在该窗口中选中“指定可用版本”单选按钮，在下拉列表中选择“Developer”版本，单击“下一步”按钮，如附图 6 所示。

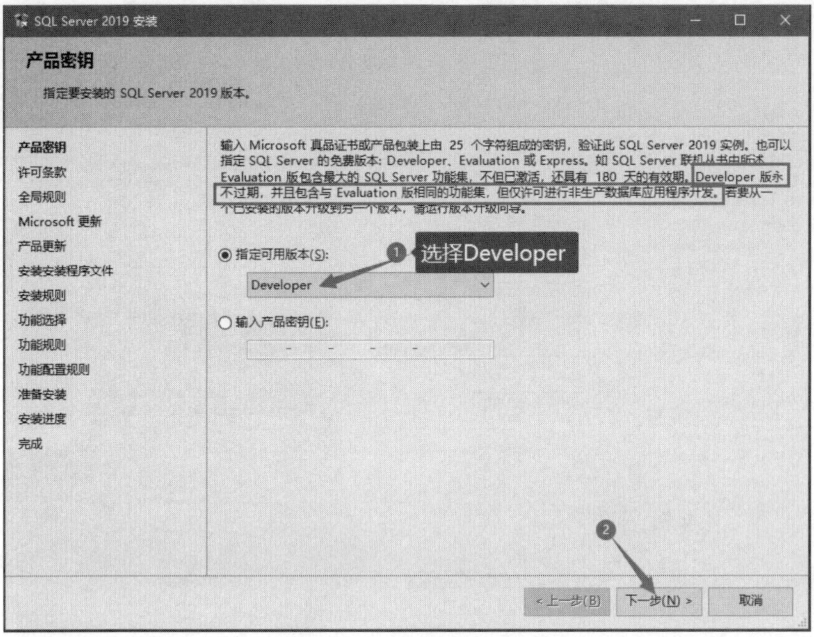

附图 6 “产品密钥”窗口

③ 进入“许可条款”窗口，如附图 7 所示，勾选“我接受许可条款和（A）隐私声明”复选框，然后单击“下一步”按钮。

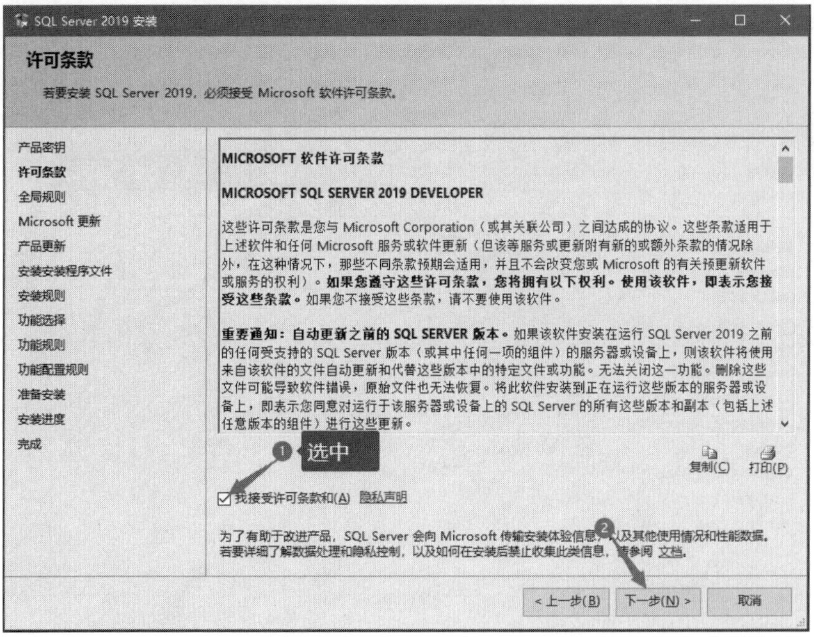

附图 7 “许可条款”窗口

④ 进入“Microsoft 更新”窗口，该窗口中保持默认设置，然后单击“下一步”按钮。

⑤ 进入“功能选择”窗口，按照如附图 8 所示选择要安装的功能，并设置好“实例根

目录”后，单击“下一步”按钮。

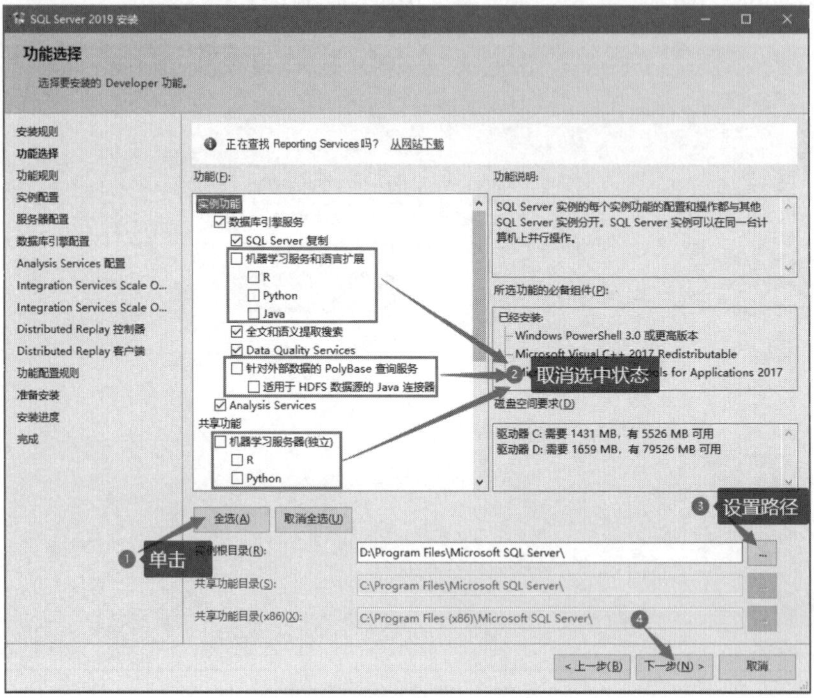

附图 8 “功能选择”窗口

⑥ 进入“实例配置”窗口，选中“命名实例”单选按钮，然后在其后文本框中添加实例名称，单击“下一步”按钮，如附图 9 所示。

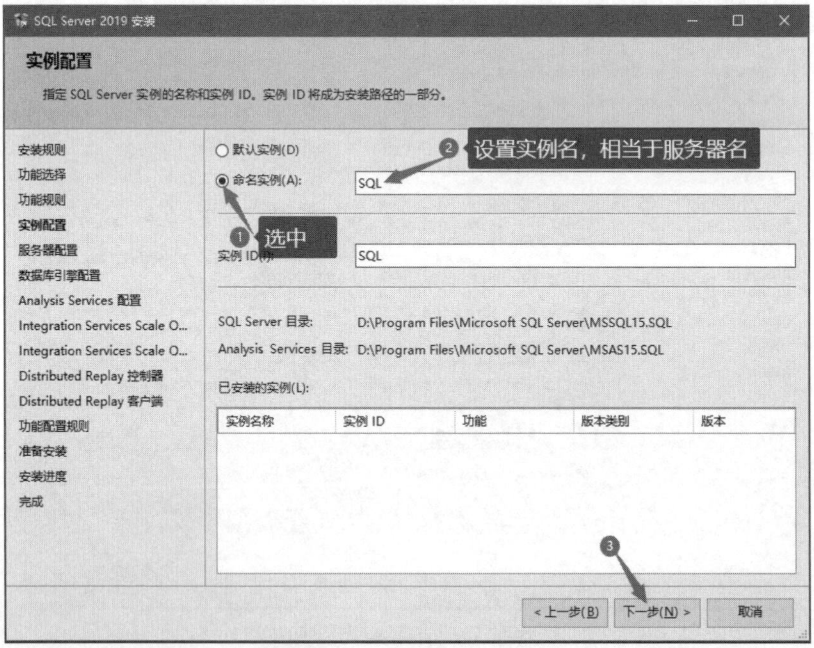

附图 9 “实例配置”窗口

⑦ 进入“服务器配置”窗口，保持默认不变，单击“下一步”按钮。

⑧ 进入“数据库引擎配置”窗口，在该窗口中选择“身份验证模式”，并输入密码，然后单击“添加当前用户”按钮，如附图 10 所示。最后，单击“下一步”按钮。

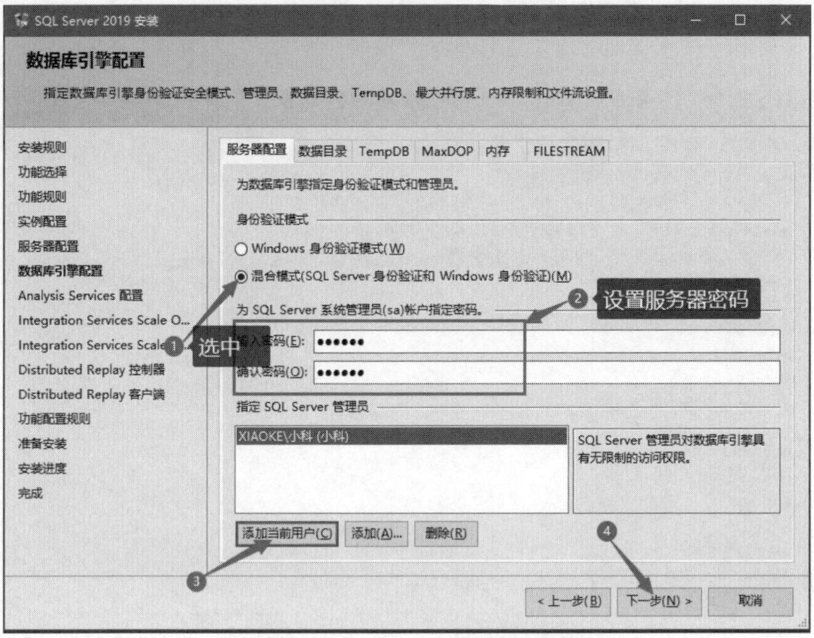

附图 10 “数据库引擎配置”窗口

⑨ 进入“Analysis Services 配置”窗口，在该窗口中单击“添加当前用户”按钮，然后单击“下一步”按钮，如附图 11 所示。

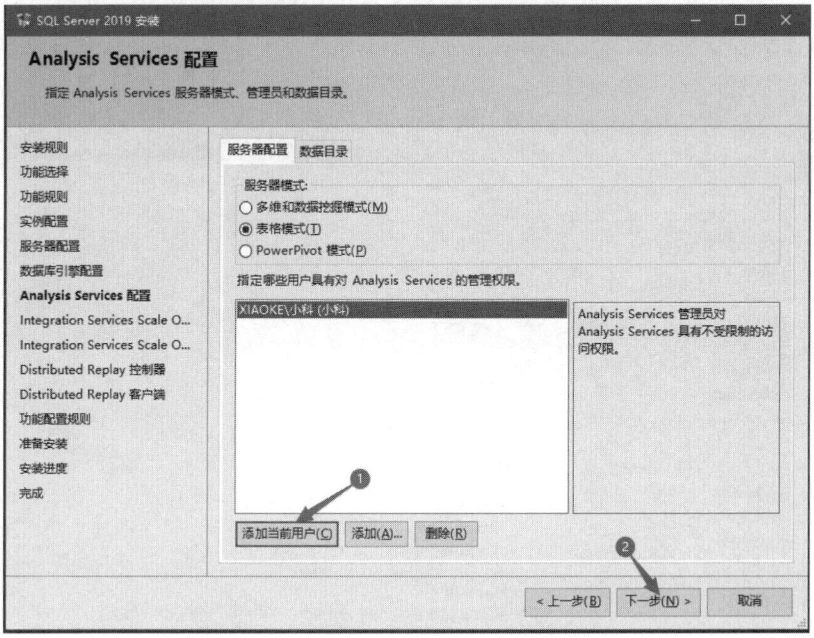

附图 11 “Analysis Services 配置”窗口

⑩ 进入“Integration Services Scale Out 配置 - 主节点”窗口，该窗口保持默认设置，单击“下一步”按钮。

⑪ 进入“Integration Services Scale Out 配置 - 辅助角色节点”窗口，该窗口保持默认设置，单击“下一步”按钮。

⑫ 进入“Distributed Replay 控制器”窗口，在该窗口中单击“添加当前用户”按钮，然后单击“下一步”按钮，如附图 12 所示。

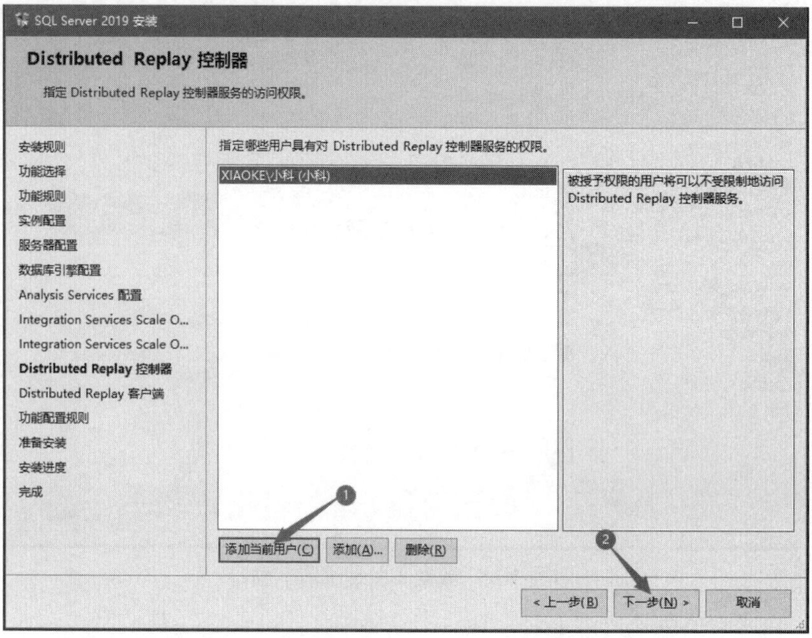

附图 12 “Distributed Replay 控制器”窗口

⑬ 进入“Distributed Replay 客户端”窗口，该窗口保持默认设置，单击“下一步”按钮。

⑭ 进入“准备安装”窗口，该窗口中显示了即将安装的 SQL Server 2019 功能。单击“安装”按钮，如附图 13 所示。

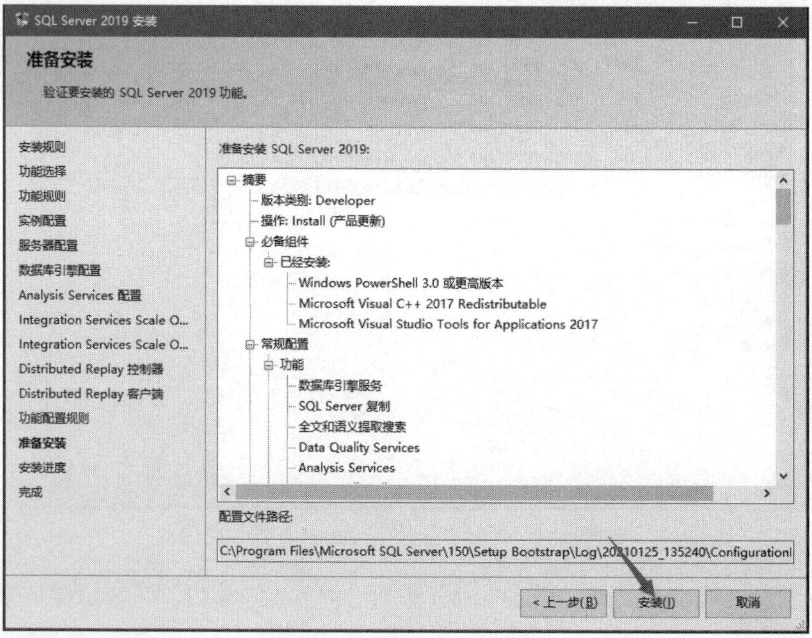

附图 13 “准备安装”窗口

⑮ 进入“安装进度”窗口，如附图 14 所示，该窗口中将显示 SQL Server 2019 的安装进度。等待安装完成关闭即可。

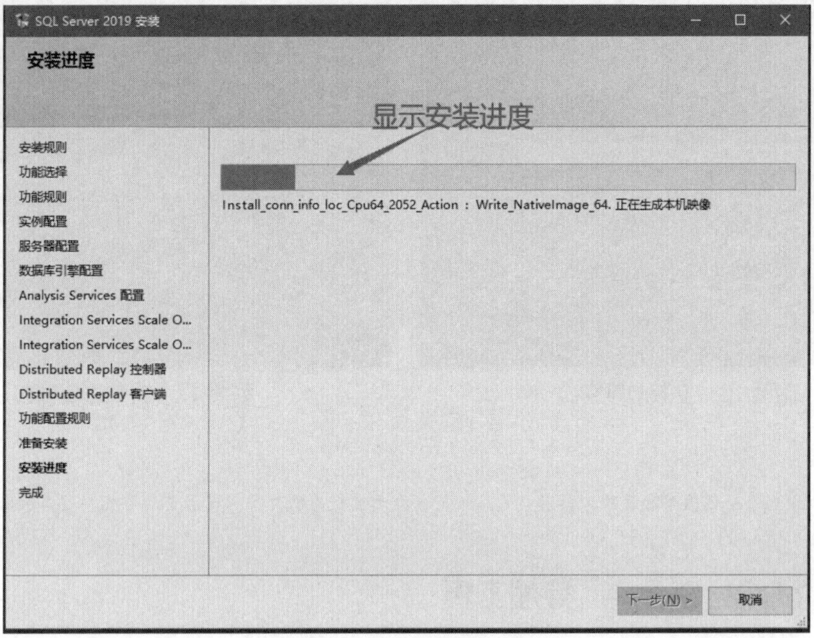

附图 14 “安装进度”窗口

1.7 安装 SQL Server Management Studio 管理工具

安装了 SQL Server 2019 服务器后，要使用可视化工具管理 SQL Server 2019，还需要安装 SQL Server Management Studio 管理工具，步骤如下。

① 在浏览器中输入 https://docs.microsoft.com/zh-cn/sql/ssms/，进入网页后，单击“下载 SQL Server Management Studio (SSMS)”超链接，下载 SQL Server Management Studio 管理工具的安装文件，如附图 15 所示。

附图 15 下载安装文件

② 双击下载完成的 SSMS-Setup-CHS.exe 可执行文件，进入安装向导窗口，该窗口中可以设置安装的路径，如附图 16 所示。

③ 单击“安装”按钮，开始安装并显示安装的进度，如附图 17 所示，等待安装完成即可。

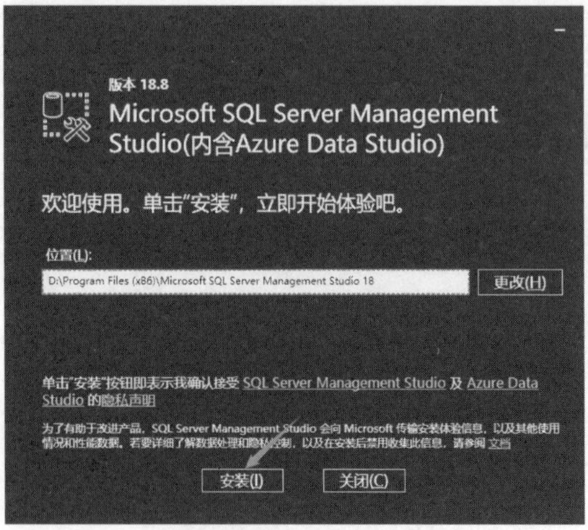

附图 16　安装向导窗口

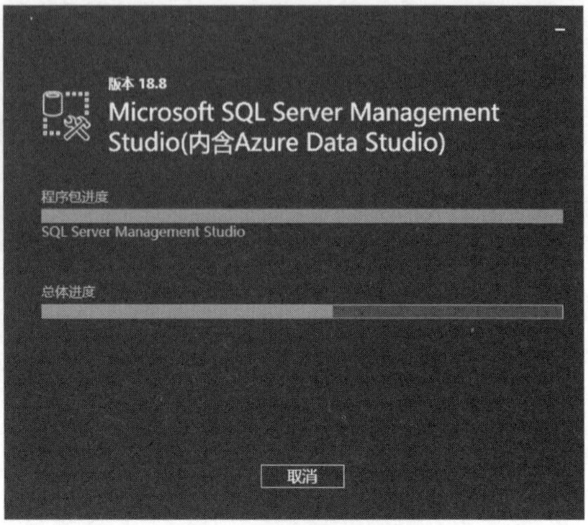

附图 17　安装进度窗口

说明：

安装完 SQL Server 数据库和管理工具后，系统可能会提示重新启动，按照提示重启系统即可正常使用。

1.8　启动 SQL Server 管理工具

安装完成 SQL Server 2019 和 SQL Server Management Studio 后，就可以启动了，具体步骤如下。

① 选择“开始”/Microsoft SQL Server Tools 18/Microsoft SQL Server Management Studio 18 命令，打开“连接到服务器”对话框，如附图 18 所示。

说明：

服务器名称实际上就是安装 SQL Server 2019 时设置的实例名称。

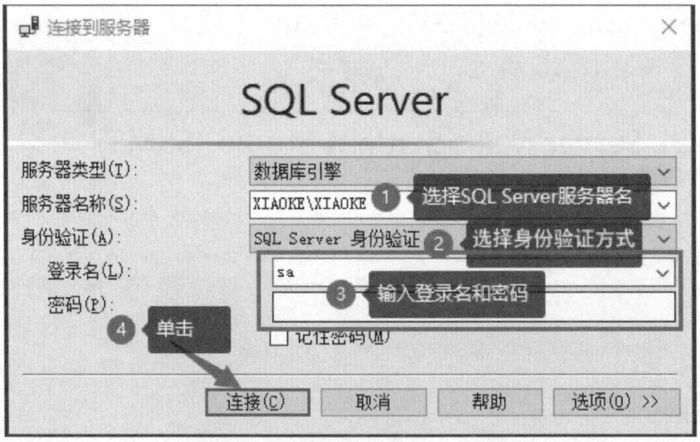

附图 18　“连接到服务器”对话框

② 在“连接到服务器”对话框中选择服务器名称（通常为默认）和身份验证方式。如果选择的是“Windows 身份验证”，可以直接单击“连接”按钮；如果选择的是“SQL Server 身份验证”，则需要输入安装 SQL Server 2019 数据库时设置的登录名和密码，其中登录名通常为“sa”，密码由用户自己设置。单击“连接”按钮，即可进入 SQL Server 2019 的管理器，如附图 19 所示。

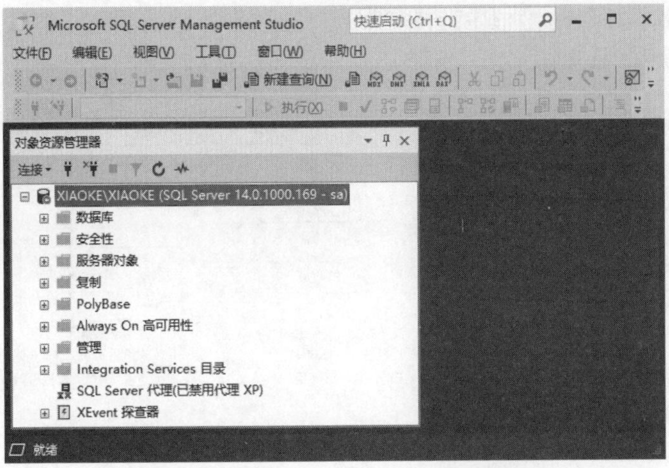

附图 19　SQL Server 2019 的管理器

2　数据库常见操作

2.1　创建数据库

使用可视化管理工具是创建 SQL Server 数据库最常使用的方法，其特点是简单、高效。下面将以创建“tb_mrdata”为例，介绍使用可视化管理工具创建数据库的方法。

① 打开 SQL Server 的可视化管理工具，依次逐级展开服务器和数据库节点。

② 使用鼠标右键单击“数据库”选项，执行弹出菜单中的“新建数据库”命令，打开“新建数据库”对话框，如附图 20 所示。

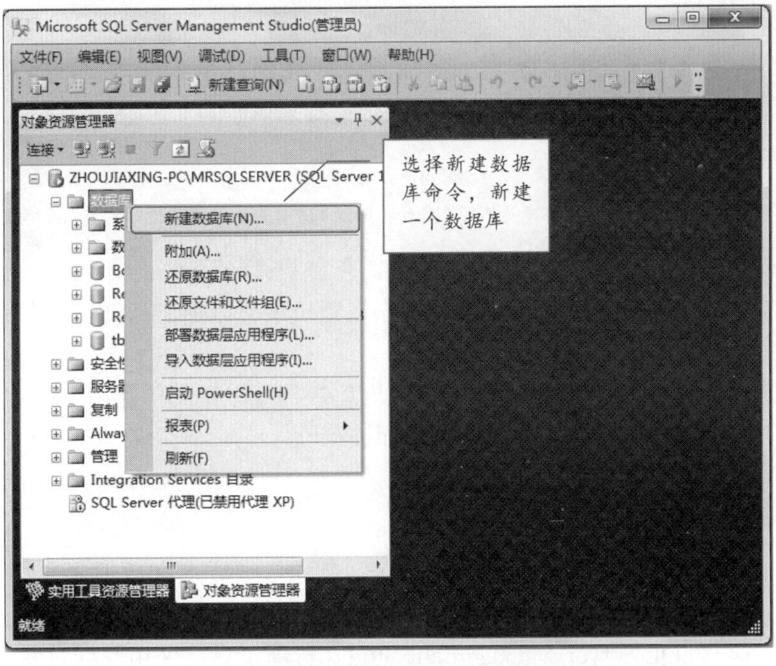

附图 20　在可视化管理工具中新建数据库

③ 在“新建数据库”对话框中选择“常规”选项卡，将需要创建的数据库名称输入“数据库名称”文本框内，如附图 21 所示。

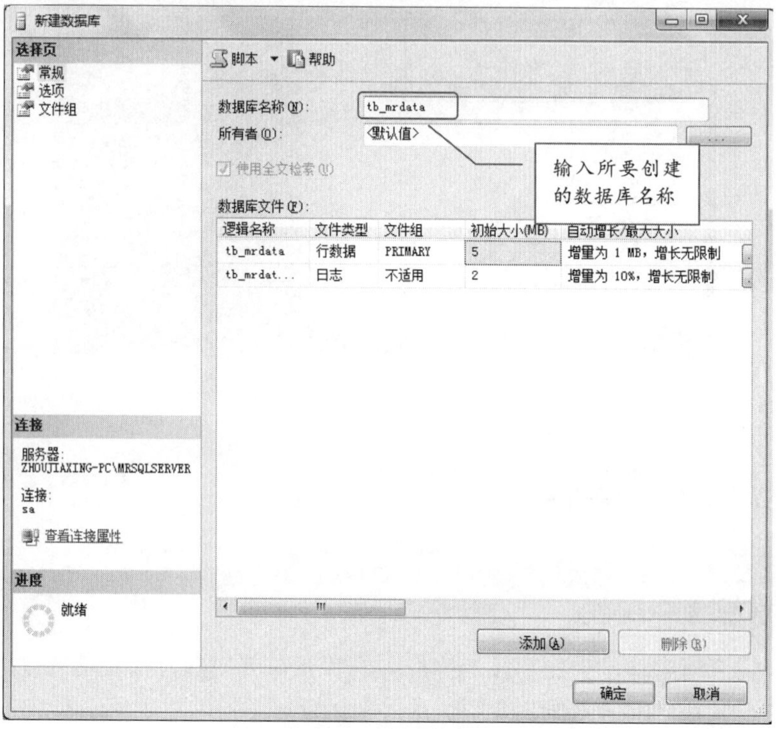

附图 21 【常规】选项卡

④ 单击对话框中的“确定”按钮，完成数据库的创建工作。

2.2 删除数据库

当一个数据库已经不再使用的时候，用户便可删除这个数据库。数据库一旦被删除，它的所有信息，包括文件和数据均会从磁盘上被物理删除掉。

注意：

除非使用了备份，否则被删除的数据库是不可恢复的。所以用户在删除数据库的时候一定要慎重。

使用可视化管理工具删除数据库的方法很简单，具体步骤如下：

① 打开 SQL Server 可视化管理工具，单击以逐级展开当前服务器下数据库目录中的 tb_mrdata 数据库项。

② 使用鼠标右键单击，选择 tb_mrdata 数据库快捷菜单中的“删除”命令，并在确认消息框中选择“确定”按钮，tb_mrdata 数据库即被删除。

2.3 附加数据库

通过附加方式可以向服务器中添加数据库，前提是需要存在数据库文件和数据库日志文件。

打开 Microsoft SQL Server Management Studio 管理工具，使用鼠标右键单击“数据库”选项，将弹出一个快捷菜单，按照如附图 22 所示进行操作。

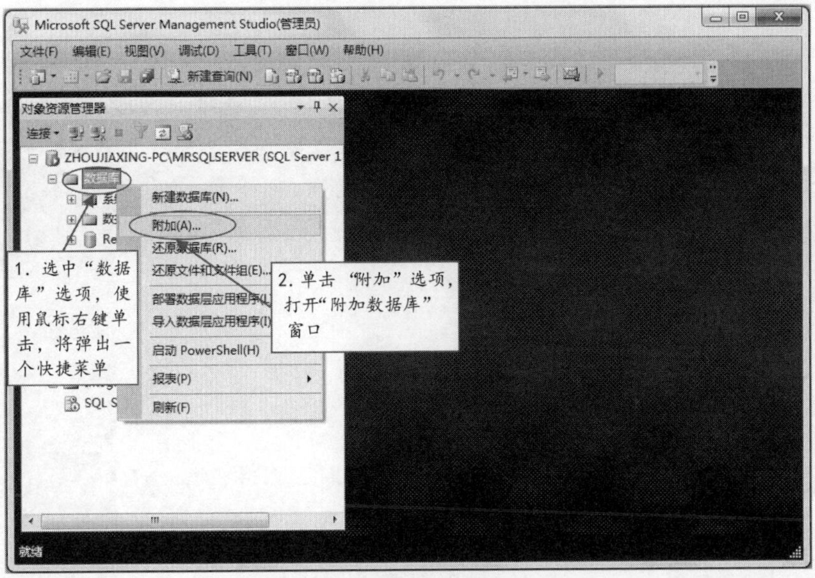

附图 22　打开附加数据库界面

在弹出的对话框中，单击“添加”按钮，选择要附加的数据库文件，依次单击“确定”按钮即可，如附图 23 所示。

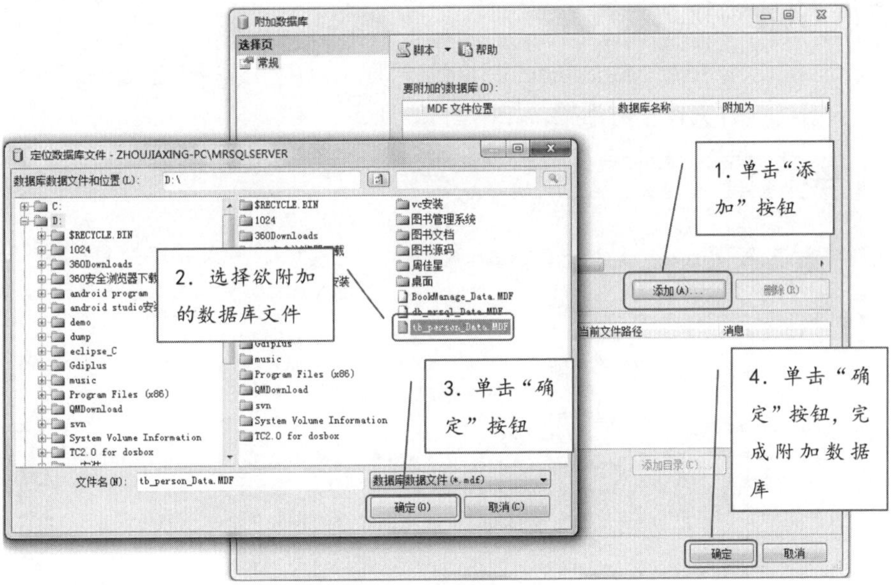

附图 23　附加数据库

2.4　分离数据库

分离数据库是将数据库从服务器中分离出去，但并没有删除数据库，数据库文件依然存在，如果在需要使用数据库时，可以通过附加的方式将数据库附加到服务器中。在 SQL Server 2017 中分离数据库非常简单，方法如下。

打开 Microsoft SQL Server Management Studio 管理工具，展开“数据库”节点，选中欲分离的数据库，使用鼠标右键单击，在快捷菜单中选择“任务”→“分离”命令即可，如附图 24 所示。

附图 24　分离数据库

2.5　执行 SQL 脚本

在 Microsoft SQL Server Management Studio 管理工具中，选择“文件”→“打开”→“文件”选项，打开“打开文件”对话框，如附图 25 所示。

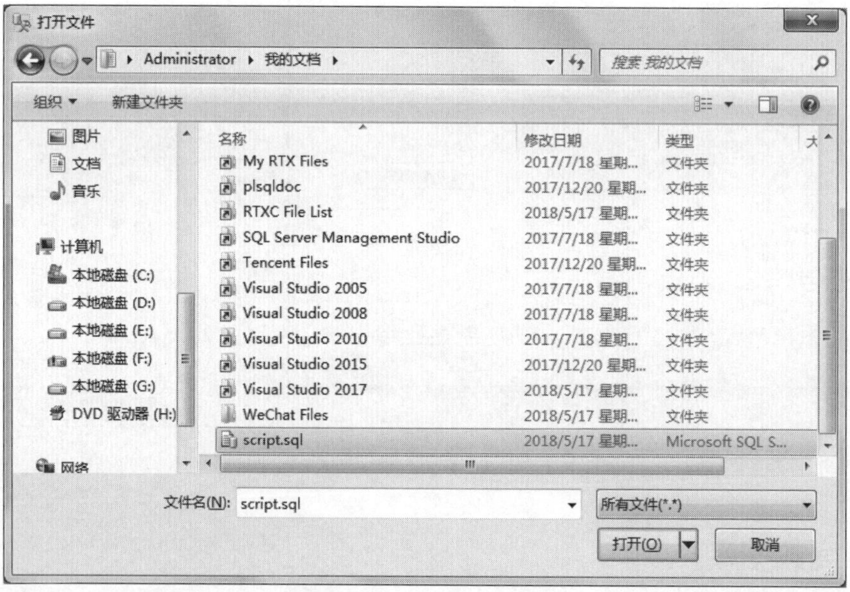

附图 25　打开脚本文件

在“打开文件”对话框中选择需要执行的脚本（.sql 文件），单击“打开”按钮打开脚本，如附图 26 所示。在可视化管理工具中单击 执行(X) 按钮或按〈F5〉快捷键执行脚本中的 SQL 语句。

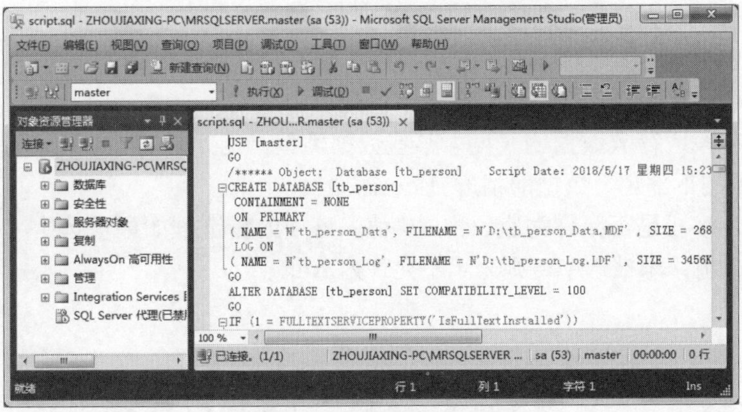

附图 26　加载数据库脚本

3　数据表常见操作

3.1　创建数据表

创建完数据库之后，接下来就是创建数据表了，在 SQL Server 中，表可以看成是一种关于特定主题的数据集合。

表是以行（记录）和列（字段）所形成的二维表格式来组织表中的数据。字段是表中包含特定信息内容的元素类别，如货物总类、货物数量等。在有些数据库系统中，“字段”往往也被称为“列”。记录则是关于人员、地点、事件或其他相关事项的数据集合。

在可视化管理工具中创建表的步骤如下。

① 在可视化管理工具的左侧窗口中，单击以逐级展开当前服务器下数据库目录中的指定数据库。

② 用鼠标右键单击数据库目录下面的“表”选项，并在弹出的快捷菜单中选择“新建”/“表”命令，如附图 27 所示。

③ 在如附图 28 所示的新建表窗口中填写空数据表网格中的每一行定义，这里的一行对应着新建数据表的一列（字段）。

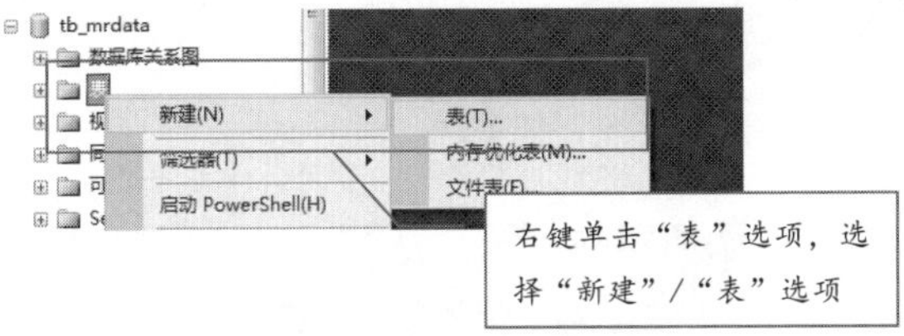

附图 27　在数据库中新建表

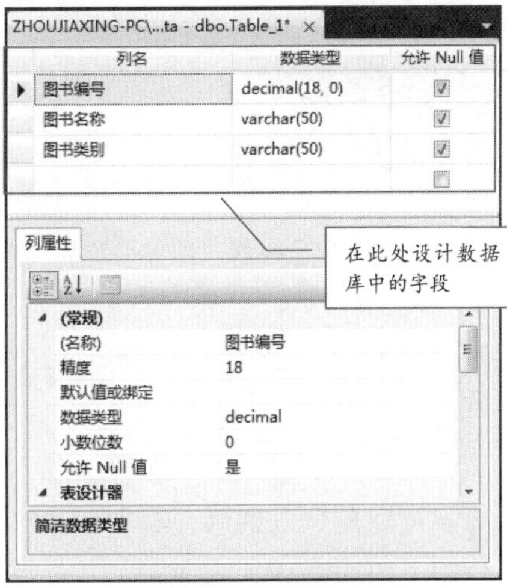

附图 28　新建表窗口

新建空数据表网格中的每列名称含义如下。

- 列名：表中字段的名称。
- 数据类型：字段的数据类型，可从下拉列表中选取。
- 长度：字段所存放数据的长度。某些数据类型，例如 decimal（十进制实数），可能还需要在对话框的下部定义数据的精度（Precision）。
- 允许空：字段是否允许为空（Null）值。该项的复选框如果被选中（标识为√），则表示允许为 Null 值；未被选中，则表示不允许为 Null 值。

注意：

行前有▶图标的字段，表示其为当前正在定义的字段，使用鼠标右键单击此黑三角图标或字段定义网格上的任意位置，选择“设置主键”选项，可以定义当前字段为表的主键，行前图标变为▶🔑。

④ 表的结构定义完毕后，单击💾按钮或者按〈Ctrl〉+〈S〉快捷键保存保存数据表，输入新建数据表的表名称之后，单击“确定”按钮，将保存新建表的结构定义，并将新建表添加到 tb_mrdata 数据库中，如附图 29 所示。

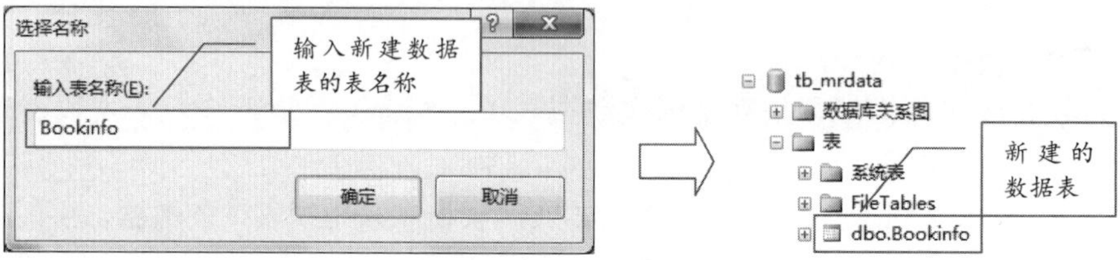

附图 29　新建成的数据表

3.2　删除数据表

如果数据库中的表格已经不需要了，可以在可视化管理工具中进行删除，删除的具体方法如下：

① 在 SQL Server 可视化管理工具中单击，以逐级展开当前服务器下要删除数据表所在的数据库。

② 选定数据库中的数据表，使用鼠标右键单击，从弹出的快捷菜单中选择“删除”命令就可删除所要删除的数据表。

3.3　重命名数据表

当数据表需要更名的时候，可以通过 SQL Server 的可视化管理工具来完成，其具体方法如下。

① 依次展开服务器、数据库节点，然后选中所要修改数据表所在的数据库。

② 单击该数据库，使用鼠标右键单击数据库中的“表”选项，然后在弹出的快捷菜单中选择“重命名”选项，完成为所选中表更名的操作。

3.4　在表结构中添加新字段

在设计数据表的时候，有时候需要在数据表中添加新的字段，在数据表中添加新字段，可以按照下面的步骤来实现：

① 在可视化管理工具中，依次展开服务器、数据库节点，然后选中所要添加新字段的

数据库中的数据表。

② 在选中的数据表上使用鼠标右键单击，然后在弹出的快捷菜单中选择“设计”选项，在弹出的“设计表”对话框中可以直接添加所要添加的字段信息，如附图 30 所示。

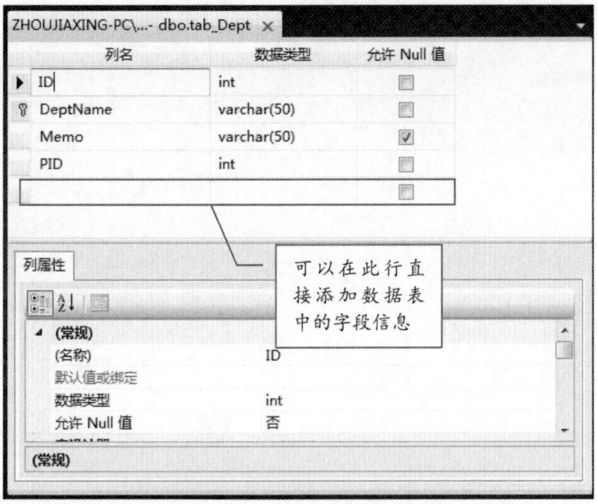

附图 30　向表中添加新的字段

③ 在添加完信息之后，单击工具栏中的按钮，保存改动的信息。

3.5　在表结构中删除字段

在“设计表”对话框中，不仅可以添加及修改数据表中字段的信息，还可以删除数据表中字段的信息。

删除数据表中无用字段的步骤如下。

① 在 SQL Server 可视化管理工具中，依次展开服务器、数据库节点，然后选中所要删除字段的数据库中的数据表。

② 在选中的数据表上使用鼠标右键单击，然后在弹出的快捷菜单中选择“设计”选项，在如附图 31 所示的对话框中选择所要删除的字段信息，然后在该字段上使用鼠标右键单击选择“删除列”选项即可删除。

③ 在删除完所要删除的字段信息之后，单击工具栏中的按钮，保存改动的信息。

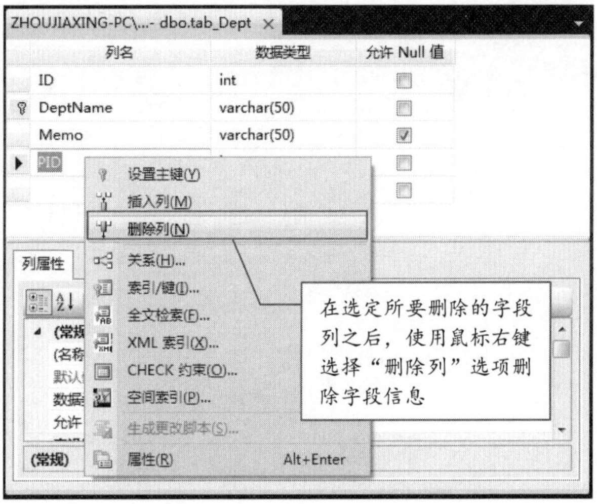

附图 31　删除数据表中的字段信息